Limnoökologie

Winfried Lampert und Ulrich Sommer

119 Abbildungen in 132 Einzeldarstellungen

Georg Thieme Verlag Stuttgart · New York 1993

Prof. Dr. Winfried Lampert
Direktor am Max-Planck-
Institut für Limnologie
Abteilung Ökophysiologie
August-Thienemann-Straße 2
2320 Plön

Prof. Dr. Ulrich Sommer
Carl von Ossietzky-Universität
2900 Oldenburg

Zeichnungen von
Adrian Cornford
Reinheim-Zeilhard

*Die Deutsche Bibliothek –
CIP-Einheitsaufnahme*

Lampert, Winfried:
Limnoökologie / Winfried Lampert
und Ulrich Sommer. –
Stuttgart : Thieme, 1993
NE: Sommer, Ulrich:

Geschützte Warennamen (Warenzeichen) werden *nicht* besonders kenntlich gemacht. Aus dem Fehlen eines solchen Hinweises kann also nicht geschlossen werden, daß es sich um einen freien Warennamen handelt.
Das Werk, einschließlich aller seiner Teile, ist urheberrechtlich geschützt. Jede Verwertung außerhalb der engen Grenzen des Urheberrechtsgesetzes ist ohne Zustimmung des Verlages unzulässig und strafbar. Das gilt insbesondere für Vervielfältigungen, Übersetzungen, Mikroverfilmungen und die Einspeicherung und Verarbeitung in elektronischen Systemen.
© 1993 Georg Thieme Verlag, Rüdigerstraße 14, D-7000 Stuttgart 30
Printed in Germany
Satz: Druckhaus „Thomas Müntzer", D-O-5820 Bad Langensalza
(Monotype Lasercomp)
Druck: Götz, Ludwigsburg

ISBN 3-13-786401-1   1 2 3 4 5 6

Vorwort

Die Limnologie ist die Wissenschaft von den Binnengewässern als Ökosystemen, deren Struktur und Funktion sie erforscht. Sie ist somit eine Teildisziplin der Ökologie. Um diesen Zusammenhang zu betonen, haben wir uns entschlossen, die Wort-Neuschöpfung „Limnoökologie" als Titel zu wählen.

Im Juli-Heft 1990 der angesehenen Zeitschrift Limnology and Oceanography veröffentlichte Nelson G. Hairston jr. einen Kommentar, in dem er beklagte, daß die zahlreichen Lehrbücher der Ökologie und Evolutionsbiologie fast ausschließlich Beispiele aus dem terrestrischen Bereich behandeln. Das ist erstaunlich, denn viele der Grundlagen der modernen Ökologie und Populationsbiologie gehen auf den kürzlich verstorbenen G. E. Hutchinson zurück, einen der bekanntesten Limnologen. Darüber hinaus sind gerade in der aquatischen Ökologie in den letzten zwanzig Jahren wichtige Konzepte entwickelt worden, die Bedeutung für die gesamte Ökologie haben. Wir denken deshalb, daß es an der Zeit ist aufzuzeigen, daß viele ökologische Konzepte sich mit Beispielen aus dem limnischen Bereich besser erklären lassen als mit solchen aus dem terrestrischen.

Bei der Arbeit am Manuskript stellten wir in Diskussionen mit Kollegen und Studenten erfreut fest, daß ein Lehrbuch zur Ökologie der Gewässer einem großen Bedürfnis entspricht und die Konzeption unseres Buches eine Marktlücke zu füllen scheint. In den Mittelpunkt unserer Betrachtungen werden die Organismen mit ihren evolutionären Anpassungen und deren physiologischen und genetischen Grenzen gestellt. Die Bereiche der „klassischen" Limnologie, wie physikalische Bedingungen und Wasserchemie, haben wir nur soweit behandelt, wie sie für das Verständnis der Umweltsituation der Organismen unbedingt erforderlich sind. Besonderen Wert legen wir auf die Interaktionen zwischen den Organismen, die zur Entstehung höherer Einheiten, wie Lebensgemeinschaften, führen, obwohl sie im Grunde der Fitneßmaximierung des Individuums dienen. Wir stellen theoretische Konzepte an den Anfang und versuchen dann, sie mit Beispielen aus dem Süßwasser zu erläutern. Wenn immer möglich, benutzen wir dafür mechanistische Modelle, die auf den Eigenschaften der Organismen beruhen und a-priori-Aussagen möglich machen.

Mit diesem Konzept wollen wir sowohl den Anforderungen der Limnologen an ein Lehrbuch der Limnoökologie Rechnung tragen, als auch der modernen Entwicklung der Ökologie, die immer mehr theoretische Ansätze der Evolutionsbiologie übernimmt. „Evolutionary ecology" ist inzwischen ein etablierter Begriff im angelsächsischen Sprachraum geworden.

Wir haben Teile dieses Buches in unseren Vorlesungen an den Universitäten Kiel und Oldenburg ausprobiert. Die kritischen Fragen der Studenten sind hilfreich bei der Auswahl und Abfassung des Textes gewesen. Einige unserer Doktoranden haben das Manuskript gelesen und wertvolle Hinweise gegeben. Wir bedanken uns herzlich dafür. Unser besonderer Dank gilt Herrn Dr. K. O. Rothhaupt, Plön, und Herrn Doz. Dr. F. Schanz, Universität Zürich, die sich enorme Mühe gemacht haben, „aufbauende" Kritik an der ersten Fassung des Manuskriptes zu üben. Schließlich bedanken wir uns beim Verlag für die gute Ausstattung des Buches und die endlose Geduld bis zur Ablieferung des Manuskriptes.

Plön und Oldenburg, im Herbst 1992
W. Lampert
U. Sommer

Literatur:
Hairston, N. G. jr.: Problems with perception of zooplankton research by colleagues outside aquatic sciences. Limnol. Oceanogr. 35 (1990) 1214

Inhaltsverzeichnis

1	**Ökologie und Evolution**	**1**
1.1	Natürliche Auslese	1
1.2	Fitneß	2
1.3	Proximat- und Ultimatfaktoren	5
2	**Methodik ökologischer Forschung**	**9**
2.1	Testen von Hypothesen	9
2.2	Beobachten und Registrieren	11
2.3	Korrelation von Freilanddaten	14
2.4	Labor- und Freilandexperimente	15
2.5	Mathematische Modelle	19
3	**Besonderheiten des aquatischen Lebensraums**	**22**
3.1	Folgen der Molekülstruktur des Wassers	22
3.1.1	Assoziation der Moleküle	22
3.1.2	Dichteanomalie	22
3.1.3	Thermische Eigenschaften	23
3.1.4	Oberflächeneffekte	24
3.1.5	Viskosität	24
3.1.6	Wasser als Lösungsmittel	30
3.2	Vertikale Gradienten	35
3.2.1	Licht	35
3.2.2	Temperatur	39
3.3	Abhängige Gradienten	45
3.3.1	Sauerstoff	45
3.3.2	pH-Wert	49
3.3.3	Redoxpotential	50
3.3.4	Meromixis als Sonderfall	53
3.4	Fließgewässer	54
3.4.1	Strömung	54
3.4.2	Temperatur	57
3.4.3	Sauerstoff	57
3.5	„Voraussagbarkeit" der Umweltbedingungen im Wasser	59
4	**Das Individuum in seinem Lebensraum**	**61**
4.1	Leistungen des Individuums	61
4.1.1	Toleranz- und Optimalbereich	61
4.1.2	Nische	63
4.1.3	Verhalten als Anpassung an Umweltvariabilität	63

4.2	Abiotische Faktoren	67
4.2.1	Temperatur	67
4.2.2	Sauerstoff	70
4.2.3	pH-Wert	74
4.2.4	Sonstige Ionen	77
4.2.5	Strömung	91
4.2.6	Dichte des Wassers	85
4.2.7	Oberflächenspannung	91
4.3	Ressourcen	92
4.3.1	Was sind Ressourcen?	92
4.3.2	Konsum von Ressourcen („Functional response")	94
4.3.3	Ressourcen als limitierender Faktor der Abundanz und des Wachstums (Numerical response)	100
4.3.4	Substituierbare Ressourcen	106
4.3.5	Licht	107
4.3.6	Anorganischer Kohlenstoff	118
4.3.7	Mineralische Nährstoffe	120
4.3.8	Anorganische Energiequellen	123
4.3.9	Elektronenakzeptoren der anaeroben Atmung	124
4.3.10	Gelöste organische Substanzen	126
4.3.11	Partikuläre organische Substanz	131
4.4	Nutzung der Energie	141
4.4.1	Netto- und Bruttoproduktion	141
4.4.2	Energienutzung der Photosynthese	142
4.4.3	Energiebilanz heterotropher Organismen	143
4.5	Bedeutung der Körpergröße	153
5	**Population**	**158**
5.1	Eigenschaften von Population	158
5.2	Regelung der Populationsgröße	159
5.2.1	Abundanzschwankungen	159
5.2.2	Mechanismen der Abundanzänderung	161
5.2.3	Wachstumsrate der Population	161
5.2.4	Exponentielles und logistisches Wachstum	164
5.2.5	Konzept des Fließgleichgewichts	167
5.2.6	Schätzung der Parameter der Populationsdynamik	168
5.3	Phänotypische und genotypische Variabilität	177
5.4	Demographie	185
5.5	Verteilung	189
5.6	r- und K-Strategie	191
5.7	Verbreitung und Kolonisierung	195
6	**Interaktionen**	**200**
6.1	Konkurrenz um Ressourcen	200
6.1.1	Historische Konzepte: Exklusionsprinzip — Nische	200

6.1.2	Konkurrenzmodell nach Lotka und Volterra	203
6.1.3	Mechanistische Theorie der Konkurrenz um Ressourcen	206
6.1.4	Konkurrenz unter variablen Bedingungen	215
6.1.5	Konkurrenz um substituierbare Ressourcen	221
6.2	Direkte Interaktionen von Konkurrenten	224
6.2.1	Chemische Faktoren	224
6.2.2	Mechanische Interaktionen	226
6.3	Räuber-Beute-Beziehungen	228
6.3.1	Ursachen der Mortalität	228
6.3.2	Räuber-Beute-Zyklen	229
6.3.3	Evolution von Verteidigungsmechanismen	231
6.4	Grazing	233
6.4.1	Grazing im Plankton — quantitative Aspekte	233
6.4.2	Selektivität der herbivoren Zooplankter	236
6.4.3	Störung des Zooplanktons durch unfreßbare Algen	240
6.4.4	Nährstoffregeneration durch das herbivore Zooplankton	241
6.4.5	Periphyton	245
6.5	Prädation	246
6.5.1	Komponenten des Beutemachens	246
6.5.2	Selektivität	249
6.5.3	Vertebrate Räuber	252
6.5.4	Invertebrate Räuber	261
6.5.5	Verteidigungsmöglichkeiten der Beute	264
6.5.6	Konsequenzen für das Beutespektrum	271
6.6	Parasitismus	273
6.6.1	Allgemeine Merkmale	273
6.6.2	Beispiel: Pilzparasitismus auf Phytoplanktern	275
6.7	Symbiose	277
6.8	Zusammenwirken von Konkurrenz und Prädation	278
6.8.1	Size-Efficiency-Hypothese	278
6.8.2	Evolution von Lebenszyklusstrategien	281
6.8.3	Zyklomorphose	289
6.8.4	Vertikalwanderung	294
7	**Lebensgemeinschaften**	**302**
7.1	Abgrenzung von Lebensgemeinschaften	302
7.2	„Superorganismus" oder „Sieb"	303
7.3	Innere Struktur von Lebensgemeinschaften	304
7.3.1	Nahrungsketten und Nahrungsnetze	304
7.3.2	Aggregationsprobleme	307
7.3.3	Schlußsteinarten	309
7.3.4	„Bottom-up/Top-down"-Kontroverse	313
7.3.5	Versuche einer Synthese in der „Bottom-up/Top-down"-Kontroverse	316
7.4	Artenzahl und Diversität	321

7.4.1	Messung und Diversität	321
7.4.2	Ursachen und Erhaltung der Diversität	322
7.5	Stabilität	326
7.6	Lebensgemeinschaften der Seen	329
7.6.1	Lebensgemeinschaften des Pelagials	329
7.6.2	Benthon	331
7.6.3	Kopplung der Lebensräume	333
7.7	Lebensgemeinschaften des Fließwassers	336
7.7.1	Gliederung der Fließgewässer	336
7.7.2	River-Continuum-Konzept	339
8	**Gewässer als Ökosystem**	**345**
8.1	Ökosysteme als Aggregate	345
8.2	Energiefluß	346
8.2.1	Energiequellen und Energieträger	346
8.2.2	Effizienz des Energietransfers	347
8.2.3	Trophische Ebenen und Pyramiden	348
8.2.4	Detritusnahrungskette und Microbial loop	349
8.2.5	Energieflußdiagramme	351
8.3	Stoffkreisläufe	353
8.3.1	Allgemeine Merkmale	353
8.3.2	Kohlenstoffkreislauf	356
8.3.3	Stickstoffkreislauf	358
8.3.4	Phosphorkreislauf	362
8.3.5	Siliziumkreislauf	366
8.4	Sind Fließgewässer Ökosysteme?	367
8.5	Produktivität im Ökosystemvergleich	369
8.5.1	„Empirische Modelle"	369
8.5.2	Primärproduktion und Biomasse des Phytoplanktons	370
8.5.3	Sekundärproduktion, Fischertrag und tierische Biomasse	373
8.5.4	Trophiesystem	374
8.6	Anthropogene Störungen von Ökosystemen	377
8.6.1	Eutrophierung: Ursachen und Folgen	377
8.6.2	Eutrophierung: Sanierung und Restaurierung	380
8.6.3	Versauerung	385
8.7	Sukzession	387
8.7.1	Langzeitsukzessionen und das Klimaxproblem	387
8.7.2	Allgemeine Trends	389
8.7.3	Saisonale Sukzession des Planktons	391
8.7.4	Selbstreinigung als heterotrophe Sukzession	396
9	**Schlußbemerkungen**	**403**
	Glossar	407
	Literatur	412
Sachverzeichnis		**429**

1 Ökologie und Evolution

1.1 Natürliche Auslese

Viele Lehrbücher der Ökologie beginnen mit einer Begriffsbestimmung: „Was ist Ökologie?". Aus der Beantwortung dieser Frage läßt sich häufig bereits das Konzept des Buches erkennen. Wir stellen eine Definition von Krebs (1985) an den Anfang, um deutlich zu machen, daß in der modernen Ökologie evolutionsbiologische Konzepte eine Schlüsselrolle einnehmen. Diese Definition lautet: *„Ökologie ist die Wissenschaft, die sich mit den Wechselbeziehungen befaßt, die die Verbreitung und das Vorkommen der Organismen bestimmen"*.

Alle Organismen stehen in Wechselbeziehungen zu ihrer belebten und unbelebten Umwelt. Sie werden von abiotischen (physikalischen und chemischen) und von biotischen Faktoren (Aktivitäten anderer Organismen) beeinflußt. Wir sprechen häufig davon, daß sie nur unter Bedingungen existieren können, an die sie **angepaßt** sind. Diese Anpassung ist das Resultat der Evolution. Die Triebkraft der Evolution ist „natürliche Auslese" (Darwin 1859).

Damit Evolution stattfinden kann, müssen einige Voraussetzungen erfüllt sein:

1. Die Individuen in einer Population sind nicht völlig gleich; sie unterscheiden sich, wenn auch vielleicht nur wenig, in ihrem Aussehen, ihrer Größe, ihrer Fähigkeit, Nahrung zu erwerben, oder ihrer Reproduktionsfähigkeit.
2. Wenigstens ein Teil dieser Variabilität ist erblich. Individuen haben einen Teil ihrer Gene gemeinsam mit ihren Eltern und geben ihre Gene an die nächste Generation weiter. Deshalb sind die Nachkommen ihren Eltern ähnlich.
3. Wenn sie nicht gehindert würde, hätte jede Population die Möglichkeit, die gesamte Erde zu kolonisieren. Das müßte zu Konkurrenz um die begrenzten Ressourcen führen. In Wahrheit nehmen die Populationen aber nicht unbegrenzt zu. Von den Nachkommen jeder Generation sterben viele, bevor sie fortpflanzungsfähig werden. Im Gleichgewichtszustand wird jeder Elternteil nur durch einen Nachkommen ersetzt.
4. Es wird aber nicht jeder Elternteil durch seinen eigenen Nachkommen ersetzt. Verschiedene Individuen haben eine unterschiedlich hohe Wahrscheinlichkeit, daß ihre Nachkommen über-

leben. Diese Wahrscheinlichkeit hängt davon ab, wie gut die Nachkommen, im Vergleich zu denen anderer Eltern, mit den gegebenen Umweltbedingungen fertig werden. Wenn die dafür verantwortlichen Eigenschaften an die nächste Generation weitergegeben werden, reichern sich in der Population die Träger dieser Eigenschaften an.
5. Die Wahrscheinlichkeit, daß die Nachkommen eines bestimmten Elternteils in die nächste Generation kommen, hängt also entscheidend davon ab, wie gut die Eigenschaften der Nachkommen und die gegebene Umwelt zusammenpassen. Individuen mit bestimmten Eigenschaften, die in einer gegebenen Umwelt sehr erfolgreich sind, werden in einer anderen nur wenig erfolgreich sein.

Evolution setzt voraus, daß die Ergebnisse der natürlichen Auslese vererbt werden. Natürliche Auslese wirkt zwar auf die Phänotypen, verändert aber nicht die Erbanlagen des Individuums. Sie ändert die Zusammensetzung des Genpools der Population als Fortpflanzungsgemeinschaft, d. h. Populationen verändern ihre Eigenschaften von Generation zu Generation. Diese Veränderungen auf der Ebene von Genen und einzelnen Eigenschaften der Organismen sind das Untersuchungsobjekt der Populationsgenetik. Bei existierenden Populationen können wir solche Veränderungen nur selten nachweisen. Das liegt einerseits daran, daß unsere Beobachtungszeit zu kurz ist, andererseits daran, daß sich die Umwelt der Population nur wenig ändert. Verbreitung und Vorkommen der Organismen, wie wir sie heute sehen, sind bereits das Ergebnis der natürlichen Auslese.

Wenn wir diesen Satz akzeptieren, wird sofort klar, in welch enger Beziehung Evolution und Ökologie stehen. Natürliche Auslese ist das Resultat der Prozesse (Wechselbeziehungen mit belebter und unbelebter Umwelt), die das Studienobjekt der Ökologie sind. *Die Ökologie untersucht die Kräfte, die die natürliche Auslese verursachen.* Es ist deshalb kein Wunder, daß die moderne Ökologie und die Evolutionsbiologie eng miteinander verbunden sind. Der Einfluß evolutionsbiologischer Konzepte hat der Ökologie neue Impulse gegeben.

1.2   Fitneß

Das Wesen der natürlichen Auslese besteht darin, daß Individuen eine unterschiedliche Zahl von fortpflanzungsfähigen Nachkommen haben oder, auf molekularer Ebene, daß bestimmte Gene unterschiedlich häufig kopiert werden. Ein Maß dafür ist die **Fitneß**. Das Individuum, das langfristig die größte Zahl von Nachkommen hat, hat die größte Fitneß. Das ist allerdings immer ein relatives Maß. Da die Umweltbedingungen oft nicht die maximale Produktion von Nachkommen erlauben, ist es nicht sinnvoll, Nachkommen in absoluten Zahlen anzugeben, sondern nur relativ zu den anderen Individuen, die im gleichen Lebensraum leben. Das Individuum, das die meisten Nachkommen hat, trägt am meisten zum Genpool, der Summe aller Gene in einer Population, der nächsten Generation bei. Seine phänotypischen Merkmale werden sich deshalb in der Population anreichern, d. h. es hat die höchste **relative Fitneß**.

Das bedeutet aber nicht, daß die Individuen, die die höchste Zahl von Nachkommen produzieren, automatisch auch die höchste Fitneß haben. Entscheidend ist, wie viele Nachkommen überleben. Die Fitneß hat deshalb zwei Komponenten: das Reproduktionspotential und die Überlebensfähigkeit. Hohe Fitneß läßt sich durch hohe Nachkommenproduktion oder durch besondere Fürsorge für die Nachkommen erreichen. Jedes Individuum ist in seinen Leistungen beschränkt, deshalb kann es nicht einen beliebigen Weg beschreiten. Karpfen, zum Beispiel, erzeugen Millionen winziger Eier, die sie nach der Eiablage nicht mehr betreuen können. Stichlinge haben wenige Eier, die größer sind und in ein Nest gelegt werden, in dem sie vom Männchen bewacht werden. Maulbrütende Buntbarsche beherbergen ihre Brut während der kritischen Jugendzeit sogar im eigenen Maul, aber das können sie nur mit wenigen Jungen machen. Alle drei Fischarten investieren in unterschiedliche Wege, mit denen sie höhere Fitneß erreichen.

Die Reproduktionskapazität wird oft von der Verfügbarkeit bestimmter Ressourcen begrenzt (z. B. von der Nahrung oder bestimmten chemischen Elementen). Die physiologischen Mechanismen zur Erreichung höherer Fitneß für ein Individuum bestehen deshalb darin, mehr von den Ressourcen zu bekommen als andere Individuen oder die Ressourcen besser auszunutzen. Die Steigerung der Überlebensfähigkeit erfordert dagegen häufig besondere morphologische Strukturen oder ein besonderes Verhalten. Mortalität durch Nahrungsmangel läßt sich durch die Anlage von Reserven innerhalb oder außerhalb des Körpers oder auch durch Ruhezeiten vermeiden. Freßfeinden kann man durch schützende Panzer, andere Abwehrmechanismen oder durch Flucht entgehen.

Es gibt zwar verschiedene Wege zu mehr Fitneß, man kann aber allgemein sagen, daß in einer Population diejenigen phänotypischen Eigenschaften am erfolgreichsten sein werden, die dazu beitragen, die Fitneß zu maximieren. Ein Maximum wird allerdings wohl nie erreicht, so daß man besser von Optimieren spricht. Als Resultat der Fitneßoptimierung durch natürliche Auslese sind Organismen an die Umweltbedingungen angepaßt **(adaptiert)**. Aus einer Reihe von Gründen werden sie jedoch nie eine perfekte Anpassung erreichen:

1. Selektion wirkt auf den Phänotyp. Die Korrelation zwischen Genotyp und Phänotyp wird aber niemals vollkommen sein; Mutation und Genfluß in Populationen verhindern das. Die Einwanderung von Individuen aus Populationen, die an etwas andere Bedingungen angepaßt sind, bringt ständig neue Gene in den Genpool. Je kleiner eine Population ist, desto größer ist der Einfluß von Zufallsfaktoren, die eine **genetische Drift** erzeugen. Keine Population enthält sämtliche möglichen genetischen Kombinationen, die die Fitneß beeinflussen. Selektion wirkt deshalb nur auf die verfügbaren Phänotypen. Sie fördert die am besten angepaßten Genotypen unter den vorhandenen, nicht die absolut besten.
2. Die physikalischen, chemischen und biologischen Umweltbedingungen sind nie völlig konstant. Langfristige und kurzfristige klimatische Veränderungen machen ständig neue Anpassungen notwendig. Geologische Ereignisse schaffen neue Lebensräume, aber auch die Organismen selbst verändern die Umweltbedingungen. Die zufällige Einwanderung von Organismen in Lebensräume, in denen sie aus historischen Gründen bisher nicht vertreten waren, verändert die biologische Umwelt für die schon vorhandenen Organismen.
3. Organismen müssen ständig Kompromisse schließen. Deshalb läßt sich aus ihrem Vorkommen in einem Lebensraum nicht unbedingt schließen, daß das der für sie optimale ist. Die Tatsache, daß manche Tiere im kalten Tiefenwasser von Seen leben, bedeutet nicht, daß sie kaltes Wasser benötigen. Manche von ihnen haben wesentlich höhere Nachkommenzahlen bei höheren Temperaturen; sie können aber nicht an der warmen Oberfläche leben, weil es dort zum Beispiel Räuber gibt, vor denen sie sich nicht schützen können.
4. Anpassungen haben oft „Kosten". Das Material, das in morphologische Anpassungen zur Verteidigung investiert wird, kann an anderer Stelle fehlen. Die Anpassung an einen Selektionsfaktor kann die Anpassung an einen anderen Selektionsfaktor behindern. Wenn Algen große Kolonien bilden, sind sie zum Beispiel vor Fraß durch Zooplankter geschützt. Andererseits wird aber die Versorgung der im Inneren der Kolonie liegenden Zellen mit CO_2 und Nährstoffen schlechter. Ähnliche Probleme werden in diesem Buch immer wieder auftauchen.
5. Es gibt strukturelle und physiologische Grenzen der Anpassung. Organismen können, zum Beispiel, nicht beliebig groß oder klein

werden. Aufnahmeraten für Nährstoffe oder Freßraten können nicht beliebig gesteigert werden.
6. Die biotischen Beziehungen zwischen Organismen ähneln einem „Rüstungswettlauf". Ein Beutetier, das sich durch einen Panzer schützen kann, wird einen Selektionsdruck erzeugen, der unter den Räubern Individuen fördert, die besonders gut Panzer knacken können. Der Räuber wird also, zum Beispiel, stärkere Kiefer evolvieren. Das wird aber wiederum einen Selektionsdruck für noch stärkere Panzer bei der Beute erzeugen. Solange das genetische Potential für weitere Veränderungen vorhanden ist, werden sich Räuber und Beute ständig verändern, aber dabei nie ein Optimum der Anpassung erreichen.

Der letzte Punkt weist auf Unterschiede in der Anpassung an biotische und abiotische Umweltfaktoren hin. Die unbelebte Umwelt wird zwar durch die Organismen modifiziert, sie unterliegt aber nicht selbst der Evolution. Anpassung an abiotische Faktoren ist deshalb ein einseitiger Prozeß. Anpassung an biotische Faktoren dagegen ist ein zweiseitiger Prozeß. Bei Wechselwirkungen zwischen Organismen unterliegen alle Partner der Evolution, sie koevoluieren. In einem bestimmten Lebensraum sind alle Organismen den gleichen abiotischen Faktoren ausgesetzt; das Wasser in einem arktischen See ist zum Beispiel für alle dort lebenden Organismen kalt. Es gibt nur eine beschränkte Zahl von Möglichkeiten, physiologisch auf solche Faktoren zu reagieren, um die Fitneß zu steigern, d. h. die Organismen müßten sich ähnlicher werden. Die biotischen Faktoren sind dagegen nicht für alle Organsismen gleich. Zwischen manchen Individuen oder Gruppen von Individuen bestehen sehr enge Wechselbeziehungen, zwischen anderen nur lose oder gar keine. Verschiedene Organismen sind deshalb unterschiedlichen biologischen Selektionsfaktoren ausgesetzt, die bewirken, daß Unterschiede bestehen bleiben. In einem bestimmten Lebensraum können sich nur Organismen etablieren, eine Lebensgemeinschaft bilden, die eine ausreichend hohe Fitneß haben. Die Struktur dieser Lebensgemeinschaft, d. h., welche Organismen dort vorkommen und wie sie in Wechselwirkung stehen, hängt deshalb davon ab, wie gut diese Organismen an die Bedingungen angepaßt sind. Dabei setzen die abiotischen Faktoren den Rahmen; die Feinstruktur aber, das eigentliche „Bild im Rahmen" ist eine Konsequenz der biotischen Faktoren (vgl. 8.7.3).

1.3 Proximat- und Ultimatfaktoren

Die Ökologie ist auf dem Weg von einer naturhistorisch beschreibenden zu einer erklärenden Wissenschaft. Der entscheidende

Schritt liegt darin, die morphologischen und physiologischen Eigenschaften der Organismen, ihre Verteilung, ihr Verhalten, ihre Lebenszyklen und ihre Fähigkeit, auf sich ändernde Umweltbedingungen zu reagieren, unter dem Aspekt der Fitneß des Individuums oder der mittleren Fitneß der Population zu sehen. Wir untersuchen nicht nur, *wie* Organismen an ihre Umwelt angepaßt sind, sondern wir fragen, *warum* sie bestimmte Eigenschaften und Verhaltensweisen haben, was deren „Anpassungswert" (**Adaptivwert**) ist.

Ein Beispiel mag den Unterschied verdeutlichen: Manche planktische Ruderfußkrebse (cyclopoide Copepoden) haben in ihren Entwicklungszyklus eine Diapause eingeschaltet, eine Ruhephase, während der sie sich nicht weiterentwickeln. Oft liegt die Diapause im Sommer. Die adulten Copepoden pflanzen sich im zeitigen Frühjahr fort. Ihre Larven (Nauplien) und die ersten Juvenilstadien (Copepodide) entwickeln sich sofort, aber die vierten Copepodidstadien stellen die Entwicklung ein und vergraben sich im Sediment, wo sie den Sommer überdauern. Erst im Spätherbst kommen sie wieder hervor und vollenden die Entwicklung. Es läßt sich experimentell zeigen, daß der Beginn der Diapause durch die Tageslänge bestimmt wird (Spindler 1961). Wenn man aber annimmt, daß das Diapauseverhalten ein Resultat der natürlichen Auslese ist, genügt diese Erklärung nicht. Sie sagt zwar, wie das Verhalten gesteuert wird, aber nicht, warum es auftritt. Es ist kaum zu erwarten, daß die längeren Tage direkt einen Fitneßnachteil bedeuten sollten. Im Gegenteil, ein Copepode, der nicht in Diapause ginge, könnte im Sommer mehrere Generationen von Nachkommen hervorbringen und damit an Fitneß gewinnen. Die Tageslänge ist ein **Proximatfaktor**, ein Umweltfaktor, der die unmittelbare Reaktion der Organismen bestimmt. Es muß aber noch einen oder mehrere Faktoren geben, die nicht unmittelbar sichtbar sind, die aber dafür verantwortlich sind, daß das Diapauseverhalten einen Fitneßvorteil bringt. Einen solchen Faktor, der die evolutionäre Reaktion bestimmt, nennen wir **Ultimatfaktor**. Aus dem gegenwärtigen Status läßt sich ein Ultimatfaktor nicht ohne weiteres erkennen, denn das Wesen der natürlichen Auslese besteht ja gerade darin, Ultimatfaktoren zu eliminieren. Nur selten kann man den historischen Beweis dafür erbringen, daß ein Ultimatfaktor in einer Population noch wirksam ist. In der Regel sehen wir nur ein Stadium, das dem Endstadium der Anpassung sehr nahe kommt.

Dennoch ist die Suche nach den Ultimatfaktoren eine der wichtigsten Aufgaben der Ökologie. Sie läßt sich nur dadurch betreiben, daß man Hypothesen aufstellt, welches die Ultimatfaktoren sein könnten, und diese dann testet. In unserem Beispiel könnten solche Hypothesen folgendermaßen aussehen:

1. Die Copepoden können aus physiologischen Gründen keine hohen Sommertemperaturen ertragen.
2. Die algenfressenden Larvenstadien sind schlechte Nahrungskonkurrenten und könnten sich gegenüber anderen Zooplanktern im Sommer nicht behaupten.
3. Die Copepoden sind durch Fischfraß gefährdet und vermeiden Zeiten, in denen viele planktonfressende Fische im See sind.
4. Das Verhalten ist ein Überbleibsel aus Zeiten, in denen die Copepoden in Kleinstgewässern lebten, die im Sommer austrockneten.

Einige dieser Hypothesen lassen sich experimentell prüfen, andere durch den Vergleich von Populationen in verschiedenen Gewässern. Hypothese (1), zum Beispiel, läßt sich leicht verwerfen, wenn es gelingt, die Copepoden bei kurzer Tageslänge und hoher Wassertemperatur zu kultivieren (vgl. 6.8.2).

Normalerweise ist es nur möglich, vorgeschlagene Ultimatfaktoren auszuschließen, nicht aber, sie zu beweisen (vgl. 2.1). Mit fortschreitendem Ausschluß potentieller Erklärungen engt sich dann die Zahl der möglichen Alternativen so weit ein, bis im Idealfall nur ein Ultimatfaktor übrig bleibt. Allerdings ist dies nie ein endgültiger Beweis, da im Prinzip immer unendlich viele neue Erklärungen erfunden werden können.

Dennoch ist das Verständnis der Ultimatfaktoren wichtig, denn es ermöglicht uns, Voraussagen zu machen, wie Organismen auf eine Veränderung der Umweltbedingungen reagieren werden. Es wird uns vielleicht auch helfen, die Vielzahl der ökologischen Faktoren zu reduzieren und generelle Prinzipien zu finden, die für alle Organismen gelten. Die Wirkung der Ultimatfaktoren ist nämlich nicht auf eine Gruppe von Organismen beschränkt; sie pflanzt sich fort. Betrachten wir wieder unser Beispiel der Diapause. Adulte cyclopoide Copepoden leben räuberisch von kleinen anderen Zooplanktern. Wenn die Copepoden im Sommer in die Diapause eintreten, sind solche kleinen Zooplankter nicht mehr durch diese Räuber gefährdet. Sie können eventuell größere Populationen aufbauen und ihrerseits bestimmte Arten von Algen, die von ihnen gefressen werden, unterdrücken. Obwohl also natürliche Auslese auf Phänotypen einer einzelnen Population (in unserem Beispiel die Copepoden) wirkt, hat sie Konsequenzen für andere Populationen und Lebensgemeinschaften. Wenn sich die Eigenschaften einer Population ändern, verändert sich damit ja auch die Umwelt für die Organismen, die mit ihr in Wechselwirkung stehen.

Die Ökologie beschäftigt sich mit verschiedenen Ebenen der Integration, vom Individuum, über die Population, die Lebensgemeinschaft, das Ökosystem bis zur Biosphäre. Je höher der Grad der Komplexität der Systeme ist, desto unzureichender können wir sie erklären (Krebs 1985). Wir werden wohl nie in der Lage sein, globale Klimaänderungen mit evolutionsbiologischen Konzepten vorauszusagen. Das ist aber auch nicht nötig. Diese Fragestellung erfordert nicht die Betrachtung von Arten oder Individuen. Sie faßt große Gruppen, zum Beispiel die grünen Pflanzen, zusammen und entwickelt eigene Methoden, um deren Reaktionen und Veränderungen zu beschreiben. Dennoch schlägt das Evolutionsprinzip auch auf diese Ebene durch, denn unsere Atmosphäre ist ein Resultat der Wechselwirkungen von Organismen mit ihrer Umwelt und ist erst durch die fortschreitende Evolution sauerstoffproduzierender Pflanzen in ihrer heutigen Zusammensetzung entstanden.

Auf der mittleren Ebene, bei den Lebensgemeinschaften, besteht mehr Hoffnung, daß wir in der Lage sein werden, generelle Prinzipien aus den Anpassungen der beteiligten Organismen abzuleiten. Lebensgemeinschaften haben besondere Eigenschaften, die sich aus ihrer Komplexität ergeben, wie Diversität, Stabilität der Artenstruktur, hierarchische Gliederung und Regenerationsfähigkeit. Anders als bei Individuen, deren Phänotyp im genetischen Programm der DNS festgelegt ist, gibt es für die integrierenden Eigenschaften einer Lebensgemeinschaft aber keine molekuare Basis, die vererbt werden könnte. Die Eigenschaften der Lebensgemeinschaft müssen sich deshalb aus den Wechselwirkungen der beteiligten Individuen ergeben. Es ist eine der interessantesten Aufgaben der Ökologie, die Prinzipien zu finden, nach denen höhere Eigenschaften wie Diversität reguliert werden und diese aus den Eigenschaften der Individuen, die der natürlichen Auslese unterliegen, mechanistisch zu erklären.

2 Methodik ökologischer Forschung

2.1 Testen von Hypothesen

Wie jede andere Wissenschaft verfügt die Ökologie über ein Repertoire von methodischen Regeln, über die Konsens besteht. Mit der Entwicklung von einer naturhistorisch-beschreibenden zu einer experimentellen Wissenschaft mußte sich auch die Ökologie in ihrer Methodik ändern.

Am Anfang der Entwicklung einer Wissenschaft steht meistens die Beschreibung einzelner Beobachtungen. Danach kommt häufig eine Phase der Klassifizierung, in der es darum geht, Ordnung in die Vielfalt der Beobachtungen zu bringen. Für die Limnologie und die Ökologie kann man die Seentypenlehre (vgl. 8.5.4) bzw. die Pflanzensoziologie, die beide in den ersten Jahrzehnten des 20. Jahrhunderts entwickelt und ausgebaut wurden, als typische Beispiele dieses Stadiums ansehen. Wissenschaftliche Diskussionen im Stadium der Klassifikation entzünden sich meist an der Definition von Begriffen und nicht an vermeintlichen Ursache-Wirkungs-Beziehungen. Obwohl sich typische Verhaltensweisen des klassifikatorischen Stadiums noch bei vielen Ökologen erhalten haben, hat die Ökologie insgesamt mittlerweile das Stadium einer Gesetzeswissenschaft erreicht, d. h., sie will gesetzmäßige Aussagen über Kausalbeziehungen innerhalb ihres Gegenstandsbereiches machen.

Während Klassifikationsprinzipien nie wahr oder falsch, sondern immer nur praktisch oder unpraktisch sein können, stellen Gesetzesaussagen einen Wahrheitsanspruch. Die Überprüfbarkeit dieses Wahrheitsanspruches ist der Gegenstand der Wissenschaftstheorie, eines Teilgebietes der Philosophie. Wie in fast allen Bereichen der Philosophie herrscht auch in der Wissenschaftstheorie kein Konsens zwischen den verschiedenen Schulen. Folgen wir Poppers „kritischem Rationalismus", der innerhalb der Naturwissenschaften breite Akzeptanz gefunden hat, so gibt es grundsätzlich zwei Wege, zu Aussagen zu gelangen:

1. **Deduktion,** die Herleitung einer Aussage über einen besonderen Fall aus allgemeinen Aussagen (Gesetzen).
2. **Induktion,** die Schlußfolgerung von (vielen) Einzelfällen auf ein allgemeines Gesetz, das auch für nicht beobachtete, aber gleichartige Fälle gelten soll.

Eine durch Induktion gewonnene allgemeine Aussage kann niemals endgültig bewiesen werden, da es nicht möglich ist, wirklich alle Einzelfälle zu prüfen. Es genügt aber eine einzige widersprechende Beobachtung, um die Aussage zu widerlegen **(Falsifikation).** Die wesentliche Eigenschaft wissenschaftlicher Aussagen ist ihre **Falsifizierbarkeit.** Eine Hypothese muß so formuliert sein, daß sie prinzipiell falsifizierbar ist. Nicht falsifizierbare Aussagen haben keinen Erkenntniswert.

Das Falsifikationsprinzip läßt sich anschaulich durch Poppers Schwanenbeispiel illustrieren. Bevor in Australien schwarze Schwäne entdeckt wurden, war der Satz, „Alle Schwäne sind weiß", eine legitime Hypothese, die durch eine widersprechende Beobachtung falsifiziert werden konnte. Der Satz, „Alle Schwäne haben irgendeine Farbe", wäre zwar unwiderlegbar gewesen, aber auch sinnlos, da er keine Erkenntnis vermittelt.

Besonders in der Ökologie spielen Zufallseinflüsse eine derartig große Rolle, daß die Anwendung eines strengen Falsifikationsprinzips nicht zweckmäßig ist. Falsifizierbare Hypothesen lassen sich auch formulieren, indem man die Wahrscheinlichkeit des Eintrittes eines Ereignisses oder den Vertrauensbereich eines erwarteten Wertes angibt. Solche **probabilistische Hypothesen** lassen sich nicht durch einzelne, sondern nur durch eine ausreichend große Zahl von Beobachtungen falsifizieren.

Wissenschaftliche Theorien sind Komplexe aus logisch miteinander verbundenen Hypothesen und Axiomen. **Axiome** sind definitorische Festsetzungen (z. B. das „Survival-of-the-Fittest"-Prinzip der Darwinschen Evolutionstheorie), die nicht durch unmittelbare Beobachtung oder Experimentation falsifizierbar sind. Sie unterliegen einem historischen Überprüfungsprozeß, in dem sich die auf ihnen aufgebauten Theorien bewähren müssen.

Die empirische Überprüfung von Theorien folgt der **hypothetico-deduktiven** Methode. Sie besteht darin, daß aus einer Theorie falsifizierbare Hypothesen abgeleitet werden, die durch Beobachtungen oder Experimente überprüft werden. Häufig konkurrieren zwei Theorien um die Erklärung eines Sachverhalts. Dann muß man aus ihnen einander widersprechende Hypothesen deduzieren und überprüfen, um zu einer Entscheidung zwischen den konkurrierenden Theorien zu kommen. In Box **2.1** ist ein Beispiel dazu aus der Limnologie angeführt. Diese Art des Vorgehens setzt sich in der Ökologie erst langsam durch, teils aus traditionellen Gründen, teils weil die vorhandene Methodik und das Theoriengebäude noch nicht ausreichen, Systeme von komplexen Wechselbeziehungen zu erfassen.

Box 2.1 Beispiel für die Überprüfung von Hypothesen

Beobachtung: In vielen Seen folgt auf das Frühjahrsmaximum des Phytoplanktons ein Maximum der phytoplanktonfressenden Zooplankter. Gleichzeitig mit dem Maximum des Zooplanktons kommt es zu einem spektakulären Zusammenbruch der Phytoplanktonbiomasse („Klarwasserstadium"; vgl. 6.4.1).
Korrelation: Die zeitliche Veränderung der Phytoplanktonbiomasse (erste Ableitung der Phytoplanktonkurve; dB/dt) ist negativ mit den Zooplanktondichten korreliert.
Hypothese: Die Fraßaktivität des Zooplanktons (Grazing) führt zum Klarwasserstadium.
Alternativhypothese: Der Zusammenbruch des Phytoplanktons wird durch Nährstoffmangel verursacht.
Überprüfung durch Messung von Freilanddaten:
1. Die Produktionsraten des Phytoplanktons pro Biomasseeinheit sind auch während des Zusammenbruchs der Biomasse so hoch, daß Nährstofflimitation ausgeschlossen werden muß.
2. Die Grazingraten des Zooplanktons sind höher als die Wachstumsraten des Phytoplanktons.

Fazit: Die Alternativhypothese ist falsifiziert, während die Falsifikation der Ausgangshypothese gescheitert ist.
Überprüfung durch Feldexperimente:
1. Auch wenn Mesokosmen (s. 2.4) gedüngt werden, kommt es bei ungehinderter Entfaltung des Zooplanktons zu einem Klarwasserstadium.
2. Wenn das Zooplankton unterdrückt wird (Fischfraß, Entfernung durch Planktonnetze) kommt es auch bei fehlender Düngung zu keinem Klarwasserstadium.

Fazit: Die Alternativhypothese ist falsifiziert, während die Falsifikation der Ausgangshypothese gescheitert ist.

2.2 Beobachten und Registrieren

Die Beobachtung der Natur, die Erhebung von Freilanddaten, ihre Registrierung und systematische Auswertung dominierten die frühe Phase der Ökologie. Für die frühen Theorien der Ökologie spielte neben dem vorgefaßten Konzept des „Gleichgewichts der Natur" die Induktion aus Freilanddaten die entscheidende Rolle. Auch heute, nachdem die Ökologie zu einer zumindest partiell experimentellen Wissenschaft geworden ist, ist die Erhebung von Freilanddaten wichtig und hat ihre Bedeutung einerseits in der wissenschaftlichen Ökologie zum Testen von Hypothesen und andererseits in der angewandten Ökologie zum Zweck der **Umweltüberwachung** (Monitoring). Nicht mehr zeitgemäß ist jedoch die in der wissenschaftlichen Ökologie immer noch weit verbreitete Haltung, ohne theoretisches Konzept möglichst viele Daten zu sammeln in der Hoffnung, dadurch auf induktivistische Weise irgendwann zu allgemeinen Einsichten zu kommen.

Freilanddaten, die von Süßwasser-Ökologen üblicherweise erhoben werden, umfassen physikalische Parameter (Temperatur, Dichte des Wassers, Strömungsgeschwindigkeit, Lichtintensität etc.), die Konzentration chemischer Substanzen sowie das Vorhandensein von Organismen (Artenlisten) und ihre Häufigkeit. Da sich wegen der starken Größenunterschiede zwischen Organismen **Individuenzahlen** in ihrer Bedeutung oft schlecht vergleichen lassen (ein Baum übt auf seine Umgebung mehr Einfluß aus als 100 Grashalme), wird häufig die Masse der Organismen (**„Biomasse"**) anstatt ihrer Individuenzahl erfaßt. Im allgemeinen geben Ökologen nicht absolute Massen oder Individuenzahlen, sondern **Konzentrationen und Dichten** an. Die Zahl der Wasserflöhe pro Liter oder pro Quadratmeter Seeoberfläche ist meistens interessanter als ihre Gesamtzahl in einem See, wenn man Prozesse im Auge hat, die nicht nur für einen einzelnen See gelten.

Chemische Substanzen und Organismen sind in ihrer Umwelt oft nicht gleichmäßig verteilt. Auch innerhalb eines physikalisch (scheinbar) homogenen Lebensraumes sind Organismen geklumpt verteilt (**„Patchiness"**). Da ein Gesamtzensus nur ausnahmsweise möglich ist, war die quantitative Ökologie schon frühzeitig mit dem Problem der repräsentativen Probennahme und den damit zusammenhängenden Fragen der Statistik konfrontiert. Auch bei optimaler Probennahmestrategie müssen sich Ökologen damit abfinden, daß ihre Freilanddaten fehlerbehaftet sind. Daraus wird gelegentlich der Schluß gezogen, daß die arbeitsintensive Zählung von Organismen durch die Schätzung von Häufigkeitsklassen („vereinzelt", „selten", „häufig", „sehr häufig", „massenhaft") ersetzt werden könnte. Vor dieser Vereinfachung muß aber gewarnt werden, da in die Schätzung subjektive Fehler einfließen (Überschätzung auffälliger und erwarteter Organismen).

Konzentrationen, Dichten und Biomassen unterliegen zeitlichen Veränderungen. Deswegen ist es wichtig, daß die zeitliche Dichte der Probennahme und die Dauer des Beobachtungszeit-

2.2 Beobachten und Registrieren

raumes der **zeitlichen Skala** dieser Veränderungen angepaßt sind. Da sich zum Beispiel die Artenzusammensetzung des Phytoplanktons innerhalb von wenigen Wochen ändern kann, ist es sinnlos, sie auf der Basis einer einmaligen Probennahme pro Jahr zu beschreiben. Im allgemeinen ist für die Erfassung des jahreszeitlichen Änderungsmusters der Artenzusammensetzung des Phytoplanktons eine einwöchige bis vierzehntägige Probennahme nötig. Um zu erkennen, ob es sich um ein regelmäßiges, jedes Jahr wiederkehrendes Muster handelt, muß der Beobachtungszeitraum auf mehrere Jahre ausgedehnt werden. Da langjährige Trends immer von Zufallsschwankungen überlagert werden, können sie nicht aus dem Vergleich zweier aufeinanderfolgender Jahre abgeleitet werden.

In der Praxis müssen Ökologen stets Kompromisse machen, da die finanziellen und personellen Kapazitäten begrenzt sind. Das gilt für die zeitliche und räumliche Dichte von Probennahmen, aber auch für die Detailauflösung. Oft wird man zum Beispiel vor der Frage stehen, ob die Häufigkeit jeder einzelnen Art angegeben werden soll oder ob es gestattet ist, Arten taxonomisch oder nach funktionellen Kriterien in **Sammelkategorien** zusammenzufassen („Aggregation"). Das Aggregationsproblem ist dabei nicht nur eine Frage der Arbeitsökonomie; es kann auch sein, daß bei höherer Aggregation Regelmäßigkeiten erkannt werden, die bei stärkerer Detailauflösung nicht deutlich werden. So läßt sich für bestimmte Seen mit großer Wahrscheinlichkeit vorhersagen, daß das Phytoplankton am Beginn der Vegetationsperiode von Kieselalgen dominiert wird, es läßt sich aber oft nicht vorhersagen, von welcher Art.

Eine der wichtigsten Begrenzungen der rein beobachtenden Forschung besteht darin, daß sie auf die Erfassung statischer Parameter beschränkt ist. Die zeitlichen Veränderungen von Konzentrationen, Dichten und Biomassen resultieren meistens aus gleichzeitig stattfindenden aufbauenden und abbauenden Prozessen. So ist etwa die Veränderungsrate einer Populationsdichte das Nettoergebnis von Geburts-, Immigrations-, Emigrations- und Todesraten. Für viele Fragestellungen sind die Raten dieser Prozesse wichtiger als die zeitliche Veränderung der statischen Parameter Konzentration, Dichte und Biomasse. Da auf- und abbauende Prozesse aber gleichzeitig stattfinden, können ihre Raten nicht aus der Veränderungsrate der statischen Parameter berechnet werden und entziehen sich damit der rein beobachtenden und registrierenden Forschung. Die Untersuchung von Aufbau- und Abbauraten setzt meistens die experimentelle Isolation einzelner Prozesse und den Ausschluß anderer voraus. Dennoch wird die **In-situ-Messung** von Raten meist der beobachtenden und nicht der experimentellen Forschung sensu stricto zugerechnet, obwohl sie die Manipulation des Systems voraussetzt.

2.3 Korrelation von Freilanddaten

Der erste Schritt vom Beobachten und Registrieren zur Formulierung kausaler Gesetzmäßigkeiten besteht häufig in dem Versuch, Zusammenhänge zwischen vermuteten unabhängigen und abhängigen Variablen zu suchen. In den meisten Fällen wird dabei versucht, biologische Variablen als Funktion der abiotischen Umwelt oder anderer biologischer Variablen zu erklären. Ein Beispiel für den ersten Fall ist der Versuch, die Verbreitung einer Art (biologische Variable) durch die Temperatur (abiotische Variable) zu erklären; ein Beispiel für den zweiten Fall ist es, die Verbreitung einer Art durch die Verbreitung ihrer Futterorganismen (biologische Variable) zu erklären.

Mit der zunehmenden Verbreitung von Computern und statistischen Programmpaketen ist die Verwendung definierter mathematischer Verfahren an die Stelle von Auswertungen „nach Augenmaß" getreten. Trotz der dadurch gewonnenen Objektivität sind die prinzipiellen Probleme jedoch unverändert. **Korrelationsanalysen** können grundsätzlich nur einen numerischen, aber nicht einen funktionalen Zusammenhang erschließen. Der **Ursache-Wirkungs-Zusammenhang** muß bereits vorher als Hypothese formuliert worden sein. Besteht zum Beispiel eine positive Korrelation zwischen dem pH-Wert des Wassers und der Photosyntheserate des Phytoplanktons (vgl. 3.3.2), so läßt sich daraus alleine nicht schließen, ob ein hoher pH-Wert die Photosynthese fördert oder ob die Photosynthese den pH-Wert nach oben treibt. Haben wir jedoch eine Hypothese, daß die Photosynthese den pH-Wert nach oben verschiebt, weil dabei OH^--Ionen freigesetzt werden, was man aus Kenntnissen der Wasserchemie und aus der Summenformel der Photosynthese deduzieren kann, ist eine solche Korrelationsanalyse zur Überprüfung sinnvoll.

Ein Kausalzusammenhang kann jedoch auch nur vorgetäuscht sein, wenn die beiden Variablen in Wirklichkeit gar nicht voneinander, sondern von einer dritten Variablen abhängig sind, die nicht berücksichtigt wurde. Dieser Fehler tritt häufig auf, wenn Zeitreihen miteinander verglichen werden und aus einem gleich- oder gegenläufig gerichteten Trend auf einen Kausalzusammenhang geschlossen wird. Das berühmteste Beispiel einer solchen **„Scheinkorrelation"** ist die gleichzeitige Abnahme der Geburtenrate und der Störche in den wohlhabenden Ländern Europas.

Ein weiteres Problem in der Korrelationsanalyse von Freilanddaten sind Verzögerungen in der Reaktion der abhängigen Variablen. Die Zunahme und die Abnahme von Individuenzahlen hinken oft hinter den Ursachen her, so daß sie eher vergangene als gleichzeitige

Umweltbedingungen widerspiegeln. Es gibt statistische Verfahren (z. B. Kreuzkorrelationsanalyse), die diesem Phänomen Rechnung tragen und die **Zeitverschiebung** aufdecken können. Ihre Anwendung setzt allerdings das Vorhandensein ausreichend dichter und langer Zeitreihen voraus.

Zwar sind heute statistische Verfahren, die auch Korrelationen zwischen einer Reihe von Variablen aufdecken können **(multiple Korrelation)** Routine geworden, die Probleme liegen aber in den Voraussetzungen. Deshalb sind experimentelle Manipulationen zur Aufdeckung von Kausalzusammenhängen nicht zu umgehen.

2.4 Labor- und Freilandexperimente

Seit Galilei ist das Experiment die klassische Methode der Naturwissenschaften. Die Falsifikation von Hypothesen und die Entscheidung zwischen konkurrierenden Theorien werden eher dem Experiment als der reinen Beobachtung zugetraut. Kritische Experimente, die zwischen konkurrierenden Theorien entscheiden, tragen am meisten zum Fortschritt einer Wissenschaft bei, haben einen hohen Prestigewert, sind aber auch selten. Nicht alle Experimente werden mit der Intention der Falsifikation von Hypothesen durchgeführt. Viele dienen einfach dazu, die Konstanten in bekannten und fest etablierten Formeln für neue Materialien, Organismen etc. zu ermitteln, z. B. die maximale Wachstumsrate eines Organismus. Aber auch solche Experimente haben das implizite Potential, die ihnen zu Grunde liegenden Formeln zu falsifizieren, oder sie können Teilkomponente eines umfangreicheren Programms sein, das in hypothesentestenden Experimenten mündet. Leider werden aber in der Ökologie noch vielfach Experimente ohne theoretischen Hintergrund, nur um sich vom Effekt einer Manipulation überraschen zu lassen, durchgeführt.

Der klassische Aufbau eines Experiments besteht darin, alle Faktoren bis auf einen konstant zu halten (Konstanz der Randbedingungen), um so den Effekt des variierten Faktors untersuchen zu können. Experimente dieser Art können normalerweise nur im Labor, aber nicht in der Natur durchgeführt werden. **Laborexperimente** mit Individuen oder Klonen (Vielzahl genetisch gleichartiger Organismen) sind anerkannte Praxis in der Physiologie. Sie sind auch für die Ökologie von großer Bedeutung, da die Fitneß der Organismen oder ihr Beitrag zu biogeochemischen Prozessen wesentlich von ihren physiologischen Ansprüchen und Fähigkeiten abhängt. Die meisten der in Kapitel 4 vorgestellten Ergebnisse beruhen auf Experimenten dieser Art.

a

b

Es ist nicht unbestritten, daß auf diese Weise auch Prozesse auf Populations- oder Lebensgemeinschaftsniveau untersucht werden können. Experimente mit künstlich zusammengestellten Lebensgemeinschaften werden als **Mikrokosmen** bezeichnet (Abb. 2.**1a**). Dazu stellt man in Gefäßen aus zwei oder mehreren Populationen

Abb. 2.1 a – c   Ökologische Experimente in verschiedenem Maßstab:
a Mikrokosmen verschiedener Größe im Labormaßstab
b Experiment mit Mesokosmen auf dem Schöhsee (Holstein). Diese Plastiksäcke haben 1 m Durchmesser und sind 3 m tief. Sie fassen ca. 2 m³ Wasser (MPG-Pressephoto)
c Seeteilungsexperiment „Große Fuchskuhle" in Neuglobsow (Brandenburg). Der See wurde durch Plastikvorhänge, die im Sediment verankert sind, in vier Teile geteilt, die unterschiedlich manipuliert werden können (Aufnahme W. Scheffler)

künstlich Lebensgemeinschaften her, die man einer experimentellen Manipulation aussetzen kann. Mikrokosmen sind entweder geschlossene Systeme oder offen für die Nachlieferung von Substanzen, die Entfernung von Abfallprodukten und eine kontrollierte Entnahme von Organismen. Die Einwanderung von Organismen in das experimentelle System wird meistens ausgeschlossen. Prototypen dieser Experimente sind Gauses frühe Konkurrenzexperimente (vgl. 6.1.1).

Der Hauptkritikpunkt an Mikrokosmosexperimenten ist die Einschließung auf engem Raum. Es wird unterstellt, daß durch das Fehlen von Immigration und Emigration und von Ausweichmöglichkeiten biotische Interaktionen (Konkurrenz, Räuber-Beute-Beziehungen) erzwungen werden, die in der Natur nicht oder nur in wesentlich geringerer Intensität stattfinden. Diese Kritik ist jedoch ein Mißverständnis, da es in Mikrokosmosexperimenten darum geht, die Gesetzmäßigkeiten eines ökologischen Prozesses (z. B.

Konkurrenz) zu studieren, und nicht darum, ob dieser Prozeß in der Natur wichtig ist oder nicht. Mikrokosmosexperimente können zum Beispiel zeigen, welche Muster der zeitlichen Änderung in der Dichte von Organismen durch Konkurrenz oder durch Räuber-Beute-Beziehungen verursacht werden. Wenn in der Natur solche Muster wiedergefunden werden, ist das ein erster Hinweis, daß die zugrunde liegenden Mechanismen auch in der Natur wichtig sein könnten. Es ist allerdings nur dann ein zuverlässiger Hinweis, wenn alternative Mechanismen, die zu denselben Symptomen führen, ausgeschlossen werden können.

Da Mikrokosmen in ihrer Größe begrenzt sind, können sie nur für kleine Organismen (Plankter, sessile Mikroorganismen, kleine Insekten) eingesetzt werden, nicht aber zur Untersuchung von Prozessen, an denen größere Organismen (z. B. Fische) beteiligt sind. Ihr Vorteil ist aber, daß viele Parallelen eingesetzt werden können, so daß verläßliche statistische Aussagen möglich werden. Prozesse, die den räumlichen Rahmen von Mikrokosmen sprengen, kann man in **Mesokosmen** untersuchen (Abb. 2.**1b**). Das sind isolierte Ausschnitte der natürlichen Umwelt, die durch künstliche Barrieren (meistens durchsichtige Kunststoffolien) begrenzt sind. Sie werden in der anglophonen Literatur je nach Standpunkt entweder als **Enclosures** (von enclose = einschließen; Einschließung eines bestimmten Umweltausschnittes) oder **Exclosures** (von exclude = ausschließen; Ausschließen der umgebenden Umwelt) bezeichnet und haben Volumina im Größenordnungsbereich von $1-10^4$ m^3. Ähnlichen Zwecken dienen auch **Experimentalteiche**. Mesokosmen und Teiche sind der natürlichen Variabilität der Temperatur, Lichteinstrahlung und Windeinwirkung ausgesetzt und entsprechen deshalb nicht dem experimentellen Ideal der Konstanz der Randbedingungen. Deshalb muß man voraussetzen, daß man dennoch den Effekt des manipulierten Faktors durch den Vergleich zwischen unmanipulierten **(Kontrollen)** und manipulierten Mesokosmen erkennen kann. Um Zufallsergebnisse auszuschließen, benötigt man Parallelversuche. Typische Experimente dieser Art sind Düngung und die Zugabe oder Entfernung bestimmter Organismen.

Eine besser kontrollierbare Form von Mesokosmen sind die technisch sehr aufwendigen und daher seltenen **Planktontürme** (Lampert 1990). Dabei handelt es sich um zylindrische Container von 10 m Höhe, bei denen durch Heiz- und Kühlringe die Temperatur und die thermische Schichtung des Wassers kontrolliert werden können. Da auch die Beleuchtung, die Windeinwirkung auf die Oberfläche und die Verteilung chemischer Faktoren gesteuert werden können, erreichen sie beinahe denselben Grad an Kontrolliertheit wie ein Mikrokosmos.

Die räumlich größte und zugleich am wenigsten kontrollierte Form von ökologischen Experimenten ist die **Manipulation von Ökosystemen.** Wegen ihrer Abgeschlossenheit eignen sich Seen und stehende Kleingewässer besonders dafür. In derartigen Experimenten können auch Prozesse untersucht werden, die sich wegen ihres Raumbedarfs nicht in Mikro- und Mesokosmen untersuchen lassen, z. B. die Populationsdynamik der Fische. Andererseits ist es in solchen Experimenten nicht möglich, direkte Kontrolle über die Populationen von Mikroorganismen und Planktern auszuüben. Charakteristische Manipulationen in Ökosystem-Experimenten sind daher chemische Eingriffe (Düngung, Säurezugabe) oder Eingriffe in den Fischbestand. Im Gegensatz zu Mesokosmen gibt es keine echte Kontrolle, mit der der Effekt der Manipulation verglichen werden kann. Weder dasselbe Ökosystem vor der Manipulation noch unmanipulierte ähnliche Systeme sind eine Kontrolle im strengen Sinn. Am ehesten hilft es hier, viele unmanipulierte mit vielen manipulierten Jahren im selben Gewässer oder viele unmanipulierte mit vielen manipulierten Gewässern zu vergleichen, damit sich Zufallsunterschiede in den nicht manipulierten Faktoren erkennen lassen. Ein Versuch, bessere Kontrollen zu bekommen, sind Seeteilungsexperimente, bei denen ein See durch Kunststoffvorhänge in zwei oder mehrere Abschnitte geteilt wird (Abb. 2.1c). Diese Teilseen kann man manipulieren oder als Kontrolle belassen.

Die wesentlichste Schwierigkeit limnoökologischer Experimente liegt darin, daß sich weder Organismen noch physikalische Prozesse im Gewässer miniaturisieren lassen. Je größer ein Experiment wird, desto realistischer und „naturnäher" wird es und um so mehr größere Organismen können mit einbezogen werden. Gleichzeitig müssen jedoch zunehmend Abstriche vom Ideal experimenteller Forschung gemacht werden. Beim Übergang von Mikrokosmen zu Mesokosmen wird das Ideal aufgegeben, daß alle Randbedingungen (z. B. Klima) kontrolliert werden können; beim Übergang von Mesokosmen zu Ökosystem-Manipulationen muß darauf verzichtet werden, daß die Randbedingungen in den Kontrollen und in den manipulierten Systemen identisch sind. Dem Gewinn an Realismus steht damit ein Verlust an Zuverlässigkeit und Exaktheit gegenüber.

2.5 Mathematische Modelle

Unter mathematischen Modellen versteht man die Darstellung der Beziehungen zwischen definierten Einheiten in mathematischer

Terminologie. Entsprechend dieser Definition werden im englischen Sprachraum bereits einfache Formeln als Modell bezeichnet. Im Deutschen benutzt man den Begriff „**Modell**" meistens nur für Systeme gekoppelter Gleichungen, die das Verhalten und die Interaktionen der einzelnen Komponenten des Systems beschreiben sollen. Mit zunehmender Komplexität der modellierten Interaktionen nahm der Anteil der Modelle zu, die keine **analytisch** mathematische Lösung erlauben. In diesem Fall kann man durch **Simulation** Lösungen für den Einzelfall finden, bei dem für jeden Parameter eine numerische Annahme gemacht wird. Durch eine ausreichende Zahl von Simulationen lassen sich dann Bereiche von Parametern abgrenzen, in denen bestimmte Ergebnisse möglich sind (z. B. die Koexistenz von Populationen). Simulationsmodelle können **deterministisch** oder **stochastisch** sein. Bei deterministischen Modellen werden exakte Werte für alle Modellparameter angenommen, bei stochastischen Modellen werden Zufallsschwankungen um einen gegebenen Mittelwert erlaubt.

Auf den ersten Blick hat ein Simulationsmodell viel mit einem Experiment gemeinsam: Man manipuliert bestimmte Eingabeparameter und wartet auf das Resultat. Es hat sogar den Vorteil, daß es nicht den zeitlichen, räumlichen und technischen Begrenzungen eines realen Experiments unterworfen ist. Dennoch besteht ein fundamentaler Unterschied zwischen Simulationen und Experimenten. Eine Simulation ist streng deduktiv. Alle Ergebnisse sind implizit bereits in den Formeln und in den Parameterannahmen des Modells enthalten. Für sich genommen ist eine Simulation daher nicht in der Lage, Prognosen über empirische Sachverhalte zu überprüfen. Sie kann aber Konsequenzen der eigenen Annahmen aufzeigen, die intuitiv nicht erwartet wurden. Ein eindrucksvolles Beispiel dafür war die Entdeckung des „deterministischen Chaos" (May 1975), d. h. der Möglichkeit durch perfekt deterministische Formeln Zeitreihen zu erzeugen, deren Verlauf nicht voraussagbar ist.

Der Vergleich von Simulationen mit realen (natürlichen oder experimentellen) Systemen kann durchaus eine hypothesentestende Funktion haben. Wenn Experiment und Simulation nicht übereinstimmen, kann das mehrere Ursachen haben:

a) Die simulierten Prozesse finden gar nicht statt oder werden in ihren Auswirkungen von anderen, nicht berücksichtigten Prozessen überlagert.
b) Eine oder mehrere Formeln, mit denen die simulierten Prozesse beschrieben werden, sind unrealistisch.
c) Die Annahmen über die Eingabeparameter sind falsch.

Zum letzten Punkt ist allerdings eine Warnung angebracht. Gerade bei komplexen Modellen ist es oft möglich, durch geringfügige Feinabstimmung der Parameter das „gewünschte" Verhalten zu erzeugen. In diesem Fall sind weder Übereinstimmung noch Nichtübereinstimmung des Modells mit der Realität beweiskräftig. Da ökologische Parameter meistens nur mit verhältnismäßig großen Fehlergrenzen bestimmt werden können, ist Mißtrauen angebracht, wenn Modelle bei geringfügigen Veränderungen der Eingabeparameter fundamentale Verhaltensänderungen zeigen.

3 Besonderheiten des aquatischen Lebensraums

3.1 Folgen der Molekülstruktur des Wassers

3.1.1 Assoziation der Moleküle

Die Besonderheiten des aquatischen Lebensraumes beruhen im Grunde auf der speziellen Molekülstruktur des Wassers. Die beiden H-Atome im Wassermolekül bilden einen Winkel von ca. 105 Grad. Daraus resultiert ein starkes Dipolmoment des Moleküls. Dieses Dipolmoment ist für die Eigenschaften verantwortlich, die überhaupt erst biologische Vorgänge ermöglichen, die Neigung der Wassermoleküle, sich zu assoziieren und andere Stoffe zu lösen.

Wassermoleküle bilden untereinander Wasserstoffbrücken; sie neigen zur Assoziation, zur „Schwarmbildung". Solche „Schwärme" von Wassermolekülen nennt man **Cluster**. Cluster sind allerdings dynamische Gebilde; ständig schließen sich ihnen Wassermoleküle an, während andere sie verlassen. Deshalb kann man nur statistisch angeben, wie viele Moleküle einen Cluster bilden. Die mittlere Zahl von Wassermolekülen pro Cluster nimmt mit steigender Temperatur ab. Nahe 0 °C sind es 65, nahe 100 °C nur 12. Beim Gefrieren ändert sich die Struktur des Wassers sprunghaft. Die Moleküle lagern sich zu einem Gitter zusammen, in dem jedes Sauerstoffatom tetraedrisch von vier H-Atomen umgeben ist (Tridymitgitter).

Infolge der Assoziation der Wassermoleküle hat Wasser einmalige Eigenschaften: Es hat seine größte Dichte bei 4 °C. Die Oberflächenspannung von reinem Wasser ist höher als die jeder anderen Flüssigkeit, mit Ausnahme von Quecksilber. Das erlaubt einer ganzen Lebensgemeinschaft (Algen, Insekten) ein Leben auf oder an der Wasseroberfläche. Die erhöhte Viskosität ist wichtig für die Bewegung von Organismen im Wasser. Durch die Assoziation sind die spezifische Wärme (Wärmespeichervermögen), die Schmelzwärme, die Verdampfungswärme und die Siedetemperatur erhöht. Nicht assoziiertes Wasser hätte einen Siedepunkt von -80 °C.

3.1.2 Dichteanomalie

Im Tridymitgitter sind die Wassermoleküle relativ weiträumig angeordnet. Deshalb hat Eis eine relativ geringe Dichte. Wenn es schmilzt, rücken die Moleküle näher zusammen; das Wasser bekommt eine größere Dichte. Der Dichtesprung von Eis zu Wasser beträgt 8,5%; infolgedessen schwimmt Eis an der Wasseroberfläche. Wenn die Temperatur weiter steigt, nimmt die Assoziation (Clustergröße) der Wassermoleküle ab. Dadurch nimmt die Dichte zu. Gleichzeitig nimmt aber die thermische Ausdehnung zu, was zu einer Verringerung der Dichte führt. Bei 4 °C wird die Dichtezunahme durch die Dichteabnahme kompensiert; an diesem Punkt hat das Wasser sein **Dichtemaximum**. Bei weiterer Erwärmung überwiegt die thermische Ausdehnung; die Dichte nimmt wieder ab. Diese Eigenschaft des Wassers, daß es seine größte Dichte (Dichtemaximum) nicht bei der tiefsten Temperatur, sondern bei 4 °C hat, nennen wir die Dichteanomalie. Sie ermöglicht den Organismen das Überleben in Binnenseen, die im Winter zufrieren. Ohne die Dichteanomalie würde im Winter das kälteste Wasser immer auf den Seegrund absinken, solange bis der See vom Grund aus zufrieren würde. Durch die Dichteanomalie sammelt sich aber am Seegrund das 4 °C warme Wasser, so daß der See immer von oben her zufriert. Das auf dem Wasser schwimmende Eis isoliert den See dann gegen weitere Abkühlung. Deshalb ist in einem tiefen See auch im strengsten Winter immer Wasser für die Organismen vorhanden.

Das Dichtemaximum wird durch den Salzgehalt, den man aber in Binnenseen meistens vernachlässigen kann, und durch den hydrostatischen Druck erniedrigt. Je 10 bar sinkt es um ca. 0,1 °C. Immerhin bewirkt das im 250 m tiefen Bodensee bereits eine Tiefenwassertemperatur von nur 3,8 °C.

3.1.3 Thermische Eigenschaften

Wasser hat eine hohe **spezifische Wärme**. Bei 15 °C sind 4,8186 kJ notwendig, um 1 kg Wasser um ein Grad zu erwärmen. Das ist ein sehr hoher Wert; nur Ammoniakgas (5,15) und flüssiger Wasserstoff (14,23) weisen noch höhere Werte auf. Umgekehrt wird die Wärme auch sehr langsam wieder abgegeben. Deshalb kann Wasser sehr viel Wärme speichern. Das bewirkt die klimatische Pufferwirkung großer Wasserkörper und die relativ langsamen und voraussehbaren Temperaturänderungen eines Gewässers im Jahreslauf, beides wichtige Umweltfaktoren für die Organismen.

Wasser hat eine geringe **Wärmeleitfähigkeit**. Bei einer Temperaturdifferenz von 1 °C fließt durch einen Würfel von 1 cm Kantenlänge nur eine Wärmemenge von 0,00569 $J\ cm^{-1}\ grad^{-1}\ s^{-1}$. Deshalb kann man in Gewässern den Wärmetransport durch molekulare Diffusion vernachlässigen. Als Konsequenz davon sollte die Wärme eigentlich da bleiben, wo sie absorbiert wurde, z. B. an der sonnenbeschienenen Oberfläche. Das ist aber nicht so (Abb. 3.**5**). Wind und Wasserbewegungen verfrachten die Wärme mit Wasserkörpern durch turbulente Diffusion (**Eddy-Diffusion**), allerdings nur soweit ihre Kraft in die Tiefe reicht. Dadurch entstehen charakteristische Wärmegradienten (vgl. 3.2.2), die Ursache für chemische Gradienten und für die Verteilung der Organismen sind (vgl. 3.3).

3.1.4 Oberflächeneffekte

An Grenzflächen wird die Assoziation der Wassermoleküle besonders deutlich. Die Grenzfläche Luft/Wasser ist für Organismen nicht nur eine Verbreitungsbarriere, sondern auch Lebensraum. Das wird durch die **Oberflächenspannung** ermöglicht, die für reines Wasser höher ist als für jede andere Flüssigkeit (mit Ausnahme von Quecksilber), allerdings durch die Temperatur und durch Verunreinigungen beeinflußt wird. Viele Organismen nutzen das „Oberflächenhäutchen" indem sie sich dort anheften oder gar auf dem Wasser laufen.

Andere Oberflächenphänomene sind wichtig an Grenzflächen, die ins Wasser eingetaucht sind. Wassermoleküle treten nicht nur in Wechselwirkung untereinander (Kohäsion), sondern auch mit anderen Oberflächen (Ahäsion). Nun hängt es von der chemischen Beschaffenheit der Oberfläche ab, wie groß die Adhäsion der Wassermoleküle ist. Ist die Kohäsion der Wassermoleküle untereinander kleiner als die Adhäsion an eine Oberfläche, so wird diese benetzt; sie ist hydrophil. Ist aber die Kohäsion größer als die Adhäsion, so wird die Oberfläche nicht benetzt; sie ist hydrophob. Viele Organismen haben hydrophobe Oberflächen. Sie ermöglichen zum Beispiel das Prinzip der physikalischen Kieme (vgl. 4.2.2).

3.1.5 Viskosität

Als Folge der Assoziation der Wassermoleküle setzt das Wasser dem freien Fließen einen Widerstand entgegen; es hat eine „innere Reibung", die wir **dynamische Viskosität,** oft kurz Viskosität nennen. Wenn das Wasser strömt oder wenn sich ein Körper im Wasser bewegt, muß diese „Zähigkeit" überwunden werden. Was das bedeutet wird klar, wenn man eine Flüssigkeit mit hoher Viskosität, z. B. Honig, ausgießt. Verglichen mit anderen Flüssigkeiten hat Wasser eine relativ geringe Viskosität. Sie ist abhängig von den gelösten Inhaltsstoffen, die beim Süßwasser meist zu vernachlässigen sind, und von der Temperatur.

Die Einheit der dynamischen Viskosität (normalerweise bezeichnet mit dem griechischen Buchstaben μ) ist die Pascal-Sekunde

3.1 Folgen der Molekülstruktur des Wassers

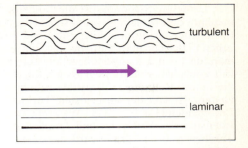

Abb. 3.1 Turbulentes und laminares Strömen von Wasser in einem Rohr. Die Bahnen der Wasserteilchen werden durch Stromlinien beschrieben

(1 Pa s = 1 kg m^{-1} s^{-1}). Das ist die Kraft, die notwendig ist, eine Masse von 1 kg in einer Sekunde um 1 m zu verschieben. Die Viskosität von Wasser sinkt mit der Temperatur. Wasser von 20 °C hat eine dynamische Viskosität von ca. $1 \cdot 10^{-3}$ Pa s, solches von 0 °C aber von $1,8 \cdot 10^{-3}$ Pa s. Warmes Wasser ist also „flüssiger".

Für verschiedene Berechnungen benötigt man die **kinematische Viskosität** (bezeichnet mit dem griechischen Buchstaben v). Das ist der Quotient aus der dynamischen Viskosität und der Dichte (ϱ) der Flüssigkeit $v = \mu/\varrho$. Ihre Einheit ist kg m^{-1} s^{-1}/kg m^{-3} = m^2 s^{-1}. Die Beziehung zwischen dynamischer und kinematischer Viskosität ist nicht ganz offensichtlich. Die dynamische Viskosität gibt an, wie stark ein „Flüssigkeitspartikel" von seinen Nachbarn zu einer synchronen Bewegung mitgerissen wird. Die Dichte ist Ausdruck der Masse des „Flüssigkeitspartikels" und damit seiner Tendenz, seine eigene Bewegungsrichtung einzuhalten. Das Verhältnis der beiden ist dann ein Maß dafür, wie stark Unregelmäßigkeiten in der Fließgeschwindigkeit durch die Wechselwirkung der Moleküle ausgeglichen werden.

Die Viskosität und die mit ihr zusammenhängenden Phänomene sind von grundlegender Bedeutung für das Leben im Wasser, für die Verteilung von Wärme und Stoffen, passives Sinken, aktives Schwimmen, Nahrungserwerb durch Filtration und für den Aufenthalt im strömenden Wasser. Wichtig ist dabei, daß es zwei Arten gibt, wie sich Wasser bewegen kann: laminare und turbulente Strömung (Abb. 3.1). Bei laminarer Strömung bewegen sich die Wasserteilchen auf parallelen Bahnen. Verfolgt man ihren Weg, so ergeben sich parallele **Stromlinien.** Bei turbulenter Strömung sind die Stromlinien verwirbelt. Die gesamte Wassermasse bewegt sich zwar in eine Richtung, die einzelnen Wasserteilchen jedoch haben irreguläre Bahnen. Strömendes Wasser kann sprunghaft vom laminaren in den turbulenten Zustand übergehen, wenn sich zum Beispiel die Strömungsgeschwindigkeit erhöht.

Laminare Strömung ist die Folge der Viskosität; der Zusammenhalt der Moleküle zwingt sie zu synchroner Bewegung. Bei turbulenter Strömung aber sind die Trägheitskräfte ausschlaggebend. Bewegt man zum Beispiel ein Ruder im Wasser, so sieht man, daß sich das angestoßene Wasserpaket aufgrund seiner Trägheit zunächst weiterbewegt. Nach kurzer Zeit wird es aber durch die innere Reibung (Viskosität) gebremst, und nach einer kurzen Distanz ist von der ausgelösten Turbulenz nichts mehr zu sehen. Entscheidend für die Art der Wasserbewegung ist deshalb die relative Intensität von Viskosität und Trägheitskräften. Das Verhältnis von Trägheit und Viskosität wird durch die dimensionslose **Reynolds-Zahl** (*Re*) charakterisiert.

$$\frac{\text{Trägheit}}{\text{Viskosität}} = Re = \frac{\varrho \cdot U \cdot l}{\mu}.$$

Dabei bedeutet „*U*" die relative Geschwindigkeit (m s^{-1}), mit der sich das Wasser und ein Körper gegeneinander bewegen. Es spielt keine Rolle, ob sich das Wasser an einer festen Struktur vorbeibewegt oder ob sich ein Körper im stehenden Wasser fortbewegt. „*l*" ist eine charakteristische Länge (m), z. B. der Durchmesser eines Rohres, durch das Wasser strömt, oder die Längserstreckung eines Körpers in Fließrichtung. Die Dichte (ϱ) entfällt, wenn wir statt der dynamischen Viskosität (μ) die kinematische Viskosität (v) einsetzen:

$$Re = \frac{U \cdot l}{v}.$$

Bei kleinen Reynolds-Zahlen überwiegen die viskösen Kräfte, bei hohen die Trägheitskräfte. Deshalb erwarten wir bei kleinen Reynolds-Zahlen laminare Strömung, bei großen turbulente Strömung. Da die kinematische Viskosität von Wasser nur in relativ geringen Grenzen schwankt (ca. $1 \cdot 10^{-6}$ m^2 s^{-1}), wird die Reynolds-Zahl im wesentlichen von der Bewegungsgeschwindigkeit (*U*) und der charakteristischen Länge (*l*) bestimmt. Sie wird größer bei großen Geschwindigkeiten und großen Objekten. Die charakteristische Länge von natürlichen Objekten ist schwierig zu bestimmen, da sie nicht nur durch die größte Ausdehnung, sondern auch durch die Form des Körpers bestimmt wird. Deshalb hat es keinen Sinn, die Reynolds-Zahl besonders genau berechnen zu wollen. Das ist auch nicht notwendig, da sie sich in der Natur über viele Zehnerpotenzen erstreckt, so daß meistens die Angabe der Größenordnung genügt.

3.1 Folgen der Molekülstruktur des Wassers

Einige Beispiele:

	Re
Schwimmender großer Wal	10^9
Forelle im Bach	10^5
Flüchtender Zooplankter	10^2
Schwimmender Ciliat	10^{-1}
Filterborste eines Zooplankters (0,5 µm)	10^{-3}

Sehr kleine Organismen leben in einer viskösen Umwelt, große in einer turbulenten. Bei Reynolds-Zahlen, die wesentlich kleiner als 1 sind, kann man die turbulente Strömung vernachlässigen. Sehr kleine Organismen wie Algen oder Bakterien werden deshalb immer laminar umströmt (Abb. 3.2 A). Eine Alge wird zwar in einem turbulenten Wasserkörper transportiert, in ihrer unmittelbaren Nachbarschaft herrscht aber immer laminare Strömung. Das hat wichtige Konsequenzen. Bei laminarer Strömung ist ein Körper nämlich von einer Wasserschicht mit stark reduzierter Fließgeschwindigkeit umgeben. Diese **Grenzschicht** enthält Wassermoleküle, die den Körper ständig begleiten. Ihre relative Ausdehnung, das Verhältnis ihrer Dicke zur Größe des umströmten Körpers, nimmt mit sinkender Reynolds-Zahl zu. Wenn ein Organismus gelöste Moleküle aus der Grenzschicht entnimmt, ist Diffusion (durch die Stillwasserzone) die einzige Möglichkeit, wie solche Moleküle ersetzt werden können. Die Grenzschicht um eine Alge zum Beispiel verarmt an Nährstoffen. Wie schnell diese nachdiffundieren können, hängt vom Konzentrationsgradienten ab. Wenn die Nährstoffe gleichmäßig in der Umgebung verteilt sind, hilft es einer beweglichen Zelle auch nichts, wenn sie ein Stück weiterschwimmt, denn dabei schleppt sie die verarmte Grenzschicht mit. Die Diffusion bleibt die einzige Quelle der Nachlieferung von Nährstoffen und der Faktor, der die Aufnahmegeschwindigkeit bestimmt. Der Vorteil der Fortbewegung besteht nur darin, daß der Organismus in eine Zone geraten kann, wo die Konzentration in der Umwelt größer ist, so daß der Nährstoffgradient zwischen Grenzschicht und Außenmedium steiler wird.

Deshalb stimmt auch das oft gehörte Argument, daß eine Alge, die in der durchmischten Oberflächenschicht eines Sees langsam sinkt, leichter Nährstoffe aufnehmen kann als eine Alge, die nicht sinkt, nur mit starken Einschränkungen und nur für sehr große Algen. Auch in diesem Fall ist im wesentlichen die Diffusion ausschlaggebend, da um die sinkende Alge laminare Strömung herrscht. Eine Kieselalge mit einem Radius von 10 µm erreicht durch ihre charakteristische Sinkgeschwindigkeit von ca. 10 µm/s (85 cm pro Tag) (zur Berechnung der Sinkgeschwindigkeit s. 4.2.6) lediglich eine Erhöhung der Nährstoffdiffusion zur Zelloberfläche von ca.

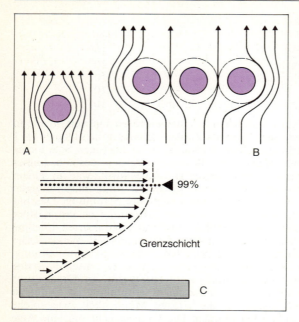

Abb. 3.2 Strömung bei sehr kleinen Reynolds-Zahlen.
A: Laminare Strömung um einen kleinen Partikel (z. B. eine sinkende Alge).
B: Querschnitt durch eine angeströmte feine Filterstruktur. Die Grenzschichten um die einzelnen Zylinder sind durch gestrichelte Linien symbolisiert. Nur mit entsprechendem Druck läßt sich Wasser durch die Poren des Filters bewegen. Reicht der Druck nicht aus, fließt es um das Filter herum.
C: Bildung einer Prandtlschen Grenzschicht, wenn Wasser über eine feste Oberfläche (z. B. einen Stein) strömt. Die Länge der Pfeile symbolisiert die Strömungsgeschwindigkeit. Sie ist direkt an der Steinoberfläche Null

10%. Eine langsamer sinkende Grünalge derselben Größe oder eine Kieselalge mit nur 5 µm Radius erreichen durch das Absinken praktisch überhaupt keine Verbesserung der Nährstoffversorgung (<1%). Wichtiger ist in diesem Zusammenhang die Eigenbeweglichkeit der Flagellaten, da selbst kleine Flagellaten Schwimmgeschwindigkeiten von ca. 100 µm/s erreichen können. Durch Schwimmen mit dieser Geschwindigkeit erhöht sich die Nährstoffdiffusion für einen 1-µm-Flagellaten um 5%, für einen 5-µm-Flagellaten um ca. 30% und für einen Flagellaten von 10 µm Durchmesser um ca. 50%.

3.1 Folgen der Molekülstruktur des Wassers

Die Grenzschichten benachbarter kleiner Körper können sich beeinflussen. Sie können sich zum Beispiel bei sehr feinen Filterstrukturen filtrierender Organismen, die man als ein System von angeströmten Zylindern betrachten kann (Abb. 3.2 B), gegenseitig überlappen. Obwohl ein solcher Filter viele Löcher hat, kann das Wasser nicht frei hindurchfließen, solange nicht ein entsprechender Druck angewandt wird.

Auch wenn Wasser über eine ebene Fläche strömt, entsteht eine Grenzschicht. Unmittelbar an der Oberfläche ist die Strömungsgeschwindigkeit Null; mit der Entfernung von der Fläche nimmt sie zu bis zum Maximalwert. Diese strömungsreduzierte Schicht über einer festen Oberfläche nennt man die **Prandtlsche Grenzschicht.** Sie hat keine genau zu bestimmende Dicke, da die Strömungsgeschwindigkeit nach außen hin kontinuierlich zunimmt (Abb. 3.2 C). Deshalb definiert man ihre Dicke als die Entfernung von der festen Oberfläche, bei der die Strömungsgeschwindigkeit 99% des freien Fließens erreicht. Je größer der Abstand von der der Strömung zugewandten Kante der Fläche ist, desto dicker wird die Grenzschicht. Gleichzeitig wird allerdings auch der Strömungsgradient senkrecht zur Fläche flacher. Die Dicke (σ) der Grenzschicht läßt sich näherungsweise berechnen:

$$\sigma = 5 \cdot \sqrt{\frac{x \cdot \mu}{\varrho \cdot U}}.$$

Sie hängt im wesentlichen von der Distanz zur angeströmten Kante (x) und von der Strömungsgeschwindigkeit (U) ab, da sich die kinematische Viskosität (μ/ϱ) nur wenig ändert. An der Oberfläche von Steinen in einem Fließgewässer kann sie einige Millimeter betragen. Man kann x als die charakteristische Länge in der Reynolds-Zahl am Ort x (Re_x) ansehen, so daß sich wegen

$$Re_x = \frac{U \cdot x}{v}, \qquad \frac{\sigma}{x} = 5 \cdot \sqrt{\frac{1}{Re_x}}$$

ergibt.

Die relative Dicke der Grenzschicht (σ/x) ist also nur von der Reynolds-Zahl abhängig.

Die Prandtlsche Grenzschicht ist von großer Bedeutung für Organismen, die im fließenden Wasser leben. Sie bewirkt, daß diese auch im schnell fließenden Wasser nicht der vollen Strömung ausgesetzt sind. Algen, die auf überströmten Steinen wachsen, befinden sich in der Grenzschicht, solange sie keine zu dicken Rasen bilden. Viele Fließwassertiere sind in Morphologie und Verhalten an die Grenzschicht angepaßt. Insektenlarven, die auf der Oberfläche von Steinen Algen abweiden, sind oft stark abgeflacht. Sie drücken sich bei hohen Strömungen auch eng an das Substrat, um die strömungsberuhigte Zone auszunutzen. Abgeflachte Tiere werden aber nicht etwa durch die Strömung auf die Unterlage gedrückt. Das über den Rücken strömende Wasser erzeugt eher einen Auftrieb, ähnlich wie bei einem Flugzeugflügel. Deshalb müssen die Tiere Einrichtungen zum Festhalten (Krallen, Saugnäpfe) haben.

Fließwassertiere müssen oft Kompromisse schließen. In einiger Entfernung vom Substrat, wo die Strömung höher ist, ist auch der Sauerstoffaustausch besser, vor allem für diejenigen Insektenlarven, die keine Kiemen besitzen. Filtrierer müssen ihre Filterstrukturen in die Strömung halten, mit der die Partikel herangetragen werden. Nicht immer ist eine flache Körperform eine Anpassung an die Grenzschicht. Viele besonders flache Organismen, z. B. Turbellarien, leben auch unter Steinen und in Ritzen. Andere Tiere, die im strömenden Wasser leben, aber nicht abgeflacht sind, sind stromlinienförmig gebaut und reduzieren so den Strömungswiderstand.

3.1.6 Wasser als Lösungsmittel

Durch die asymmetrische Struktur des Moleküls hat Wasser eine hohe Dielektrizitätskonstante ($\varepsilon = 80$ bei 20 °C) Das bedeutet eine ausgezeichnete dissoziierende Wirkung auf heteropolare Bindungen. Deshalb ist Wasser ein gutes Lösungsmittel. Lösung und Transport von Gasen und Ionen sind ein sehr wichtiger Umweltfaktor für die im Wasser lebenden Organismen.

Gelöste Gase

Gase im Wasser stammen aus der Luft oder aus Stoffwechsel und Aktivität der Organismen. Die wichtigsten gelösten Gase und ihre Herkunft sind:

Sauerstoff	O_2	Atmosphäre, Photosynthese
Stickstoff	N_2	Atmosphäre, bakterielle Aktivität
Kohlendioxid	CO_2	Atmosphäre, Atmung
Schwefelwasserstoff	H_2S	bakterielle Aktivität
Methan	CH_4	bakterielle Aktivität

Zwischen dem Wasser und einem angrenzenden Gas bildet sich ein Lösungsgleichgewicht. Die gelöste Gasmenge hängt von einem gasspezifischen Löslichkeitskoeffizienten und dem Druck ab. Für sie gilt das **Henrysche Gesetz**

$$C_s = K_s \cdot P_t,$$

3.1 Folgen der Molekülstruktur des Wassers

wobei C_s die unter bestimmten Bedingungen (S) gelöste Gasmenge ist. K_s ist der Löslichkeitskoeffizient für diese Bedingungen (z. B. für eine bestimmte Temperatur), und P_t ist der Partialdruck (bei Sauerstoff in Luft unter Normalbedingungen z. B. 0,21).

Wenn das Wasser so viel Gas enthält, wie dem Lösungsgleichgewicht entspricht, ist es gesättigt. Gleichgewichtsverhältnisse sind aber selten. Verbrauch und Produktion der Gase im Gewässer können schneller erfolgen, als der Austausch mit der Atmosphäre möglich ist. Dadurch kann es zu Über- oder Untersättigungen kommen. Das Verhältnis (in %) aus der tatsächlich vorhandenen Gasmenge und der Gleichgewichtsmenge wird als **„relative Sättigung"** bezeichnet. Die relative Sättigung kann sich ändern, wenn sich die Bedingungen ändern, ohne daß sich dabei die Menge des gelösten Gases ändern muß. Wichtig für die Sättigungsmenge sind der Druck, die Temperatur und der Salzgehalt, der allerdings im Süßwasser meistens vernachlässigt werden kann. Bei Normaldruck und 20 °C ist Wasser zum Beispiel mit 9,09 mg/l Sauerstoff gesättigt (100%). Wenn sich dieses Wasser durch Sonneneinstrahlung auf 22 °C erwärmt, beträgt die relative Sättigung 104%, denn bei 22 °C ist die Sättigungsmenge nur 8,74 mg/l. Auch der Luftdruck bestimmt die Sättigungsmenge. Die gleiche Gasmenge, die auf Meereshöhe 100% Sättigung entspricht, würde in einem 2500 m hoch gelegenen Alpensee 135% entsprechen.

In der Tiefe eines Sees herrscht ein hoher Druck, deshalb kann sich dort viel Gas lösen. Da der Gastransport durch Diffusion sehr gering ist, erfolgt der Gasaustausch mit der Atmosphäre allerdings überwiegend durch Wasserkörper, die sich an der Oberfläche sättigen und dann, z. B. bei der herbstlichen Zirkulation, in die Tiefe transportiert werden. Deshalb wird bei der Angabe der Sättigung der hydrostatische Druck vernachlässigt, d. h., die relative Sättigung wird auf die Oberfläche bezogen. Entstehen Gase jedoch durch bakterielle Aktivität im Tiefenwasser, so kann sich so viel Gas lösen, wie dem hydrostatischen Druck entspricht. Ein eindrucksvolles Beispiel dafür zeigte sich, als im Jahre 1983 der Wasserspiegel des Schluchsees im Schwarzwald wegen Reparaturarbeiten an der Staumauer um 30 m abgesenkt wurde. Durch die Verringerung des hydrostatischen Drucks auf etwa die Hälfte entwichen plötzlich große Gasmengen aus dem jetzt stark übersättigten Sediment. Wie aus einer geöffneten Sektflasche sprudelte Gas aus dem verbliebenen Restsee und wirbelte das Sediment auf, mit verheerenden Folgen für die im Restsee konzentrierten Fische.

Kalk-Kohlensäure-Gleichgewicht

Kohlendioxid nimmt unter den gelösten Gasen eine Sonderstellung ein. Es folgt nicht dem Henryschen Gesetz; normalerweise läßt sich viel mehr CO_2 im Wasser lösen als erwartet. Das liegt daran, daß das CO_2 im Wasser nicht als freies Gas vorliegt. Wenn CO_2 gelöst wird, wird ein kleiner Teil davon (weniger als 1%) zu Kohlensäure hydratisiert.

$H_2O + CO_2 \rightleftharpoons H_2CO_3$.

Ein Teil der Kohlensäure wird zu Hydrogenkarbonat- und H^+-Ionen dissoziiert.

$H_2CO_3 \rightleftharpoons HCO_3^- + H^+$.

Das führt zu einer Erniedrigung des pH-Werts. Nun kann in einem zweiten Dissoziationsschritt ein weiteres Proton abgespalten werden.

$HCO_3^- \rightleftharpoons CO_3^{--} + H^+$.

Der Dissoziationszustand der Kohlensäure ist abhängig vom pH-Wert (Abb. 3.3). Bei pH 8 liegen fast ausschließlich Hydrogencarbonationen vor. Verschiebt der pH-Wert sich in den alkalischen Bereich, so verschiebt sich das Gleichgewicht mehr und mehr in Richtung auf Carbonationen. Bei sehr niedrigen pH-Werten liegen überwiegend freies CO_2 und Kohlensäure vor. Diese pH-Abhängigkeit ist sehr wichtig für die Photosynthesetätigkeit von Pflanzen, die CO_2 nicht in jeder Form aufnehmen können (vgl. 4.3.6).

In den meisten natürlichen Gewässern kann die Kohlensäure mit Erdalkali- oder Alkalimetallen schwerlösliche Salze bilden. Dadurch wird sie dem Gleichgewicht entzogen, und neues CO_2 kann ins Wasser nachdiffundieren. Das ist der Grund dafür, daß sich mehr CO_2 als erwartet lösen läßt. Im Süßwasser sind die Salze der

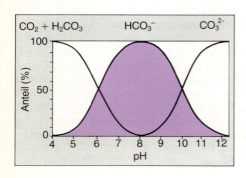

Abb. 3.3 Relative Anteile der verschiedenen Formen des CO_2 bei unterschiedlichem pH-Wert

3.1 Folgen der Molekülstruktur des Wassers

Kohlensäure mit dem Calciumion besonders wichtig. Das Kalk-Kohlensäure-Gleichgewicht spielt eine zentrale Rolle.

$$Ca(HCO_3)_2 \rightleftharpoons CaCO_3 + H_2CO_3.$$

Calciumhydrogencarbonat (leichtlöslich) — Calciumcarbonat (schwerlöslich) — Kohlensäure

Dieses Gleichgewicht erfordert, daß immer eine kleine Menge von Kohlensäure, die Gleichgewichtskohlensäure, vorhanden sein muß. Wird diese dem System entzogen, z. B. durch biologische Aktivität, so wandelt sich Hydrogencarbonat in Carbonat um, das ausfällt, da es sehr schlecht löslich ist. So können in kalkreichen Seen bei starker Photosynthese Wasserpflanzen mit Kalkkrusten überzogen sein, da die Pflanzen dem Wasser das CO_2 entziehen, so daß sich das unlösliche $CaCO_3$ auf den Blättern ablagert. In vielen Seen beobachtet man im Sommer eine Trübung durch Calcitkristalle. Solche Phänomene bezeichnet man als „biogene Entkalkung". Einer der spektakulärsten Fälle von biogener Entkalkung sind die Plitwiczer Seen in Jugoslawien. Sie sind dadurch entstanden, daß Wassermoose immer höhere Kalkbarrieren ausgefällt haben, so daß Seen aufgestaut wurden, die jetzt kaskadenartig übereinanderliegen.

Wird dem System aber CO_2 zugeführt, was durch die Atmung der Organismen geschehen kann, so löst sich solange Carbonat als Hydrogencarbonat, bis die überschüssige Kohlensäure aufgebraucht ist. Wenn, z. B. durch biologische Aktivität, mehr CO_2, als der Gleichgewichtskohlensäure entspricht, im Wasser vorhanden ist, sprechen wir von „aggressiver Kohlensäure", da sie in Leitungssystemen Korrosionsprobleme verursacht.

Das Kalk-Kohlensäure-System ist im wesentlichen verantwortlich für das Puffervermögen eines Gewässsers, seine Fähigkeit, H^+- oder OH^--Ionen ohne Veränderung des pH-Werts aufzunehmen. Die Pufferkapazität gegenüber Säuren wird als *Alkalinität* bezeichnet. Kalkarme Gewässer sind schwach gepuffert. Sie sind meistens schwach sauer. Wird solchem Wasser durch die Photosynthese CO_2 entzogen, so kann der pH-Wert auf 9, bei Verbrauch von HCO_3^- sogar auf 11 steigen. So kommt es zu tagesperiodischen Schwankungen des pH-Werts. Kalkreiche Gewässer haben meistens pH-Werte von 7−8. Bei CO_2-Entzug verschiebt sich in diesem Wasser das Gleichgewicht zum unlöslichen $CaCO_3$, und CO_2 wird nachgeliefert (vgl. 4.3.6). Solange nicht alles CO_2 aufgebraucht ist, bleibt der pH-Wert stabil. Bei sehr starker Photosynthese kann es allerdings doch zu pH-Schwankungen kommen, da das Gleichgewicht sich mit etwas Zeitverzögerung einstellt.

Das Puffervermögen eines Gewässers hängt vom geologischen Untergrund ab. Gewässer auf Silikatgestein (z. B. Skandinavien, Schwarzwald, Bayerischer Wald, Harz) enthalten wenig Kalk und sind deshalb schlecht gepuffert. Sie reagieren auf Säurezufuhr von außen (schweflige Säure, Schwefelsäure und Salpetersäure im „sauren Regen") mit pH-Erniedrigungen. Allerdings gibt es auch Seen, die von Natur aus sehr niedrige pH-Werte aufweisen. Bei Kalkmangel können „Braunwasserseen" durch Huminsäuren pH-Werte bis 4,5 erreichen. Extreme kommen durch vulkanische Aktivität zustande. In einem Kratersee mit Fumarolen in El Salvador wurde ein pH-Wert von 2, verursacht durch Schwefelsäure, gefunden. Umgekehrt werden besonders hohe pH-Werte von über 9 oft in Sodaseen gefunden, in denen anstelle von Calciumcarbonat Natriumcarbonat (Na_2CO_3) vorherrscht. Dabei handelt es sich vor allem um Seen ohne Abfluß in ariden Gebieten. Der Nakurusee in Kenia ist ein berühmtes Beispiel.

Ionen und polare Moleküle

Die mengenmäßig wichtigsten Anionen im Süßwasser sind CO_3^{--} und HCO_3^{--}. Weniger häufig sind Sulfat (SO_4^{--}), Chlorid (Cl^-) und Nitrat (NO_3^-). Bei den Kationen herrscht das Calcium (Ca^{2+}) vor, gefolgt von Magnesium (Mg^{2+}), Natrium (Na^+) und Kalium (K^+). Mit Ausnahme eines kleinen Teils, der mit den Niederschlägen eingetragen wird, stammen diese Ionen aus dem Boden und aus der Verwitterung der Gesteine. In geologischen Zeiträumen sind die leichtlöslichen Salze (z. B. NaCl und Na_2CO_3) längst ausgewaschen worden. Sie befinden sich jetzt im Meer. Übrig geblieben sind die schwerlöslichen Salze wie $CaCO_3$, die immer noch ausgewaschen werden. Deshalb unterscheidet sich die Ionenzusammensetzung des Süßwassers so grundlegend von der des Meerwassers.

Die mengenmäßig wichtigsten Ionen sind nicht unbedingt die biologisch wichtigsten. Manche Ionen sind gerade deshalb biologisch besonders wichtig, weil sie so selten sind. Dabei handelt es sich um essentielle Nährstoffe, durch die die biologische Produktion begrenzt sein kann. Phosphat, Silikat, Nitrat, Ammonium und Eisen können solche begrenzende Ionen sein (vgl. 4.3.7).

Neben den anorganischen Ionen löst das Wasser auch polare organische Stoffe, die aus biologischen Quellen stammen. Bei der gelösten organischen Substanz (Dissolved Organic Matter, DOM) handelt es sich um Stoffwechselprodukte der Organismen und um Abbauprodukte toter organischer Substanz. Gewässer enthalten in der Regel eine unüberschaubare Fülle verschiedener gelöster organischer Substanzen, die schwer zu identifizieren sind. Sie werden oft nur als Summe des gelösten organischen Kohlenstoffs (DOC) angegeben. Der DOC ist von Gewässer zu Gewässer und auch jahreszeitlich sehr variabel. Er kann eine wichtige Energiequelle für die Mikroorganismen darstellen. Die Hauptmenge der gelösten organischen Substanz ist allerdings schwer abbaubar. Sie besteht aus dem Rest, der übriggeblieben ist, wenn die leicht abbaubaren Substanzen verbraucht sind. Der gelöste organische Kohlenstoff stellt einen dynamischen Pool dar. Ständig wird DOC nachgeliefert und abgebaut. Da aber der größte Teil nur langsam abgebaut wird, hat der DOC eine stabilisierende Wirkung auf den Kohlenstoffhaushalt eines Gewässers. Gelöste organische Stoffe können, oft in winzigen Mengen, auch wichtige Regulationsfunktionen haben (Exoenzyme, Botenstoffe).

3.2 Vertikale Gradienten

3.2.1 Licht

Beinahe alle Energie, die wir auf der Erde zur Verfügung haben, kommt als Strahlung von der Sonne. Die Summe der Strahlung, die die Erdoberfläche erreicht, nennen wir **Globalstrahlung.** Sie setzt sich zusammen aus der direkten Sonnenstrahlung und der diffusen Himmelsstrahlung. Da die Atmosphäre einen Teil der kurzwelligen Strahlung zurückhält, umfaßt die Strahlung, die die Erdoberfläche erreicht, einen Wellenlängenbereich von 300 – 3000 nm. Diese kann in drei große Bereiche mit unterschiedlicher Wirkung eingeteilt werden:

300 – 380 nm	Ultraviolett; schädliche Wirkung auf Organismen.
380 – 750 nm	Sichtbare Strahlung; innerhalb dieses Bereiches ist die Strahlung von ca. 400 – 700 nm (PAR, „photosynthetically active radiation") nutzbar für die Photosynthese.
750 – 3000 nm	Ultrarote Strahlung, Wärmestrahlung.

Wenn die Strahlung auf eine Gewässeroberfläche fällt, wird ein kleiner Teil reflektiert, der Rest dringt in das Wasser ein und wird dort absorbiert. Der Anteil der reflektierten Strahlung hängt vom Einfallswinkel (Sonnenstand), von der Wellenlänge und vom Brechungswinkel ab. Im Durchschnitt werden in Mitteleuropa im Sommer ca. 3% und im Winter ca. 14% der direkten Sonneneinstrahlung reflektiert, von diffuser Himmelsstrahlung ca. 6%. Bei starkem Wellengang mit Schaumbildung kann dieser Wert aber auf 30 – 40% steigen.

Da das Licht immer von der Oberfläche eines Gewässers kommt und auf dem Weg durch das Wasser abgeschwächt wird, gibt es in jedem Gewässer einen vertikalen Lichtgradienten, der Produktion und Leben im Gewässer entscheidend bestimmt. Die eindringende Strahlung wird gestreut und absorbiert, das heißt, in Wärme oder andere Energiequellen umgewandelt (z. B. in der Photosynthese als reduzierter Kohlenstoff gespeichert). Der in einer Wasserschicht zurückgehaltene Betrag der Strahlung wird durch die „Extinktion" charakterisiert, der durchgehende durch die „Transmission".

Der Begriff „Extinktion" gilt strenggenommen nur für die Abnahme von monochromatischem Licht in Lösungen bei parallelen Lichtstrahlen (Lambert-Beersches Gesetz). Unter natürlichen Bedingungen sind diese Voraussetzungen nicht erfüllt, da auch die Streuung an Partikeln eine Rolle spielt. Die Abnahme der Lichtintensität, die aus Absorption und Streuung resultiert, wird als **vertikale Lichtattenuation** (Abschwächung) bezeichnet. Sie kann mathematisch gleich formuliert werden wie das Lambert-Beersche Gesetz.

Die Abnahme der Lichtintensität mit der Tiefe ist nicht linear; vielmehr wird in jeder Tiefe ein bestimmter Teil des noch vorhandenen Lichtes absorbiert. Dadurch kommt es zu einer exponentiellen Abnahme mit der Tiefe:

$$E_d(z) = E_d(0) \cdot e^{-k_d \cdot z},$$

$$k_d = \frac{\ln E_d(0) - \ln E_d(z)}{z}.$$

Dabei bedeuten $E_d(0)$ und $E_d(z)$ die Strahlungsintensitäten an der Oberfläche und in der Tiefe z. Die Konstante k_d heißt **vertikaler Attenuationskoeffizient**. Je höher k_d ist, desto schneller wird das Licht absorbiert, d. h., desto steiler ist der vertikale Lichtgradient im Wasser (Abb. 3.**4**). k_d wird aus den Lichtintensitäten berechnet, die man mit einer Photozelle in zwei Tiefen gemessen hat (vgl. Box **3**.1).

Für die verschiedenen Wellenlängen, die ins Wasser eindringen, gelten unterschiedliche Attenuationskoeffizienten. Deshalb werden die einzelnen Wellenlängen mit der Wassertiefe unterschiedlich absorbiert, so daß sich die Lichtfarbe mit der Tiefe ändert. In reinem Wasser wird Rot am meisten absorbiert, Blau hat die größte Transmission. In 1 m reinem Wasser werden von rotem Licht (720 nm) 65% absorbiert ($k_d = 1{,}05$), während es von blauem Licht (475 nm) nur 0,5% sind ($k_d = 0{,}005$). Ein Taucher sieht bereits in wenigen Metern Tiefe keine Rottöne mehr. In natürlichen Gewässern hängt die Transmission aber auch von den im Wasser gelösten Substanzen und suspendierten Partikeln ab. So kann sich das Absorptionsmaximum in den längerwelligen Bereich verschieben, ins Grüne, wenn viele Algen im Wasser sind, oder gar ins Gelbe bei

3.2 Vertikale Gradienten

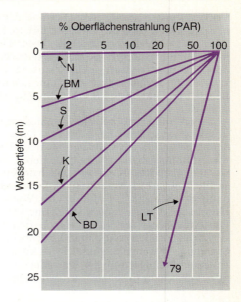

Abb. 3.4 Abnahme der photosynthetisch aktiven Strahlung (PAR, 400–700 nm) mit der Tiefe in verschiedenen Seen.
N = Nakurusee in Kenia; Mittelwert aus 1972 (k_d = 17,1); nach Vareschi (1982).
BM und BD = Bodensee im Mai und Dezember (k_d = 0,768 bzw. 0,219); nach Tilzer u. Mitarb. (1982).
S = Schöhsee (Holstein) im Juni (k_d = 0,461).
K = Königsee, Mittelwert aus 1979 (k_d = 0,271); nach Siebeck (1982).
LT = Lake Tahoe in Californien vor der Eutrophierung 1970 (k_d = 0,058); nach Tilzer u. Mitarb. (1975)

Anwesenheit von Huminstoffen. Nicht nur die Lichtintensität ändert sich deshalb mit der Wassertiefe, sondern auch die spektrale Zusammensetzung des Lichtes. Das ist von erheblicher Bedeutung für die Photosynthese, die nur bestimmte Spektralbereiche (400–750 nm) nutzen kann.

Abb. 3.4 vergleicht die vertikalen Lichtkurven für die photosynthetisch aktive Strahlung (PAR) in verschiedenen Seen, die sich durch Algen- und Trübstoffgehalt unterscheiden. Da die Lichtintensität mit der Tiefe exponentiell abnimmt (vgl. Abb. 3.**5**), werden in der halblogarithmischen Darstellung aus den exponentiellen Lichtabnahmekurven Geraden. Die Extreme sind der wegen seiner Flamingos berühmte Nakurusee in Kenia, der durch Cyanobakterien *(Spirulina)* stark getrübt ist, und der extrem klare Lake Tahoe in Kalifornien. Aus der Graphik läßt sich die Tiefe ablesen, in der noch 1% der PAR vorhanden ist. Diese Tiefe dient oft als ein grobes Maß für die Untergrenze der **euphotischen Zone,** den Bereich, in dem eine positive Energiebilanz aus der Photosynthese möglich ist (vgl. 4.3.5). Je nach Jahreszeit kann sich diese stark ändern, wie am Beispiel des Bodensees mit Kurven für Mai und Dezember dargestellt ist.

Von außen erscheinen verschiedene Gewässer unserem Auge in sehr unterschiedlicher Färbung. Diese „**Wasserfarbe**" hängt von dem Spektralbereich ab, der an der Wasseroberfläche reflektiert wird (Himmelsfärbung), und von dem Licht, das das Wasser wieder verläßt, nachdem es schon eingedrungen war. Ein Teil der Lichtstrahlen wird an Wassermolekülen und Partikeln gestreut und dadurch abgelenkt, so daß er das Wasser wieder verlassen kann. Durch die Lichtstreuung wird die Energie nicht direkt abgeschwächt. Die Ablenkung verlängert jedoch den Weg, den ein Lichtstrahl zurücklegt, und erhöht damit die absorbierte Lichtmenge. Auch die Streuung ist wellenlängenselektiv; kurzwelliges Licht wird stärker gestreut als längerwelliges. Da blaues Licht am stärksten gestreut, aber am besten durchgelassen wird, erscheint reines Wasser blau.

Box 3.1

Licht kann im Prinzip als Energie oder als Mol Quanten angegeben werden. Diese Einheiten sind nicht direkt konvertierbar, da die Energie eines Lichtquants von der Wellenlänge abhängt. Folgende Einheiten sind gebräuchlich:
Strahlungsenergie:
  $1 J = 1 W s = 0{,}2388$ cal
Energieflußdichte:
  $1 W m^{-2} = 1 J s^{-1} m^{-2}$
Photonenflußdichte:
  mol $m^{-2} s^{-1}$ oder $E m^{-2} s^{-1}$ (E für Einstein)
Für PAR (400 – 750 nm) gilt annähernd:
  $1 E m^{-2} s^{-1} = 0{,}2$ bis $0{,}25 W m^{-2}$
Gelegentlich findet man noch den veralteten Begriff „Beleuchtungsstärke" mit der Einheit Lux (lx), der jedoch nicht mehr verwendet werden sollte:
  $1 W m^{-2}$ = ca. 95 lx bei 10 Grad Sonnenhöhe, ca. 120 lx bei 50 Grad Sonnenhöhe, ca. 140 lx bei bedecktem Himmel.

Box 3.2 Einfache Bestimmung der Durchsichtigkeit

Eine einfache Methode zur Bestimmung der Durchsichtigkeit ist die Bestimmung der **Sichttiefe** mit der **Secchi-Scheibe**. Die Sichttiefe ist die Wassertiefe, in der eine weiße Scheibe (meist von 30 cm Durchmesser) für das Auge eines Beobachters an der Wasseroberfläche verschwindet. Sie gibt die halbe Entfernung an, die das Licht bis zur Scheibe und zurück durchlaufen muß. Obwohl sie von vielen Faktoren beeinflußt wird, dem Kontrast zwischen Scheibe und Umgebung, den Lichtbedingungen, der Sehfähigkeit des Beobachters, dem Durchmesser und der Reflexionsfähigkeit der Scheibe, ist die Sichttiefe ein relativ gutes Maß für eine schnelle Aussage über die Lichtverhältnisse in einem Gewässer, das oft gebraucht wird. Parallelmessungen verschiedener Beobachter stimmen erstaunlich gut überein. Einige typische Sichttiefen für unterschiedliche Gewässer sind:

extrem klarer Crater Lake (USA)	40 m
Bodensee zu verschiedenen Jahreszeiten	1,5 – 12 m
Schöhsee in Holstein im Sommer	5 m
nährstoffreiche Seen in Holstein im Sommer	< 1 m
Karpfenteiche	20 cm
Nakuru-See (Kenia)	5 – 10 cm

Chlorophyllgehalt (Algen) und Huminstoffe sorgen für grüne und braune Wasserfarbe. Trübstoffe verändern nicht die Farbe, sie verringern aber die Farbsättigung.

Eisbedeckung kann die optischen Eigenschaften eines Gewässers stark verändern. Klares Eis hat fast die optischen Eigenschaften von destilliertem Wasser, deshalb können darunter viele Algen wachsen, auch an die Eisunterseite angeheftet. Lufteinschlüsse, vor allem aber Schnee auf dem Eis, beeinflussen die Transmission stark. Eine 20 cm dicke trockene Schneedecke kann 99% des auftreffenden Lichts absorbieren und reflektieren, so daß die Photosynthese unter dem Eis stark eingeschränkt ist.

3.2.2 Temperatur

Der größte Teil der in ein Gewässer eindringenden Strahlung, vor allem die langwellige, wird nahe der Oberfläche absorbiert und in Wärme umgewandelt. Da die molekulare Diffusion zu vernach-

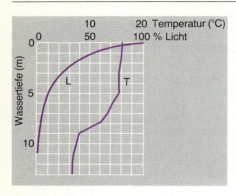

Abb. 3.5 Unterschiedliche Tiefenverteilung von Licht (L) und Wärme in einem See (Schöhsee, Holstein, 7. 6. 1983). Das Licht nimmt von der Oberfläche her kontinuierlich ab; die Wärme wird durch Turbulenzen (Eddy-Diffusion) in der oberen Wasserschicht gleichmäßig verteilt

lässigen ist (vgl. 3.1.3.), sollte man annehmen, daß die Wärme in einem stehenden Gewässer dort bleibt, wo sie absorbiert wurde, daß es also wie beim Licht auch bei der Temperatur einen exponentiellen Abfall mit der Tiefe gäbe. Das ist aber nicht so (Abb. 3.5). Der Grund dafür liegt in der Dichteanomalie des Wassers und in der Arbeit des Windes.

Da Wasser seine größte Dichte bei 4 °C hat, wird es leichter sowohl wenn es sich abkühlt als auch wenn es sich erwärmt. Wasser mit geringerer Dichte hat Auftrieb gegenüber dem mit größerer Dichte. Der Dichteunterschied beträgt etwa 0−3,13 g/l von 4 nach 0 °C und 1,87 g/l von 4 nach 20 °C. Mit steigender Temperatur wird der relative Dichteunterschied immer größer. Von 24 auf 25 °C ist er 30mal so hoch wie von 4 auf 5 °C. Der Wärmeaustausch zwischen Gewässer und Umgebung geschieht immer über die Oberfläche. Sie wird durch Sonneneinstrahlung erwärmt, kühlt sich aber durch Abstrahlung (z. B. nachts) und Verdunstung auch ab. Wasserkörper mit einer größeren Dichte sinken dann in die Tiefe ab, wo sie von der Oberfläche isoliert sind, und bleiben, bis sie von noch dichterem Wasser nach oben verdrängt werden. In gemäßigten Breiten gibt es normalerweise Zeiten, in denen das Oberflächenwasser 4 °C erreicht, deshalb ist dort die Tiefentemperatur in genügend tiefen Seen immer nahe 4 °C. Eine Ausnahme bilden nur Seen im Hochgebirge, die extrem kalt sind. In tropischen Seen, die an der Oberfläche nie 4 °C erreichen, ist die Tiefentemperatur höher und in polarnahen Seen, die immer zugefroren sind, kann sie etwas tiefer liegen.

Der Wind erzeugt an der Wasseroberfläche Turbulenzen und Strömungen, mit denen er das Oberflächenwasser mischt. Wenn im Sommer das wärmste Wasser an der Oberfläche „schwimmt", kann der Wind es nicht ohne weiteres mit dem darunterliegenden kälteren Wasser mischen. Es setzt der Windwirkung einen Widerstand

3.2 Vertikale Gradienten   41

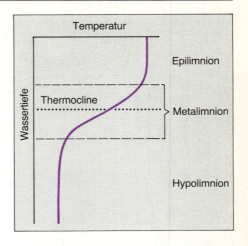

Abb. 3.6 Typisches Temperaturprofil in einem See der gemäßigten Breiten im Sommer

entgegen, der um so größer ist, je größer der Dichteunterschied zum darunterliegenden Wasser ist. Im Sommer bildet sich eine durchmischte Schicht bis in die Tiefe, in der die Kraft des Windes noch ausreicht, um den Auftrieb des wärmeren Wassers zu kompensieren.

Da die Dichteänderung pro °C bei hohen Temperaturen größer ist als bei niedrigen, gibt es eine Zunahme der Stabilität (des Widerstandes, den zwei Wasserkörper der Mischung entgegensetzen) von unten (kaltes Wasser) nach oben (warmes Wasser). Der Wind kann aber nur an der Oberfläche angreifen, und seine Kraft nimmt nach der Tiefe hin schnell ab. Dadurch entsteht eine relativ scharfe Grenze zwischen dem durchmischten Oberflächenwasser und dem kälteren Tiefenwasser. Es ergibt sich das typische Temperaturprofil eines geschichteten (**stratifizierten**) Sees (Abb. 3.**6**). Wir unterscheiden zwei voneinander getrennte Wasserkörper, das warme **Epilimnion** und das kalte **Hypolimnion.** Dazwischen liegt die Temperatursprungschicht, das Metalimnion, als der Bereich der größten Änderung der Temperatur mit der Tiefe. Der Bereich des Metalimnions ist nicht ganz scharf definiert. Folgt man der ursprünglichen Definition von Birge (1897), so kann man die obere und untere Grenze dort festlegen, wo die Temperaturänderung mindestens 1 °C pro Meter Tiefe beträgt. Man kann aber auch eine imaginäre Ebene in derjenigen Tiefe durch den See legen, in der die größte relative Temperaturänderung gemessen wird (Hutchinson 1957). Diese Ebene teilt den See in zwei Stockwerke. Sie wird **Thermocline** genannt. Heute werden allerdings Metalimnion, Sprungschicht und Thermocline oft synonym gebraucht.

42 3 Besonderheiten des aquatischen Lebensraums

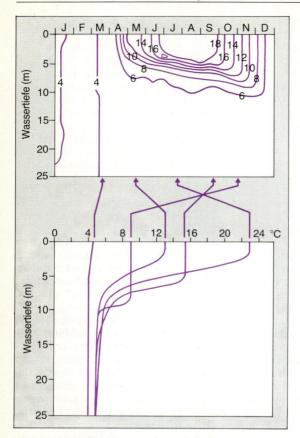

Abb. 3.**7** Temperaturverhältnisse in Plußsee (Holstein) im Jahre 1986.
Oben: Darstellung als Isothermen (Linien gleicher Temperatur).
Unten: Temperaturprofile an 5 ausgesuchten Tagen (nach Daten von H. J. Krambeck)

Wenn im Frühjahr das Epilimnion nahe an 4 °C kommt, sind die Dichteunterschiede zwischen den Wasserkörpern beinahe aufgehoben. Jetzt genügt schon ein kräftiger Wind, um den See bis in die Tiefe zu mischen; die **Frühjahrszirkulation** beginnt. Danach hat der See von oben bis unten die gleiche Temperatur, er ist **homotherm.**

Mit zunehmender Einstrahlung wird das Oberflächenwasser erwärmt, und der See beginnt sich zu stratifizieren. Zunächst ist die

Stratifikation noch schwach, so daß der Wind sie wieder zerstören kann, aber bald bildet sich ein stabiles Epilimnion aus. Der See tritt in die **Sommerstagnation** ein. Im Laufe des Sommers wird die Schichtung immer stabiler. Zum Herbst hin kann sich das Metalimnion durch interne Schwingungen und Windwirkung langsam in die Tiefe verlagern, so daß das Epilimnion immer mächtiger wird. Die größte Mächtigkeit des Epilimnions entspricht deshalb nicht der höchsten Temperatur. Im Bodensee zum Beispiel wird sie erst im Oktober erreicht.

Wenn sich das Epilimnion im Spätherbst wieder abgekühlt hat, kann der Wind den See wieder ganz durchmischen. Nach der **Herbstzirkulation** ist der See zum zweiten Mal homotherm. Bei Seen, die im Winter zufrieren, kehrt sich die Temperaturschichtung um. Während der **Winter-Stagnation** schwimmt unter dem Eis das kältere Wasser, weil es eine geringere Dichte hat, auf dem ca. 4 °C warmen Tiefenwasser. Zu einem Metalimnion kann es jetzt nicht kommen, da der Wind durch das Eis nicht angreifen kann.

Der Wechsel von Stratifikation und Zirkulation, der sich in den gemäßigten Breiten während eines Jahreszyklus abspielt, kann bei flachen Seen in den Tropen auch im Tagesrhythmus stattfinden. Da bei hohen Wassertemperaturen die relative Dichteänderung pro Grad größer ist als bei tiefen, genügen in den Tropen schon kleine Temperaturunterschiede, um eine stabile Schichtung entstehen zu lassen. Wenn sich die Seeoberfläche am Tage aufheizt, ist der See geschichtet. Am Abend, wenn die Oberfläche wieder abkühlt, kann der dann einsetzende Wind die Schichtung wieder zerstören.

Die Temperaturschichtung und der Wärmeaustausch hängen also von den Strahlungsbedingungen und vom Wind ab. Neben dem Klima sind Größe und Windexposition eines Sees und gelegentlich mächtige Zuflüsse wichtige Faktoren, die die Zirkulationsbedingungen bestimmen. An einem kleinen geschützten Waldsee kann der Wind nicht im gleichen Maße angreifen wie an einem großen See, dessen Längsachse vielleicht auch noch in der Hauptwindrichtung liegt. Da sich die Seen entsprechend in Ausmaß und Rhythmus ihrer Durchmischung unterscheiden, kann man sie bestimmten **Zirkulationstypen** zuordnen (Box **3.3**).

Da das Epilimnion ständig vom Wind gemischt wird, bezeichnet man es auch als „durchmischte Zone" **(mixed layer)**. Das impliziert, das das Epilimnion mit Bezug auf die Temperatur ein homogener Wasserkörper ist. Genaugenommen reicht die durchmischte Schicht bis in diejenige Wassertiefe, in der die tiefste Temperatur herrscht, die im Laufe des Tageszyklus an der Wasseroberfläche erreicht wird. Bis in diese Tiefe können ja abgekühlte Wasserkörper von der Oberfläche absinken. Untersuchungen mit hochauflösenden Temperatursensoren haben allerdings gezeigt, daß, vor allem an ruhigen

Box 3.3 Zirkulationstypen von Seen

Amiktische Seen zirkulieren nie, weil sie ständig zugefroren sind. Solche Seen liegen in der Arktis, der Antarktis und im extremen Hochgebirge.
Meromiktische Seen zirkulieren nur teilweise; die tiefen Wasserschichten werden nie ausgetauscht, weil sie entweder durch große Mengen gelöster Substanzen eine sehr hohe Dichte haben, oder weil der See zu windgeschützt liegt.
Holomiktische Seen zirkulieren vollständig, wenn überhaupt eine Zirkulation zustande kommt. Nach der Häufigkeit der Zirkulation lassen sie sich weiter einteilen:
Oligomiktische Seen zirkulieren nicht in jedem Jahr. Wegen ihrer Größe und der damit verbundenen erheblichen Wärmespeicherfähigkeit, hängt es sehr von den aktuellen Klimabedingungen ab, ob eine Vollzirkulation eintritt.
Monomiktische Seen zirkulieren nur einmal im Jahr, entweder im Sommer oder im Winter. **Kalt-monomiktische** Seen liegen in Polargebieten. Sie tauen im Sommer auf, erreichen aber kaum Temperaturen über 4 °C, so daß sie nur im Sommer zirkulieren.
Warm-monomiktische Seen hingegen zirkulieren im Winter. Sie kühlen zwar bis nahe 4 °C ab, frieren aber nicht zu. Ein Beispiel ist der Bodensee, der wegen seiner beträchtlichen Größe nur in extrem kalten Wintern (im Mittel alle 100 Jahre) zufriert.
Dimiktische Seen, die pro Jahr zweimal zirkulieren (im Frühjahr und Herbst) sind der häufigste Typ der gemäßigten Breiten.
Polymiktische Seen zirkulieren häufig, zum Teil täglich. Das sind Flachseen in den Tropen, aber auch in gemäßigten Breiten, mit nur geringen vertikalen Temperaturunterschieden.

Tagen, das Epilimnion nicht völlig homogen ist. Schon sehr geringe Temperaturdifferenzen, z. B. zwischen Uferbereich und offenem Wasser, erzeugen ein kompliziertes Muster von Dichteströmungen und eine ausgeprägte Feinstruktur der Temperaturschichtung. Solche „Feinschichtungen" können wichtig für die Verteilung der Organismen im Wasserkörper sein (Abb. 3.**8**).

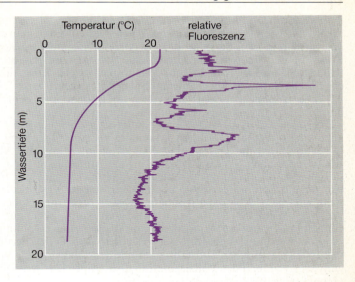

Abb. 3.**8** Vertikale Feinschichtung der Organismen als Hinweis darauf, daß die „durchmischte Zone" während des Tages nicht wirklich homogen ist. Die Fluoreszenz rührt von Pigmenten (z. B. Chlorophyll) her. Plußsee (Holstein), 9. 7. 1987 (Daten von A. Baker und C. Watras)

3.3 Abhängige Gradienten

3.3.1 Sauerstoff

Die meisten Organismen sind für ihren Stoffwechsel auf Sauerstoff angewiesen. Für luftatmende Lebewesen steht immer reichlich Sauerstoff zur Verfügung, im Wasser aber kann er zum Mangelfaktor werden. Sauerstoff kommt ins Wasser über den Austausch mit der Atmosphäre oder durch die Photosynthese der grünen Pflanzen und der Cyanobakterien (blaugrünen Algen). Da die Photosynthese vom Licht abhängig ist, sind sowohl der physikalische als auch der biologische Sauerstoffeintrag auf die oberflächennahen Wasserschichten beschränkt. In der Photosynthese wird organische Substanz aufgebaut, und dabei wird Sauerstoff freigesetzt (vgl. 4.3.5), bei der aeroben Atmung aber wird organische Substanz verbrannt, und dabei wird Sauerstoff verbraucht. Im Licht überwiegt meistens die Sauerstoffproduktion, während im Dunkeln nur die sauerstoffverbrauchenden Prozesse ablaufen können. Deshalb kann man einen See vertikal in zwei Bereiche gliedern: die durchlichtete **trophogene Zone,** in der überwiegend organische Substanz aufgebaut und Sauerstoff produziert wird, und die **tropholytische Zone,** in der organische Substanz abgebaut und Sauerstoff gezehrt wird.

Die trophogene Zone deckt sich weitgehend mit dem Epilimnion. Das organische Material, das dort produziert wird, sinkt zum großen Teil in die Tiefe ab; der dabei erzeugte Sauerstoff bleibt aber im Epilimnion. Dadurch kommt es zu einer Trennung von O_2-Produktion und O_2-Zehrung. Sauerstoffeintrag aus der Atmosphäre oder auch Sauerstoffabgabe an die Atmosphäre bei Übersättigung kann nur in der turbulenten Oberflächenschicht stattfinden, die mit Luft in Berührung kommt. Zur Zeit der Vollzirkulation wird auf diese Weise der gesamte Wasserkörper mit Sauerstoff versorgt. Während der Stagnationsphasen kann aber nur das Epilimnion O_2 mit der Atmosphäre austauschen; das Hypolimnion ist vom Austausch abgeschlossen. Für den Abbau der herunterrieselnden organischen Substanz steht nur der Sauerstoff zur Verfügung, der während der Vollzirkulation dort gespeichert wurde. Das Hypolimnion zehrt also von den Vorräten.

Deshalb hängt die Sauerstoffkonzentration in der Tiefe eines Sees von mehreren Faktoren ab:

1. Der Zirkulationstyp bestimmt, wie oft die Sauerstoffvorräte in der Tiefe ergänzt werden.
2. Die Größe des Sauerstoffvorrats errechnet sich aus dem Volumen des Hypolimnions mal der Anfangskonzentration nach der Zirkulation. Bei gleicher Oberfläche hat ein tiefer See ein größeres Hypolimnion als ein flacher; er kann mehr Sauerstoff speichern. Dadurch ist das Verhältnis von trophogener zu tropholytischer Zone günstiger für den Sauerstoffhaushalt.
3. Die Menge des abbaubaren Materials, die in die Tiefe absinkt, hängt von der Produktion im Epilimnion ab. In einem See mit sehr geringer organischer Produktion kann die meiste organische Substanz bereits abgebaut sein, wenn sie das Tiefenwasser erreicht, so daß kein Sauerstoff mehr gezehrt wird.
4. Die Geschwindigkeit des Abbaus wird von der Temperatur bestimmt. Im Hypolimnion tropischer Seen, das bis 25 °C warm sein kann, läuft der Abbau viel schneller als bei 4 °C Tiefentemperatur. Da bei den hohen Temperaturen auch absolut weniger Sauerstoff gelöst ist, verschwindet er viel schneller, manchmal im Tagesrhythmus (polymiktische Seen).

Entscheidend für den Sauerstoffhaushalt eines Sees sind deshalb **Produktivität** und **Morphometrie.** Bei gleicher Produktivität kann

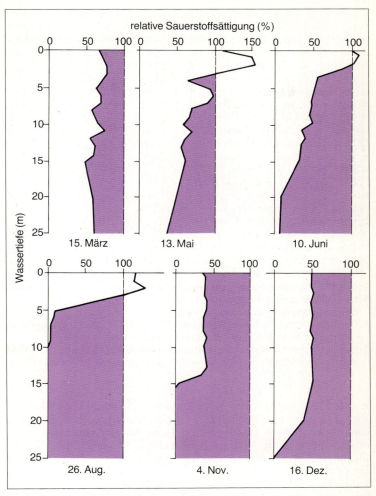

Abb. 3.**9** Sauerstoff-Tiefenprofile (relative Sättigung) eines eutrophen Sees (Plußsee, Holstein) im Jahreslauf (1986). Die farbige Fläche macht die Untersättigung deutlich. Nach Eisaufgang ist der See homogen gemischt, startet aber bereits mit einem Sauerstoffdefizit. Während der Stratifikationsperiode nimmt der Sauerstoffgehalt im Tiefenwasser immer mehr ab, während es an der Oberfläche zu Übersättigungen kommt. Im Herbst wird von oben her wieder Sauerstoff eingemischt (Daten von H. J. Krambeck)

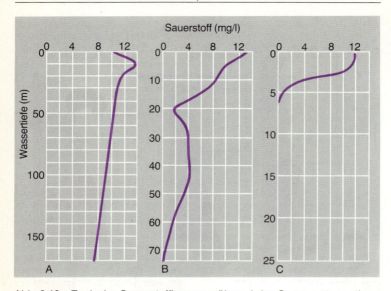

Abb. 3.**10** Typische Sauerstoffkurven während der Sommerstagnation.
A: Der oligotrophe Königsee (5. 7. 1980) hat eine nahezu orthograde Sauerstoffkurve (nach Siebeck 1982).
B: Der tiefe, eutrophe Bieler See in der Schweiz (11. 10. 1976) zeigt eine negativ heterograde Sauerstoffkurve (nach Tschumi 1977).
C: Der eutrophe, windgeschützte Plußsee in Holstein (4. 9. 1989) hat eine stark clinograde Kurve (Daten von H. J. Krambeck)

in einem See mit großem Hypolimnion viel organisches Material abgebaut werden, ohne daß es zu einer starken Sauerstoffzehrung kommt, während in einem weniger tiefen See der Sauerstoff völlig verschwinden kann. Wenn das organische Material nur teilweise abgebaut ist, wenn es den Seeboden erreicht, bildet sich ein Sediment, das reich an organischer Substanz ist. Da die Abbauvorgänge im Sediment weitergehen, wird in der sedimentnahen Schicht viel Sauerstoff gezehrt. Ein See mit relativ großer Sedimentoberfläche pro Volumen wird deshalb viel O_2 an das Sediment verlieren. Die Abnahme des Sauerstoffs im Hypolimnion beginnt, sobald die Stagnation einsetzt, vor allem im Sommer, aber bei sehr produktiven Seen auch im Winter unter Eis. Je länger die Stagnationsperiode dauert, desto geringer wird der Sauerstoffgehalt in der Tiefe.

Die Sauerstoffverteilung im See hat einen charakteristischen Jahreslauf, der mit dem Zirkulationsschema gekoppelt ist

(Abb. 3.**9**). Während der Sommerstagnation zeigt jeder See ein typisches Sauerstoffprofil (Abb. 3.**10**). Tiefe holomiktische Seen mit geringer Produktion behalten auch im Sommer eine Sauerstoffkurve, wie sie direkt nach der Vollzirkulation zu finden ist. Der See ist von oben bis unten mit Sauerstoff nahezu gesättigt. Nahe der Oberfläche kann der absolute Sauerstoffgehalt etwas erniedrigt sein, da durch die höhere Temperatur die Sättigungsmenge (vgl. Kap. 3.1.4) niedriger liegt. Eine solche Sauerstoffkurve wird **orthograd** genannt. Eine **clinograde** Sauerstoffkurve findet sich in produktiven Seen. In diesen geht der Sauerstoff im Hypolimnion im Sommer oft auf Null zurück. In der Nähe des Metalimnions kann eine clinograde Kurve auch Minima oder Maxima aufweisen. Durch den Dichtesprung im Metalimnion sammelt sich dort häufig partikuläre organische Substanz an, die dann bei den relativ hohen Temperaturen verstärkt abgebaut wird. Durch die erhöhte bakterielle Aktivität kommt es dann an dieser Stelle zu einem Sauerstoffminimum **(negativ heterograde Kurve)**. Unter ruhigen Wetterbedingungen kann es in produktiven Seen durch intensive Photosynthese zu Sauerstoffübersättigungen kommen. An der Oberfläche wird der überschüssige Sauerstoff an die Atmosphäre abgegeben. Da aber die Turbulenz von oben nach unten abnimmt, kann der Sauerstoff im tieferen Epilimnion nicht durch die Oberfläche ausgetauscht werden. Deshalb bleibt die Übersättigung erhalten, so daß sich dort ein Sauerstoffmaximum ergibt **(positiv heterograde Kurve)**.

Die Verteilung des Sauerstoffs im Gewässer ist einer der wichtigsten abiotischen Umweltfaktoren für Süßwasserorganismen, die daran auf vielfältige Art angepaßt sind. Er schränkt deren Lebensraum ein, kann aber für Tiere, die zur **Anoxibiose** (zeitweises Leben ohne Sauerstoff) fähig sind, auch ein Refugium vor Feinden eröffnen. Viele Organismen haben ihre Lebenszyklen auf die sich voraussagbar ändernden Sauerstoffbedingungen eingestellt. **Obligat anaerobe** Mikroorganismen sind auf sauerstofffreie Bedingungen angewiesen. Deshalb haben die Sauerstoffbedingungen einen entscheidenden Einfluß auf die Zusammensetzung von aquatischen Lebensgemeinschaften.

3.3.2 pH-Wert

Durch die vertikalen Unterschiede in den biotischen Aktivitäten kann es auch zur Ausbildung vertikaler Gradienten und zeitlicher Veränderungen des pH-Wertes in Seen kommen. Im wesentlichen sind es drei Prozesse, die Einfluß auf den pH-Wert haben: die Photosynthese, die Atmung und die Stickstoffassimilation. Die Auswirkungen der Photosynthese und der Atmung auf den pH-Wert sind wegen des Kalk-Kohlensäure-Gleichgewichts (3.1.6) selbst pH-abhängig. Je nach der vorherrschenden Form des anorganischen Kohlenstoffs (DIC) läßt sich die vereinfachte Summenformel für Photosynthese und Respiration wie folgt schreiben:

$$6\ CO_2 + 6\ H_2O = C_6H_{12}O_6 + 6\ O_2,$$
$$6\ HCO_3^- + 6\ H^+ = C_6H_{12}O_6 + 6\ O_2.$$

Das heißt, daß bei photosynthetischer Aufnahme (Assimilation) von CO_2 keine Protonen verbraucht werden, bei photosynthetischer Assimilation von Bicarbonat jedoch pro Atom Kohlenstoff ein Proton verbraucht wird. Für die Respiration gilt das Umgekehrte. Daraus folgt, daß bei pH-Werten unter 6,3 (nur CO_2 vorhanden) Photosynthese und Respiration keinen Einfluß auf den pH-Wert haben, daß aber bei höheren pH-Werten die Protonenzehrung durch die Photosynthese und die Protonenfreisetzung durch die Respiration zunehmen. Protonenverbrauch bzw. Protonenabgabe wirken zunächst nur auf die Alkalinität („Säurebindungsvermögen", Pufferkapazität gegen Säuren), ihre Auswirkungen auf den pH-Wert hängen von der Pufferkapazität des Wassers ab. Deshalb ist die vertikale Änderung des pH-Werts (im Epilimnion höher als im Hypolimnion) vom Ausgangs-pH und von der Pufferkapazität abhängig.

Neben dem Kohlenstoffhaushalt der Organismen hat auch die Stickstoffassimilation Einfluß auf den pH-Wert. Dient das Ammoniumion (NH_4^+) als Stickstoffquelle, muß zum Ladungsausgleich eine äquivalente Menge Protonen abgegeben werden, während bei Assimilation des Nitrations (NO_3^-) eine äquivalente Menge Protonen gezehrt wird. Im Prinzip gilt das auch für alle anderen assimilierten Ionen, diese fallen aber quantitativ nicht ins Gewicht. Da die Stickstoffassimilation im Vergleich zur Kohlenstoffassimilation nur eine untergeordnete Rolle spielt, ist auch der Einfluß der Stickstoffassimilation auf den pH-Wert nur bei niedrigen pH-Werten wichtig.

3.3.3 Redoxpotential

Viele chemische und biochemische Umsetzungen im Wasser sind **Redoxreaktionen**, d. h. bei ihnen findet ein Elektronentransfer statt. Der **Elektronendonator** wird als Reduktionsmittel bezeichnet, der **Elektronenakzeptor** als Oxidationsmittel. Durch den Elektronentransfer verwandelt sich das ursprüngliche Reduktionsmittel in ein Oxidationsmittel und das ursprüngliche Oxidationsmittel in ein Reduktionsmittel. In welcher Richtung und wie schnell der Prozeß

3.3 Abhängige Gradienten

abläuft, hängt davon ab, wieviel Energie dabei frei wird. Je mehr das Gleichgewicht $Red \rightleftharpoons Ox + e^-$ auf der oxidierten Seite liegt, desto stärker **elektronegativ** ist das Potential.

Auch Photosynthese und Respiration können als Redoxreaktion beschrieben werden. Bei der Photosynthese ist CO_2 das ursprüngliche Oxidationsmittel und H_2O das ursprüngliche Reduktionsmittel. Durch die Reaktion wird die Oxidationsstufe des Kohlenstoffs reduziert (+IV auf 0) und die produzierte organische Substanz wird zum Reduktionsmittel, während O_2 der terminale Elektronenakzeptor ist. Neben dem Kohlenstoff unterliegen auch andere biogene Elemente einer Veränderung ihrer Oxidationsstufe (N, S, Fe, nicht jedoch P). Deshalb sind auch die Umsetzungen, die mit einer Veränderung der Oxidationsstufe einhergehen, Redoxreaktionen.

Oxidationsstufen wichtiger biogener Elemente:
C(+IV): CO_2, HCO_3^-, CO_3^{2-}
C(0): C, CH_2O
C(−IV): CH_4
N(+V): NO_3^-
N(+III): NO_2^-
N(0): N_2
N(−III): NH_3, NH_4^+, $-NH_2$
S(+VI): SO_4^{2-}
S(−II): H_2S
Fe(+III): Fe^{3+}
Fe(+II): Fe^{2+}

Bringt man eine Elektrode in eine Lösung eines Redoxsystems, kann man die freien Elektronen wegfangen. An der Elektrode baut sich ein Potential auf, das der Oxidations- oder Reduktionsfähigkeit der Lösung entspricht. Damit kann man den Redoxzustand eines Stoffgemischs durch das Redoxpotential (E_H) angeben. Das ist das in Volt ausgedrückte Potential eines Redoxsystems gemessen gegen eine Normal-Wasserstoffelektrode. Da es bei Zunahme des pH-Wertes um eine Stufe um 0,058 V abnimmt, ist es üblich, das Redoxpotential auf pH 7 zu standardisieren (E_7).

Besonders wichtig für das Redoxpotential ist der Sauerstoff. Im Wasser gelöster Sauerstoff wirkt aufgrund der folgenden Reaktion als Oxidationsmittel:

$$H_2O = 1/2\, O_2 + 2\,H^+ + 2e^-.$$

Das theoretische Redoxpotential einer gesättigten Sauerstofflösung beträgt 0,8 V bei pH 7 und 25 °C. Gegenüber der Sauerstoffkonzentration als solcher ist das Redoxpotential sehr unempfindlich; eine Verminderung der Konzentration um 99% vermindert E_7 nur um 0,03 V, solange mit der Abnahme des Sauerstoffs nicht auch eine Zunahme reduzierender Substanzen verbunden ist.

Der theoretische E_7-Wert von 0,8 V für eine O_2-gesättigte Lösung gilt nur für ideale Bedingungen im chemischen Gleichgewicht, wenn alle Redoxreaktionen reversibel sind. Im natürlichen Gewässer sind diese Bedingungen nicht gegeben. Da die chemische Einstellung des Redoxgleichgewichts langsam ist und die Photosynthese der Einstellung des Gleichgewichts entgegenwirkt, werden auch im O_2-reichen Epilimnion nur Redoxpotentiale von 0,4−0,6 V gemessen. Wenn kein Sauerstoff vorhanden ist, machen sich die reduzierenden Substanzen bemerkbar. Deshalb gibt es normalerweise in Seen mit einem anaeroben Hypolimnion einen starken vertikalen Redoxgradienten. Im anaeroben Milieu wirken vor allem das reduzierte Fe(+II) und organische Stoffe senkend auf das Redoxpotential. An der Sediment-Wasser-Grenze gibt es häufig einen Sprung. Im Sediment können Werte bis −0,2 V erreicht werden, während sie im freien Wasser selten wesentlich unter 0 V fallen.

Das Redoxpotential hat starke Auswirkungen auf die Löslichkeit von Elementen. Seine jahreszeitliche Änderung im Hypolimnion und in der Sediment-Wasser-Kontaktzone spielt deshalb eine wichtige Rolle im Stoffkreislauf von Seen. Das Eisen hat dabei eine Schlüsselrolle bei der Mobilisierung des Phosphors (vgl. 8.3.4). Mit abnehmender Sauerstoffkonzentration und damit sinkendem Redoxpotential gehen nacheinander verschiedene Redoxpaare in den reduzierten Zustand über. Einige Beispiele:

Redoxpaar	Redoxpotential E_7 (Volt)	Entspricht mg O_2/l
$NO_3^- - NO_2^-$	0,45−0,40	4,0
$NO_2^- - NH_3$	0,40−0,35	0,4
$Fe^{+++} - Fe^{++}$	0,30−0,20	0,1
$SO_4^{--} - S^{--}$	0,10−0,06	0,0

Oberhalb eines E_7 von 0,3 V liegt das Eisen im wesentlichen als unlösliches Fe^{3+} vor. Sinkt das Redoxpotential jedoch weiter ab, geht das Eisen in das lösliche Fe^{2+} über und kann jetzt den im Sediment gebundenen Phosphor wieder in Lösung bringen. Bei einem weiteren Abfall entsteht aber Sulfid (S^{2-}), das mit dem Eisen wieder als unlösliches schwarzes Eisensulfid ausfällt. Mit sinkendem

Sauerstoffgehalt und steigendem Gehalt an reduzierenden Stoffen wird der biologisch wichtigste Phosphor deshalb in Lösung gebracht und wieder ausgefällt.

Die Oxidation von Reduktionsmitteln durch den Sauerstoff kann rein chemisch erfolgen. Durch biologische Prozesse (Respiration, Nitrifikation, bakterielle Schwefel- und Eisenoxidation; vgl. 4.3.8) wird sie aber beschleunigt.

3.3.4 Meromixis als Sonderfall

Es gibt Seen, die zu keinem Zeitpunkt des Jahres bis zu ihrer maximalen Tiefe durchmischt werden. Man bezeichnet sie als **meromiktisch.** Die von den Zirkulationen ausgeschlossene Tiefenzone wird als **Monimolimnion** bezeichnet, während die oberflächennahe Wasserschicht, die die regionalklimatisch üblichen Zirkulationen mitmacht, als **Mixolimnion** bezeichnet wird. Dazwischen liegt die **Chemokline,** in der starke vertikale chemische Gradienten bestehen.

Meromixis entsteht, wenn das Tiefenwasser durch einen erhöhten Gehalt gelöster Substanzen so schwer wird, daß auch bei einer entsprechenden Abkühlung des Oberflächenwassers keine Angleichung der Dichten erfolgen kann. Eine Erhöhung des Salzgehaltes um $10\ mg\ l^{-1}$ wirkt sich auf die Dichte genauso aus wie eine Senkung der Temperatur von 5 auf 4 °C. Wenn der Salzgehalt des Tiefenwassers entsprechend hoch und das Wasser klar ist, kann das Monimolimnion durch Einstrahlung deutlich wärmer als 4 °C werden, ohne daß es sich bei der Abkühlung des Oberflächenwassers auf 4 °C mit diesem mischt.

Nach dem Ursprung der höheren Salzgehalte im Monimolimnion unterscheidet man verschiedene Typen von Meromixis: **crenogene Meromixis** durch Quellen im Tiefenwasserbereich, **ectogene Meromixis** bei seitlichem Eindringen von Meerwasser in küstennahe Seen und **biogene Meromixis,** durch Salze, die bei biologischen Abbauprozessen im Tiefenwasser oder aus dem Sediment freigesetzt werden. Normalerweise reicht die Akkumulation solcher Salze während der Sommerstagnation nicht aus, um eine Durchmischung im Herbst oder Winter zu verhindern. In Seen mit großer Tiefe und vergleichsweise geringer Oberfläche kann die normale Zirkulation jedoch ausfallen, wenn herbstliche oder winterliche Abkühlung gering sind und Windmangel herrscht. Geschieht das mehrmals hintereinander, können die gelösten Substanzen im Tiefenwasser unter Umständen ausreichend lange akkumulieren, um einen See dauerhaft meromiktisch zu machen. Fast alle extrem tiefen Seen der äquatorialen Region (z. B. Tanganjikasee, Malawisee) gehören zu diesem Typ.

In der Chemokline eines meromiktischen Sees finden sich dieselben vertikalen chemischen Gradienten wie in einem eutrophen, holomiktischen See mit anaerobem Hypolimnion. Da das Monimolimnion nicht durch periodische Zirkulationsereignisse mit Sauerstoff angereichert wird, kommt es auch in unproduktiven meromiktischen Seen durch die langfristige Akkumulation zehrender Substanzen zur Ausbildung von Anaerobie im Monimolimnion. Der Sauerstoffgradient und die damit zusammenhängenden vertikalen Gradienten sind wegen der großen Stabilität der Chemokline wesentlich steiler als in vergleichbaren holomiktischen Seen.

3.4 Fließgewässer

3.4.1 Strömung

Die **Strömung** ist der bestimmende Faktor dafür, daß Fließgewässer sich fundamental von Seen unterscheiden. Das fließende Wasser wird ständig gemischt, so daß es, außer mit Bezug auf das Licht, keinen vertikalen Gradienten gibt. Wichtig ist, daß die Strömung einsinnig ist. Für kleine Organismen bedeutet das, daß sie flußabwärts transportiert werden, wenn sie sich nicht an festen Strukturen festhalten können, und daß es keine Chance gibt, daß sie durch Zufall wieder an ihren alten Platz verfrachtet werden. Planktische Organismen, wie sie typisch für Seen sind, können hier nicht existieren. Ein „Flußplankton" gibt es nur in großen Flüssen, in denen seenartige Buchten oder Staustufen vorhanden sind, die sich wie richtige Seen verhalten und in denen die Auswaschrate kleiner ist als die Wachstumsrate der Planktonpopulationen. Von dort wird der Fluß fortlaufend mit Plankton versorgt.

Die gerichtete Strömung bedeutet auch, daß Ressourcen, zum Beispiel Nährstoffe für Algen und Futterpartikel für Tiere (vgl. 4.3.1), die nicht sofort genutzt werden, für ein festsitzendes Individuum verloren sind, da sie nie zurückkommen. Allerdings werden mit der gleichen Rate, mit der die Ressourcen weggeschwemmt werden, von oberhalb auch neue Ressourcen herbeigetragen. Deshalb entsteht an jedem Punkt im Fließgewässer ein Fließgleichgewicht zwischen ein- und ausgeschwemmten Stoffen.

Die Strömung ist ein sehr starker Selektionsfaktor. Fließwasserorganismen müssen deshalb an ihre Wirkung angepaßt sein. Sie

3.4 Fließgewässer

müssen Möglichkeiten haben, den Scherkräften des Wassers zu widerstehen, sich festzuheften und Grenzschichten auszunutzen (vgl. 3.1.5) und gleichzeitig die Strömung zur Nahrungsgewinnung einzusetzen. Ein zweiter starker Selektionsdruck geht von der Tatsache aus, daß die Strömung erheblich schwanken kann. Ein starkes **Hochwasser** kann katastrophale Folgen für die Besiedlung eines Baches haben, weil das Bachbett mechanisch gestört wird. Die Bodenbeschaffenheit ändert sich dann sehr schnell, denn Kies und Steine rollen flußabwärts und zerstören die Lebensräume der Organismen. Das hat Konsequenzen für deren Lebenszyklen.

Auch über die Bodenbeschaffenheit eines Gewässers und damit über die Besiedlung mit Organismen entscheidet die Strömung. Sie sortiert die Partikel entsprechend ihrer Größe und ihres Gewichts. Je größer die Strömung, desto größer die Schleppkraft und damit die Größe der Partikel, die weggetragen werden. Deshalb besteht der Untergrund in schnellfließendem Wasser aus groben Steinen, während sich in den stillen Wasserräumen Sand und Schlick ablagern. Eine grobe Einteilung kann man folgendermaßen vornehmen:

Geschwindigkeit (cm/s)	Bodenbeschaffenheit des Gewässers
3 – 20	Schlick
20 – 40	Feinsand
40 – 60	Grobsand – Feinkies
60 – 120	kleine – faustgroße Steine
120 – 200	größere Steine

Normalerweise assoziiert man hohe Strömungsgeschwindigkeiten mit dem Oberlauf von Fließgewässern im Gebirge. Das ist richtig, aber hohe **Fließgeschwindigkeiten** gibt es auch im Unterlauf großer Ströme. Die Fließgeschwindigkeit hängt nämlich nicht nur vom Gefälle und der Rauhigkeit des Untergrunds, sondern auch von der Querschnittsfläche des Gewässers ab. Sie kann deshalb sowohl mit dem Gefälle als auch mit der Größe des Gewässers zunehmen. Im Hochgebirge ist das Gefälle groß; im Tiefland ist das Gefälle nur noch minimal, dafür ist aber die fließende Wassermenge (Querschnittsfläche) sehr groß. Deshalb hat der Rhein eine starke Strömung auch dort, wo das Gefälle klein ist. Da die Ufer ausgebaut sind, sieht man die Konsequenzen für den Gerölltransport nicht direkt. Läßt man aber ein Hydrophon in den Rhein hinab, so hört man den Lärm, den die auf dem Grund rollenden Kiesel verursachen.

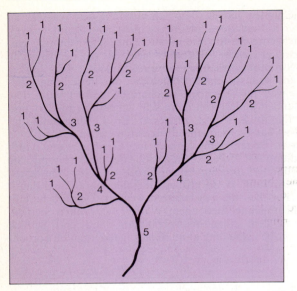

Abb. 3.11 Hierarchie eines Fließgewässersystems. Die Zahlen bezeichnen die „Ordnung" der Gewässer

Die hydraulischen Bedingungen hängen wesentlich von der Morphologie des Gewässers ab. Da diese sich im Verlauf eines Flusses und seiner Zuflüsse ändert, ist es oft hilfreich, die Position eines Flußabschnittes in der Hierarchie der Zuflüsse anzugeben. Man kann dazu die **„Ordnung"** eines Gewässers angeben. Ein Fließgewässer 1. Ordnung wäre ein Quellgewässer, das keine weiteren Zuflüsse hat. Nach dem Zusammenfluß zweier Quellbäche entsteht ein Gewässer 2. Ordnung. Zwei solche Zuflüsse vereinigen sich zu einem Gewässer 3. Ordnung usw. (Abb. 3.**11**). Wenn auch diese Einteilung nicht direkt etwas über die Länge, Größe und das Einzugsgebiet eines individuellen Gewässers aussagt, gibt es doch gewisse Regelmäßigkeiten, aus denen man Schlüsse ziehen kann. Im allgemeinen gibt es etwa drei- bis viermal mehr Gewässer in jeder geringeren Ordnung, und jedes davon ist im Durchschnitt weniger als halb so lang und entwässert ein Fünftel der Einzugsgebietsgröße (Hynes 1970).

3.4.2 Temperatur

Wegen der großen Turbulenz und kontinuierlichen Mischung gibt es in Fließgewässern keine den Seen vergleichbare Temperaturschichtung. Sie zeigen aber einen charakteristischen Temperaturverlauf entlang der Fließstrecke. Quellen sind sehr konstant in ihrer Temperatur. Die Austrittstemperatur hängt von der mittleren Jahrestemperatur des Einzugsgebietes ab und schwankt im Jahresverlauf oft nur um wenige Zehntel Grad. In unseren Breiten liegt sie häufig im Bereich von ca. 8 °C. Mit zunehmender Fließstrecke gleicht sich die Temperatur der fließenden Welle dann immer mehr der mittleren Temperatur der Luft an. Im Sommer heißt das, daß die Wassertemperatur flußabwärts langsam ansteigt, im Winter jedoch, daß sie abnimmt. Dieser langsamen Veränderung ist eine tagesperiodische Variabilität überlagert. Deren Amplitude hängt von der Menge des transportierten Wassers ab. Ein kleines Fließgewässer mit geringem Volumen wird durch Sonneneinstrahlung während des Tages aufgeheizt. Es erreicht am Nachmittag die höchsten Temperaturen und kühlt dann wieder ab, und erreicht in der zweiten Nachthälfte die niedrigsten Werte. In einem kleinen Fluß kann im Sommer die tagesperiodische Schwankung 6 °C ausmachen. Große Gewässer mit großer Wärmekapazität haben nur geringe tagesperiodische Schwankungen.

Da Fließgewässer mit zunehmender Fließstrecke normalerweise auch größer werden, ergibt sich im Sommer ein charakteristischer Temperaturverlauf: mit zunehmender Fließstrecke steigt die mittlere Temperatur, während die Tagesamplitude abnimmt. Dafür nimmt aber die Jahresamplitude flußabwärts zu. Das ist leicht damit zu erklären, daß die Temperatur von der Quelle zur Mündung im Sommer zu- und im Winter abnimmt. In tropischen Flüssen sind die Temperaturschwankungen wesentlich geringer als in gemäßigten Breiten.

Wenn Fließgewässer in ihrem Verlauf einen oder mehrere Seen durchflossen haben, sind sie deutlich wärmer als vergleichbare, die keinen See passiert haben. Das liegt daran, daß der Ausfluß aus Seen während der Sommerstagnation fast nur epilimnisches Wasser enthält, das sich während des Aufenthalts im See erwärmt hat. Der kühlere Zufluß schichtet sich in der seiner Temperatur entsprechenden Tiefe ein und verdrängt das warme Wasser nach oben.

3.4.3 Sauerstoff

In schnellfließenden, unbelasteten Hochgebirgsbächen liegt die relative Sauerstoffsättigung immer nahe bei 100%, da die Turbulenz für ständigen Austausch mit der Atmosphäre sorgt. Im Verlauf der Fließstrecke ergeben sich aber charakteristische Änderungen. Das Quellwasser ist häufig sehr sauerstoffarm, da es oft Grundwasser ist, das lange im Untergrund gelegen hat. Dieses Sauerstoffdefizit wird in einem schnellfließenden Quellbach aber sehr schnell aus der Atmosphäre aufgefüllt.

Im mittleren Flußlauf machen sich Prozesse der Sauerstoffproduktion und -zehrung bemerkbar, da der Gasaustausch mit der Atmosphäre mit Verzögerung stattfindet. Aufwuchsalgen und Wasserpflanzen produzieren tagsüber Sauerstoff, der Abbau von eingeschwemmter organischer Substanz (z. B. Fallaub) verbraucht Sauerstoff. Dadurch kann es zu tagesperiodischen Schwankungen in der Sauerstoffkonzentration kommen: hohe Sauerstoffkonzentrationen bei Tage (Maximum am Nachmittag), wenn die Photosynthese läuft, und niedrige Werte bei Nacht. Ein solcher Rhythmus kann nicht durch physikalische Faktoren entstehen; die Temperaturamplitude würde genau einen gegenläufigen Effekt erzeugen. Dadurch läßt sich erkennen, daß biotische Faktoren den Sauerstoffhaushalt beeinflussen. Auch in diesem Flußabschnitt spielen aber der physikalische Eintrag aus der Atmosphäre (nachts) und die Abgabe überschüssigen Sauerstoffs an die Atmosphäre (tagsüber) eine wichtige Rolle.

Die relative Bedeutung dieser physikalischen Austauschprozesse wird zur Mündung hin immer geringer. In dem großen Wasservolumen des Unterlaufs kommt das Wasser nicht mehr so häufig und intensiv in Kontakt mit der Luft. Mit zunehmender Fließstrecke wird die Belastung mit organischer Substanz auch immer größer und damit die Sauerstoffzehrung. Andererseits kann es in Staustufen zu Algenentwicklung und starker Sauerstoffübersättigung kommen, was zu großen tagesperiodischen Schwankungen führt. Im Unterlauf ungestauter Flüsse ist die Photosynthese mitgeführter Algen aber unbedeutend. Die Algen werden durch die Turbulenz ständig in die dunkle Tiefe gerissen, wo keine Photosynthese stattfinden kann. Deshalb haben solche Ströme im Unterlauf reduzierten Sauerstoffgehalt. Dieser Effekt wird dadurch verstärkt, daß die Flüsse als Vorfluter dienen und große Mengen organischer Belastung aus Abwasser enthalten, die zusätzlich Sauerstoff zehren. Ein gutes Beispiel dafür ist der Rhein. Zu Zeiten der größten Abwasserbelastung Anfang der siebziger Jahre lag der **Sauerstoffgehalt des Rheins** im Unterlauf häufig unter 3 mg/l, so daß es zu kritischen Situationen für Fische kam. Durch den Bau von Kläranlagen wurde die Belastung mit abbaubarer organischer Substanz erheblich reduziert. Zwischen 1982 und 1987 betrug der niedrigste gemessene Wert 5,3 mg O_2/l.

3.5 „Voraussagbarkeit" der Umweltbedingungen im Wasser

Die physikalisch-chemischen Eigenschaften des Wassers, die in den letzten Kapiteln besprochen wurden, machen Gewässer zu besonderen Lebensräumen. Das **Wasser puffert** viele Schwankungen der Umweltfaktoren ab; die Lebensbedingungen werden dadurch konstanter und besser voraussagbar. Ein Beispiel: Der Temperaturunterschied zwischen Tag und Nacht am Boden eines Trockenhanges kann an einem Sommertag leicht 30 °C und mehr betragen. Im Epilimnion eines Sees werden solche Schwankungen selten 2 °C erreichen.

Für die Adaptation der Organismen an ihren Lebensraum treten deshalb die physikalischen Faktoren gegenüber den biotischen zurück. Aus diesem Grund eignen sich Gewässer besonders gut zur Untersuchung von Phänomenen, die auf den Interaktionen von Organismen beruhen. Die folgenden Kapitel werden diese Interaktionen zum Schwerpunkt haben.

Wichtig für eine Adaptation ist die Voraussagbarkeit zukünftiger Ereignisse. Auch diese ist in Gewässern relativ hoch. Das gilt vor allem für Seen, da Fließgewässer durch gelegentliche dramatische Hochwasser betroffen werden können. Seen eignen sich aus mehreren Gründen besonders gut für das Studium voraussagbarer Muster und Phänomene.

1. Sie sind relativ gut abgrenzbare Systeme. Im Falle eines Sees bezeichnet das Wort „Ökosystem" nicht nur einen willkürlich herausgegriffenen Ausschnitt aus der Landschaft, sondern die Land-Wasser-Grenze stellt für viele Organismen eine echte Grenze dar, die mögliche Interaktionen mit terrestrischen Systemen unterbricht. Auch wenn es einen Austausch von Wasser zwischen Seen und viele Einflüsse des umgebenden Landes gibt, ist ein See, verglichen mit terrestrischen Lebensräumen, ein relativ isoliertes System.
2. Seen sind normalerweise mit Bezug auf die abiotischen Faktoren keine Extremlebensräume. Es gibt zum Beispiel niemals einen Mangel an Wasser, das in vielen terrestrischen Systemen zum limitierenden Faktor wird. Die Temperatur fällt niemals unter 0 °C und steigt selten über 30 °C. Es gibt zwar Unterschiede in den chemischen Eigenschaften von Seen, aber diese erreichen nur in Ausnahmefällen Extremwerte (z. B. niedriger pH-Wert).
3. Die abiotischen Faktoren in Seen sind räumlich und zeitlich besser voraussagbar als in terrestrischen Systemen. Die große Wärmekapazität des Wassers dämpft Temperaturschwankungen. Auch wenn die Maximaltemperaturen sich mit den klimatischen

Bedingungen von Jahr zu Jahr etwas ändern, nimmt die Wassertemperatur im Jahreslauf doch nur langsam zu und wieder ab, und die Änderungen von Tag zu Tag sind klein. Seen zeigen eine voraussagbare Temperaturschichtung, und die vertikalen Gradienten von Temperatur und Licht bestimmen die Aufbau- und Abbauprozesse. Anoxische Bedingungen in der Tiefe von Seen sind sicher ein abiotischer Extremfaktor, aber diese Bedingungen entwickeln sich langsam und in einer voraussehbaren Weise. Ein bestimmter See wird nicht in einem Jahr ein anoxisches Hypolimnion haben und im nächsten nicht.
4. Auch wenn viele aquatische Organismen weit verbreitet sind, haben Seen doch einen gewissen „Inselcharakter". Deshalb spielen dichteabhängige Prozesse in den Beziehungen der Organismen eine große Rolle, denn nur wenige Arten können auswandern, wenn ihre Dichte zu hoch wird.

Das bedeutet nicht, daß Seen unveränderlich sind. Das Erscheinungsbild eines Sees kann sich von Jahr zu Jahre ändern. Massenentwicklungen einer Algenart müssen nicht in jedem Jahr gleich auftreten, und verschiedene Algen können sich abwechseln. Wir können aber davon ausgehen, daß solche Veränderungen nicht unmittelbare Folgen geänderter abiotischer Faktoren sind. Die Eigenschaften des Wassers setzen für einen Organismus einen im Vergleich zu terrestrischen Lebensräumen relativ konstanten Rahmen der Umweltfaktoren. Dieser wird von den biotischen Interaktionen ausgefüllt. Das macht es für uns einfacher, den Zufall auszuschalten und Gesetzmäßigkeiten für die beobachteten Unterschiede zu finden und diese zu erklären.

4 Das Individuum in seinem Lebensraum

Die ökologisch relevanten physiologischen Eigenschaften der Organismen, d. h. ihre Umweltansprüche und ihre Fähigkeiten, diese zu befriedigen, sind prinzipiell Eigenschaften des Individuums. Ebenso ist das Individuum als Träger des Genoms die vorrangige Einheit der Selektion. Die **physiologische Ökologie** untersucht die Leistungen des Individuums und deren Auswirkungen auf die Fitneß. Allerdings ist das Individuum nicht bei allen Organismen eine eindeutig abgrenzbare Einheit. Dies gilt zum Beispiel für koloniebildende Protisten, aber auch für Sproßpflanzen, die durch Rhizome verbunden sind (Schilf).

Die Messung physiologischer Eigenschaften und Leistungen an Individuen erfordert eine gewisse Mindestgröße. In der Praxis liegt diese Grenze in der Größenordnung von 1 mm. Bei kleineren Organismen (Rotatorien, Protozoen, Mikroalgen, Bakterien) werden physiologische Eigenschaften und Leistungen an Kulturen gemessen, die aus zahlreichen Individuen bestehen, d. h. an experimentellen Populationen. Im Idealfall handelt es sich dabei um Klonkulturen, aber auch bei Klonkulturen ist die genetische Einheitlichkeit nur dann gewährleistet, wenn die Zeit nach der Isolation des Klons kurz genug ist, so daß sich keine Mutationen bemerkbar machen. Die Messung physiologischer Eigenschaften an experimentellen Populationen macht es unmöglich, Variabilität zwischen den Individuen zu entdecken.

Bei Mikroorganismen wird die physiologische Leistung häufig in Einheiten gemessen, die eigentlich erst auf der Populationsebene sinnvoll sind. Das bekannteste Beispiel ist die Wachstumsrate der Population. Aber auch Wanderbewegungen kleiner Organismen werden meist nicht durch die direkte Beobachtung der Bewegung von Individuen, sondern durch die Veränderung der räumlichen Verteilung der Population analysiert. Es ist daher unvermeidlich, in diesem Kapitel einige Begriffe zu verwenden, die eigentlich in das Kapitel „Populationen" gehören.

4.1 Leistungen des Individuums

4.1.1 Toleranz- und Optimalbereich

Es ist seit langer Zeit üblich, Organismen einen bestimmten Toleranz- und Optimalbereich in bezug auf Umweltfaktoren (z. B.

Temperatur, pH-Wert, Strömungsgeschwindigkeit, Verfügbarkeit von Ressourcen) zuzuschreiben. Häufig wird dabei angenommen, daß irgendeine für das „Wohlergehen" charakteristische Größe (z. B. Stoffwechselrate, Wachstumsrate des Individuums, Wachstumsrate der Population, Häufigkeit) im Gradienten eines Umweltfaktors eine eingipfelige Kurve aufweist. Der höchste Punkt dieser Kurve wird dann als „Optimum" mit Bezug auf den Umweltfaktor bezeichnet. Die beiden Schnittpunkte mit der Nullinie bilden das „**Minimum**" und das „**Maximum**"; dazwischen liegt der **Toleranzbereich**. Die Form dieser Kurve nennt man die **Reaktionsnorm**. Je nach der Breite des Toleranzbereichs werden traditionellerweise „**euryöke**" (breiter Toleranzbereich) und „**stenöke**" (schmaler Toleranzbereich) Organismen unterschieden. Es ist zu beachten, daß nicht für alle Umweltfaktoren eine Optimumskurve gilt: Für Ressourcen (vgl. 4.3) gilt meistens eine Sättigungskurve, für toxische Substanzen liegt das Optimum bei Null.

Meist wird zwischen einem „**physiologischen**" und einem „**ökologischen**" **Optimum** oder Toleranzbereich unterschieden. Das erste bezieht sich auf physiologische Funktionen, die experimentell an einzelnen Individuen oder an Reinkulturen festgestellt werden können; das Zweite bezieht sich auf die Verbreitung in der Natur, die auch von biotischen Interaktionen (Konkurrenz, Fraßdruck; s. Kapitel 6) mitbestimmt wird. Diese Unterscheidung ist jedoch nicht fein genug. Bei der Abgrenzung von Toleranz- und Optimalbereichen ist es nötig, den Bezug zu den jeweiligen Leistungen des Individuums zu definieren, denn die Umweltansprüche für verschiedene Leistungen sind verschieden.

Für kurze Zeit können häufig auch Extremsituationen ertragen werden. Die letalen Grenzen eines Umweltfaktors sind daher die weiteste Definition des Toleranzbereichs. Enger ist der Bereich, in dem ein Organismus sich ausreichend ernähren kann, um seine metabolischen Verluste an Energie und Substanz auszugleichen, und noch stärker begrenzt ist der Bereich, innerhalb dessen sich ein Organismus auch fortpflanzen kann. Alle drei Toleranzbereiche (Toleranzbereich des Überlebens, der Ernährung und der Fortpflanzung) hängen von den physiologischen Eigenschaften des Individuums ab. Sie implizieren noch keine Interaktionen mit anderen Individuen, fallen also in die Kategorie des physiologischen Toleranzbereichs bzw. Optimums.

Durch ihre Stoffwechselaktivitäten verändern Organismen ihre Umwelt und werden damit selbst zur „Umwelt" für andere Organismen (s. Kapitel 6, „Interaktionen"). Durch die Einwirkung von Räubern, Parasiten oder Konkurrenten kann es dazu kommen, daß Organismen in bestimmten Lebensräumen keine stabile Population etablieren können, obwohl diese innerhalb des physiologischen

Toleranzbereichs der Fortpflanzung liegen. Im allgemeinen ist daher die Verbreitung von Organismen wesentlich eingeschränkter, als es ihrem physiologischen Toleranzbereich entspricht, auch dann wenn historische Ursachen (Verbreitungsgeschichte, geographische Hindernisse) als Begrenzung ausgeschlossen werden können. Durch die Einwirkung biotischer Interaktionen kann das Verbreitungsmaximum gegenüber dem physiologischen Optimum verschoben sein. So leben zum Beispiel viele Wassertiere, obwohl ihr physiologisches Optimum bei 20 °C liegt, in der kalten Tiefe von Seen, weil sie an der Oberfläche von Räubern bedroht sind.

4.1.2 Nische

Ein im Zusammenhang mit dem Toleranzbereich häufig gebrauchter Begriff ist die **„ökologische Nische"**, ein Begriff, der seit seiner Einführung durch Grinnell (1917) einen erheblichen Bedeutungswandel durchgemacht hat. Die moderne Definition der Nische geht auf Hutchinson (1958) zurück. Sie geht davon aus, daß Organismen nicht nur von einem Umweltfaktor abhängen, sondern Toleranzbereiche für viele Umweltfaktoren haben. Jedem Umweltfaktor entspricht eine Achse in einem gedachten, vieldimensionalen Koordinatensystem. Die Nische ist dann ein n-dimensionales **Hypervolumen** innerhalb dieses Koordinatensystems. Das Prinzip ist für zwei Nischendimensionen in Abb. 4.1 dargestellt. Man könnte diesem Bild noch eine dritte Dimension hinzufügen, aber mehr als drei Dimensionen sind graphisch nicht mehr darstellbar. Analog zum „physiologischen" und zum „ökologischen" Toleranzbereich unterscheidet Hutchinson eine **„fundamentale"** und eine **„realisierte"** Nische. Die fundamentale Nische ist dabei das Hypervolumen, innerhalb dessen ein Organismus ohne Einwirkung biotischer Interaktionen vorkommen könnte, die realisierte Nische dasjenige, auf das das Vorkommen eines Organismus durch Konkurrenz und Fraßdruck zurückgedrängt ist. Für die „fundamentale Nische" müssen dieselben Unterscheidungen gemacht werden wie für den physiologischen Toleranzbereich. Dieses Konzept wird im Abschnitt über interspezifische Konkurrenz (s. 6.1) noch einmal aufgenommen.

4.1.3 Verhalten als Anpassung an Umweltvariabilität

Die Umwelt der Organismen ist nicht konstant; sie ändert sich, z. B. mit der Jahreszeit. Aber auch die Umweltansprüche und die Toleranzen der Organismen können sich innerhalb ihres **Lebenszyklus** ändern. Jugendstadien können eine andere Nische besetzen als

4 Das Individuum in seinem Lebensraum

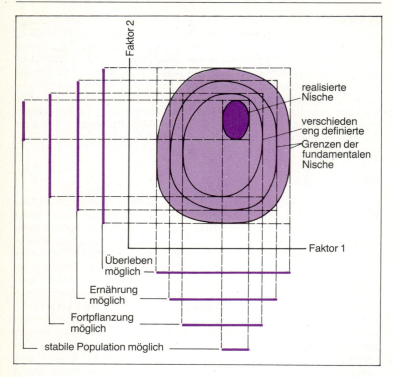

Abb. 4.**1** Relation der Hutchinsonschen Nische zu den Toleranzbereichen für zwei Umweltfaktoren

Adulte. Deshalb kann es notwendig sein, daß Organismen den Ablauf ihrer Lebenszyklen so einteilen, daß der Toleranzbereich ihrer jeweiligen Lebensstadien zu den Umweltbedingungen paßt.

Die einfachste Form der Anpassung des Lebenszyklus an das periodische Auftreten ungünstiger bis tödlicher Umweltbedingungen ist die Ausbildung resistenter **Dauerstadien.** So sterben bei vielen Wasserpflanzen die oberirdischen Teile im Herbst ab, während ein ausdauerndes Rhizom überwintert. Insekten können als Eier überwintern, aus denen erst im Frühjahr die Larven schlüpfen, aber auch

Abb. 4.**2** Exogen kontrollierte Enzystierung des Dinoflagellaten *Ceratium hirundinella*. Gesamtdichte (vegetative Zellen und Cysten) und Dichte der Cysten (farbige Fläche) im Plußsee im Vergleich zur thermischen Schichtung

Abb. 4.**2**

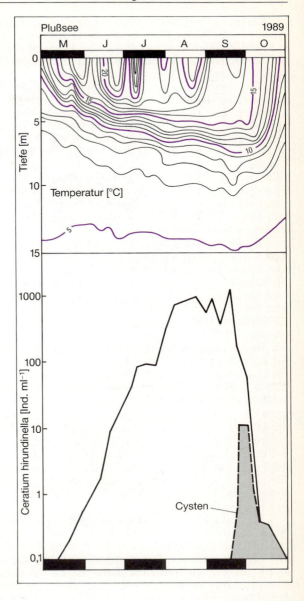

als Ruhestadien (Larven, Puppen) ungünstige Zeiten überdauern. Auch innerhalb des Planktons sind Dauerstadien weit verbreitet, z. B. die Zygoten der Jochalgen, die Akineten der Blaualgen, die Statosporen der Chrysophyceen, die Ephippien der Cladoceren (vgl. Abb. 5.12) und die Dauereier der Rotatorien.

Die Ausbildung von Dauerstadien kann durch Umweltreize gesteuert werden (z. B. Veränderung der Wassertemperatur, Veränderung der Tageslänge, Nährstoffverarmung). In diesem Fall spricht man von einer exogen kontrollierten Enzystierung. Sie ist meist daran erkennbar, daß die Bildung von Dauerstadien pulsartig am Ende der Vegetationsperiode erfolgt, wie beim Dinoflagellaten *Ceratium hirundinella* (Abb. 4.2). Im Gegensatz dazu kann die Bildung von Statosporen bei Chrysophyceen nicht durch externe Faktoren ausgelöst werden, sondern hängt ausschließlich von der Populationsdichte ab (endogen kontrollierte Encystierung). In diesem Fall werden zum Zeitpunkt der maximalen Dichte vegetativer Zellen auch die meisten Dauerstadien gebildet.

Da die realisierte Nische immer kleiner als die fundamentale ist, haben bewegungsfähige Organismen eine gewisse Flexibilität, wenn sich die abiotischen oder biotischen Bedingungen ändern. Sie können die räumliche Variabilität der Umweltbedingungen ausnutzen, indem sie aktiv vor ungünstigen Bedingungen ausweichen und günstigere aufsuchen und auf diese Weise ihre realisierte Nische innerhalb der fundamentalen verschieben. Wenn zum Beispiel der Sauerstoffgehalt im Hypolimnion eines Sees abnimmt, geraten viele Organismen der Bodenfauna an die Grenze der Nischendimension Sauerstoff. Sie können dem durch Wanderung in flache Uferbereiche ausweichen, solange die Temperaturtoleranz das zuläßt. Man kann sich fragen, warum diese Tiere nicht gleich im Flachwasser bleiben, sondern zurück in die Tiefe gehen, sobald der Sauerstoffgehalt sich nach der Vollzirkulation wieder gebessert hat. Das kann entweder daran liegen, daß sie ihr Temperaturoptimum bei niedrigen Temperaturen haben, obwohl sie höhere Temperaturen tolerieren, oder daß es im Flachwasser Mortalitätsfaktoren (z. B. Räuber) gibt, denen die Tiere ausweichen. Letztere Erklärung ist wahrscheinlicher. Ein Beispiel für solche Mortalitätsfaktoren, die nur im Flachwasser wirken, sind Enten, deren Tauchtiefe auf wenige Meter beschränkt ist.

Die ausgeprägte **Vertikalwanderung** der koloniebildenden, begeißelten Grünalge *Volvox* im afrikanischen Stausee Cahora Bassa bedeutet eine tagesperiodische Verschiebung der realisierten Nische. Die Alge braucht zur Photosynthese sowohl Licht als auch Nährstoffe. In der euphotischen Zone ist der essentielle Nährstoff Phosphor aber kaum vorhanden, während es im Tiefenwasser zwar hohe Phosphatkonzentrationen, aber kein Licht gibt. *Volvox* reagiert auf diese Situation durch Abwärtswandern am Abend und Aufwärtswandern am Morgen. Während des Tages hält sich der größte Teil der Population innerhalb der euphotischen Zone auf, während er sich in der Nacht, wenn sowieso kein Licht vorhanden ist, im phosphatreichen Tiefenwasser befindet (Sommer u. Gliwicz 1986).

Oft ist der Ultimatfaktor für die Produktion von Dauerstadien oder Verhaltensänderungen nicht bei den abiotischen Faktoren, sondern bei Interaktionen mit anderen Organismen zu suchen (vgl. 2.3). In späteren Kapiteln werden noch häufiger Anpassungen in Lebenszyklen oder Verhalten, die zur Verschiebung der realisierten Nische führen, behandelt werden. Sie spielen eine wichtige Rolle beim Nahrungserwerb von Tieren und bei der Räubervermeidung.

4.2 Abiotische Faktoren

4.2.1 Temperatur

Im allgemeinen sind aquatische Organismen einer geringeren Schwankungsbreite der Umgebungstemperaturen ausgesetzt als terrestrische. Mit Ausnahme heißer Quellen, in denen Temperaturen bis zum Siedepunkt erreicht werden können, liegen die Temperaturen der Binnengewässer zwischen 0 °C und ca. 35 °C; in einem bestimmten Binnengewässer ist die Schwankungsbreite noch kleiner. Darüber hinaus verlaufen die Temperaturänderungen wesentlich langsamer als an Land. Vor allem stellt sich für aquatische Organismen nicht das Problem, Frost ertragen zu müssen. Die letalen Grenzen der Temperaturtoleranz spielen daher in der aquatischen Ökologie eine wesentlich geringere Rolle als in der terrestrischen.

Nur für heiße Quellen kann man Hitzeresistenz als den vorherrschenden Faktor, der die Verteilung aquatischer Organismen bestimmt, annehmen: Thermophile Bakterien können Temperaturen bis zu 90 °C ertragen, termophile Blaualgen bis zu 75 °C, und eukaryote Organismen bis maximal 50 °C. In geothermisch unbeeinflußten Gewässern gibt es nur wenige belegte Beispiele für die Bedeutung der Hitzeresistenz. So wird etwa das Fehlen der planktischen Kieselalge *Asterionella formosa* in tropischen Seen auf ihre Unfähigkeit zurückgeführt, Temperaturen von mehr als 25 °C zu überleben.

Wenn bestimmte Arten nicht bei höheren Wassertemperaturen auftreten, kann man daraus nicht unbedingt schließen, daß die Temperatur der begrenzende Umweltfaktor ist. Es ist auch möglich, daß andere Faktoren, die mit der Temperatur korreliert sind, eine

Temperaturabhängigkeit vortäuschen. Solche Faktoren können zum Beispiel der Sauerstoffgehalt sein, der bei höheren Wassertemperaturen niedriger ist, oder die Durchmischungstiefe, die bei niedrigen Temperaturen größer wird (geringere Lichtexposition der Algen). Indirekte Wirkungen von Temperaturänderungen treten auf, wenn diese zu Verschiebungen in der Konkurrenzstärke verschiedener Arten (Kapitel 6.1) führen.

Organismen mit einem weiten Toleranzbereich und einem flachen Verlauf der Optimumskurve werden als **eurytherm** bezeichnet, Organismen mit einem engen Toleranzbereich und einem steilen Verlauf der Optimumskurve als **stenotherm**. Es war früher üblich, Organismen deren natürliches Vorkommen auf einen engen Temperaturbereich beschränkt war, automatisch als kalt- oder warmstenotherm zu bezeichnen. Bei physiologischen Untersuchungen erwies sich diese Klassifizierung oft als unhaltbar.

Für einige Wassertiere wurde aber tatsächlich bewiesen, daß sie bei höheren Temperaturen nicht leben können. In Seen ziehen sich solche Organismen in die kühle Tiefe zurück, solange dort ausreichend Sauerstoff zur Verfügung steht. So läßt sich zum Beispiel das Rädertier *Filinia hofmanni* nicht oberhalb von 10 °C am Leben erhalten. Aus der Verbreitung einiger Tiere wie der Mysidiacee *Mysis relicta* schließt man, daß es sich um „Eiszeitrelikte" handelt. Man nimmt an, daß sie die allgemeine Erwärmung nach der letzten Eiszeit nur in einigen kühlen Gebirgsseen, im Hypolimnion tiefer Seen und in Seen der nördlichen Breiten überlebt haben. Aus der Verbreitung in Nordamerika wurde geschlossen, daß *Mysis relicta* nur bei Temperaturen unterhalb von 14 °C existieren kann. Laborversuche zeigten, daß sie, je nach Akklimatisation, kurzfristig auch höhere Temperaturen ertragen kann, allerdings nur für einige Stunden. Umgekehrt gibt es Organismen, die nur oberhalb einer bestimmten Mindesttemperatur überleben oder sich fortpflanzen können (Tropen).

Auch innerhalb der letalen Grenzen ist die Temperatur von großer Wichtigkeit, da sie entscheidenden Einfluß auf die Reaktionsgeschwindigkeit sämtlicher chemischer und damit auch biochemischer und physiologischer Prozesse hat. Im Bereich biologisch realistischer Temperaturen kann dieser Zusammenhang annähernd mit der **Van't Hoffschen Regel** beschrieben werden. Eine Temperaturerhöhung um 10 °C bewirkt eine Erhöhung der Reaktionsgeschwindigkeit um einen Faktor von 1,5 bis 4. Dieser Faktor wird Q_{10} genannt.

Oberhalb eines **Temperaturoptimums** nehmen die Leistungen mit steigender Temperatur wieder ab. Zahlreiche biologisch bedeutungsvolle Raten hängen nämlich von mehreren biochemischen Reaktionen ab. Viele Enzyme sind nur in einem begrenzten Tempera-

4.2 Abiotische Faktoren

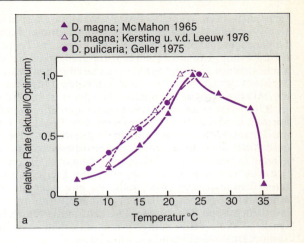

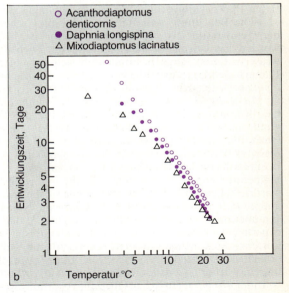

Abb. 4.3a u. b   Physiologische Auswirkungen der Temperatur:
a Maximale (futtergesättigte) Ingestionsrate mehrerer *Daphnia*-Arten in Abhängigkeit von der Temperatur (nach Lampert 1987a)
b Eientwicklungszeiten mehrerer Zooplanktonarten in Abhängigkeit von der Temperatur (nach Bottrell 1975)

turbereich stabil. Wenn die Einzelreaktionen einen unterschiedlichen Q_{10}-Wert haben, kann es außerhalb des Optimalbereichs zu starken Ungleichgewichten zwischen physiologischen Teilprozessen kommen. Deshalb kann die Temperaturabhängigkeit biologischer Raten am besten mit eingipfeligen Kurven beschrieben werden (Abb. 4.3a). Meistens ist der Abfall bei überoptimalen Temperaturen steiler als der Anstieg bei suboptimalen Temperaturen. Biologische Zeiten (z. B. Entwicklungszeiten von Eiern, Generationszeiten etc.) werden mit der Beschleunigung physiologischer Prozesse kürzer und sind im Temperaturoptimum minimal. Allerdings liegt das Optimum manchmal außerhalb des Temperaturbereichs, in dem die Organismen normalerweise vorkommen, so daß es nie erreicht wird. Das läßt sich an den Entwicklungszeiten der Eier einiger Zooplanktonarten demonstrieren (Abb. 4.3b). Es gibt aber auch Prozesse, die innerhalb eines weiten Bereichs temperaturunabhängig sind, z. B. photochemische Reaktionen. Die lichtlimitierten Raten der Photosynthese (vgl. 4.3.5) hängen nur unterhalb von 4 °C von der Temperatur ab, während die enzymatisch kontrollierten lichtgesättigten Photosyntheseraten temperaturabhängig sind.

Die Bedeutung unmittelbarer physiologischer Auswirkungen der Temperatur als ökologischer Faktor ist bisher überschätzt worden. Ein Beispiel ist die Zonierung von Turbellarien in Fließgewässern. Es ist lange bekannt, daß sich verschiedene Arten von Planarien entlang einer Fließstrecke eines Baches ablösen. *Crenobia alpina* besiedelt den Oberlauf, während Arten der Gattung *Polycelis* im Mittel- und Unterlauf leben. Das wurde lange als ein Beispiel für die Bedeutung des Temperaturfaktors für die Verbreitung von aquatischen Organismen angesehen, da die Wassertemperatur in einem Fließgewässer flußabwärts steigt (vgl. 3.4.2). Im Labor liegen die Maximaltemperaturen für die verschiedenen Arten tatsächlich in unterschiedlichen Bereichen. Für *Crenobia alpina* wurde eine Letaltemperatur von 12 °C bestimmt, für die in Großbritannien flußabwärts anschließende *Polycelis felina* eine solche von 16 °C, während andere *Polycelis*-Arten sogar 26 °C vertragen. Neuere Untersuchungen über die Nahrungsüberlappung (vgl. 6.1.5) und Verpflanzungsexperimente haben aber gezeigt, daß auch biotische Faktoren (Konkurrenz, direkte Interaktionen; Kapitel 6) eine Rolle bei der unterschiedlichen Verteilung spielen. Die Temperaturtoleranz kann erklären, warum *C. alpina* nicht im Unterlauf vorkommt, aber nicht, warum *Polycelis* nicht in den Oberlauf vordringt (Reynoldson 1983).

4.2.2 Sauerstoff

Ungleiche Verteilung von Sauerstoff und anaerobe Zustände sind eine typische Erscheinung aquatischer Lebensräume (vgl. 3.3.1). In

4.2 Abiotische Faktoren

der Tiefe eutropher Seen kommt es zu **Sauerstoffmangel** oder gar zu **Anaerobie,** und auch in organisch belasteten Flüssen können sehr niedrige Sauerstoffgehalte auftreten. Grundwasser, und damit auch Quellwasser, ist häufig sauerstoffarm. Sauerstoffübersättigungen kommen bei starker Photosynthese tagsüber in nährstoffreichen Gewässern vor; an ruhigen Tagen können Werte von mehr als 200% auftreten. Problematisch für tierische Organismen werden solche Übersättigungen aber erst, wenn sich Gasbläschen bilden. Es kommt vor, daß diese sich am Carapax von Zooplanktern festsetzen und diesen Auftrieb verleihen. Gelegentlich werden auch Fischlarven in sehr produktiven Teichen geschädigt, weil sie die Gasbläschen schlucken. Viel häufiger als Übersättigung ist jedoch Sauerstoffmangel.

Mit Ausnahme einiger spezialisierter Typen von Mikroorganismen (vgl. 4.3.10) benötigen heterotrophe Organismen zumindest zeitweise Sauerstoff als Elektronenakzeptor der Atmung. Aquatische Organismen haben viele Anpassungen in Morphologie, Biochemie und Verhalten entwickelt, um mit schwierigen oder wechselnden Sauerstoffverhältnissen fertigzuwerden (Dejours 1975, Prosser 1986). Einige leben zwar im Wasser, atmen aber trotzdem atmosphärische Luft. Manche können für Übergangszeiten Anoxibiose betreiben.

Damit der Sauerstoff in die Zelle aufgenommen und das CO_2 abgegeben werden kann, müssen die Gase immer durch eine Grenzfläche diffundieren. Der Gaswechsel ist deshalb von der austauschenden Oberfläche abhängig. Da die Oberfläche eines Körpers mit der zweiten Potenz wächst, das Volumen aber mit der dritten, ist das Verhältnis von Oberfläche zu Volumen bei kleinen Organismen größer und damit die Sauerstoffversorgung günstiger. Protisten und kleine Metazoen atmen deshalb über die gesamte Körperoberfläche.

Bei größeren Metazoen und solchen mit einer harten Außenhaut reicht das nicht aus; sie müssen spezielle Austauschflächen mit vergrößerten Oberflächen und dünnem Integument haben, z. B. **Kiemen.** Das sind Ausstülpungen des Integumentes, die, oft fein verzweigt, von Hämolymphe durchflossen sind und eine dünne Oberfläche haben. Sie sind empfindlich und häufig in einer Kammer geschützt (Fische, Crustaceen). Insektenlarven (z. B. Larven der Eintagsfliegen) können **Tracheenkiemen** haben, dünnhäutige Ausstülpungen des Tracheensystems, die außen am Körper getragen werden.

An der Grenzfläche, durch die Sauerstoff mit dem Wasser ausgetauscht wird, entsteht ein Sauerstoffgefälle und damit ein sauerstoffarmer Hof. Bei kleinen Organismen reicht die Diffusion durch die Grenzschicht aus, um die Sauerstoffversorgung sicherzustellen. Bei Kiemen aber muß das umgebende Wasser ständig erneuert werden. Entweder werden die Kiemen im Wasser bewegt (Eintagsfliegenlarven), oder es wird ein Wasserstrom über die Kiemen erzeugt (Fische, Crustaceen). Larven von Köcherfliegen und Zuckmücken können durch schlängelnde Bewegungen einen Wasserstrom in ihrem Gehäuse erzeugen. Für Insektenlarven im Fließwasser ist die Situation besonders günstig, da sie die Strömung ausnutzen können, um den Wasseraustausch zu gewährleisten (vgl. 4.2.5).

Einige Insekten atmen atmosphärische Luft, indem sie an die Oberfläche kommen. Ein Extremfall ist die „Rattenschwanzlarve" der Schwebfliege *Eristalomyia*, die im fauligen, sauerstoffreichen Milieu lebt und eine bis zu 35 mm lange Atemröhre in die Wasseroberfläche streckt. Die Wasserspinne *Argyroneta* legt in einer Gespinstglocke unter Wasser einen Luftvorrat an. Pulmonate Wasserschnecken *(Planorbis, Lymnea)* atmen sowohl über die Körperoberfläche als auch über eine Lunge, die sie von Zeit zu Zeit an der Wasseroberfläche füllen.

Manche Insekten (Wanzen, Käfer) können außerhalb des Körpers einen Luftvorrat mit unter Wasser nehmen, der als **„physikalische Kieme"** dient. Aus diesem Luftvorrat atmet das Tier über das Tracheensystem. Dadurch sinkt in der Gasblase der O_2-Partialdruck, und es reichert sich CO_2 an. Da das CO_2 im Wasser sehr leicht löslich ist, wird es sofort aus der Gasblase abgegeben. Wegen des Gefälles im O_2-Partialdruck diffundiert Sauerstoff aus dem Wasser in die Luftblase nach und steht wieder zur Verfügung. Bei einer normalen physikalischen Kieme ist die Gasblase ungeschützt und deshalb kompressibel. Wenn das Tier sich unter Wasser begibt, steigt der Druck in der Blase, die durch den hydrostatischen Druck komprimiert wird. Dadurch diffundiert Stickstoff ins Wasser (Henrysches Gesetz), und die Blase wird im Laufe der Zeit kleiner. Deshalb funktioniert diese physikalische Kieme nur begrenzte Zeit, dann muß das Tier den Luftvorrat an der Wasseroberfläche erneuern. Einige Insekten legen jedoch einen sehr dünnen Luftvorrat zwischen steifen hydrophoben Haaren an, den man **„Plastron"** nennt. Wegen der großen Oberflächenspannung kann das Wasser nicht zwischen die Haare dringen, so daß die Luft unter Wasser nicht komprimiert wird. Ein solches Plastron ist unbegrenzt funktionsfähig und muß nicht erneuert werden.

Einige Wassertiere haben Blutfarbstoffe (Hämoglobine) mit hoher Affinität, mit deren Hilfe sie auch bei sehr niedrigen Konzentrationen noch Sauerstoff aus dem Wasser entnehmen können. Verschiedene Daphnienarten können unter Sauerstoffmangelbedingungen Hämoglobin synthetisieren. Man sieht den Tieren dann an der rosa Färbung bereits an, daß sie aus einem sauerstoffarmen

4.2 Abiotische Faktoren

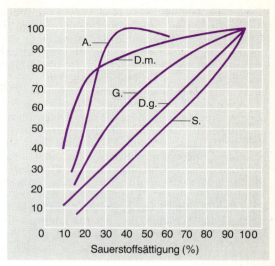

Abb. 4.4 Regulation der Atmungsrate einiger Wassertiere bei sinkender Sauerstoffkonzentration. A. = *Ancylus fluviatilis*, D. m. = *Daphnia magna*, D. g. = *Daphnia galeata mendotae*, G. = *Gammarus fossarum*; S. = *Simocephalus vetulus* (nach Lampert 1984)

Milieu kommen. Solche, an niedrige Sauerstoffkonzentrationen adaptierte Daphnien findet man häufig in der Sauerstoffsprungschicht (vgl. Abb. 3.9) eutropher Seen im Sommer. Sie können diesen Bereich als Refugium nutzen, wohin ihnen keine Räuber folgen können.

Wie Tiere in der Lage sind, bei sinkender Sauerstoffkonzentration ihren Stoffwechsel zu regulieren, ist ein wichtiger Faktor, der ihre Ausbreitung bestimmt. Grundsätzlich gibt es zwei Möglichkeiten, wie Wassertiere auf sinkende Sauerstoffkonzentrationen reagieren können (Abb. 4.4). „**Konformer**" sind in ihrer Atmungsrate von der Außenkonzentration abhängig. Der Stoffwechsel sinkt mit sinkender Sauerstoffkonzentration. In Abb. 4.4 ist als Beispiel die Cladocere *Simocephalus vetulus* angegeben. „**Regulierer**" können die Atmungsrate über einen weiten Bereich konstant halten, z. B. indem sie bei Sauerstoffmangel mehr ventilieren. Erst bei relativ geringen O_2-Gehalten bricht der Stoffwechsel zusammen. Die Abbildung bringt als Beispiel die Flußmützenschnecke *Ancylus fluviatilis*. Zwischen diesen beiden Extremen gibt es allerdings Übergänge.

Für einige Zeit können manche Organismen auch völlig ohne Sauerstoff leben, indem sie **Anoxibiose** betreiben, die allerdings energetisch ungünstig ist (s. 4.3.10). Endprodukte des anaeroben Stoffwechsels sind Milchsäure, Aminosäuren, Succinat oder auch Äthanol. Nach Beendigung der Anoxibiose ist eine intensive Erholungsatmung notwendig, um die angesammelten Stoffwechselendprodukte abzubauen. Bekannt für die Fähigkeit zur Anoxibiose sind Bewohner des Profundals von Seen (vgl. 7.6.2). Das sind vor allem rote Zuckmückenlarven *(Chironomus)* und Oligochaeten (Tubificiden). Sie können viele Wochen anaerober Zustände überdauern. Auch Copepoden, die eine Diapause machen, graben sich im sauerstofffreien Sediment ein. Unter Anoxibiose wird der Stoffwechsel weitgehend reduziert, und die Tiere sind nicht aktiv. Ein besonders interessantes Beispiel für einen regelmäßigen Wechsel zwischen aerobem und anaerobem Stoffwechsel sind die Larven der Büschelmücke *Chaoborus*. Sie führen tagesperiodische Vertikalwanderungen durch. Tagsüber befinden sie sich im anaeroben Hypolimnion und betreiben dort Anoxibiose. Oft graben sie sich sogar in den Schlamm ein. Nachts kommen sie zum Fressen und zur Erholungsatmung ins Epilimnion (vgl. Abb. 7.9a—e). Diese Fähigkeit erlaubt ihnen, der Mortalität durch Fischfraß zu entgehen (vgl. 6.8.4).

4.2.3 pH-Wert

Wegen der vielfachen Auswirkungen des pH-Wertes auf die Chemie des Wassers ist es schwierig, zwischen direkten und indirekten Auswirkungen des pH-Wertes zu unterscheiden. Es steht jedoch fest, daß aquatische Organismen auch unabhängig von den indirekten, wasserchemischen Auswirkungen des pH-Wertes einen Toleranz- und Optimalbereich des pH-Wertes haben. Die Funktion der Enzyme ist pH-abhängig, deshalb muß der pH-Wert im Protoplasma einigermaßen konstant gehalten werden. Dies wird energetisch um so kostspieliger, je weiter sich der pH-Wert des Wassers aus dem Optimalbereich in der Zelle entfernt. Die Regulation des internen pH-Wertes ist nicht perfekt. So gelingt es zum Beispiel der Blaualge *Coccochloris peniocystis* bei einem externen pH-Wert von 7 bis 10 optimale Photosyntheseleistungen aufrechtzuerhalten, obwohl der Optimalbereich des Enzyms RuBP-Carboxylase nur zwischen 7,5 und 7,8 liegt. Bei einem externen pH-Wert von 5,25 kommt es jedoch zum vollständigen Stillstand der Photosynthese, da der interne pH-Wert auf 6,6 fällt (Coleman u. Coleman 1981).

Zur Zeit ist das Problem der **Versauerung** schwach gepufferter Gewässer durch atmosphärischen Eintrag sehr akut (vgl. 8.6.3). Das hat zu einer großen Zahl von Untersuchungen über die Auswirkungen von Säurestreß auf aquatische Organismen geführt. So

4.2 Abiotische Faktoren 75

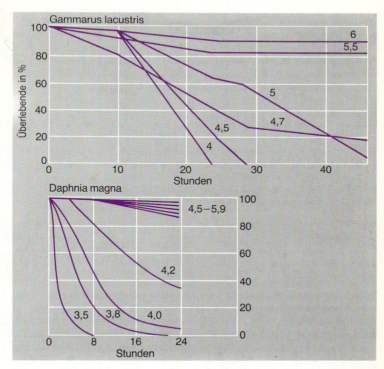

Abb. 4.5 Überlebensraten von *Gammarus lacustris* (nach Borgström u. Hendrey 1976) und von *Daphnia magna* (nach Parent u. Cheetham 1980) in Abhängigkeit vom pH-Wert des Wassers

zeigte sich etwa, daß bereits eine geringfügige Senkung des pH-Wertes im Blut von Fischen zur Folge hat, daß das Hämoglobin weniger Sauerstoff transportieren kann. Für den benthischen Amphipoden *Gammarus lacustris* wirken sich pH-Werte unter 5,5 innerhalb weniger Tage tödlich aus, und *Daphnia magna* zeigt bei pH-Werten unter 4,5 deutlich verminderte Überlebensraten (Abb. 4.**5**). Solche physiologische Effekte entstehen wahrscheinlich durch einen Einfluß des pH-Werts auf den Transport von Ionen durch die Zellmembran.

Die wichtigsten indirekten Effekte des pH-Wertes bestehen in seinen Auswirkungen auf das Kalk-Kohlensäure-Gleichgewicht (s. 3.1.6), auf die Dissoziation des Ammoniums und auf die Löslichkeit und Speziation von Metallionen, insbesondere **Aluminium.** Bei niedrigen pH-Werten wirken sich vor allem die Löslichkeit und die

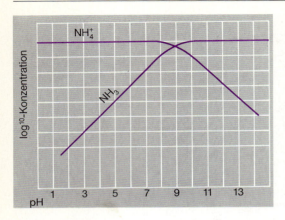

Abb. 4.6 Anteile von NH_4^+ und NH_3 bei konstanter Konzentration des Gesamtammoniums in Abhängigkeit vom pH-Wert. Die Konzentrationsskala ist relativ, da die absoluten Werte vom verfügbaren Gesamtammonium abhängen. Ein Skalenstrich entspricht einer Zehnerpotenz (nach Morel 1983)

Speziation von Metallionen aus, von denen viele toxisch sein können. Unter anderen erhöht sich bei sinkendem pH-Wert die Löslichkeit von Eisen, Kupfer, Zink, Nickel, Blei und Cadmium, während sich die Löslichkeit von Vanadium und Quecksilber vermindert. Beim Problem der Gewässerversauerung spielt das Aluminium eine wichtige Rolle. Durch seine ubiquitäre Verbreitung in Silikatmineralien ist Aluminium eines der häufigsten Elemente der Erdkruste und steht im Einzugsgebiet vieler Gewässer in unerschöpflichen Mengen zur Verfügung. Die Verwitterung von Silikatmineralien und die Dissoziation des Aluminiumions kann durch die folgenden Gleichungen beschrieben werden:

$Al_2Si_2O_5(OH)_4 + 6\,H^+ = 2\,Al^{3+} + 2\,H_4SiO_4 + H_2O$,

$Al(OH)_3 + H^+ = Al(OH)_2^+ + H_2O$,

$Al(OH)_2^+ + H^+ = Al(OH)^{2+} + H_2O$,

$Al(OH)^{2+} + H^+ = Al^{3+} + H_2O$.

Das Al^{3+}-Ion ist toxisch, aber normalerweise sehr selten. Die Zunahme von Protonen durch sauren Regen fördert die Verwitterung von Aluminium und verschiebt das chemische Gleichgewicht zum giftigen Al^{3+}-Ion (Overrein u. Mitarb. 1980). Der zunehmende Ausfall von Arten in versauernden Gewässern dürfte meistens auf eine Kombinationswirkung von Säurestreß und Aluminiumtoxizität zurückzuführen sein.

Die wichtigste Nebenwirkung des pH-Werts für Tiere im alkalischen Bereich hängt mit den Verschiebungen zwischen dem **Ammoniumion** (NH_4^+) und dem undissoziierten **Ammoniak** (NH_3) zusammen. Während das Ammonium unschädlich ist, ist der Ammoniak giftig. Der pH-Wert hat einen starken Einfluß auf die Dissoziation des NH_3. Bei pH-Werten unter 8 liegt fast ausschließlich Ammonium vor, bei pH-Werten über 10,5 fast ausschließlich Ammoniak (Abb. 4.6). Wenn hohe Gesamt-Ammoniumkonzentrationen und photosynthetisch bedingte pH-Steigerungen zusammentreffen, wie dies vor allem in schwach gepufferten, abwasserbelasteten Gewässern der Fall sein kann, können plötzliche Fischsterben auftreten, weil der kritische pH-Wert überschritten und NH_3 gebildet wird.

4.2.4 Sonstige Ionen

Die Grenze zwischen Salzwasser und Süßwasser ist eine der wesentlichsten Verbreitungsgrenzen von aquatischen Organismen. In Flußmündungen und anderen Übergangsbereichen gibt es ein ausgeprägtes Minimum der Artenzahl bei einer Salinität von ca. 0,5–0,7%. Die Gesamtkonzentration gelöster Salze im Wasser ist vor allem wegen der osmotischen Effekte wichtig. Protisten und die meisten wirbellosen Tiere des Meeres sind im Vergleich zum Meereswasser **isotonisch**, d. h. der osmotische Druck innerhalb und außerhalb der Zelle ist gleich. Da der Salzgehaltes des Meeres sehr konstant ist, benötigen sie in der Regel keine **Osmoregulation**. Der osmotische Wert des Protoplasmas und der Körperflüssigkeiten paßt sich den geringen Schwankungen des umgebenden Mediums an; sie sind **poikilosmotisch**. Das Fehlen einer Osmoregulation bedeutet jedoch nicht das Fehlen einer **Ionenregulation**. Die Organismen können sehr wohl bestimmte Ionen anreichern und andere ausschließen, so daß die Gesamt-Ionenstärke gleich bleibt.

Poikilosmotische Organismen sind selten in der Lage, starke Salinitätsschwankungen zu tolerieren, wie sie im Brackwasserbereich von Flußmündungen die Regel sind. Der osmotische Wert des Süßwassers ist so niedrig, daß isotonisches Leben völlig unmöglich ist. Für die Besiedlung des Brackwassers und des Süßwassers sind daher nur Organismen geeignet, die über die Fähigkeit der Osmoregulation verfügen. Perfekt **homöosmotische** Organismen, wie die Garnele *Palaemonetes varians*, die den osmotischen Druck ihrer Körperflüssigkeiten konstant hält, egal wie der des umgebenden Mediums ist, die also sowohl **hypotonisch** als auch **hypertonisch** sein kann, sind selten. Häufiger ist sowohl bei Brackwasser- als auch bei Süßwasserorganismen die hypertonische Regulation

4 Das Individuum in seinem Lebensraum

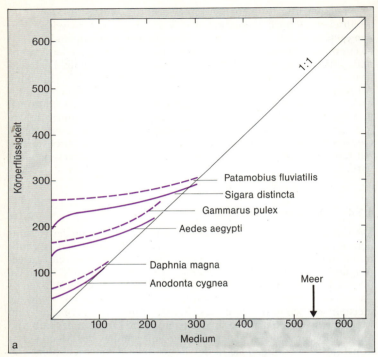

Abb. 4.**7a** u. **b** Relation zwischen der Ionenkonzentration (mM l^{-1}) im externen Medium und in den Körperflüssigkeiten bei Invertebraten des Süßwassers (a) und des Brackwassers (b) (nach Beadle 1943)

(Abb. 4.**7a** u. **b**). Bei dieser Form der Regulation kann der innere osmotische Druck nur höher, aber nicht niedriger gehalten werden als der äußere. Die Regulationsfähigkeit verschiedener Arten ist sehr unterschiedlich. Der Süßwasserkrebs *Potamobius fluviatilis* hält ein fast perfektes Niveau ein, während der Brackwasserpolychaet *Nereis diversicolor* sich fast poikilosmotisch verhält.

Organismen, die vom Süßwasser aus Lebensräume mit erhöhter Salinität, z. B. Salzseen, besiedelt haben, sind hypotonisch, d. h. der osmotische Druck ihrer Körperflüssigkeiten ist geringer als der der Umgebung. Einer der effizientesten hypotonischen Regulatoren und häufig das wichtigste Tier in Salzseen, wie dem Großen Salzsee in den USA, ist der Salinenkrebs *(Artemia salina)*, der sogar Salinen mit Salzkonzentrationen bis zur Löslichkeitsgrenze des Natriumchlorids besiedeln kann.

4.2 Abiotische Faktoren

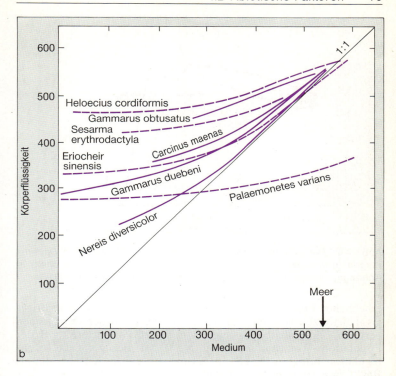

Hypertonische Regulation muß gegen das Eindringen von überschüssigem Wasser und gegen den Verlust von Ionen ankämpfen, während hypotonische Organismen Wasserverluste unterbinden und Ionen ausscheiden müssen. Da Organismen zumindest an den Flächen, die dem Substanzaustausch mit der Umwelt dienen (Zellmembran osmotropher Protisten, Kiemen, Darmepithel etc.), nicht inpermeabel sein können, müssen Wasser und Ionen aktiv ausgeschieden bzw. aufgenommen werden.

Ionenregulation gegen ein Konzentrationsgefälle erfordert Energie, die an anderer Stelle fehlt. Deshalb kann man davon ausgehen, daß Organismen außerhalb des Optimalbereichs der umgebenden Ionenkonzentration eine geringere Fitneß aufweisen, obwohl sie dort überleben können. Das Konzept der Toleranz ist zu einfach, wenn man den Erfolg der Arten innerhalb ihres biotischen Beziehungsgefüges betrachtet (vgl. Kapitel 6). Kleine Unterschiede in den Reproduktions- oder Mortalitätsraten können

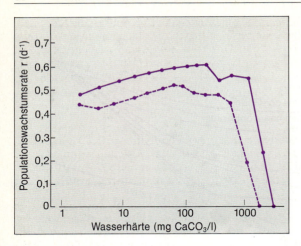

Abb. 4.8 Populationswachstumsrate von zwei Cladoceren, *Daphnia magna* (durchgezogene Linie) und *Ceriodaphnia dubia* (gestrichelt) in Abhängigkeit von der Wasserhärte (nach Cowgill u. Milazzo 1991)

erheblichen Einfluß auf die relative Fitneß haben. Aussagekräftiger als Toleranzkurven, die nur auf dem Überleben der Organismen beruhen, sind deshalb Messungen von Fitneß-Parametern (z. B. der Populations-Wachstumsrate; vgl. 5.2.3). Mit Bezug auf die Ionenregulation bringt Abb. 4.8 ein Beispiel für solche Kurven, die als **Reaktionsnorm** bezeichnet werden.

Im Süßwasser ist meistens **Calcium** das vorherrschende Kation, und das Carbonat bzw. Bicarbonat sind die vorherrschenden Anionen. Deshalb wurde häufig versucht, das Auftreten von Arten und höheren Taxa mit dem Kalkgehalt des Wassers zu erklären. Obwohl zahlreiche Korrelationen gefunden wurden, sind die kausalen Zusammenhänge noch weitgehend ungeklärt. Ein bekanntes Beispiel für die Bindung an niedrige Calciumgehalte ist die Cladocere *Holopedium gibberum* mit ihrer großen Gallerthülle. Sie kommt nur in sehr kalkarmem Wasser vor.

Für Phytoplankter ist Calcium ein „Mikronährstoff", der nur in mikromolaren Konzentrationen benötigt wird, während die gelöste Konzentration in den meisten Gewässern viel höher, zwischen 0,1 und 6 mM, liegt. Deshalb kann ausgeschlossen werden, daß Calcium für sie die Rolle einer limitierenden Ressource (vgl. 4.3.3) spielt. Wichtiger sind indirekte Effekte, denn mit sinkender Calcium-Konzentration sinken auch die Fähigkeit des Wassers, CO_2 aufzunehmen (vgl. 3.1.6) und die Pufferkapazität.

Eine weitere wichtige Eigenschaft des Calciums ist die Fähigkeit, mit braunen **Huminstoffen** Komplexe zu bilden, die ausfallen **(Kopräzipitation)**. Kalkreiche Gewässer sind daher auch relativ klar, auch wenn sie von außen (z. B. aus Mooren) Humusstoffe zugeführt bekommen, während kalkarme Gewässer in diesem Fall humusreich sind („Braunwässer"). Die Humusfärbung verändert das Lichtklima. Sie erhöht die vertikale Attenuation (vgl. 3.2.1) und verschiebt das Lichtspektrum zuungunsten der kurzwelligen Anteile. Wegen der erhöhten Absorption von Wärmestrahlung haben humose Seen eine geringere Durchmischungstiefe als vergleichbare Klarwasserseen. Gelöste Humusstoffe bilden nicht nur mit Calcium, sondern auch mit anderen Metallen Komplexe. Sie haben dadurch einen starken Einfluß auf die Verfügbarkeit von Spurenelementen und auf die Toxizität giftiger Ionen.

Ein direkter Einfluß des Calciums ist am ehesten bei den Organismen zu erwarten, die über stark kalzifizierte Schalen oder Exoskelette verfügen (Mollusken, malacostrake Krebse). Tatsächlich gibt es mehr Arten von Amphipoden, Isopoden, Dekapoden, Muscheln und Schnecken in kalkreichen als in kalkarmen Gewässern. Der Süßwasserkrebs *Cambarus affinis* kann nach der Häutung seinen neuen Panzer nur bei ständig erneuertem calciumreichen Wasser (1,7 µM Ca) innerhalb von 32 Tagen vollständig aushärten. In kalkarmem Wasser (0,5 µM Ca) bleibt der Panzer papierartig elastisch, und nicht einmal die Scheren werden vollständig hart. Das für die Imprägnierung des Panzers nötige Calcium muß überwiegend dem Wasser entzogen werden und kann nicht durch kalkreiches Futter kompensiert werden (Mann u. Pieplow 1938). Allerdings gibt es auch im weichen (kalkarmen) Wasser stark kalzifizierte Organismen. Die Flußperlmuschel *(Margaritifera margaritifera)*, die an kalkarme Bäche gebunden ist, hat sogar eine sehr dicke Schale. Das wird durch eine lange Lebensdauer (>100 Jahre), eine extrem langsame Schalenbildung und damit extrem langsames Wachstum ermöglicht. Wie schwierig die Aufrechterhaltung der Calciumbilanz ist, zeigt sich aber daran, daß die älteren Teile ihrer Schale in der Nähe des Wirbels immer stark korrodiert sind, was als Erkennungsmerkmal für die Muschel gilt.

4.2.5 Strömung

Fließwasserorganismen sind der Gefahr ausgesetzt, durch die Strömung flußabwärts und damit aus einem ihnen zuträglichen Lebensraum verfrachtet zu werden. Um das zu verhindern, haben sie Anpassungen in Morphologie und Verhalten entwickelt. Die Strömung in einem Fließgewässer ist nicht überall gleich. Hinter Hin-

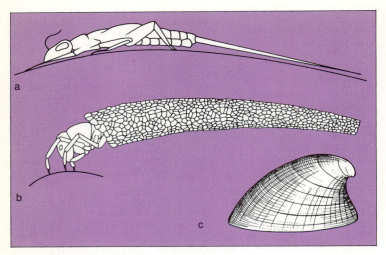

Abb. 4.9 Strömungsangepaßte Fließwassertiere:
a: Die extrem abgeflachte Larve der Eintagsfliege *Rhithrogena* (ca. 10 mm).
b: Larve der Köcherfliege *Neothremma* mit stromlinienförmigem Gehäuse (ca. 10 mm).
c: Flußmützenschnecke *Ancylus fluviatilis*

dernissen an der Stromsohle (Steine, Pflanzenbüschel) bilden sich **Toträume,** in denen das Wasser ruhig ist. In solchen Toträumen können sich Organismen, die keine speziellen Hafteinrichtungen haben, halten, z. B. Bachflohkrebse (Gammariden) oder Wasserasseln *(Asellus aquaticus)*. Auch Fische nutzen im schnellströmenden Wasser solche Toträume aus, um nicht zuviel Energie zu verbrauchen.

Fließwasseralgen bilden flache Polster und Überzüge auf Steinen, die innerhalb der Grenzschichten (vgl. 3.1.5) liegen, oder flexible Fäden, die in der Strömung schwingen und dem Wasser wenig Widerstand entgegensetzen. Sie sind mit Hafteinrichtungen am Substrat befestigt oder gar durch Kalkausscheidung mit der Steinunterlage verschmolzen. In Gebirgsbächen mit einer Strömungsgeschwindigkeit von ca. 1 m/s beträgt die Dicke der Grenzschicht einige Millimeter. Tiere, die auf der Oberseite von Steinen Algen abweiden, sind deshalb abgeflacht und stromlinienförmig (Abb. 4.9). Sie sind selten höher als 4 mm. Je nach Stärke der Strömung können sie sich mehr oder weniger stark an die Unterlage pressen (Ambühl 1959). Gammariden sind seitlich abgeflacht. Sie

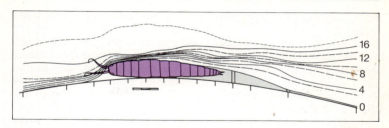

Abb. 4.**10** Linien gleicher Strömungsgeschwindigkeit (cm/s) um einen seitlich an einen Stein gepreßten Bachflohkrebs *(Gammarus)*. Die Strömung kommt von links. Der farbige Bereich gibt den „Totraum" hinter dem Tier an (nach Statzner u. Holm 1989)

schwimmen gegen die Strömung auf der Seite liegend flach am Substrat.

Neue Untersuchungen haben gezeigt, daß die hydrodynamischen Probleme der Strömungsanpassung komplizierter sind, als es auf den ersten Blick aussieht. Mit neuen Methoden (Laser-Doppler-Anemometrie) läßt sich das **Strömungsfeld** um ein Fließwassertier messen (Abb. 4.**10**). Es ändert sich mit den Strömungsbedingungen, der Größe des Tieres (**Reynolds-Zahl**) und seiner Orientierung. Wichtig für den Widerstand, den die Tiere der Strömung entgegensetzen, ist der Totwasserraum, der hinter ihnen entsteht. Das Aussehen der Flußmützenschnecke *Ancylus fluviatilis* (Abb. 4.9c) läßt vermuten, daß diese eine optimale stromlinienförmige Silhouette hat. Messungen zeigen aber, daß es für den Wasserwiderstand egal ist, ob das Tier von vorn oder hinten angeströmt wird. Nur von der Seite bietet es erhöhten Widerstand (Statzner u. Holm 1989). Solche Studien zeigen auch, daß die Annahme, daß manche Köcherfliegenlarven ihr Gehäuse mit Steinen „beschweren", wohl nicht richtig ist. Die Widerstandserhöhung durch die Steine wiegt möglicherweise das höhere Gewicht auf.

Die Form der Fließwassertiere ist offenbar ein Kompromiß zwischen verschiedenen Faktoren. Zur Verhinderung der Abschwemmung müssen Wasserwiderstand, Reibung und Auftrieb möglichst gering sein. Andererseits hängen Diffusion von Sauerstoff und Ionen zu den Kiemen von der Strömungsgeschwindigkeit und damit der Dicke der Grenzschicht ab, so daß eine hohe Fließgeschwindigkeit die Versorgungsmöglichkeiten verbessert. Durch die Bewegung des Wassers relativ zu einem festsitzenden Tier wird auch Nahrung herangeführt. Deshalb haben sich viele Fließwassertiere auf Ernährungsweisen spezialisiert, die die Strömung ausnutzen. Sie haben zum Beispiel besondere Filtriereinrichtungen, die sie in die Strömung halten, oder sie spinnen Netze (vgl. Abb. 4.**24a** u. **b**).

Im Abschnitt 3.1.5 wurde bereits erwähnt, daß das überströmende Wasser eine Auftriebskraft erzeugt, die die Organismen von der Unterlage weghebt. Es genügt deshalb nicht, sich eng an die Unterlage zu pressen. Die Organismen müssen Einrichtungen haben, um sich festzuhalten. Dazu können Haken und Saugnäpfe dienen. Der Fuß von *Ancylus fluviatilis* wirkt zum Beispiel wie ein Saugnapf. Besonders bekanntgeworden ist die Larve der Lidmücke (Blepharoceride) *Liponeura*. Sie lebt im reißend schnellen Wasser, z. B. in Wasserfällen, und hat an jedem Segment einen Saugnapf. Ihre morphologische Ausstattung erlaubt ihr das Leben in einem extremen Habitat, wo es keine Konkurrenten oder Räuber gibt.

Viele kleine und die Jugendstadien größerer Organismen besiedeln den Kies- und Sandlückenbereich unterhalb der Gewässersohle. Ein Fließgewässer ist nach unten nicht scharf abgrenzbar. Zwischen dem Geröll des Bachbodens gibt es ein Lückensystem, in dem auch Wasser fließt. Dieses geht schließlich in das Grundwasserlückensystem des Untergrundes über. Dort fließt das Grundwasser parallel zum Bach. Je nach der Struktur des Untergrundes kann das durchflossene Lückensystem einige Zentimeter bis zu einem Meter tief sein. Es wird **Hyporheal** oder **hyporheisches Interstitial** genannt. Je feiner die Lücken sind, desto langsamer ist die Strömung. Das hyporheische Interstitial bietet deshalb vielen Organismen einen strömungsgeschützten Lebensraum, aber dennoch eine laufende Erneuerung des Wassers, was für die Versorgung mit Sauerstoff wichtig ist. Jugendstadien von Fließwasserorganismen können so tief ins Interstitial eindringen, daß sie von den Umlagerungen des Bachbodens während eines Hochwassers nicht erfaßt werden. Nach dem Abklingen des Hochwassers besiedeln sie dann von dort den Bach wieder.

Auch wenn die Fließwassertiere an die Strömung angepaßt sind, geraten sie doch gelegentlich in die fließende Welle und werden ein Stück weggeschwemmt, bis sie sich wieder festsetzen können. Deshalb treiben immer einige Organismen mit dem Wasser. Wir nennen das die **organismische Drift.** Hält man ein Netz in das fließende Wasser, so kann man die organismische Drift (als Anzahl der gefangenen Organismen pro Querschnittsfläche und Zeit) messen, die tagesperiodisch schwankt. Die größte Zahl der driftenden Organismen fängt sich nach Sonnenuntergang, während tagsüber nur wenige im Driftnetz zu finden sind. Der Beginn der Drift ist abhängig von der Lichtintensität sowie deren relativer Änderung (Haney u. Mitarb. 1983).

Der abendliche Anstieg wird dadurch ausgelöst, daß viele Fließwasserorganismen aus den Verstecken zwischen und unter den

Steinen hervorkommen, um an der Oberfläche zu fressen. Andere, die auch tagsüber auf der Steinoberfläche bleiben, werden nachts aktiver und wandern umher. Die größere Aktivität führt dazu, daß mehr Tiere abgeschwemmt werden. Das wird dadurch verstärkt, daß viele räuberische Invertebraten nachts aktiv werden. Tiere, die ihnen als Beute dienen, können entkommen, wenn sie sich abdriften lassen.

Da die Richtung der Strömung in einem Fließgewässer einsinnig ist und da jeder Fließwasserorganismus einmal von der Drift betroffen werden kann, sollte sich eine Population von Organismen langsam flußabwärts bewegen. Der Oberlauf eines Gewässers müßte schließlich frei von Organismen sein. Da das nicht der Fall ist, muß es eine **Kompensation für die Driftverluste geben**. Viele Wassertiere sind **positiv rheotaktisch,** d. h., sie bewegen sich gegen die Strömung und kommen so immer weiter stromaufwärts. Gelegentlich kann man ganze Bänder von Gammariden (Bachflohkrebsen) beobachten, die eng am Ufer, wo die Strömung nicht so stark ist, als geschlossene Population aufwärts wandern.

Viele Fließwasserorganismen aber sind Insekten, die das Fließgewässer für einen Teil ihres Lebenszyklus verlassen. Manche von diesen machen **Kompensationsflüge** flußaufwärts und legen ihre Eier im Oberlauf ab, von wo aus die Junglarven abwärts verdriften, so daß sie wieder in ein geeignetes Habitat geraten. Es ist noch nicht klar, wie sich diese Insekten stromaufwärts orientieren. Wenn die Regulierung der Larvenpopulation allerdings dichteabhängig ist und Eier im Überschuß produziert werden, ist das auch gar nicht nötig. Es genügt, wenn die Insekten sich zufällig bachaufwärts oder -abwärts orientieren. Die Eier, die bachabwärts gelegt wurden, sind dann verloren, aber die, die bachaufwärts gelegt wurden, reichen aus, um die Population aufrechtzuhalten.

Die Drift ist nicht nur als Nachteil aufzufassen. Sie ermöglicht den Organismen auch, neue, besser geeignete Lebensräume aufzusuchen, und ist ein wichtiger **Kolonisierungsmechanismus** (vgl. 5.7).

4.2.6 Dichte des Wassers

Sinken und Schweben

Schwerkraft und Auftrieb entscheiden darüber, ob Partikel, die im Wasser suspendiert sind, absinken oder aufsteigen. Da die Schwerkraft sich nicht ändert, kommt der **spezifischen Dichte** der Partikel besondere Bedeutung zu. Die meisten Organismen haben eine höhere Dichte als das Wasser. Zwar ist der Hauptbestandteil der Frischmasse aller Organismen Wasser, aber alle anderen Komponenten haben eine vom Wasser abweichende Dichte: Kohlenhydrate ca. 1,5 g/ml, Proteine ca. 1,3 g/ml, Nucleinsäuren ca. 1,7 g/ml. Mineralische Komponenten sind noch schwerer (Polyphosphate ca. 2,5 g/ml), Diatomeenschalen ca. 2,6 g/ml); nur Lipide (minimal 0,86 g/ml) und die Gasvakuolen der Blaualgen (ca. 0,12 g/ml) sind leichter als Wasser. Im Durchschnitt haben aquatische Organismen ohne schwere mineralische Komponenten Dichten von 1,02 – 1,05 g/ml, während Kieselalgen bis zu 1,3 g/ml erreichen.

Das bedeutet daß die meisten Organismen im Wasser sinken; nur wenige haben Bestandteile, die ihre spezifische Dichte unter die des Wassers bringen. Bei kleinen Reynolds-Zahlen ist der Flüssigkeitsstrom um den sinkenden Partikel laminar (vgl. 3.1.5). In diesem Fall läßt sich die **Sinkgeschwindigkeit** nach dem **Ostwaldschen Gesetz** berechnen:

$$v_s = 2/9 g r^2 (\varrho' - \varrho) \mu^{-1} \Phi^{-1}$$

v_s = Sinkgeschwindigkeit (m/s),
g = Erdbeschleunigung (9,8 m/s^2),
r = Radius einer Kugel gleichen Volumens (m),
ϱ' = Dichte des sinkenden Partikels (kg/m^3)
ϱ = Dichte des Mediums (kg/m^3),
μ = dynamische Viskosität des Mediums (kg m^{-1} s^{-1}),
Φ = Formwiderstand (dimensionslos, für Kugeln 1, für die meisten anderen Körper >1, nur für einige vertikal orientierte, längliche Körper etwas >1).

Die Formel beschreibt die Sinkgeschwindigkeit von Phytoplanktern hinreichend genau, da diese extrem kleine Reynolds-Zahlen haben. Selbst *Stephanodiscus astrea*, eine der größten Kieselalgen des Süßwassers (r = 25 µm, v = 0,1 mm/s) hat eine Reynolds-Zahl von ca. 0,001, bei der Abweichungen von der Formel vernachlässigbar klein sind. Erst bei Re > 0,1 kann es geringfügige Abweichungen geben (Reynolds 1984). Das trifft aber eher für Zooplankter zu, für die aktives Schwimmen ohnehin wichtiger ist als passives Sinken.

Im Wasser suspendierte Organismen werden durch das Sinken einem starken Selektionsdruck zugunsten der Schwebefähigkeit ausgesetzt. Photosynthetische Organismen sind darauf angewiesen, sich in der euphotischen Zone aufzuhalten, und heterotrophe Organismen, die sich von photosynthetischen Organismen ernähren, müssen dort sein, wo ihr Futter ist. Die Ostwaldsche Formel gibt uns Hinweise darauf, welche Parameter evolutionär angepaßt sein können, um die Sinkgeschwindigkeit zu reduzieren. Das sind nur der Radius, die Dichte des sinkenden Partikels und der Formwiderstand. Der Radius ist der empfindlichste Parameter, da er im Quadrat

4.2 Abiotische Faktoren

in die Formel eingeht. Das ist einer der Gründe dafür, daß planktische Organismen in der Regel klein sind (Phytoplankter meist >1 mm, Zooplankter meist >1 cm).

Auch kleine Änderungen der Dichte haben einen großen Effekt, da der Dichteunterschied zwischen Medium und Organismus („**Übergewicht**", $\varrho' - \varrho$) klein ist. Eine Kieselalge mit einer Dichte von 1,2 g/ml ist zwar nur um ca. 15% schwerer als eine Grünalge mit 1,04 g/ml; bei gleicher Größe und gleichem Formwiderstand sinkt sie jedoch 5mal so schnell. Eine geringere Durchschnittsdichte wird durch Anreicherung leichter Biomassekomponenten (Lipide), durch Gasblasen oder durch das Ausscheiden von **Gallerthüllen** erreicht. Gallerten sind Gele, die überwiegend aus Wasser bestehen und von einem Netzwerk hydrophiler Polysaccharide zusammengehalten werden. Da sie wesentlich mehr Wasser enthalten, sind sie deutlich leichter als das Protoplasma und können damit die Dichte des Gesamtpartikels herabsetzen. Besonders große Phytoplankter haben häufig Gallerten. Ein Extrembeispiel ist die Blaualge *Microcystis*. Sie bildet Kolonien aus vielen relativ kleinen Zellen, die durch eine gemeinsame Gallerte zusammengehalten werden und einige Millimeter groß werden können. Die Dichte der Gallerte ist allerdings niemals kleiner als die des Wassers, deshalb ist der Verminderung der Sinkgeschwindigkeit mit dieser Methode eine Grenze gesetzt. Durch die Gallerte wächst auch die Größe des Partikels, die im Quadrat in die Berechnung der Sinkgeschwindigkeit eingeht. Bei einer bestimmten Größe werden sich der bremsende und der beschleunigende Effekt aufheben.

Deshalb ist es unwahrscheinlich, daß der Ultimatfaktor für die Gallertbildung bei großen Organismen die Reduktion der Sinkgeschwindigkeit ist. Gallertbildungen gibt es auch bei Zooplanktern, z. B. bei der Cladocere *Holopedium gibberum* und bei dem koloniebildenden Rädertier *Conochilus unicornis*. Die Sinkgeschwindigkeit von Holopedium wird durch die Gallerthülle tatsächlich um etwa 50% herabgesetzt. Seit man jedoch auch die Kosten, die durch die Gallerte entstehen, berücksichtigt und andererseits die Vorteile kennt, die dem Tier bei Räuber-Beute-Interaktionen entstehen, wird die Gallerte eher als Verteidigungsmechanismus interpretiert (vgl. 6.5.5). Das gleiche dürfte auch für gelatinöse Algenkolonien gelten.

Abweichungen von der Kugelform ergeben eine Verminderung der Sinkgeschwindigkeit durch Erhöhung des **Formwiderstandes**. Langgestreckte Körper, die 4mal so lang wie breit sind, haben einen Formwiderstand von ca. 1,3. Die lange, nadelförmige Kieselalge *Synedra acus*, mit einem Verhältnis von Länge zu Durchmesser von 15:1, hat einen Formwiderstand von 4.

Komplizierte Kolonieformen erhöhen den Formwiderstand weiter: Eine einzelne stabförmige Zelle der Kieselalge *Asterionella formosa* hat einen Formwiderstand von 2,5, während eine sternförmige Kolonie aus 8 *Asterionella*-Zellen 3,9 erreicht (alle Werte nach Reynolds 1984). Da bei kleinen Reynolds-Zahlen laminare Strömung um die Zellen herrscht, bilden sich dort überlappende Grenzschichten aus (vgl. 3.1.5). Eine Kolonie wirkt deshalb wie ein einzelner Partikel (Fallschirmeffekt). Bei der Koloniebildung ergibt sich das gleiche Problem wie bei der Bildung von Gallerte: Der effektive Durchmesser des Partikels (und damit v_s) nimmt zu, so daß schließlich der Größeneffekt den Formeffekt überwiegt.

Der **Selektionsvorteil** großer Kolonien kann deshalb nicht allein in der Erhöhung des Formwiderstandes liegen. Komplizierte Morphologien planktischer Organismen wurden früher als Mechanismen zur Erhöhung des Formwiderstandes gedeutet. Dornen wurden häufig als „Schwebefortsätze" bezeichnet. Inzwischen ist jedoch klar, daß viele dieser Anpassungen dem Schutz vor Fraß dienen (vgl. 6.4.2). Deshalb interpretiert man sie als **Verteidigungsmechanismen,** ein deutliches Zeichen für die stärkere Betonung biotischer Faktoren.

Tatsächliche Sinkgeschwindigkeiten sind bisher überwiegend bei relativ großen Algen gemessen worden. Sie betragen um 1 m/Tag bei großen Kieselalgen, einige dm/Tag für die Zieralge *Staurastrum cingulum* und einige cm/Tag für kleine Kieselalgen. Die Schwimmgeschwindigkeiten gleichgroßer Flagellaten sind um mindestens eine Zehnerpotenz größer, deshalb haben begeißelte Phytoplankter geringe Probleme mit Sinkverlusten.

Einige Blaualgen können ihre Dichte durch starke **Gasvakuolen** so stark herabsetzen, daß sie sogar leichter als Wasser werden und auftreiben. Die Zahl der Gasvakuolen kann metabolisch reguliert werden, so daß diese Blaualgen aktiv auf- und absteigen können. Die Regulation des Übergewichts der Zelle ist eine Folge der photosynthetischen Produktion von Kohlenhydraten. Blaualgen speichern Photosyntheseprodukte als Glykogen. Unter Starklichtbedingungen an der Seeoberfläche wird viel Glykogen (Dichte 1,5) gebildet. Dieses wirkt als Ballast und macht die Zelle schwerer. Gleichzeitig wird durch das Glykogen der Druck in der Zelle erhöht, wodurch einige der Gasvakuolen kollabieren. Die Zellen sinken dadurch ab und geraten unter lichtlimitierte Bedingungen. Jetzt wird Glykogen im Stoffwechsel verbraucht, und die Zelle wird wieder leichter; also steigt sie wieder auf. Da die Photosynthese an Licht gebunden ist, ergibt sich ein Tagesrhythmus der Auf- und Abbewegung, allerdings nur in windstillen Perioden (Reynolds u. Mitarb. 1987). Zu den mit Gasvakuolen ausgestatteten Blaualgenarten gehören die mit Abstand größten Phytoplankter des Süßwassers (große Kolonien, z. B. *Microcystis*).

Das bekannteste Beispiel für Schwebefähigkeit bei Zooplanktern ist die Larve der Büschelmücke *Chaoborus*, die ihre Dichte mit

4.2 Abiotische Faktoren

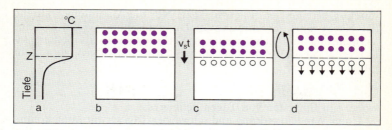

Abb. 4.11 Absinkverluste aus dem durchmischten Epilimnion in Abhängigkeit von Sinkgeschwindigkeit (v_s) und Durchmischungstiefe (Z):
a: Thermische Schichtung.
b: Verteilung der Partikel am Anfang des Stillwasserintervalls t'.
c: Verteilung der Partikel am Ende des Stillwasserintervalls t'. Alle Partikel haben die Strecke $v_s \cdot t'$ zurückgelegt. Ein Drittel der Partikel (offene Kreise) ist unter die Durchmischungsgrenze abgesunken.
d: Verteilung der Partikel nach einem Durchmischungsereignis am Ende der Periode t'. Die Partikel unterhalb der Durchmischungsgrenze werden nicht mehr resuspendiert und sinken weiter ab

Hilfe von zwei Paar an das Tracheensystem angeschlossenen, kontrahierbaren Schwimmblasen exakt regulieren kann. Sie steht normalerweise waagerecht im Wasser und lauert auf Beute, kann aber ausgeprägte tagesperiodische Vertikalwanderungen durchführen (vgl. Abb. 7.9a—e).

Die nach der Ostwaldschen Formel berechnete Sinkgeschwindigkeit (v_s) gilt für unbewegtes Wasser. Im Epilimnion eines Sees herrscht jedoch **Turbulenz,** die der **Sedimentation** entgegenwirkt. Deshalb werden Partikel in der Schwebe gehalten, obwohl sie absinken. Das Ausmaß der tatsächlichen Populationsverluste durch Absinken hängt vom Verhältnis zwischen der Durchmischungstiefe (Mächtigkeit des Epilimnions, z) und der Sinkgeschwindigkeit (v_s) ab (Abb. 4.11). Bei fehlender Turbulenz sinken alle Individuen innerhalb des Zeitintervalls t' um die Strecke $v_s \cdot t'$ ab. War zunächst die Individuenzahl N_0 homogen im Epilimnion verteilt, so bedeutet dies, daß am Ende des Zeitintervalls $N_0 \cdot v_s \cdot t'/z$ Individuen das Epilimnion verlassen haben und $N_0(1 - v_s \cdot t'/z)$ Individuen im Epilimnion verblieben sind. Kommt es jetzt zur turbulenten Durchmischung des Epilimnions, so werden die verbliebenen Individuen wieder im Epilimnion verteilt. So lange $v_s \cdot t'$ kleiner als z ist, kommt es zu keiner vollständigen Entleerung des Epilimnions.

Für die Berechnung der Sedimentationsverluste über längere Zeiträume können wir zwei extreme Annahmen machen:
1. Bei Windstille beträgt das Zeitintervall zwischen zwei Durch-

mischungsereignissen (t') etwa 1 Tag. Nur die Abkühlung während der Nacht führt zur konvektiven Durchmischung. Wenn es keine Vermehrung und keine weiteren Verlustprozesse als Sedimentation gibt, ist die Zahl der vorhandenen Individuen zum Zeitpunkt t (N_t):

$$N_t = N_0(1 - v_s/z)^t$$

wobei t in Einheiten von Tagen definiert ist.

2. Unter Windeinwirkung und schwacher Tageserwärmung kommt es zu ununterbrochener Durchmischung, d. h. das Zeitintervall t' tendiert gegen 0 und die Zahl der Durchmischungsereignisse pro Tag gegen unendlich. In diesem Fall gilt (Reynolds 1984)

$$dN/dt = -N(v_s/z) \quad \text{oder} \quad N_t = N_0 \cdot e^{-v_s \cdot t/z}.$$

Die tatsächlichen Sinkverluste liegen zwischen den beiden extremen Annahmen. In beiden Fällen sind die Verluste um so größer, je größer der Quotient v_s/z ist. Kieselalgen mit einer Sinkgeschwindigkeit von 1 m pro Tag verlieren bei 2 m Durchmischungstiefe nach dem einmal durchmischten Modell 50% und nach dem voll turbulenten Modell ca. 39,4% ihrer ursprünglichen Population pro Tag; bei 10 m Durchmischungstiefe betragen die Verluste nur 10% bzw. 9,5% pro Tag.

Schwimmen

Der Übergang vom Schweben zum aktiven Schwimmen ist gleitend und hängt vom Maßstab ab, den wir betrachten. Obwohl viele Phytoplankter und alle Zooplankter aktiv schwimmen können, rechnen wir sie zum „Plankton". Ihre Schwimmbewegungen verhindern das Absinken in der Wassersäule; Verfrachtungen durch horizontale Wasserbewegungen können nicht vermieden werden. Dennoch führen Zooplankter nicht nur vertikale, sondern auch horizontale Wanderungen aus. Verschiedene Gruppen von Wasserorganismen haben sehr unterschiedliche Methoden der aktiven Fortbewegung im Wasser entwickelt, von der Geißelbewegung der Flagellaten und Ciliaten, über Rudertechniken von Insekten und Crustaceen, bis zur besonderen Bewegungsweise der Fische, die so effektiv ist, daß sie mit den normalen Modellen der Hydrodynamik nicht erklärt werden kann. Die Fähigkeit, sich relativ zum Wasser zu bewegen, hängt im wesentlichen von der Reynolds-Zahl (vgl. 3.1.5) ab und diese wieder von Größe und Form des Organismus. Für sehr kleine Organismen, die sich in einer laminaren Umwelt bewegen, gelten andere Gesetze als für große, deren Umwelt turbulent ist. Eine gute Zusammenfassung findet sich bei Vogel (1981).

In jedem Fall kostet aktives Schwimmen **Energie,** die dann zum Beispiel für die Reproduktion nicht mehr zur Verfügung steht (Koch u. Wieser 1983). Wieviel Energie verbraucht wird, hängt von den Umweltbedingungen und von der **Schwimmleistung** ab. Viele Süßwasserfische, wie der Barsch *Perca fluviatilis,* schwimmen im Durchschnitt etwa 0,5 — 0,8 m/s. Ein atlantischer Lachs *(Salmo salar)* kann aber bei der Laichwanderung bis zu 6 m/s schwimmen. Solche Schwimmleistungen kosten erhebliche Energie. Bei langsam schwimmenden Fischen (0,8 — 1,0 Körperlängen/s) verdoppelt sich die Stoffwechselrate (Atmung) gegenüber dem Ruhezustand. Wenn aber ein pazifischer Lachs *(Oncorhynchus nerka)* mit 4,1 Körperlängen/s schwimmt, steigt sie auf das Achtzehnfache. Eine solche Geschwindigkeit hält der Fisch etwa 1 Stunde durch (Kausch 1972).

Für kleinere Organismen, wie Zooplankter, die im wesentlichen nur die Absinkverluste durch Schwimmen kompensieren, gibt es keine vergleichbaren Messungen. Hydrodynamische Berechnungen und ein elegantes Experiment von Alcaraz u. Strickler (1988) zeigen aber, daß die Energiekosten offenbar vernachlässigbar klein sind (unter 1% des Gesamtstoffwechsels).

4.2.7 Oberflächenspannung

Aufgrund der hohen Oberflächenspannung des Wassers (vgl. 3.1.4) ist der **Oberflächenfilm** als Lebensraum für eine spezielle Gruppe von Organismen **(Neuston)** geeignet. Der Oberflächenfilm ist einerseits mechanischer Anheftungspunkt für die Organismen des Neustons und andererseits eine Fläche, an der sich organische Substanzen anreichern. Da organische Flüssigkeiten durchweg eine niedrigere Oberflächenspannung als das Wasser haben, akkumulieren sie sich an Gas-Wasser-Grenzflächen. Ebenso dient die Grenzschicht als Falle für atmosphärisch transportierte Partikel und in Aerosolen enthaltene organische Substanzen. Im Oberflächenfilm festgehaltene Substanzen sind dabei einer wesentlich höheren Licht- und insbesondere UV-Einstrahlung ausgesetzt als im Epilimnion gelöste Substanzen. Dadurch kommt es zu **photochemischen Reaktionen,** die die Wasseroberfläche zu einem auch in chemischer Hinsicht vom Epilimnion unterschiedenen Lebensraum macht. Insbesondere zeichnet er sich durch ein höheres Angebot von bakterienverfügbaren (niedermolekularen) Substanzen und damit auch durch höhere Bakteriendichten aus. Das verbessert wiederum die Lebensbedingungen für bakterienfressende Organismen.

Der Oberflächenfilm wirkt sich als mechanisches Hindernis für das Durchdringen von Partikeln mit hydrophober Oberfläche aus.

Dadurch können kleine Partikel mit höherer Dichte als Wasser auf der Wasseroberfläche bleiben (**„Epineuston"**). Ebenso besteht die Möglichkeit, sich an der Unterseite des Oberflächenfilms anzuheften (**„Hyponeuston"**). Organismen, die am Oberflächenfilm leben, sind entweder auf ihrer ganzen Körperfläche **hydrophob** oder zumindest an einzelnen Strukturen, mit denen sie sich anheften.

Neustische Bakterien, Algen und Protozoen sind meist an ihrer ganzen Oberfläche hydrophob. Unter den neustischen Algen gibt es jedoch auch einige, die an hydrophoben „Schwimmschirmchen" hängen *(Nautococcus mammilatus)* oder auf hydrophoben Gallertstielchen sitzen *(Chromulina rosanoffii)*. Bei diesem einzelligen Epineuster wurde festgestellt, daß er wie höhere Pflanzen ständig von einem durch Transpiration betriebenen Wasserstrom durchflossen ist. Im Inneren des Gallertstiels gelegene Rhizopodien durchdringen den Oberflächenfilm. Diese nehmen das Wasser auf, das dann von dem in den Luftraum ragenden Zellkörper ausgeschieden wird.

Die größten Organismen, die trotz einer höheren Dichte als Wasser vom Oberflächenfilm getragen werden, sind einige Spinnen- und Insektenarten. Am bekanntesten ist der Wasserläufer *Gerris*, dessen Beinhaare und Körperunterseite hydrophob sind.

4.3 Ressourcen

4.3.1 Was sind Ressourcen?

Alle Organismen müssen sich ernähren, d. h., sie müssen ihrer Umwelt Energie und Substanzen entziehen, um damit ihren Betriebsstoffwechsel aufrechtzuerhalten, neue Körpersubstanz zu bilden und sich zu vermehren. Darüber hinaus benötigen viele Organismen andere konsumierbare Umweltfaktoren (z. B. Platz für sessile Organismen, Nistplätze). Die Gesamtheit dieser konsumierbaren Umweltfaktoren wird als „Ressourcen" bezeichnet. Mangel an einer oder mehreren Ressourcen führt zur Reduktion der Wachstumsrate oder gar zum Hungertod. Ressourcen werden verbraucht; das unterscheidet sie von anderen Faktoren, die ebenfalls physiologische Raten und Wachstum beeinflussen können (Temperatur, Wasserströmung, Toxizität der Umwelt etc.). Da **Konsum von Ressourcen** auch eine Verminderung ihres Vorhandenseins in der Umwelt bedeutet, impliziert er Interaktionen zwischen Organismen und ihrer Umwelt.

Nach der Art ihrer Energiequellen, ihrer Elektronendonatoren und ihrer Kohlenstoffquellen kann man die Organismen in fundamentale trophische Typen einteilen. Als Energiequelle kann entweder das Licht (**phototrophe** Organismen) oder die Energie exergonischer chemischer Reaktionen (**chemotrophe** Organismen) dienen; als Elektronendonator stehen anorganische Substanzen (**lithotrophe** Organismen) oder organische Substanzen (**organotrophe** Organismen) zur Verfügung; als C-Quellen dienen CO_2 (**autotrophe** Organismen) oder organische Substanzen (**heterotrophe** Organis-

Tabelle 4.1 Die Ernährungstypen der Organismen und ihre für Energiegewinnung und Biomasseaufbau entscheidenden Ressourcen (POC = partikulärer organischer Kohlenstoff, DOC = gelöster organischer Kohlenstoff)

	Energiequelle	C-Quelle	e-Donator	e-Akzeptor
Photoautotroph				
Pflanzen, Blaualgen	Licht	CO_2	H_2O	CO_2
pigmentierte Schwefelbakterien	Licht	CO_2	H_2S	CO_2
schwefelfreie Purpurbakterien	Licht	CO_2	H_2	CO_2
Chemolithoautotroph				
farblose Schwefelbakterien (*: H_2S, S oder S_2O_3)	S*	CO_2	S*	O_2
	S*	CO_2	S*	NO_3
nitrifizierende Bakterien	NH_4	CO_2	NH_4	O_2
	NO_2	CO_2	NO_2	O_2
eisenoxidierende Bakterien	Fe^{2+}	CO_2	Fe^{2+}	O_2
Knallgasbakterien	H_2	CO_2	H_2	O_2
	H_2	CO_2	H_2	NO_3
Chemolithoheterotroph				
Desulfovibrio	H_2	DOC	H_2	SO_4
Chemorganoheterotroph				
Tiere	POC	POC	POC	O_2
aerobe Bakterien, Pilze	DOC	DOC	DOC	O_2
denitrifizierende Bakterien	DOC	DOC	DOC	NO_3
desulfurizierende Bakterien	DOC	DOC	DOC	SO_4

men). Unter den heterotrophen Organismen gibt es Konsumenten gelöster Kohlenstoffverbindungen (Bakterien, Pilze) sowie Konsumenten partikulärer Nahrung (Tiere). Eine Übergangsform zwischen auto- und heterotrophen Organismen sind die **mixotrophen,** die sowohl zur auto- als auch zur heterotrophen Bildung ihrer Körpersubstanz fähig sind. **Auxotrophe** Organismen decken den allergrößten Teil ihres C-Bedarfs durch CO_2, können aber eine oder wenige organische Substanzen nicht selbst synthetisieren (Vitamine) und müssen diese heterotroph aufnehmen (Tab. 4.**1**).

4.3.2 Konsum von Ressourcen („Functional response")

Die Rate, in der Organismen ihre Ressourcen konsumieren, hängt sowohl von der Verfügbarkeit der Ressourcen als auch von den Fähigkeiten der Organismen selbst ab. Auch wenn eine Ressource noch so reichlich vorhanden ist, kann die Geschwindigkeit ihres Konsums durch den einzelnen Organismus nicht beliebig gesteigert werden. Tiere benötigen zum Auffinden, Jagen, Erlegen und Verzehren der Beute Zeit. Eine Erhöhung der Dichte ihrer Beute kann zwar die für das Auffinden und Jagen benötigte Zeit verkürzen, nicht jedoch die Zeit, die für das Erlegen und Verzehren benötigt wird. Mikroorganismen besitzen nur eine begrenzte Anzahl von Transportsystemen, so daß sie nur eine begrenzte Menge gelöster Ressourcen pro Zeiteinheit in das Zellinnere transportieren können. Wenn alle Transportsysteme mit maximaler Geschwindigkeit arbeiten, so daß eine weitere Steigerung der Ressourcenkonzentration zu keiner weiteren Steigerung der Konsumrate pro Organismus führt, sprechen wir von „**Sättigung**". Dann wird die Ressource mit einem artspezifischen Grenzwert (**maximale Konsumrate;** v_{max}) konsumiert, der unter Umständen nicht von externen Randbedingungen abhängen kann (z. B. Temperatur). Bei Ressourcendichten unterhalb der Sättigungsgrenze kann der Konsum nicht mehr mit maximaler Geschwindigkeit ablaufen, weil Tiere nicht oft genug auf ihre Beute treffen oder weil der enzymatische Transport gelöster Substanzen durch den Mangel an Transportgut nicht schneller laufen kann. Dann wird die Konsumrate von der Verfügbarkeit der Ressource limitiert. Sie hängt sowohl von der Konzentration bzw. Verfügbarkeit der Ressource ab als auch von der Fähigkeit des Konsumenten, sich eine knappe Ressource zu beschaffen.

Die Abhängigkeit der spezifischen Konsumrate (v; Konsumrate pro Individuenzahl oder pro Biomasse) von der Ressourcenverfügbarkeit (S) wird mit **Sättigungskurven** beschrieben, die im Bereich sehr niedriger Konzentrationen einen linearen oder annähernd linearen Anstieg haben. Dieser Anstieg definiert die Fähigkeit, sich

4.3 Ressourcen

knappe Ressourcen zu verschaffen (**"Affinität"**). Die unterschiedlichen Modelle für ressourcenlimitierte Prozesse unterscheiden sich vor allem im Hinblick darauf, ob der obere Grenzwert (v_{max}) durch eine asymptotische Annäherung oder durch einen abrupten Übergang von Limitation zu Sättigung erreicht wird. Das verbreitetste asymptotische Modell ist die rechtwinkelige Hyperbel, die je nach Anwendungsbereich unter verschiedenen Namen in der Literatur auftritt. Ihre Originalversion ist die **Michaelis-Menten-**Gleichung, die ursprünglich für die Kinetik der enzymatischen Verarbeitung eines Substrats entwickelt wurde. Das gebräuchlichste Modell für einen abrupten Übergang (rectilineares Modell) ist das **Blackman-Modell**, das im limitierten Bereich eine lineare Abhängigkeit der Konsumrate von der Ressourcenkonzentration annimmt (Box **4.**1).

Michaelis-Menten- und Blackman-Kinetik wurden für Organismen entwickelt, deren Ressourcen relativ homogen verteilt sind und als kleine Einheiten (gelöste Moleküle oder im Verhältnis zum Konsumenten kleine Partikel) vorliegen. In diesem Fall ist die Zeit, die der Konsument mit der Aufnahme der einzelnen Ressourceneinheit verbringt, verschwindend klein. Bei räuberischen Tieren ist das anders, da die Beuteorganismen im Verhältnis zum Konsumenten relativ groß sind. In diesem Fall ist die Konsumrate nicht nur davon abhängig, wieviel Beutetiere der Räuber pro Zeiteinheit findet, sondern auch davon, wie lange er braucht, um ein Beutetier zu konsumieren. Solange der Räuber seine Beute zerkleinert und frißt, kann er ja keine Beute suchen. Neben der Beutesuchzeit spielt hier die **Handhabungszeit** (engl. handling time) eine Rolle.

Holling (1959) hat drei Typen des **Functional response** für solche Fälle beschrieben (Abb. 4.**12**). Sein Typ I gilt für den Fall, daß die Handhabungszeit sehr kurz ist. Er entspricht dem Blackman-Modell. Typ II gilt für Fälle, in denen die Handhabungszeit relativ lang ist. Er entspricht formal dem Michaelis-Menten-Modell, wobei die Halbsättigungskonstante (k_t) durch den Quotienten aus der maximalen Konsumrate v_{max} und einer spezifischen Konsumrate (F) ersetzt wird. Die Konsumrate (v) als Funktion der Beutekonzentration (S) ist

$$v(S) = v_{max} \cdot S/(v_{max}/F + S).$$

F gibt dabei zum Beispiel an, welchen Raum ein Räuber pro Zeiteinheit nach Beute durchsuchen kann. Hollings Typ-II-Modell läßt sich auf viele Fälle von Räuber-Beute-Beziehungen anwenden, z. B. auf das Rädertier *Asplanchna*, das andere Rotatorien frißt, auf die Larve der Büschelmücke *Chaoborus*, die kleine Zooplankter konsumiert, oder den Rückenschwimmer *Notonecta*, der bevorzugt Daphnien jagt.

Box 4.1 Modelle für die Abhängigkeit der Konsumrate von der Ressourcenkonzentration (Functional response)

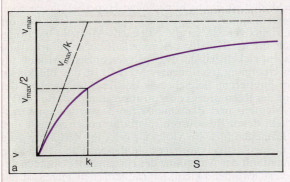

Michaelis-Menten-Modell: $v = v_{max} \cdot S/(S + k_t)$

v: Konsumrate (Masse/Zeit)
S: Konzentration oder Verfügbarkeit der Ressource (Masse/Vol)
v_{max}: gesättigter Wert der Konsumrate
k_t: Halbsättigungskonstante; Ressourcenkonzentration bei der $v_{max}/2$ erreicht wird

Wenn für die Ressourcenaufnahme eine Mindestkonzentration erforderlich ist, muß ein Schwellenwert (k_0) eingeführt werden. In diesem Fall ist S durch $S - k_0$ zu ersetzen; die Hälfte der maximalen Konsumrate wird dann bei $S = k_0 + k_t$ erreicht. Der bei der Ressourcenknappheit wichtige Anfangsanstieg der Michaelis-Menten-Kurve beträgt v_{max}/k_t.

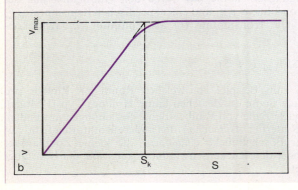

Blackman-Modell

für $S < S_k$: $v = S \cdot \alpha$; für $S > S_k$: $v = v_{max}$

$\alpha = v_{max}/S_k$

S_k: Sättigungskonzentration, α: Anfangsanstieg

Auch in das Blackman-Modell kann ein Schwellenwert eingefügt werden.

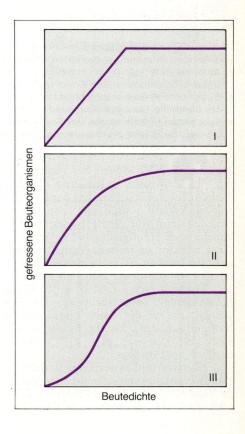

Abb. 4.12 Modelle der Abhängigkeit der Nahrungsaufnahme eines Räubers von der Beutedichte. Die drei Typen des „Functional response" von Holling (1959)

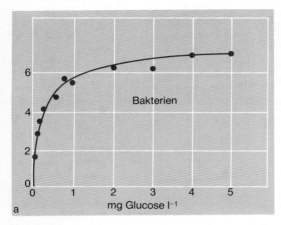

Abb. 4.13a−c Spezifische Konsumraten in Abhängigkeit von der Ressourcenkonzentration bei Bakterien, Phyto- und Zooplankton:
a Aufnahmerate radioaktiv markierter Glucose durch ein natürliches Bakteriengemisch im See Erken (nach Wright u. Hobbie 1966)
b Spezifische Phosphataufnahmerate (in μmol P h^{-1} mg^{-1} Trockenmasse) durch die Blaualge *Anabaena variabilis* (Nach Healey 1973)
c Spezifische Ingestionsrate von *Scenedesmus* durch *Daphnia* (in % der eigenen Biomasse pro Stunde; nach Lampert u. Muck 1985)

Hollings Typ-III-Modell hat einen sigmoiden Verlauf. Die Zahl der pro Zeiteinheit gefressenen Beuteorganismen steigt mit der Beutedichte zunächst an, um dann ein Plateau zu erreichen. Einen solchen Verlauf könnte man erwarten, wenn der Räuber im Laufe der Zeit lernt, die Beute besser zu finden, oder wenn er durch zunehmende Häufigkeit einer bestimmten Beuteart motiviert wird, diese selektiv zu fressen. Verhaltensänderungen dieser Art sollte man bei Fischen erwarten, deren Lernfähigkeit erwiesen ist. Bisher ist aber im Süßwasser kein Fall gut dokumentiert.

Fische fressen oft relativ große Brocken, z. B. Bodentiere, und haben deshalb lange Suchzeiten. Die Handhabung ist aber relativ schnell, da sie die Beute einfach verschlucken. Das klassische Sättigungsmodell, das für Fische entwickelt wurde, stammt von Ivlev (1955): $v = v_{max}(1 - e^{-\delta \cdot s})$. Die Konstante δ bestimmt die Steilheit des Anstiegs.

Daneben gibt es noch eine Reihe weiterer Möglichkeiten, Limitations-Sättigungsmodelle mathematisch zu beschreiben (vgl. Kohl u. Nicklisch 1988). In der Praxis ist die Streuung der Originaldaten aber meistens so groß, daß die Auswahl des besten Modells

Abb. 4.**13**

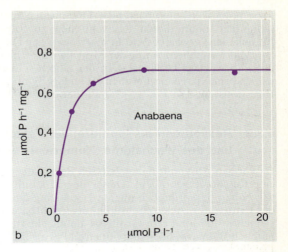

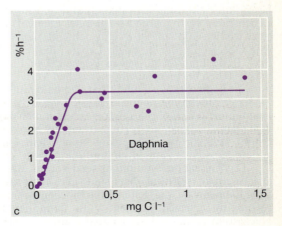

Schwierigkeiten macht. Es haben sich jedoch einigermaßen feste Konventionen herausgebildet: die Abhängigkeit der Aufnahmerate von Nährstoffen von ihrer Konzentration im Wasser bei Bakterien und Algen wird meist mit der Michaelis-Menten-Gleichung beschrieben; zur Beschreibung der Abhängigkeit der Freßrate des filtrierenden Zooplanktons vom Futterangebot wird hingegen meist das Blackman-Modell verwandt (Abb. 4.**13a–c**). Da die Parameter dieser Gleichungen eine wichtige Rolle in der vergleichenden Physiologie potentiell konkurrierender Organismen spielen, empfiehlt es sich, auch dann diesen Konventionen zu folgen, wenn andere Modelle eine etwas bessere Beschreibung der Daten ergeben.

Zur Vereinheitlichung der Modelle wurde hier die Konsumrate mit v (bzw. v_{max}) bezeichnet. In der zitierten Literatur finden sich jedoch bei höheren Organismen oft andere Symbole, z. B. I (I_{max}) für Ingestionsrate und P (P_{max}) für Prädationsrate.

4.3.3 Ressourcen als limitierender Faktor der Abundanz und des Wachstums (Numerical response)

Im vorigen Abschnitt haben wir den Begriff der „**Limitation**" durch eine Ressource gebraucht. Dieser Begriff kann mehrere Bedeutungen haben. Ursprünglich meinte J. v. Liebig damit die Begrenzung des Ertrages im Ackerbau durch unverzichtbare (**essentielle**) Nährelemente; die limitierte Größe ist damit ein statischer Parameter, nämlich Biomasse oder Individuenzahl pro Fläche bzw. pro Raum. Da die elementare Zusammensetzung der Biomasse nur innerhalb bestimmter Grenzen schwanken kann und maximal 100% der im Lebensraum verfügbaren Menge eines Elements in Biomasse umgesetzt werden können, ist es einleuchtend, daß essentielle Elemente eine Obergrenze der in einem Lebensraum erreichbaren Biomasse bzw. Besiedlungsdichte setzen können. Die Elemente in der Biomasse stehen in einem stöchiometrischen Verhältnis zueinander, das nur eine begrenzte Variabilität hat. Deshalb muß allein das in Bezug zu dieser Stöchiometrie am wenigsten verfügbare Element („**Minimumfaktor**") die Höhe des Ertrages bestimmen (*Liebigs „Gesetz des Minimums"*). Wird die Verfügbarkeit des Minimumfaktors erhöht, erhöht sich der Biomasseertrag bis zu dem Punkt, an dem eine andere Ressource zum Minimumfaktor wird.

Das Gesetz des Minimums setzt voraus, daß Ressourcen nicht austauschbar (**substituierbar**) sind. Dies trifft zweifellos auf essentielle Elemente zu, die sich in ihren biochemischen Funktionen nicht gegenseitig ersetzen können; z. B. kann der Phosphor in den Nucleinsäuren nicht durch andere Elemente ersetzt werden. Es gilt auch für Verbindungen, die von dem betreffenden Organismus nicht synthetisiert werden können. Ressourcen, die dieselben essentiellen Elemente und Verbindungen, wenn auch in verschiedener Mischung, enthalten, sind substituierbar. Wir gehen später darauf ein.

Zwischen dem Konsum und dem Erreichen einer Biomasse liegt der Prozeß des Wachstums. Wenn Konsumrate und erreichbare Gesamtbiomasse ressourcenlimitiert sind, ist es naheliegend, daß auch der dazwischenliegende Prozeß des Wachstums ressourcenlimitiert ist. Konsumierte Ressourcen könnnen zunächst in einem

Reservepool festgelegt werden, um erst später für Wachstumsprozesse genützt zu werden. Dann kann es zu einer zeitlichen Entkopplung zwischen Wachstum und Ressourcenkonsum kommen, so daß unter zeitlich variablen Ressourcenkonzentrationen die Wachstumsrate von den aktuellen Bedingungen unabhängig ist und frühere Zustände widerspiegelt.

Bei der Analyse der **Kinetik** des ressourcenlimitierten Wachstums ist es nötig, zwischen Wachstum des Individuums und dem Populationswachstum (Vermehrung) zu unterscheiden. Mikroorganismen teilen sich meist bereits nach einer Verdopplung der Körpergröße. Deshalb untersucht man bei ihnen die Limitation des Wachstums anhand der Individuenzunahme **(Populationswachstum)**. Es ist daher an dieser Stelle nötig, im Vorgriff auf das Kapitel „Populationen" den Begriff der **Wachstumsrate** für Mikroorganismen einzuführen.

Die Vermehrungsleistung des einzelnen Individuums pro Zeiteinheit wird als **„spezifische Wachstumsrate"** bezeichnet. Wenn sich jedes Individuum in einer Zeiteinheit verdoppelt, gibt es nach x Verdopplungsschritten 2^x Individuen. Die zeitliche Veränderung der Individuenzahl entspricht also einer geometrischen Folge; die absolute Zunahme der Individuenzahl pro Zeit wird immer größer, obwohl die Vermehrungsleistung des einzelnen Individuums gleich bleibt. In einer großen Population teilen sich jedoch meistens nicht alle Individuen gleichzeitig (synchron), sondern in einer zufälligen zeitlichen Verteilung. In diesem Fall tritt an die Stelle der gestuften geometrischen Folge eine kontinuierliche exponentielle Zunahme der Individuenzahl:

$$N_2 = N_1 \cdot e^{\mu(t_2 - t_1)}$$

N_1, N_2: Individuenzahl zum Zeitpunkt 1 bzw. 2,
t_1: Anfang des Zeitintervalls,
t_2: Ende des Zeitintervalls,
μ; spezifische Wachstumsrate in d^{-1} oder h^{-1}.

Eine spezifische Wachstumsrate von 0 bedeutet keine Vermehrung, eine spezifische Wachstumsrate von ln 2 (ca. 0,69) d^{-1} bedeutet eine Verdopplung pro Tag. Vorausgesetzt, daß es zu keinen Verlusten von Organismen kommt, kann μ aus der Veränderung der Individuenzahl berechnet werden:

$$\mu = \frac{dN}{dt} \cdot \frac{1}{N} = \frac{\ln N_2 - \ln N_1}{\cdot t_2 - t_1}.$$

Häufig wird auch ein Maß der Biomasse statt der Individuenzahl der Berechnung zugrundegelegt.

Die Kinetik des ressourcenlimitierten Wachstums kann mit ähnlichen Sättigungskurven beschrieben werden wie die Kinetik des Ressourcenkonsums. Wenn es zu keiner zeitlichen Entkoppelung zwischen Ressourcenkonsum und Wachstum kommt, kann die Wachstumsrate direkt auf die in der Umwelt verfügbare („freie") Ressourcenkonzentration bezogen werden. Meistens wird dafür die **Monod-Gleichung** (Box **4.2**) verwendet, die mathematisch mit der Michaelis-Menten-Gleichung identisch ist. Wenn es zu einer zeitlichen Entkopplung von Konsum und Wachstum kommen kann (z. B. P-limitiertes Wachstum von Algen), muß die Wachstumsrate entweder auf die bereits in den Organismen gespeicherte Ressourcenmenge (**„Zellquote"**) bezogen werden, oder es müssen experimentelle Vorkehrungen für eine konstante Ressourcenversorgung getroffen werden (Chemostatkultur, Box **4.2**).

Zur Untersuchung der Kinetik des ressourcenlimitierten Wachstums von Organismen, die in Suspension kultivierbar sind (Bakterien, planktische Algen, einige Zooplankter), werden zwei Kulturverfahren verwendet, die man auch als idealisierte Modelle für extreme Situationen in natürlichen Gewässern ansehen kann (Box **4.2**). Die statische Kultur **(Batch-Kultur)** entspricht der explosiven Besiedlung eines freien Lebensraums (bei Planktonalgen meist am Beginn der Vegetationsperiode). Die kontinuierliche Kultur **(Chemostat)** entspricht einem **Fließgleichgewicht,** in dem Produktion und Elimination von Organismen, sowie Verbrauch und Nachlieferung von Ressourcen einander die Waage halten (annähernd verwirklicht beim Plankton während des Sommers).

Box 4.2 Statische und kontinuierliche Kultur

Statische Kultur (Batch-Kultur)

Eine statische Kultur besteht darin, daß eine definierte Menge Medium mit einer zunächst kleinen Menge Organismen (Inokulum) angeimpft wird und danach keine weitere Zugabe von Medium erfolgt. Nach einer kurzen Anpassungsperiode (lag-Phase) beginnen sich die Versuchsorganismen exponentiell zu vermehren. Solange die limitierende Ressource ausreichend vorhanden ist, vermehren sie sich dabei mit der maximalen Wachstumsrate. Mit dem Konsum durch eine zunehmende Zahl von Organismen nimmt die Konzentration der freien Ressourcen ab, zumindest der Minimumfaktor wird fast vollständig aufgezehrt. Eine weitere Vermehrung der Organismen kann dann nicht mehr durch

Neuaufnahme der limitierenden Ressource gespeist werden. Vermehren sich die Organismen dennoch weiter, so führt das zu einer Verringerung der Ressourcenmenge, die jedes Individuum enthält (bei Mikroorganismen **„Zellquote"** genannt). Die Verminderung der Zellquote führt zu einem Abfall der Wachstumsrate, bis die Zellquote ihren Minimalwert erreicht, so daß gar kein weiteres Wachstum mehr stattfindet (**„stationäre Phase"**). Die Wachstumsrate kann nach Droop (1983) als Funktion der Zellquote ausgedrückt werden:

$$\mu = \mu_{max} \cdot (1 - q_0/q)$$

μ: Wachstumsrate (d^{-1})
μ_{max}: maximale (ressourcengesättigte) Wachstumsrate (d^{-1})
q: Zellquote (z. B. pg/Zelle oder µg/mg Biomasse)
q_0: minimale Zellquote

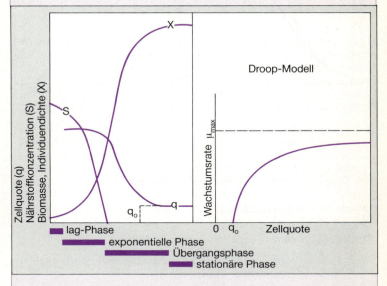

Je dichter in einer statischen Kultur die Organismen werden, desto mehr müssen sie sich das vorhandene Ressourcenangebot teilen. Die Abnahme der Wachstumsrate kann daher auch als Funktion der Populationsdichte betrachtet werden. Je dichter die Population bei einem gegebenen Ressourcenangebot, desto geringer die Wachstumsrate (**dichteabhängige Wachstumsregula-**

tion). Dieser Zusammenhang wird durch die **logistische Wachstumsfunktion** (vgl. 5.2.4) beschrieben. Die negative Rückkopplung zwischen der Wachstumsrate und der Populationsdichte hängt dabei nicht von der absoluten Populationsdichte ab, sondern davon, wie stark sie sich dem beim gegebenen Ressourcenangebot erreichbaren Maximalwert (Kapazität, K) annähert:

$$\mu = \mu_{max}(K - N)/K$$

Daher ist $\mu = 0$, wenn $N = K$, und $\mu = \mu_{max}$, wenn $N \ll K$.

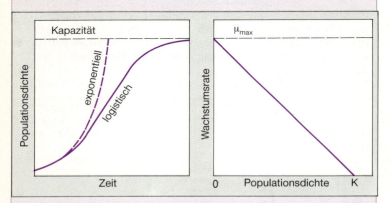

Die logistische Wachstumskurve hängt nicht vom Mechanismus der Begrenzung der Wachstumsrate ab und erfordert keine Kenntnis des limitierenden Faktors. Nicht nur Ressourcenlimitation, sondern auch Exkretion schädlicher Metabolite kann zu einer dichteabhängigen Abnahme der Wachstumsrate führen. Wenn ein limitierender Nährstoff als entscheidender Faktor identifiziert werden kann, läßt sich die logistische Funktion mit der Droop-Funktion verbinden:

$$K = S_{tot}/q_0$$

S_{tot}: Gesamtkonzentration des limitierenden Nährstoffs (gelöst und in Organismen inkorporiert)

Kontinuierliche Kultur (Chemostat)

Ein Chemostat ist ein Gefäß, in das mit konstanter Flußrate (F; Volumen/Tag) neues Nährmedium (Lösung von Nährstoffen oder Suspension von Futterpartikeln) zudosiert wird, während gleichzeitig im selben Ausmaß die Suspension mit den gewachsenen Organismen durch den Überlauf entfernt wird. Die **Durchflußrate** (D; Kulturvolumen/Flußrate; d^{-1}) entspricht dann der **Eliminationsrate** („Mortalität") der Organismen. Solange die freien Ressourcenkonzentrationen eine Wachstumsrate erlauben, die höher ist als D, kann die Dichte bzw. Biomasse der Organismen zunehmen. Durch die Zunahme der Organismen wird jedoch die limitierende Ressource stärker gezehrt, was eine Abnahme der Wachstumsrate bewirkt. Wenn die Wachstumsrate auf den Wert der Durchflußrate fällt, erreicht das System ein **Fließgleichgewicht** („Steady state"). Dieser Zustand ist selbstregulierend. Überschreitet die Organismendichte den Gleichgewichtswert, dann fällt die freie Ressourcenkonzentration unter den Gleichgewichtswert. Dadurch wird die Wachstumsrate kleiner als die Durchflußrate, und die Organismendichte nimmt ab. Der Mechanismus wirkt umgekehrt, wenn die Gleichgewichtsdichte der Organismen unterschritten wird.

Im Fließgleichgewicht kann die Ressourcenlimitation der Wachstumsrate mit der auf der Michaelis-Menten-Gleichung beruhenden Gleichung nach Monod (1950) beschrieben werden:

$$\mu = \frac{\mu_{max} \cdot S}{S + k_s}$$

μ_{max}: maximale (ressourcengesättigte) Wachstumsrate (d^{-1})
k_s: Halbsättigungskonstante (Masse/Volumen)
S: in Lösung verbliebene Konzentration des limitierenden Nährstoffes (Masse/Volumen)

Wenn es einen Schwellenwert (k_0) der Ressourcenkonzentration gibt, muß S durch ($S - k_0$) ersetzt werden. Als Gleichgewichtsbedingung gilt: $\mu = D$. Die Gleichgewichtsbiomasse oder -organismendichte (X) kann aus der konsumierten Menge der limitierenden Ressource und der Wachstumsrate bei der entsprechenden Zellquote berechnet werden:

$$X = (S_0 - S)/q$$

S_0: Ressourcenkonzentration im Medium vor dem Konsum durch Organismen (Einlauf)

4.3.4 Substituierbare Ressourcen

In den vorher behandelten Modellen gehen wir davon aus, daß Konsumraten, Wachstumsraten und die erreichbaren Biomassen von einer einzelnen Ressource limitiert werden. Tatsächlich konsumieren die meisten Organismen aber mehr als einen Ressourcentyp. Dabei stellt sich die Frage, ob das Ausmaß der Limitation einer Ressource durch das Angebot anderer Ressourcen beeinflußt werden kann. Die wesentliche Frage ist, ob Ressourcen gegeneinander austauschbar (substituierbar) sind. Dabei bestehen wesentliche Unterschiede zwischen Tieren und autotrophen Organismen. Die Nahrung eines Tieres hat „Paketcharakter", d. h. ein Stück Nahrung (ein Beutetier, eine Futterpflanze) dient sowohl als Energiequelle als auch als Quelle von Kohlenhydraten, Proteinen, Lipiden, Vitaminen, essentiellen Elementen etc. Solche „Pakete" können prinzipiell durch andere ersetzt werden, auch wenn diese vielleicht eine ungünstigere Zusammensetzung haben oder schwieriger zu erbeuten sind. Eine Katze, die keine Mäuse fängt, kann auch mit Katzenfutter aus der Dose ernährt werden. Allerdings ist es zumindest hypothetisch möglich, daß auch Tiere nicht von der Gesamtmenge der Nahrung limitiert sind, sondern von einzelnen Komponenten darin (z. B. Kohlenhydrate, Lipide, Proteine, im Extremfall sogar einzelne Aminosäuren).

Autotrophe Organismen sind in einer anderen Lage. Ihre Ressourcen (Licht, essentielle Elemente) können nicht als kombinierte Pakete konsumiert werden, sondern liegen einzeln vor. Energie und die verschiedenen essentiellen Elemente sind nicht substituierbar. Die biochemischen Funktionen eines Elements können nicht durch ein anderes ersetzt werden (vgl. 4.3.3). Solche Ressourcen werden als „essentielle Ressourcen" bezeichnet. Substituierbar sind für autotrophe Organismen nur solche Verbindungen, die dasselbe Element enthalten, z. B. CO_2 und HCO_3^- als Kohlenstoffquellen oder NO_3^- und NH_4^+ als Stickstoffquellen.

Bakterien nehmen diesbezüglich eine Zwischenstellung zwischen Pflanzen und Tieren ein: Einerseits sind zahlreiche organische Verbindungen als C- und Energiequellen substituierbar, einige haben sogar partiellen Paketcharakter, da sie mehrere Nährelemente enthalten (z. B. Aminosäuren als C- und N-Quellen), andererseits wird der Bedarf an mineralischen Nährstoffen zum Teil aus anorganischen Ionen gedeckt (z. B. Phosphat). Auch essentielle organische Substanzen, die der Konsument nicht selbst synthetisieren kann (z. B. manche Vitamine), können nicht substituiert werden.

Neben den beiden Grundtypen der essentiellen und der perfekt substituierbaren Ressourcen gibt es eine Reihe weiterer Typen von hypothetisch möglichen Interaktionen zwischen Ressourcen, für die es aber wenig praktische Belege gibt (Tilman 1982). Die Theorie der Ressourcenlimitation ist eine wichtige Voraussetzung für das Verständnis mechanistischer Modelle der Konkurrenz (vgl. 6.1.3).

4.3.5 Licht

Unter allen Prozessen, die aus anorganischen Ausgangssubstanzen organische Substanz herstellen (**„Primärproduktion"**) ist die **Photosynthese,** bei der Licht als Energiequelle dient, der quantitativ bei weitem wichtigste. Da die Biochemie der Photosynthese ein fester Bestandteil aller Lehrbücher der Pflanzenphysiologie ist, soll hier nicht näher darauf eingegangen werden. Vereinfacht kann man die Photosynthese der grünen Pflanzen und der Blaualgen mit folgender Summenformel beschreiben:

$$6\, CO_2 + 6\, H_2O \rightarrow C_6H_{12}O_6 + 6\, O_2 - 2802\, kJ\,.$$

Schwefelbakterien benutzen für die Photosynthese H_2S anstelle von Wasser als Elektronen- und Wasserstoffdonator; dementsprechend wird Schwefel anstelle von Sauerstoff gebildet. Dieser Prozeß ist streng anaerob.

Aus der Formel ergibt sich, daß die Photosyntheserate entweder aus der Freisetzung von Sauerstoff oder durch den Verbrauch von CO_2 gemessen werden kann. Weil im Gewässer normalerweise ein sehr großer Vorrat von gebundenem CO_2 vorhanden ist (Kalk-Kohlensäure-System), ist die geringe CO_2-Abnahme im Wasser schwer zu messen. Für die Messung des Einbaus von CO_2 in die organische Substanz **(Kohlenstoffixierung)** stehen wesentlich empfindlichere Methoden zur Verfügung (^{14}C, Box **4.3**).

Als limitierende Ressourcen der Photosyntheseraten kommen die Energiequelle Licht und die Ausgangssubstanz CO_2 (für Purpurbakterien auch H_2S) in Frage. Licht ist im Gegensatz zu einer weitverbreiteten Auffassung tatsächlich eine konsumierbare Ressource und keine physikalische Randbedingung, wie aus dem Beitrag der Organismen an der vertikalen Lichtattenuation (s. 3.2.1) hervorgeht. So stellte Tilzer (1983) für den Bodensee fest, daß während der Biomassemaxima des Phytoplanktons im Frühjahr und im Sommer bis zu 70% der vertikalen Lichtattenuation auf das Chlorophyll der Phytoplankter zurückzuführen ist. Während des jahreszeitlichen Biomasseminimums des Phytoplanktons (ca. 0,3 µg Chlorophyll/l) beträgt der vertikale Lichtattenuationskoeffizient in diesem nur mäßig planktonreichen See ca. $0,25\, m^{-1}$, während der Biomassemaxima (ca. 30 µg Chl/l) ca. $0,75\, m^{-1}$ (vgl. Abb. 3.**4**).

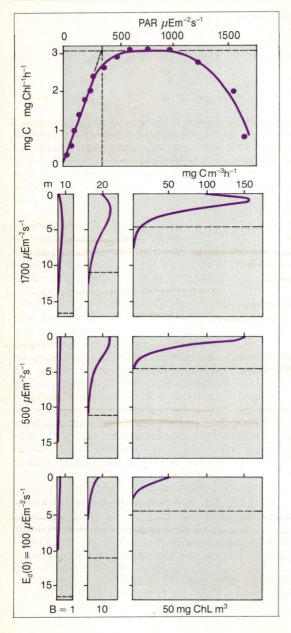

Abb. 4.**14**

4.3 Ressourcen

Die Limitation der kurzzeitigen, ohne vorherige Akklimatisation gemessenen Photosyntheseraten durch das Lichtangebot wird meist mit einem modifizierten Blackman-Modell beschrieben (Box **4.1**). Der Unterschied besteht darin, daß es ab einer bestimmten Lichtintensität wieder zu einer Abnahme der Photosyntheseraten kommt (Abb. **4.14**). In der Literatur wird diese Kurve meist *P-I*-**Kurve** genannt (*P* für Photosyntheserate, *I* für Lichtintensität). Alle Parameter dieser Kurve zeigen sowohl starke Unterschiede zwischen verschiedenen Arten als auch eine Abhängigkeit vom physiologischen Zustand (Lichtadaption). Am besten untersucht sind die Verhältnisse für planktische Algen, deshalb werden hier zunächst in erster Linie planktische Beispiele behandelt. Die Grundprinzipien gelten aber für benthische Mikroalgen („Periphyton") und für höhere Wasserpflanzen (Makrophyten) gleichermaßen.

Der ansteigende Teil einer *P-I*-Kurve geht durch den Ursprung, wenn man den Prozeß der Photosynthese alleine (**„Bruttophotosynthese"**) betrachtet. Da aber die Pflanzen gleichzeitig auch atmen, d. h. organischen Kohlenstoff und Sauerstoff verbrauchen, gibt es respiratorische Verluste. Zieht man diese ab, erhält man die **„Nettophotosynthese"**, deren Kurve vertikal nach unten verschoben ist. Die Annahme, daß die Dunkelrespiration lichtunabhängig ist, ist zwar nicht ganz korrekt (Kohl u. Nicklisch 1988), reicht aber als Annäherung für praktische Zwecke meist aus. Der Schnittpunkt der Nettophotosynthesekurve mit der *x*-Achse definiert jene Lichtintensität, bei der die Bruttophotosyntheserate gerade ausreicht, um die Respirationsverluste zu kompensieren. An diesem **„Kompensationspunkt"** gibt es weder Zuwachs noch Verlust. Im vertikalen Lichtgradienten im Gewässer entspricht dem Kompensationspunkt eine bestimmte Wassertiefe, die **„Kompensationsebene"**. Die Schicht oberhalb der Kompensationsebene wird als **„euphotische Zone"**, die Schicht unterhalb als **„aphotische Zone"** bezeichnet. Als Faustregel kann man die Kompensationsebene für das Phytoplankton in derjenigen Tiefe annehmen, in der noch 1% der Oberflächenintensität des Lichts nachgewiesen werden kann.

◀ **Abb. 4.14** Die Auswirkungen von Oberflächeneinstrahlung und Algenbiomasse auf die Vertikalprofile der Photosynthese: Oben: Extrem Starklicht-adaptierte *P-I*-Kurve (I_k ca. 300 µE m^{-2} s^{-1}), gemessen im Bodensee. Darunter: Vertikalprofile der volumenspezifischen Photosyntheserate (mgC m^{-3} h^{-1}) bei 3 verschiedenen Oberflächenintensitäten [$E_d(0)$] des Lichts und drei verschiedenen Algenbiomassen (angegeben als Chlorophyll-Konzentration). – – – : konventionell definierte Kompensationsebene [1% $E_d(0)$]. Alle Annahmen über Lichtattenuation beruhen auf Daten aus dem Bodensee (nach Tilzer)

Abb. 4.**14** gibt ein Beispiel dafür, wie sich das Vertikalprofil der Photosynthese als Folge der *P-I*-Kurve bei verschiedenen Oberflächeneinstrahlungen und Algenbiomassen ändert (vgl. Box **4.3**).

Für die Photosyntheseleistung bei niedrigem Lichtangebot ist der Anfangsanstieg der *P-I*-Kurve von entscheidender Bedeutung. Die bisher gefundenen Werte für planktische Algen bewegen sich zwischen $2-37$ mg C (mg Chl)$^{-1}$E^{-1} m^{-2}, wobei Werte zwischen 6 und 18 gehäuft auftreten (Reynolds 1984). Im lichtlimitierten Bereich der Photosynthese sind ausschließlich photochemische Prozesse, die nicht temperaturabhängig sind, für die Höhe der Photosyntheserate verantwortlich (vgl. 4.2.1). Deshalb ist auch der Anfangsanstieg der *P-I*-Kurve von der Temperatur unabhängig.

Der Übergang vom lichtlimitierten (ansteigenden) Teil der *P-I*-Kurve zum lichtgesättigten (horizontalen) Abschnitt wird durch die Sättigungsintensität (I_k) bestimmt. Die in der Literatur angegebenen Werte für I_k betragen $20-300$ μE m^{-2} s^{-1} photosynthetisch aktive Strahlung (PAR). Die Daten häufen sich im Bereich $60-100$ (Harris 1978). An einem klaren Sommertag wird in einem mäßig planktonreichen See ($E_d[0] = 2000$ μE m^{-2} s^{-1}; $k_d = 0{,}5$ m^{-1}) eine solche Lichtintensität von 100 μE m^{-2} s^{-1} in ca. 6 m Tiefe erreicht.

Die höchsten bisher in der gemäßigten Zone gefundenen Werte für die spezifische Photosyntheserate unter lichtgesättigten Bedingungen betragen ca. 7,5 mg C (mg Chl)$^{-1}$ h^{-1}. In tropischen Seen wurden maximal ca. 12 mg C (mg Chl)$^{-1}$ h^{-1} gemessen. Die Höhe der lichtgesättigten Photosyntheserate ist temperaturabhängig. Für Temperaturen unterhalb des Optimums gilt ein Q_{10} von $1{,}8-2{,}5$. Da die lichtgesättigte Photosyntheserate temperaturabhängig ist, der Anfangsanstieg der *P-I*-Kurve aber nicht, ergibt sich indirekt auch eine Temperaturabhängigkeit des I_k-Wertes.

Bei hohen Lichtintensitäten (ab ca. $200-1000$ μE m^{-2} s^{-1}) folgt die Photosyntheserate nicht mehr dem Blackman-Modell, sondern nimmt wieder ab (Abb. 4.**14**). Diese **„Lichthemmung"** wird auf photochemische Schädigung der Chloroplasten durch den UV-Anteil des Lichts sowie auf erhöhte Photorespiration zurückgeführt.

Pflanzen haben die Möglichkeit, sich an niedrige Lichtintensitäten physiologisch anzupassen. Die Lichtadaption kann experimentell durch den Vergleich der *P-I*-Kurven von Organismen desselben Klons, die unter verschiedenen Lichtintensitäten vorkultiviert wurden, untersucht werden. Es gibt zwei verschiedene Typen der Lichtadaption (Jørgensen 1969). Beim „*Chlorella*-Typ" nimmt der Chlorophyllgehalt der Zellen zu. Das führt dazu, daß Schwachlicht-adaptierte Zellen auch eine erhöhte Rate der lichtgesättigten Photosynthese haben. Beim „*Cyclotella*-Typ" kommt

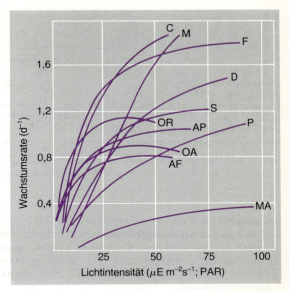

Abb. 4.15 Abhängigkeit der Wachstumsrate planktischer Algen von der Lichtintensität bei Dauerlicht und 20 °C: C = *Coelastrum microporum*, M = *Monoraphidium minutum*, F = *Fragilaria bidens*, D = *Dictyosphaerium pulchellum*, S = *Scenedesmus quadricauda*, OR = *Oscillatoria redekii*, AP = *Aphanizomenon flos-aquae*, P = *Pediastrum boryanum*, OA = *Oscillatoria agardhii*, AF = *Anabaena flos-aquae*, MA = *Microcystis aeruginosa* (nach Reynolds 1989)

es lediglich zu Umstrukturierungen im Photosyntheseapparat, die nur eine Erhöhung des Anfangsanstiegs der P-I-Kurve bewirken (Kohl u. Nicklisch 1988). Die Möglichkeit der Adaptation an niedrige Lichtintensitäten bewirkt, daß die langfristige Abhängigkeit der Wachstumsrate von der Lichtintensität, im Gegensatz zur momentanen Photosyntheserate, nicht den linearen Anstieg des Blackman-Modells zeigt, sondern sich besser durch eine Kurve vom Typ des Michaelis-Menten-Modells beschreiben läßt (Abb. 4.15). Für die Erklärung der langfristigen Zusammenhänge zwischen dem Lichtklima im Gewässer und dem Auftreten verschiedener Arten ist diese Beziehung wichtiger als die P-I-Kurve, die nur einen momentanen Adaptionszustand charakterisiert.

Bei ausreichender Oberflächeneinstrahlung sollten eigentlich die meisten Phytoplanktonarten in irgendeiner Tiefe optimale (d. h. sättigende) Lichtintensitäten finden. Allerdings ist es nicht immer

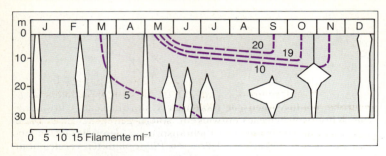

Abb. 4.16 Tiefenverteilung von *Planktothrix* (= *Oscillatoria*) *rubescens* im Wörther See (Österreich) mit Isothermen für 5, 10, 19 und 20 °C (nach Findenegg 1943)

möglich, daß sich die Algen stabil in dieser Tiefe einschichten. Bereits bei Windgeschwindigkeiten von mehr als ca. 3 m/s reichen die Turbulenzen im Epilimnion aus, um Verteilungsmuster, die durch unterschiedliches Wanderungsverhalten begeißelter Algen entstanden sind, zu zerstören. Dann sind die Phytoplankter passiv einer Lichtintensität ausgesetzt, die dem Durchschnitt der Lichtintensität in der durchmischten Tiefe entspricht. Unter windstillen Bedingungen können jedoch selbst nahe verwandte Arten deutliche vertikale Separierungstendenzen zeigen (vgl. Abb. 3.8). So schichtet sich der Flagellat *Rhodomonas minuta* bei ca. 50% der Oberflächeneinstrahlung ein, *Rhodomonas lens* aber bei ca. 10% (Sommer 1982). Untersuchungen zur Abhängigkeit der Wachstumsrate von der Lichtintensität zeigten, daß dies ungefähr den optimalen Lichtbedingungen beider Arten entspricht.

In Seen, die im Sommer stabile Sprungschichten ausbilden, kann es zur Ausbildung stark ausgeprägter Maxima Schwachlicht-adaptierter Algenarten im Metalimnion oder darunter kommen, vorausgesetzt, daß die Lichtintensität dort nicht unter dem Kompensationspunkt dieser Arten liegt. Das bekannteste Beispiel dafür sind die rot pigmentierten Vertreter der Blaualgen-Gattungen *Planktothrix* und *Limnothrix* (ehem. *Oscillatoria*), z. B. *Planktothrix rubescens* in mäßig nährstoffreichen, stabil geschichteten Seen Mitteleuropas (Abb. 4.16) und *P. agardhii* var. *isothrix* in vergleichbaren Seen Skandinaviens. Im Zürichsee trat die **„Burgunderblutalge"** *Planktothrix rubescens* in einer sehr frühen Phase der Eutrophierung auf. Als mit fortschreitender Eutrophierung die Algendichte im Epilimnion zunahm und damit die Transparenz des Wassers abnahm, verschwand sie wieder. Später bewirkte der Erfolg des Baus von Kläranlagen wieder einen Rückgang der Algendichten, eine Zunahme der Transparenz des Wassers und ein Wiedererscheinen von *P. rubescens*. Mit einem I_k-Wert von ca. 10 µE µ^{-2} s^{-1} und beginnender Lichthemmung ab ca. 130 µE m^{-2} s^{-1} (Mur u. Bejsdorf 1978) sind die rot pigmentierten *Planktothrix*- und *Limnothrix*-Arten zweifellos ein Bestandteil der aquatischen Schattenflora.

In Seen mit einem anaeroben Hypolimnion und H$_2$S-Bildung können sich unterhalb der vom Phytoplankton besiedelten Zone anaerobe, **photosynthetische Bakterien** (Chlorobiaceae, Chromatiaceae, Rhodospirillaceae) entwickeln, sofern genügend Licht bis in die H$_2$S-Zone vordringt. Die Lichtansprüche dieser Bakterien sind etwa mit denen der anspruchsloseren Phytoplankter vergleichbar. Für die **Purpurbakterien** werden I_k-Werte von 25 – 70 µE m^{-2} s^{-1} angegeben, für die üblicherweise unterhalb der Purpurbakterien eingeschichteten grünen **Schwefelbakterien** 20 – 25 µE m^{-2} s^{-1} (Pfennig 1978). Diese Schwefelbakterien haben spektrale Optima der Photosynthese in Bereichen, in denen das über ihnen eingeschichtete Phytoplankton nur schwach absorbiert: 700 – 760 nm für die grünen Schwefelbakterien und >800 nm für die Purpurbakterien.

Im Gegensatz zum Phytoplankton sind *P-I*-Kurven für Algen, die an submersen Oberflächen wachsen („Periphyton", „Aufwuchs") nur selten in der Literatur zu finden. Eines der wenigen publizierten Beispiele (Meulemans u. Heinis 1983) stammt aus dem Schilfgürtel des niederländischen Sees Maarsseveen. Es zeigt relativ hohe I_k-Werte von ca. 250 µE m^{-2} s^{-1} für die Frühjahrsproben und ca. 100 – 200 µE m^{-2} s^{-1} für die Sommerproben. Der höhere Grad an Dunkeladaptation während des Sommers wurde mit der Beschattung durch die Schilfblätter erklärt. Lichthemmung war kaum feststellbar.

Ähnlich selten sind experimentelle Untersuchungen über die Lichtansprüche der am Boden wachsenden Makrophyten in Binnengewässern. Allgemein wird anerkannt, daß die maximale Tiefe, in der **submerse Makrophyten** wachsen, durch die Lichtverhältnisse bestimmt wird. So konnte Maristo (zit. nach Hutchinson 1975) in 27 verschiedenen Seen Finnlands einen linearen Zusammenhang zwischen der Tiefenausdehnung der Makrophyten und der mit der Secchischeibe ermittelten Sichttiefe feststellen. In 17 von diesen Seen drangen die Wassermoose *Fontinalis antipyretica* und *Drapanocladus sendtneri* am weitesten in die Tiefe vor. Die tiefsten gut dokumentierten Vorkommen von Makrophyten wurden vom Titicacasee (Peru/ Bolivien) und vom extrem klaren Lake Tahoe (USA) berichtet (Hutchinson 1975). Im Titicacasee kommen Blütenpflanzen *(Potamogeton strictus)* bis in 11 m, Armleuchteralgen *(Chara spp.)* bis in 14 m und Moose *(Hygrohypnum)* bis in 29 m Tiefe vor. Im makrophytenarmen Lake Tahoe dringen Blütenpflanzen nur bis in 6,5 m Tiefe vor, *Chara globularis* und Wassermoose wurden jedoch

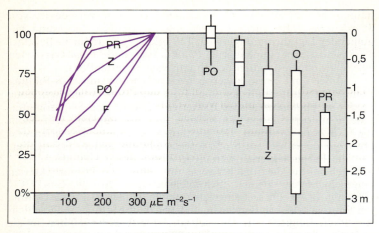

Abb. 4.17 *Links:* Lichtabhängigkeit der relativen Photosyntheseleistung (in Prozent der Photosynthese bei 350 µE m^{-2} s^{-1}) für starklicht-adaptierte Blätter verschiedener *Potamogeton*-Arten: O = *P. obtusifolius*, PR = *P. praelongus*, Z = *P. zizii*, PO = *P. polygonifolius*, F = *P. filiformis*. *Rechts:* Tiefenverbreitung der 5 *Potamogeton*-Arten in schottischen Seen (nach Spence u. Chrystal 1970; Lichtwerte umgerechnet)

noch in 75 m festgestellt. In Tiefen, in denen im Durchschnitt weniger als 2% der Oberflächeneinstrahlung herrschen, treten keine submersen Blütenpflanzen mehr auf.

Makrophyten zeigen charakteristische Muster der **Tiefenzonierung** (vgl. Hutchinson 1975). Neben dem Lichtklima spielen dabei auch der hydrostatische Druck und die tiefenabhängigen Veränderungen des Bodensubstrats eine wichtige Rolle. Für die beiden obersten Gürtel, emerse Makrophyten (z. B. *Phragmites*, *Typha*) und Schwimmblattpflanzen (z. B. *Nymphaea*), ist das Lichtklima unter Wasser irrelevant, sobald die Blätter die Wasseroberfläche erreicht haben. Allerdings ist ihre Ausbreitung in größeren Tiefen dadurch begrenzt, daß die luftgefüllten Gewebe (Aerenchyme) nur einem bestimmten hydrostatischen Druck standhalten können. Untergetauchte Arten aber richten sich nach den Lichtansprüchen. Spence u. Chrystal (1970) maßen die relative Photosyntheseleistung von fünf *Potamogeton*-Arten unter Schwachlichtbedingungen an Blättern, die vorher starklicht-adaptiert waren. Es zeigte sich, daß die Arten, die die höchste Schwachlicht-Photosyntheserate aufwiesen, auch am tiefsten in den See vordrangen (Abb. 4.**17**).

Box 4.3 Messung der Photosyntheserate

Sauerstoffmethode

Die Sauerstoffmethode beruht darauf, daß Proben (Suspensionen von Planktonalgen, Blätter von Makrophyten etc.) in Hell- und Dunkelflaschen inkubiert werden und die Sauerstoffkonzentrationen am Anfang und am Ende der Inkubationsperiode gemessen werden. Dabei wird die Annahme gemacht, daß die Zunahme der gelösten O_2-Konzentration in der Hellflasche der Nettophotosynthese (Photosynthese minus Respiration) entspricht, während in der Dunkelflasche nur Respiration auftritt. Die Brutto-Photosyntheserate wird aus der Differenz der Endkonzentrationen in der Hell- und in der Dunkelflasche berechnet. Man geht dabei von zwei problematischen Annahmen aus: erstens, daß die Respirationsrate heterotropher Organismen, die ungewollt mit eingeschlossen werden, vernachlässigbar klein ist, und zweitens, daß die Respirationsraten in Hell- und Dunkelflasche identisch sind. Letzteres trifft jedoch bei hohen Lichtintensitäten nicht zu, da in diesem Fall zur lichtunabhängigen Dunkelrespiration die lichtabhängige Photorespiration tritt. Der größte Nachteil der Sauerstoffmethode ist ihre geringe Empfindlichkeit, die dadurch gegeben ist, daß mit den üblichen Meßmethoden für gelösten Sauerstoff Konzentrationsunterschiede von $< 0,1$ mg O_2 l^{-1} nicht genau erfaßt werden können. Deshalb ist diese Methode nur in nährstoffreichen Seen einsetzbar.

^{14}C-Methode

Die ^{14}C-Methode beruht darauf, daß den Organismen zusätzlich zum natürlichen CO_2-Angebot eine geringe Menge radioaktives $^{14}CO_2$ angeboten wird. Dann wird die Inkorporation von Radioaktivität in die Biomasse (praktisch definiert als filtrierbare partikuläre Substanz) gemessen. Es werden Hell- und Dunkelflaschen mit Spuren von ^{14}C (als Hydrogencarbonat) versetzt und für meistens 2–4 Stunden in situ inkubiert. Anschließend wird die Radioaktivität in den Flaschen und in den auf Membranfiltern zurückgehaltenen Partikeln gemessen. Die Organismen diskriminieren bei der photosynthetischen Aufnahme nur geringfügig zwischen dem stabilen ^{12}C und dem radioaktiven ^{14}C (Faktor 1,05):

$$\frac{^{14}C_{aufgenommen}}{^{14}C_{verfügbar}} \times 1,05 = \frac{^{12}C_{aufgenommen}}{^{12}C_{verfügbar}}$$

Die Verwendung von Dunkelflaschen hat hier nicht den Sinn, Respirationsraten zu messen, sondern einen Blindwert für physikalische Adsorption und Dunkelfixierung von ^{14}C festzustellen. Das im Wasser verfügbare ^{12}C muß chemisch bestimmt werden (meist aus Alkalinität und pH-Wert). Da photosynthetisch gebildete organische Substanz auch exkretiert werden kann (z. B. als Glykolat), kann es auch interessant sein, diese Fraktion zu bestimmen. Dazu wird aus der angesäuerten Lösung das CO_2 durch Begasung ausgetrieben. Die in der Lösung verbleibende Radioaktivität entspricht dann der neugebildeten, gelösten organischen Substanz.

Es ist nach wie vor umstritten, ob mit der ^{14}C-Methode eine Brutto- oder eine Netto-Photosyntheserate bestimmt wird. Dies hängt weitgehend davon ab, in welchem Ausmaß frisch gebildete Photosyntheseprodukte während der Inkubationszeit wieder veratmet werden. Es ist klar, daß ganz am Anfang der Inkubation die Inkorporation von ^{14}C der Bruttophotosynthese folgt, da die Alge ja nur ^{12}C zum Veratmen hat. Später, wenn der ^{14}C-Gehalt der Alge zunimmt, wird entsprechend mehr und mehr ^{14}C wieder veratmet. Erst mit Erreichen des Isotopengleichgewichts (gleichmäßige Markierung aller Biomassekomponenten) entspricht die Neufixierung von ^{14}C der Nettophotosynthese. Bei den üblichen Inkubationszeiten wird normalerweise ein undefinierbarer Wert zwischen der Brutto- und der Netto-Photosyntheserate gemessen. Wichtig ist auch, daß mit der ^{14}C-Methode selbst in völliger Dunkelheit keine negative Photosyntheserate (Atmung) gemessen werden kann. Dennoch hat sich in der Praxis die ^{14}C-Methode stärker verbreitet als die Sauerstoffmethode, da die Empfindlichkeit durch Steigerung der radioaktiven Markierung nahezu beliebig erhöht werden kann.

Bezugsgrößen der Photosyntheserate

In produktionsbiologischen Untersuchungen wird die Photosyntheserate, die dann üblicherweise als „Rate der Primärproduktion" bezeichnet wird, auf das Volumen der untersuchten Wasserprobe oder die Oberfläche des Gewässers und die Zeit bezogen. Die Umrechnung von kurzzeitig (2–4 Stunden) gemessenen Raten auf Tagesraten erfordert spezifische Annahmen über die Beziehungen zwischen Photosyntheserate und Lichtintensität. Dazu ist es nötig, Photosynthesemessungen in ausreichender Dichte im Vertikalprofil durchzuführen, den vertikalen Lichtgradienten während der Inkubation sowie den Tagesgang der Oberflächeneinstrahlung zu bestimmen. Die verschiedenen Modelle zur Berechnung der Tagesproduktion (z. B. Talling 1957) gehen dabei von einer vertikal homogenen Verteilung des Phytoplanktons aus, was nur dann zutrifft, wenn das Wasser bis zum unteren Rand des untersuchten Profils durchmischt ist. Ausführliche methodische Hinweise zur Messung der Primärproduktion finden sich bei Wetzel u. Likens (1979).

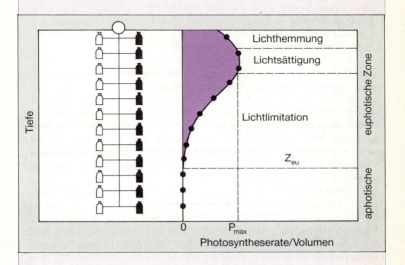

Typisches Vertikalprofil der Photosyntheserate pro Volumen Wasser mit Hemmung nahe der Oberfläche, maximalen Werten in geringer Tiefe und einer Abnahme unterhalb davon. Die Werte sind das Ergebnis von Messungen mit Hell/Dunkel-Flaschenpaaren in der entsprechenden Tiefe. Der Bereich, in dem Photosynthese nachgewiesen werden kann, wird als „euphotische Zone", der dunklere Bereich darunter wird als „aphotische Zone" bezeichnet. Die hellrote Fläche entspricht der flächenspezifischen Photosyntheserate und kann näherungsweise als $P_{max} \cdot z_{eu}/2$ berechnet werden (z_{eu}: vertikale Ausdehnung der euphotischen Zone).

Für die vergleichende Physiologie der Organismen ist nicht die volumen- oder flächenspezifische Produktionsrate, sondern die Photosyntheseleistung pro Biomasse (spezifische Photosyntheserate) entscheidend. Als Bezugsgrößen werden dabei meist der Kohlenstoff in der Biomasse oder das Chlorophyll gewählt.

> Der Kohlenstoff macht einen relativ konstanten Anteil der Gesamtmenge der organischen Substanz (ca. 45–50 Gewichtsprozent) aus, während der Chlorophyllgehalt der Biomasse variabel ist und, z. B. in Anpassung an niedrige Lichtintensitäten, erhöht werden kann. C-spezifische und chlorophyllspezifische Photosyntheserate sind daher nicht immer proportional.

4.3.6 Anorganischer Kohlenstoff

Gelöster anorganischer Kohlenstoff (DIC, dissolved inorganic carbon) liegt in Abhängigkeit vom pH-Wert des Wassers (vgl. 3.3.2) in drei verschiedenen Formen vor: CO_2, HCO_3^-, CO_3^{2-}. Alle Pflanzen können CO_2 verwerten. Wenn das CO_2 vollständig aufgebraucht wird, steigt der pH-Wert auf 9 an. Das dann fast ausschließlich vorhandene HCO_3^- kann nur von den Pflanzen verwertet werden, die über das Enzym Carboanhydrase verfügen. Wird auch das HCO_3^- vollständig aufgezehrt, steigt der pH-Wert bis 11 an.

Zehrung von CO_2 kann insbesondere in dichten Makrophytenbeständen zu einem Problem werden, da die Diffusion von CO_2 sehr langsam und der turbulente Austausch von Wasser in den Pflanzenbeständen stark eingeschränkt ist. Wasserpflanzen haben vier verschiedene Strategien entwickelt, um damit fertig zu werden (Bowers 1987):

1. Ausbildung von Luftblättern (emerse Makrophyten);
2. Verwertung des CO_2 im Porenwasser (Interstitial) des Sediments *(Lobelia, Litorella)*;
3. Ausbildung eines **C_4-Stoffwechsels,** der die zeitliche Entkoppelung von photosynthetischer Lichtreaktion und Dunkelreaktion ermöglicht. Damit ist es möglich, CO_2 nachts zu fixieren, wenn andere Organismen es nicht benötigen, sondern nur durch die Respiration freisetzen *(Hydrilla, Isoetes, Lobelia)*;
4. Verwertung von HCO_3^- *(Myriophyllum, Elodea)*.

Pflanzen, die solche Anpassungen nicht haben, sind dafür meist effektiver in der Verwertung besonders niedriger CO_2-Konzentrationen im Wasser. Das läßt sich an ihrem CO_2-Kompensationspunkt, der minimalen CO_2-Konzentration, die notwendig ist, um die respiratorischen C-Verluste durch Photosynthese zu kompensieren, erkennen. Obligate CO_2-Verwerter ohne Zugang zu alternativen CO_2-Quellen (Luft, Interstitialwasser) haben einen CO_2-Kompensa-

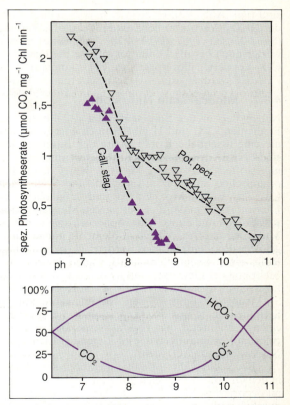

Abb. 4.**18** *Oben:* Spezifische Photosyntheserate des HCO_3^--Verwerters *Potamogeton pectinatus* und des obligaten CO_2-Verwerters *Callitriche stagnalis* als Funktion des pH-Wertes bei einer DIC-Konzentration von 5 mM (nach Sand-Jensen 1987). *Unten:* Verteilung der DIC-Species in Abhängigkeit vom pH-Wert

tionspunkt von 2−12 µM, während Pflanzen mit Zugang zu alternativen Quellen einen solchen von 60−110 µM aufweisen (Sand-Jensen 1987).

Auch HCO_3^--Verwerter nehmen bevorzugt CO_2 auf. Die HCO_3^--Aufnahme wird durch das Vorhandensein von CO_2 unterdrückt. Wird der Gesamtgehalt an anorganischem gelöstem Kohlenstoff (DIC) konstant gehalten, aber der pH-Wert verändert, so daß unterschiedliche Anteile der Formen von DIC vorhanden sind (vgl. Abb. 3.3), so zeigt sich, daß auch die Photosyntheserate der HCO_3^--Verwerter bei Zunahme des pH-Wertes über 7 abnimmt (Sand-Jensen 1987; Abb. 4.18). Allerdings können HCO_3^--Verwerter noch bis pH 11 Photosynthese betreiben, während obligate CO_2-Verwerter dies nur bis ca. pH 9 können.

4.3.7 Mineralische Nährstoffe

Neben den in der Summenformel der Photosynthese genannten Elementen C, O und H gibt es noch eine Reihe anderer Elemente, die eine essentielle Komponente der Biomasse lebender Pflanzen sind. Nach den benötigten Mengen unterscheidet man Makronährstoffe (N, P, S, K, Mg, Ca, Na, Cl), die meist >0,1% der organischen Substanz ausmachen, und Spurenelemente (Fe, Mn, Cu, Zn, B, Si, Mo, V, Co und möglicherweise noch weitere Elemente), die in deutlich geringeren Mengen benötigt werden. Für Kieselalgen und einige Chrysophyceen spielt auch Si die Rolle eines Makronährstoffes. Alle diese Elemente müssen aus dem im Wasser gelösten Pool entnommen werden. Theoretisch können sie alle die Rolle einer essentiellen, limitierenden Ressource spielen. In der Mehrzahl der Gewässer sind jedoch einige von ihnen fast immer im Überschuß vorhanden (z. B. Mg, Ca, K, Na, S, Cl), so daß sich das Spektrum der limitierenden Nährelemente auf N, P, einige der Spurenelemente sowie Si für Kieselalgen und einige Chrysophyceen einengt. Während der Vegetationsperiode werden die im Wasser gelösten Verbindungen der limitierenden Elemente oft bis unter die Nachweisgrenze aufgezehrt.

Bevor die Nährstoffe ihre metabolische oder strukturelle Rolle in den Organismen spielen, müssen sie der Umwelt entnommen und inkorporiert werden. Der in der Umwelt verfügbare Pool wird dabei durch die gelösten Verbindungen der einzelnen Nährelemente repräsentiert. Vor allem die potentiell limitierenden Nährstoffe müssen dabei aus einer meist extrem untersättigten Lösung aufgenommen werden und gegen den Konzentrationsgradienten durch biologische Membranen transportiert werden. Es handelt sich dabei um aktiven, energieaufwendigen, enzymatisch vermittelten Transport von Ionen. Die Aufnahmerate ist von der Konzentration des gelösten Nährstoffs abhängig und kann mit einer Michaelis-Menten-Gleichung beschrieben werden. Allerdings sind die Parameter dieser Gleichung (v_{max}, k_t) nicht konstant, sondern hängen vom Ernährungszustand der Organismen ab. Stark nährstofflimitierte Organismen haben oft eine erhöhte maximale Aufnahmerate, mit der sie kurzfristige Pulse erhöhter Nährstoffkonzentrationen ausnützen können.

Für viele ökologische Fragestellungen ist die Nährstofflimitation der Wachstumsraten interessanter als die der Aufnahmeraten.

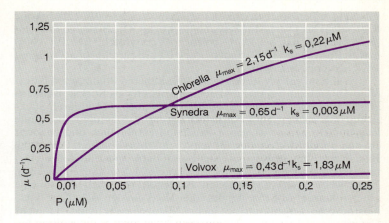

Abb. 4.19 Phosphatlimitierte Wachstumskinetik ausgewählter Phytoplanktonarten bei 20 °C: *Chlorella minutissima* (hohe μ_{max}, mittlere k_s; nach Sommer 1986a); *Synedra filiformis* (mittlere μ_{max}, niedrige k_s; nach Tilman u. Mitarb. 1982); *Volvox globator* (niedrige μ_{max}, hohe k_s; nach Tilman u. Mitarb. 1982)

Der Einsatz der Chemostatkultur hat eine Fülle von kinetischen Daten im Sinne des Monod-Modells (vgl. Box **4.2**) für verschiedenste Phytoplanktonarten geliefert. Die k_s-**Werte** für gelöstes Phosphat bei 20 °C liegen zwischen 0,003 µM für *Synedra filiformis* und 1,83 µM für *Volvox globator* (Tilman u. Mitarb. 1982). Im allgemeinen haben pennate Kieselalgen und Chrysophyceen niedrige k_s-Werte (<0,20 µM). Auch in P-armen Binnengewässern werden während der Zeiten des Jahres, wenn die Algenbiomasse gering ist, mehr als 0,5 µM gelöstes Phosphat gemessen. Deshalb kann Phosphorlimitation für die anspruchslosesten Phytoplanktonarten nur als Folge von Phosphatzehrung durch Organismen auftreten. Abb. 4.19 zeigt die P-limitierte Wachstumskinetik von drei extremen Algentypen: *Synedra filiformis* als extremstes Beispiel einer Anpassung an niedrige P-Konzentrationen, *Chlorella minutissima* als Beispiel einer Anpassung an hohe Konzentrationen und *Volvox globator* als Beispiel für eine Algenart, die bei allen P-Konzentrationen niedrige Wachstumsraten erzielt.

k_s-Werte für stickstofflimitiertes Wachstum wurden bei Phytoplanktern des Süßwassers wesentlich seltener bestimmt. Sie liegen wegen des höheren zellulären Bedarfs deutlich über den Werten für P. Kohl u. Nicklisch (1988) geben für NO_3^- einen Bereich von 0,36 (*Selenastrum capricornutum*) bis 79 µM (*Scenedesmus obliquus*) und für NH_4^+ einen solchen von 0,3 (*Chaetoceros gracilis*, eine marine Kieselalge) bis 11,6 μM (*Scenedesmus* sp.) an. Die Blaualge *Planktothrix agardhii* hat bei 20 °C einen k_s-Wert von 1,2 μM für NO_3^- bzw. 1,1 μM für NH_4^+ gegenüber nur 0,03 μM für Phosphat (Ahlgren 1978, Zevenboom 1980).

Während eukaryote Algen und alle höheren Pflanzen auf Nitrat oder Ammonium (manchmal auch Harnstoff) als Stickstoffquellen angewiesen sind, können einige Blaualgen auch molekularen Stickstoff (N_2) aufnehmen (**„Stickstoffixierung"**). Das dafür benötigte Enzym Nitrogenase ist gegen Sauerstoff empfindlich und benötigt ein anaerobes Mikromilieu für seine Funktionsfähigkeit. Pelagische Blaualgen (Familie Nostocaceae) haben dafür spezielle Zellen (**Heterocysten**) ausgebildet, die gelöste organische Substanzen abgeben. Diese werden von angehefteten Bakterien veratmet, die so eine sauerstoffarme Mikrozone um die Heterocysten schaffen. Viele Nostocaceae zeigen um so mehr Nitrogenaseaktivität, je mehr Heterocysten sie haben. Aufbau und Erhaltung der Heterocysten und die Stickstoffixierung selbst sind energieaufwendige Prozesse, die sich nur bei einem Mangel an gebundenen N-Quellen lohnen. Allerdings steht durch den Austausch mit der Atmosphäre ein fast unerschöpflicher Vorrat an N_2 zur Verfügung.

Die k_s-Werte des silikatlimitierten Wachstums der Kieselalgen bei 20 °C liegen zwischen 0,88 *(Stephanodiscus minutus)* und 19,7 μM *(Synedra filiformis)*. Der letzte Wert ist extrem hoch und weist darauf hin, daß Silikat selbst während der saisonalen Maxima (in vielen Seen nicht mehr als 70 μM) limitierend sein kann. Interessanterweise haben Kieselalgen mit einer hohen k_s für Si eine niedrige k_s für P (viele pennate Kieselalgen, insbesondere *Synedra* und *Asterionella*), während Kieselalgen mit einer relativ niedrigen k_s für Si eine relativ hohe k_s für P haben *(Cyclotella, Stephanodiscus)*.

Vor allem bei Phosphor und Stickstoff kann die Anwendung der Monod-Formel auf Freilanddaten irreführend sein. Viele planktische Algen können kurzfristig Nährstoffe speichern und anschließend für einige Zeit eine Wachstumsrate erzielen, die höher ist als man nach der Monod-Formel erwarten könnte. In diesem Fall ist die Wachstumsrate eine Funktion der intrazellulären Nährstoffkonzentration nach der Droop-Formel (s. 4.3.3). Typische **minimale Zellquoten** (q_0) für P liegen bei etwa 0,0014 mol P/mol C (Sommer 1988a); die Extreme betragen 0,02 mol P/mol C *(Microcystis aeruginosa)* und 0,0002 mol P/mol C *(Asterionella formosa)*. Für Stickstoff liegen typische Werte bei 0,02 mol N/mol C. Wenn Phytoplankton weder N- noch P-limitiert wächst, ist es häufig durch ein stöchiometrisches C:N:P-Verhältnis von ca. 106:16:1 (**Redfield-Verhältnis**) charakterisiert (Goldman u. Mitarb. 1979). Die stöchiometrische Zusammensetzung der Planktonbiomasse ist deshalb ein verhältnismäßig zuverlässiger Indikator des Nährstoffstatus (Sommer 1990), auch wenn es Ausnahmen für einige besonders anspruchsvolle Arten gibt. Ist einer der beiden Nährstoffe in der Biomasse in deutlich geringerer Menge vorhanden als dem Redfield-Verhältnis entspricht, dann ist er mit großer Wahrscheinlichkeit zumindest für einige der biomassemäßig vorherrschenden Arten limitierend.

Die anderen **Makronährstoffe** (Ca, Mg, K, Na, S, Cl) gelten im allgemeinen nicht als limitierend, sondern sind im Überschuß vorhanden. Es gibt aber Beispiele für Limitation durch **Mikronährstoffe** („Spurenelemente"). Besonders häufig wird dabei das Eisen erwähnt, vor allem wegen der geringen Löslichkeit des Fe^{3+}-Ions in neutralem und alkalischem Wasser (ca. 10^{-8} bis 10^{-14} mol l^{-1}). Zusätzlich steht allerdings normalerweise Eisen zur Verfügung, das mit gelösten organischen Substanzen (überwiegend „Humussäuren") Komplexe bildet, aus denen es dann wieder freigesetzt werden kann. Einige Algen, insbesondere Blaualgen, können sogar selbst Komplexbildner („Siderochrome") freisetzen und die damit gebildeten Eisenkomplexe aufnehmen, die gleichzeitig für andere Arten nicht verfügbar sind (Simpson u. Neilands 1976).

4.3.8 Anorganische Energiequellen

Es gibt autotrophe Bakterien, die die für die Biosynthese notwendige Energie nicht durch das Licht, sondern durch exergonische chemische Reaktionen beziehen (Tab. 4.**1**). Man bezeichnet sie als **chemolithoautotrophe** Organismen (chemische Energiequellen, anorganische Elektronendonatoren, CO_2 als Kohlenstoffquelle). Einige von ihnen sind für die Stoffkreisläufe in Gewässern von großer Bedeutung. Chemolithotrophe Bakterien treten oft an den Grenzen zwischen aeroben und anaeroben Bereichen auf (Sediment-Wasser-Grenzschicht, Sprungschichten in Seen mit anaerobem Tiefenwasser). In diesen Grenzschichten ist eine kontinuierliche Nachlieferung der reduzierten Ausgangssubstanzen aus dem anaeroben Milieu gewährleistet.

Bei der bakteriellen **Nitrifikation** wird Ammonium, das aus dem aeroben und anaeroben Abbau N-haltiger organischer Verbindungen entsteht, zunächst zu Nitrit und dann weiter zu Nitrat oxidiert. Diese beiden Reaktionsschritte werden im wesentlichen von zwei chemolithoautotrophen Bakteriengattungen geleistet:

Nitrosomonas: $NH_4^+ + 3/2\, O_2 \rightarrow NO_2^- + 2\, H^+ + H_2O$
(Energiegewinn 276 kJ/mol)

Nitrobacter: $NO_2^- + 1/2\, O_2 \rightarrow NO_3^-$
(Energiegewinn 75 kJ/mol)

Eine Reihe von begeißelten Bakterien aus der Gattung *Thiobacillus* ist zur Energiegewinnung aus der Oxidation reduzierter Schwefelverbindungen fähig. Die meisten Arten können mehrere Schwefelverbindungen verwerten. Viele sind obligat chemolithoautotroph, einige können jedoch auch organische C-Quellen verwerten. Als mögliche Reaktionen kommen in Frage:

$$H_2S + 1/2\, O_2 \rightarrow S + H_2O$$
$$S + H_2O + 3/2\, O_2 \rightarrow SO_4^{2-} + 2\, H^+$$
$$S_2O_3 + H_2O + 2\, O_2 \rightarrow 2\, SO_4^{2-} + 2\, H^+$$

Der im anaeroben Milieu vorkommende *Thiobacillus denitrificans* verwendet Nitrat anstelle des Sauerstoffs als Oxidationsmittel (Denitrifikation, s. 4.3.9).

Eisenoxidierende Bakterien *(Ferrobacillus, Galionella, Leptothrix)* oxidieren das reduzierte Ferro-Ion (Fe^{2+}) zum Ferri-Ion (Fe^{3+}):

$$4\, Fe^{2+} + 4\, H^+ + O_2 \rightarrow 4\, Fe^{3+} + 2\, H_2O.$$

Das entstehende oxidierte Eisen fällt dabei zum größten Teil aus. Ob bei der ähnlich verlaufenden Oxidation des **Mangans** ebenfalls Bakterien beteiligt sind, ist nach wie vor umstritten. Es ist nicht klar, ob die in Perioden von Mn-Fällungen auftretenden und als *Metallogenium* bezeichneten Strukturen tatsächlich Organismen sind.

Knallgasbakterien (z. B. *Alcaligenes eutrophus*) sind fakultativ autotroph. Sie gewinnen ihre Energie aus der Oxidation des elementaren Wasserstoffs und können den zellulären Kohlenstoff aus CO_2 gewinnen:

$$6\, H_2 + 2\, O_2 + CO_2 \rightarrow CH_2O + 5\, H_2O.$$

Sie wachsen mit organischen C-Quellen jedoch ebensogut, unter Umständen sogar besser.

4.3.9 Elektronenakzeptoren der anaeroben Atmung

Anaerobe, **heterotrophe** Bakterien nutzen DOC als Kohlenstoff- und als Energiequelle, können jedoch nicht Sauerstoff als terminalen Elektronenakzeptor der Respiration nutzen. Wenn anstelle des Sauerstoffs sauerstoffreiche Verbindungen (Nitrat, Sulfat) zur Oxidation organischer Substanzen verwendet werden, spricht man von **anaerober Atmung.** Dabei können die terminalen Elektronenakzeptoren den Charakter einer limitierenden Ressource haben.

Bei der **Nitratatmung** wird in mehreren Reduktionsschritten Nitrat entweder zu Ammonium (**Nitratammonifikation**) oder zu

Stickstoff (**Denitrifikation**) umgebaut. Gleichzeitig wird organische Substanz vollständig zu CO_2 und H_2O oxidiert. Der Energiegewinn ist nur um etwa 10% geringer als bei der Sauerstoffatmung. Die Reduktionsschritte des Nitrats sind:

$$NO_3^- \to NO_2^- \to NO \begin{matrix} \to NH_2OH \to NH_3 \\ \\ \to N_2O \to N_2 \end{matrix}$$

Die Denitrifikation ist deswegen von besonderer Bedeutung für den Stickstoffhaushalt der Gewässer, weil sie zu einem Verlust von gebundenem und damit für eukaryonte Organismen nutzbaren Stickstoff führt.

Die **Sulfatatmung (Desulfurikation)** beruht auf der Reduktion von Sulfat zu Schwefelwasserstoff:

$$8\,(H) + SO_4^{2-} \to H_2S + 2\,H_2O + 2\,OH^-.$$

Im Gegensatz zur Nitratatmung kommt es zu keiner vollständigen Oxidation der organischen Substanzen, meist wird Essigsäure als

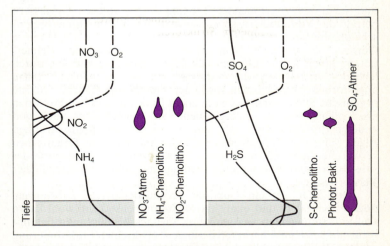

Abb. 4.**20** Schema der Tiefenverteilung nitratatmender heterotropher Bakterien, nitritverwertender und ammoniumoxidierender chemolithoautotropher Bakterien, schwefeloxidierender chemolithoautotropher Bakterien, phototropher Schwefelbakterien und sulfatatmender Bakterien in einem See mit O_2-freiem Hypolimnion in Abhängigkeit von der Tiefenverteilung von O_2, NO_3, NO_2, NH_4, H_2S und SO_4

Endprodukt gebildet. Wenn Sulfatatmer zusätzlich Hydrogenase haben (z. B. *Desulfovibrio*), können sie nach der Art der Knallgasbakterien die Oxidation von H_2 anstelle von organischer Substanz als Energiequelle nutzen und entsprechen dann dem Ernährungstyp „chemolithoheterotroph".

Die Spezialisierung auf bestimmte Reaktionsmechanismen führt zu einer charakteristischen Vertikalschichtung von Bakterientypen in einem See mit anaerobem Hypolimnion (Abb. 4.**20**). Die einzelnen Ernährungstypen bedingen einander, da sie bestimmte Stickstoff- und Schwefelkomponenten ineinander umwandeln.

4.3.10 Gelöste organische Substanzen

Nutzung durch heterotrophe, aerobe Bakterien

Der größte Teil der in Binnengewässern vorkommenden organischen Substanz ist gelöst. Die Konzentration des gelösten organischen Kohlenstoffs (**DOC**, dissolved organic carbon) liegt in klaren, humusarmen Binnengewässern im Bereich von 2−25 mg/l und steigt mit zunehmender Trophie an. In solchen Gewässern beträgt das Verhältnis zwischen gelöstem und partikulärem organischen Kohlenstoff (**POC**) meist 6:1 bis 10:1 (Wetzel 1975). Humose Gewässer haben DOC-Konzentrationen, die etwa eine Zehnerpotenz höher liegen. Quellen des DOC sind die **Exkretion** durch lebende Organismen, die **Autolyse** und der mikrobielle **Abbau** abgestorbener Organismen sowie der allochthone Eintrag. Gelöste organische Substanzen dienen in erster Linie aquatischen Bakterien als Kohlenstoff- und Energiequelle; sie werden aber auch von anderen Protisten, zum Teil sogar von pigmentierten, mixotrophen Algen verwertet. Im allgemeinen fallen die von den Organismen verwerteten gelösten organischen Substanzen in die Kategorie der substituierbaren Ressourcen, allerdings mit sehr unterschiedlicher Verwertbarkeit.

Der DOC ist ein Gemisch verschiedenartiger Substanzen, dessen qualitative und quantitative Zusammensetzung wohl kaum vollständig aufgeklärt werden kann. Vielfach begnügt man sich mit recht allgemeinen Charakterisierungen, etwa einer Fraktionierung nach Molekülgrößen durch Ultrafiltration oder durch Gelchromatographie. Heterotrophe Bakterien bevorzugen monomere Substanzen (Monosaccharide, freie Aminosäuren etc.). Diese machen stets nur einen kleinen Teil des DOC aus. Die Konzentrationen von freien Aminosäuren sind sowohl im freien Wasser als auch im Interstitialwasser des Sediments sehr niedrig (meist < 10 µg/l, in eutrophen

Gewässern kurzzeitig bis 50 µg/l). Die Konzentrationen von Monosacchariden, Oligosacchariden und einfachen organischen Säuren sind fast immer kleiner als 10 µg/l. Gelöste Polysaccharide treten in höheren Konzentrationen auf. Die leicht abbaubaren Komponenten des DOC werden von den Bakterien schnell umgesetzt. Deshalb ist die Hautkomponente der aquatische Humus, ein Gemisch aus Fulvosäuren, Humussäuren und Huminstoffen, das als Endprodukt beim Abbau pflanzlicher Substanz, sowohl autochthonen als auch allochthonen Ursprungs, übrig bleibt. Der Humus ist für Bakterien — wenn überhaupt — nur sehr schwer verwertbar (Geller 1985).

Die Aufnahmekinetik des DOC durch Bakterien kann auch mit dem Michaelis-Menten-Modell beschrieben werden (Abb. 4.**13**). Halbsättigungskonstanten der Aufnahmeraten liegen im selben Bereich wie die natürlichen Konzentrationen. Wright u. Hobbie (1966) fanden für pelagische Bakterien aus dem See Erken k_t-Werte für Glucose von $2-3$ µg/l und für Acetat von $8-15$ µg/l. In einer breiter angelegten Studie im Plußsee fand Overbeck (1975) einen Schwankungsbereich des k_t für Glucose von $3,8-47$ µg/l. k_t-Werte für Aminosäuren im Bodensee schwankten jahreszeitlich zwischen 2,65 und 44 µg/l (Simon 1985). Die Netto-Aufnahme einer Kohlenstoffquelle kommt praktisch der Neubildung von Biomasse gleich. Deshalb kann man aus k_t auch auf die Halbsättigungskonstante des Wachstums (k_s) schließen.

Der Vergleich zwischen k_t-Werten für oligomere Substanzen und ihren Konzentrationen im Wasser legt auf den ersten Blick die Schlußfolgerung nahe, daß das Wachstum der pelagischen Bakterien häufig kohlenstofflimitiert sein müßte. Allerdings handelt es sich bei den oligomeren organischen Substanzen meist um substituierbare Ressourcen, bei denen das Gesetz des Minimums nicht gilt. Da weder das Gesamtangebot an nutzbarem DOC noch seine genaue Zusammensetzung bekannt sind und da die Michaelis-Menten-Kinetik nur für wenige Verbindungen bestimmt wurde, ist es nicht möglich, das Ausmaß der Kohlenstofflimitation aquatischer Bakterien verläßlich abzuschätzen.

In Analogie zur ^{14}C-Methode der Photosynthesemessung wurde die Aufnahme radioaktiv markierter Oligomere, in erster Linie Glucose, als Methode zur Bestimmung der **bakteriellen Produktion** eingesetzt (Sorokin u. Kadota 1972). Die Analogie zur Photosynthesemessung mit $^{14}CO_2$ ist allerdings oberflächlich. Während das ^{14}C sich schnell entsprechend dem pH-Wert auf die Fraktionen CO_2, HCO_3^- und CO_3^{2-} verteilt, bleibt bei der ^{14}C-Glucose-Methode nur eine von vielen substituierbaren Ressourcen markiert. Eine Bestimmung der Gesamtaufnahmerate wäre nur unter zwei extremen Voraussetzungen möglich: wenn entweder alle anderen substituierbaren Ressourcen mit der gleichen Effizienz aufgenommen würden und ihre Gesamtkonzentration bestimmt werden könnte oder wenn Glucose als einzige Substanz aufgenommen würde. Weder die eine noch die andere Voraussetzung sind erfüllt. Glucoseaufnahmeraten sind deshalb nur ein grober Anhaltspunkt dafür, was die Bakterien leisten können. Das kommt im Namen **„Heterotrophes Potential"** für diese Methode zum Ausdruck.

In den letzten Jahren ist man wegen dieser Schwierigkeiten dazu übergegangen, statt allgemeiner C-Quellen Substanzen zu verwenden, die nur in geringen Mengen benötigt werden, deren Aufnahme aber in einem annähernd konstanten Verhältnis zur Neubildung von Biomasse steht. Am weitesten verbreitet ist die Verwendung von ^{3}H-markiertem **Thymidin,** einer in der DNS enthaltenen organischen Base (Fuhrman u. Azam 1980). Alle Methoden dieser Art beruhen auf der Annahme, daß Aufnahmerate und Neuproduktion proportional sind. De-novo-Synthese oder Umbau des Modellsubstrats in den Zellen versucht man mit Korrekturverfahren zu berücksichtigen (Riemann u. Bell 1990). Derzeit hat keine der Methoden zur Bestimmung der bakteriellen Produktion denselben allgemein anerkannten Status wie die ^{14}C- und die O_2-Methode für die Photosynthesemessung.

Mit der Thymidinmethode ermittelte spezifische Wachstumsraten sind nur selten größer als $0,69 \text{ d}^{-1}$ (Güde 1986). Dies ist deutlich niedriger als die für Organismen derartig geringer Größe zu erwartenden maximalen Wachstumsraten (vgl. 5.2). Vorausgesetzt, daß die methodischen Probleme nicht zu erheblichen Fehlern führen, kann man daraus schließen, daß natürliche Bakterienpopulationen substratlimitiert sind. Diese Annahme läßt sich durch eine alternative Methode erhärten. Dazu filtriert man Wasserproben durch Membranfilter von 1 µm Porenweite, die Bakterien durchlassen, aber alle Bakterienfresser (Protisten, Zooplankter) zurückhalten. Dann exponiert man die Proben in situ und mißt die tatsächliche Wachstumsrate der Bakterien (Zählung im Epifluoreszenzmikroskop) in Abwesenheit der Bakterienfresser. Auf diese Art fand Güde (1985) im Bodensee Wachstumsraten, die relativ gut mit den nach der Thymidinmethode bestimmten übereinstimmten.

Nutzung des DOC durch anaerobe Bakterien

Unter anaeroben Bedingungen, wie sie im Sediment vieler Gewässer, im Hypolimnion eutropher Seen und im Monimolimnion meromiktischer Seen auftreten können, besteht für obligat und fakultativ anaerobe Mikroorganismen die Möglichkeit, Energie durch **Gärung** zu gewinnen. Das geschieht mit **Redoxreaktionen,** bei denen aus der Hydrolyse polymerer Substanzen gewonnene monomere organische

Moleküle (einfache Zucker, Aminosäuren, Fettsäuren) gespalten werden, wobei ein Teil des Moleküls reduziert und der andere Teil oxidiert wird. Das oxidierte Endprodukt ist CO_2, als reduzierte Endprodukte treten Alkohole, organische Säuren oder extrem reduzierte gasförmige Komponenten auf (H_2, CH_4, H_2S). Bei der Vergärung von Aminosäuren entsteht auch Ammonium als Endprodukt. Der Energiegewinn der Gärung ist im Vergleich zur aeroben Atmung und zur Nitratatmung gering. Während aus der oxidativen Veratmung von Glucose 2802 kJ/mol gewonnen werden, sind es bei der Vergärung zu Äthanol nur 67 kJ/mol, bei Vergärung zu Milchsäure 111 kJ/mol. Deshalb spielt die Vergärung organischer Substanzen nur im anaeroben Milieu eine Rolle.

Methanbakterien

Das **Methan** (CH_4) ist ein Beispiel für eine organische Substanz, die sowohl das Endprodukt eines anaeroben Abbauprozesses als auch Ressource für aerobe Bakterien sein kann. Methanogene Bakterien sind streng anaerob und bilden Alkohole, organische Säuren, Wasserstoff und CO_2 zu Methan um. Dabei treten auch symbiotische Wechselbeziehungen auf. So erwies sich *„Methanobacterium omelianskii"* als Mischkultur aus zwei Stämmen, von denen einer unter Abspaltung von H_2 Alkohol in Essigsäure umwandelt, während der andere den abgespaltenen Wasserstoff zur Bildung von Methan nutzt:

$CH_3-CH_2OH + H_2O \rightarrow CH_3-COOH + 2\,H_2$,

$CO_2 + 4\,H_2 \rightarrow CH_4 + 2\,H_2O$.

Der H_2-abspaltende Stamm ist auf den methanbildenden Stamm angewiesen, da sein Wachstum durch H_2 gehemmt wird und der methanbildende Stamm die Konzentration von H_2 niedrig hält. Da der methanbildende Stamm anorganische Ressourcen nutzt, muß er als chemolithotroph angesehen werden.

Methanoxidierende Bakterien sind aerobe Bakterien, die das von den methanogenen Bakterien gebildete Methan als C-Quelle und Elektronendonator nutzen. Sie sind als heterotrophe Bakterien auf C_1-Verbindungen (Methan, Methanol, Methylamin, Formaldehyd, Ameisensäure) spezialisiert und werden deshalb als **methylotrophe** Bakterien bezeichnet. Die Summenformel der Methanoxidation lautet:

$5\,CH_4 + 8\,O_2 \rightarrow 2\,(CH_2O) + 3\,CO_3 + 8\,H_2O$.

Da methanoxidierende Bakterien auf O_2 als Elektronenakzeptor angewiesen sind, andererseits aber Methan benötigen, treten sie

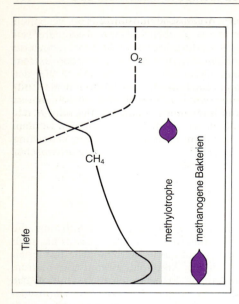

Abb. 4.21 Schema der vertikalen Verteilung der Methanbakterien in Relation zum O_2- und CH_4-Profil in einem See mit sauerstofffreiem Hypolimnion

ähnlich wie viele chemolithotrophe Bakterien in erster Linie an den Grenzen zwischen aerobem und anaerobem Milieu auf, wo beide Gase gleichzeitig vorkommen (Abb. 4.21).

Höhere Organismen

Bei Eukaryonten ist die Verwertung gelöster organischer Substanz auf einige kleine Organismen beschränkt. Angesichts der großen Menge von DOC im Gewässer hat es aber nicht an Versuchen gefehlt, dessen direkte Aufnahme durch höhere Organismen nachzuweisen. Diese Bemühungen wurden durch die Arbeiten von Pütter (1911) stimuliert, der entdeckte, daß Daphnien in partikelfrei filtriertem Wasser sehr lange leben konnten. Als Erklärung dafür bot sich an, daß die Tiere direkt gelöste organische Substanz verwerten konnten. Sorgfältige Nachuntersuchungen haben aber gezeigt, daß das auf einem Irrtum beruhte. Die damals verwendeten Kieselgur-Filterkerzen waren nicht fein genug, alle Bakterien zurückzuhalten. Hält man Daphnien in Wasser, das durch 0,2 µm feine Membranfilter filtriert wurde, verhungern sie in 5 Tagen und verlieren dabei 50% ihres Gewichts. Die Aufnahme des DOC in Pütters Versuchen lief also auf dem Umweg über die Bakterien, die dann von den Daphnien filtriert wurden.

Nachdem ^{14}C-markierte organische Substanzen zur Verfügung standen, konnte der Einbau von Kohlenstoff aus DOC in Tiere direkt gemessen werden. Das wurde sowohl mit Reinsubstanzen (Zucker, Aminosäuren) getestet als auch mit dem Hydrolysat radioaktiv markierter Algen. Dabei zeigte sich, daß die Mengen an DOC, die von Tieren aufgenommen werden (evtl. durch den Darm), verschwindend gering sind, verglichen mit dem Kohlenstoff, den sie mit der geformten Nahrung aufnehmen. Lediglich bei sehr weichhäutigen Tieren (Würmern), die im Sediment leben, wo im Interstitialwasser relativ hohe Konzentrationen an DOC vorliegen können, wurden höhere Aufnahmeraten gemessen. Sie waren allerdings nie so hoch, daß die Tiere einen wesentlichen Teil ihres Energiebedarfs daraus decken könnten. Im marinen Bereich scheint die direkte Aufnahme von DOC wichtiger zu sein.

4.3.11 Partikuläre organische Substanz

Lebende Substanz und Detritus

Partikuläre organische Substanz (Particular organic matter, **POM**) oder partikulärer organischer Kohlenstoff (**POC**) kann entweder in Form lebender Organismen oder als totes Material vorliegen. Die nicht lebende partikuläre organische Substanz wird als **Detritus** bezeichnet. Detritus kann entweder aus der Produktion im Gewässer selbst stammen (**autochthon**) oder aus organischer Substanz, die von außen in das Gewässer eingetragen wird (**allochthon**), z. B. Fallaub. Die Abgrenzung zwischen den beiden Fraktionen ist schwierig. Wenn ein Organismus stirbt, wird er sehr schnell zerkleinert und von heterotrophen Mikroorganismen (Bakterien, Pilze) besiedelt. Solche kleinen Partikel organischer Substanz würde man als Detritus ansehen, auch wenn sie teilweise aus lebender Substanz bestehen. Detritus kann auch aus gelöster organischer Substanz entstehen, wenn diese unter bestimmten Bedingungen ausflockt. Das geschieht besonders häufig in Ästuaren, wo sich Süß- und Salzwasser mischen.

Oft ist die Menge an Detritus in einem Gewässer wesentlich größer als diejenige der lebenden Substanz. In Flüssen kann der POC beinahe ausschließlich als Detritus vorliegen, während in Seen durch den hohen Algenbestand der Anteil an lebender Substanz häufig größer ist. Aber selbst im Pelagial eines Sees kann sich die Zusammensetzung des POC sehr schnell dramatisch ändern. Während einer Algen-Massenentwicklung kann sehr viel lebende Substanz vorliegen. Stirbt die Algenbiomasse ab oder wird sie vom filtrierenden Zooplankton eliminiert, steigt der Detritusanteil. In produktiven Seen ist das Sediment von einer dünnen Detritusschicht bedeckt. Bei Flachseen wird diese durch einen Sturm wieder im Wasserkörper resuspendiert.

Die Bedeutung des Detritus als Nahrung für die Organismen ist schwer zu quantifizieren. Da er häufig durch die Aktivität von höheren Organismen und Mikroorganismen entstanden ist, die die wertvollsten Bestandteile der frischen Nahrung bereits entnommen haben, ist sein Nahrungswert für die Konsumenten eher gering. Andererseits wird Detritus von Bakterien und Pilzen besiedelt, die einen hohen Nahrungswert haben können. So ist oft nicht eindeutig zu entscheiden, ob Tiere Detrituspartikel direkt oder wegen der darauf haftenden Mikroorganismen fressen. Viele Organismen nehmen Detritus neben lebender Substanz auf, da dieser so häufig ist. Für benthische Organismen, besonders in Fließgewässern, stellt er oft die einzige Nahrungsquelle dar.

Größenstruktur der Partikel

Die Größenstruktur des POC kann sehr variabel sein. Die kleinsten Partikel, die noch für heterotrophe Organismen verwertbar sind, liegen in der Größe von 0,5 µm. Solche kleinen Partikel (z. B. Bakterien) sind nur noch von heterotrophen Flagellaten, die selbst nur einige Mikrometer groß sind, nutzbar. Da diese jedoch für filtrierende Tiere erreichbar sind, werden die ganz kleinen Partikel in größere, nutzbare transformiert. Umgekehrt werden sehr große Partikel von speziellen Organismen zerkleinert und damit für andere Organismen nutzbar. Vor allem in benthischen Lebensgemeinschaften spielen **Zerkleinerer** eine wichtige Rolle. Ein typisches Beispiel sind die Bachflohkrebse (Gammariden), die ins Wasser gefallene Blätter (z. B. von Erlen) in filigranartige Gerippe verwandeln. Durch die Zerkleinerung wird die relative Oberfläche der Partikel vergrößert, so daß diese besser von Mikroorganismen besiedelt und abgebaut werden können.

Alle **Partikelfresser** sind an einen bestimmten Größenbereich der Nahrung gebunden, der mit ihren morphologischen Gegebenheiten zusammenhängt. Viele sind sehr selektiv, da sie Filtriereinrichtungen haben oder nur bestimmte Arten der Nahrung wahrnehmen können (vgl. 6.4 und 6.5). Deshalb ist die Größenstruktur des POC ein wichtiger Parameter für die Beschreibung der Ressourcen von Partikelfressern. Organismen sind an das Vorkommen bestimmter **Partikelgrößen** gebunden. In Fließgewässern nutzen sie einen Gradienten von größeren zu kleineren Partikeln im Verlauf der Fließstrecke (vgl. 7.7.2). Im Plankton stehender Gewässer findet man viele Feinfiltrierer, denn dort sind kleine Partikel häufiger, da sie nicht so schnell sinken (vgl. 4.2.6).

4.3 Ressourcen

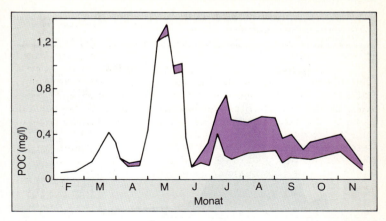

Abb. 4.**22** Jahreszeitliche Änderung der Größenfraktionen des partikulären organischen Kohlenstoffs im Bodensee. Der weiße Bereich gibt die Fraktion < 35 µm an, der schattierte die Fraktion zwischen 35 und 250 µm (nach Schober 1980)

Es hat sich in den letzten Jahren deshalb mehr und mehr durchgesetzt, Summenparameter wie POC oder Chlorophyll auch in ihrer Größenstruktur anzugeben. Das kann zum Beispiel durch selektive Filtration durch Membranfilter definierter Porenweiten (Nuclepore-Filter, < 10 µm) oder durch Gazegewebe (Maschenweite > 10 µm) geschehen. Man kann dann angeben, welcher Anteil der gesamten Partikel sich in einer bestimmten Größenklasse befindet (Abb. 4.**22**). Eine besonders schnelle Größenbestimmung mit sehr feiner Auflösung liefern automatische **Partikelzählgeräte.** Sie basieren darauf, daß eine Wasserprobe durch eine Kapillare gesaugt wird, an der ein elektrisches Feld liegt. Immer, wenn ein Partikel die Kapillare passiert, verändert sich das elektrische Feld, und der entsprechende Impuls wird elektronisch registriert. Da der Impuls abhängig von der Größe des Partikels ist, wird der Partikel auf diese Weise nicht nur gezählt, sondern auch nach Größe klassifiziert (Abb. 4.**23**). Allerdings können die Geräte keine unterschiedlichen Formen erkennen, sondern registrieren nur das Volumen der Partikel. Die Größenklassen werden dann als äquivalenter Kugeldurchmesser (ESD, equivalent spherical diameter) angegeben; das ist der Durchmesser einer Kugel mit dem gleichen Volumen wie der Partikel.

Auch mikroskopische Verfahren der Partikelanalyse sind inzwischen automatisiert worden. Computer können mikroskopische Bilder nach Verarbeitung durch eine Videokamera nach Anzahl und

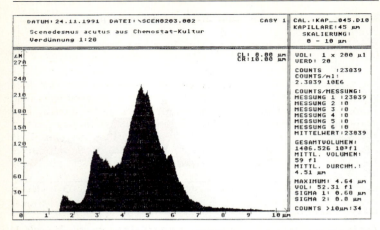

Abb. 4.23 Größenspektren der partikulären organischen Substanz in einer Algenkultur, bestimmt mit einem automatischen Partikelzählgerät

Größe der sichtbaren Partikel analysieren. Sie können auch besonders prägnante Formen erkennen und so automatisch bestimmte Algenarten zählen. Über Fluoreszenzmethoden lassen sich Eubakterien von Cyanobakterien oder Algen unterscheiden. Dennoch sind für eine genaue Analyse der Partikel das menschliche Auge und eine gute Formenkenntnis nicht zu ersetzen.

Typen der Nahrungsaufnahme

Für die Aufnahme partikulärer organischer Substanz gibt es viele verschiedene Mechanismen. Protozoen schließen ganze Nahrungspartikel in Vakuolen in der Zelle ein (Phagocytose). Höhere Organismen müssen die Partikel meistens konzentrieren oder zerkleinern, bevor sie sie fressen können.

Nach der Art der aufgenommenen organischen Substanz unterscheidet man die Kategorien **Karnivore** (Fleischfresser), **Herbivore** (Pflanzenfresser) und **Detritivore** (Detritusfresser). Obwohl das Wort „herbivor" im strengen Sinne „krautfressend" bedeutet und für die meisten aquatischen Tiere nicht korrekt ist, hat sich diese Bezeichnung, aus dem angelsächsischen Sprachraum kommend, auch für algenfressende Tiere eingebürgert. Die Grenzen zwischen den einzelnen Kategorien sind fließend. Viele Tiere sind **omnivor**, d. h., sie fressen Organismen aus jeder Kategorie. So können adulte calanoide Copepoden sowohl von Algen als auch von Invertebraten leben.

Cyclopoide Copepoden sind als Jugendstadien herbivor und als Adulte karnivor, nehmen aber auch dann noch manche Algen zu sich. Die Filtrierer machen keinen Unterschied zwischen lebenden Algen und Detritus. Die Einordnung ist deshalb oft schwierig.

Eine klarere Einteilung ergibt sich nach der Art, wie die Organismen die Nahrung erwerben. Bei **Räubern** spielen das Aufsuchen der Beute und die Möglichkeit, diese zu überwältigen, eine besondere Rolle (vgl. 6.5.1). **Sammler** müssen auch suchen; ihre Nahrung kann aber weder fliehen noch sich wehren. Im benthischen Lebensraum gibt es viele Tiere, die die Rasen der Aufwuchsalgen oder Mikroorganismen „abweiden". Sie werden als **Weidegänger** bezeichnet. Ihre Mundstrukturen sind hochspezialisiert zum Abschaben und Zusammenkehren der Partikel (Arens 1989). Zu den Weidegängern gehören viele Insektenlarven und die Schnecken mit ihrer raspelartigen Radula. Ebenfalls auf benthische Lebensräume beschränkt sind die **Zerkleinerer**, die an Nahrungspartikeln fressen, die wesentlich größer sein können als sie selbst. Bachflohkrebse und Wasserasseln, aber auch verschiedene Insektenlarven wie Trichopteren spielen eine wichtige Rolle bei der Fallaubzersetzung.

Tiere, die im feinen Sediment leben, können entweder Sammler sein oder **Sedimentfresser.** Chironomidenlarven leben im Schlamm in Gespinströhren und sammeln die organische Substanz auf der Sedimentoberfläche in der Nähe ihrer Röhre. Tubificiden stecken mit dem Vorderende in einer Röhre, während das Hinterende ins freie Wasser ragt. Sie nehmen das Sediment in einigen Zentimetern Tiefe auf, verwerten die organische Substanz und scheiden ihre Fäces an der Sedimentoberfläche aus. Auf diese Weise schichten sie das Sediment um **(Bioturbation).**

Wenn die Nahrungspartikel im Wasser suspendiert sind, müssen sie konzentriert werden. Es gibt deshalb sowohl unter den benthischen als auch unter den pelagischen Organismen viele **Filtrierer.** Voraussetzung des Filtrierens ist eine Wasserströmung, die die Partikel zum Filter bringt. Die Tiere können entweder eine vorhandene Strömung ausnutzen oder die Strömung selbst erzeugen.

Fließwasserorganismen können einfach einen Filter in die Strömung halten. Dafür gibt es unterschiedliche Möglichkeiten. Die Larven der Kriebelmücken (Simuliiden) haben Filterflächen am Kopf. Sie sind mit dem Hinterende auf einer festen Unterlage angeheftet und halten den Fächer in die Strömung. Je nach Partikelangebot klappen sie ihn von Zeit zu Zeit ein und fressen die gesamten Partikel. Die gehäuselose Köcherfliegenlarve *Hydropsyche* spinnt ein feines Netz, das sie zwischen Steinen ausspannt (Abb. 4.**24 a**). Die Wasserströmung treibt Partikel in das Netz, die die Larve dann auffrißt. In Gewässern mit hoher organischer Fracht kann

136 4 Das Individuum in seinem Lebensraum

Abb. 4.24

Hydropsyche sehr häufig sein, so daß oft der ganze Gewässerboden von Netzen bedeckt ist.

Im stehenden Wasser müssen die Tiere selbst den Wasserstrom erzeugen. Muscheln pumpen große Mengen von Wasser über ihre Kiemen, wo sie die Partikel zurückhalten. Besonders häufig sind Filtrierer unter den Zooplanktern. Die Blattbeine der Cladoceren bilden eine komplizierte Saug-Druck-Pumpe, mit der das Wasser durch die Filterflächen auf dem dritten und vierten Beinpaar (Abb. 4.24 b) gepumpt wird. Rotatorien und Copepoden werden zu den Filtrierern gerechnet, da sie Wasser von Partikeln befreien, obwohl sie im strengen Sinne nicht „filtrieren", sondern einzelne Partikel aus dem von ihnen erzeugten Wasserstrom entnehmen.

Die Hydromechanik der verschiedenen Filter ist sehr kompliziert und in ihrer Wirkungsweise oft noch nicht verstanden. In den wenigsten Fällen dürfte es sich um ein reines „Sieben" des Wassers handeln. Der Grund dafür sind die sehr geringen Reynolds-Zahlen, die an den Filterstrukturen auftreten (vgl. 3.1.5). Die „Maschen" der Filter sind oft sehr klein (wenige Mikrometer); einige Cladoceren haben sogar Maschenweiten unter 1 µm. Wegen der Überlappung der Grenzschichten fließt durch eine solche Filterstruktur nur Wasser, wenn ein entsprechender Druck angewandt wird (vgl. Abb. 3. 2). Im geschlossenen Filterapparat der Cladoceren kann ein solcher Überdruck erzeugt werden. Bei den offenen Filtern der Simuliiden und anderer filtrierender Insektenlarven kann nur der Staudruck eine Rolle spielen. Deshalb werden andere Mechanismen (z. B. elektrische Ladungen) diskutiert, die die Partikel an der Filterstruktur haften lassen (Rubenstein u. Koehl 1977).

Die Art des Filtriermechanismus hat aber großen Einfluß darauf, wie selektiv Filtrierer verschiedene Partikel zurückhalten können, und damit auf die Mortalität verschiedener Algenarten (vgl. 6.4.2). Abb. 4.25 zeigt einen schematischen Vergleich der Partikelspektren, die von Daphnien und calanoiden Copepoden, die im gleichen Lebensraum koexistieren, aus dem Wasser entnommen

---

◄ Abb. 4.24 a u. b Filtriereinrichtungen von Wassertieren für feine Partikel.

a Netz einer Larve der Köcherfliege *Hydropsyche,* das zwischen Steinen ausgespannt wird und Partikel aus dem strömenden Wasser zurückhält. Höhe ca. 10 mm (Aufnahme: I. Schreiber)

b Feinstruktur der Filterflächen am 3. Beinpaar in der Filterkammer einer *Daphnia.* Die auf den Tragborsten (Setae) entspringenden Filterborsten (Setulae) sind normalerweise mit den gebogenen Enden verhakt. Sie haben sich bei der Präparation für die Rasterelektronenmikroskopie voneinander gelöst. Der Maßstab beträgt 4 µm (Aufnahme: H. Brendelberger)

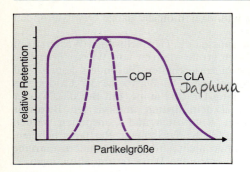

Abb. 4.25 Schematische Darstellung der Partikelselektion einer Cladocere (CLA), die Wasser „siebt", und eines Copepoden, der aktiv Partikel selektiert (nach Gliwicz 1980)

werden. Die Unterschiede sind im „Filtriermechanismus" der beiden Zooplankter begründet. *Daphnia* benutzt eine Siebmethode. Ihr Partikelspektrum wird nach unten durch die Maschenweite des Filters begrenzt. Partikel, die kleiner sind als die Maschen, gehen hindurch. Alle größeren aber werden zurückgehalten. Die obere Grenze der Partikelgröße ist nicht so scharf. Sie hängt von der Form der Partikel ab. Partikel, die zu groß sind, blockieren die Filterkammer und werden schon vor ihrem Eintritt zurückgehalten. Im Gegensatz dazu ist der Copepode wesentlich selektiver. Seine Filter sind kleiner und nicht in einer geschlossenen Kammer. Er benutzt sie nicht zum Sieben, sondern zum Ergreifen der Partikel. Ein Wasserstrom wird von den Mundgliedmaßen erzeugt. Wenn sich darin eine Alge dem Copepoden nähert, wird der Wasserstrom so umgelenkt, daß die Alge in Reichweite der zweiten Maxillen gelangt, die sie dann ergreifen. Das Partikelspektrum hängt deshalb nicht von der Maschenweite ab, sondern eher davon, wie der Copepode jeden Partikel handhaben kann. Copepoden können einzelne Partikel auf ihre Brauchbarkeit überprüfen und anschließend fressen oder verwerfen.

Nahrungswert und Energiegehalt

Die Formen von partikulärer organischer Substanz (POM) im Gewässer sind zu vielfältig, als daß man ihnen einen einheitlichen **Nahrungswert** zuschreiben könnte. Man kann den Nahrungswert einer Klasse von POM immer nur für einen bestimmten Konsumenten definieren. Dabei spielen die Handhabbarkeit (Größe und Form), die Verdaulichkeit und der Energiegehalt eine Rolle sowie der Gehalt an essentiellen Stoffen. Da es sich um substituierbare Ressourcen handelt, kann ein geringer Nahrungswert eventuell durch größere Mengen besser verfügbarer Nahrung ausgeglichen werden. Da das aber nicht immer möglich ist, müssen wir davon ausgehen, daß der Energie- und Stoffhaushalt von Tieren neben der Quantität auch von der Qualität der Nahrungspartikel limitiert werden kann.

Die **biochemische Zusammensetzung** von Algen und damit deren Nahrungswert ändert sich mit den Umweltbedingungen. Füttert man Zooplankter mit Algen, die unter starker Stickstoff- oder Phosphorlimitation gewachsen sind und deshalb sehr niedrige N:C- bzw. P:C-Verhältnisse aufweisen, ist ihr Wachstum gehemmt. Selbst im Tageslauf gibt es erhebliche Unterschiede, da Algen im Epilimnion am Abend, nachdem sie den ganzen Tag Reservestoffe gespeichert haben, einen höheren Kohlenhydrat- und Lipidgehalt haben als am Morgen, nachdem sie über Nacht die Reservestoffe veratmet haben.

Neben den nötigen Elementen für den Aufbau der eigenen Substanz liefert die organische Substanz den heterotrophen Organismen auch Energie. Zur Charakterisierung der Nahrungsqualität wird deshalb auch der **Energiegehalt** der Partikel herangezogen. Er kann als **Brennwert** in einem Kalorimeter bestimmt werden, wobei man allerdings berücksichtigen muß, daß nicht alle Energie, die sich als Brennwärme messen läßt, den Tieren auch zur Verfügung steht. Chitin und Zellulose zum Beispiel können nur von wenigen spezialisierten Organismen verwertet werden. Der Energiegehalt von organischen Partikeln im Wasser ist sehr variabel. Für Algen sind Werte zwischen 10 und 20 kJ/g Trockengewicht gemessen worden. Die Schwankungen beruhen auf dem Anteil der Asche am Trockengewicht. Um die reine organische Substanz der Partikel festzustellen, glüht man eine gewogene Probe für einige Stunden bei 550 °C. Die verbleibende Asche wird vom Trockengewicht abgezogen, um das aschefreie Trockengewicht (organische Substanz) zu erhalten. Partikel mit einem hohen mineralischen Anteil (z. B. Diatomeen mit Kieselschalen) haben einen hohen Ascheanteil ($>30\%$), während Flagellaten einen niedrigen ($<5\%$) haben. Entsprechend haben Diatomeen einen niedrigen Energiegehalt pro Trockengewicht und Flagellaten einen hohen.

Bezieht man den Energiegehalt auf die organische Substanz oder den Kohlenstoff, ergeben sich wesentlich einheitlichere Werte. Deshalb kann man eine gute Korrelation zwischen dem Gehalt der Partikel an organischer Substanz oder Kohlenstoff und dem Energiegehalt aufstellen. Organische Substanz hat im Durchschnitt einen Energiegehalt von ca. 23,5 kJ/g aschefreies Trockengewicht. Abweichungen davon entstehen durch die unterschiedliche biochemische Zusammensetzung der organischen Substanz. Der Energiegehalt läßt sich errechnen, wenn man die Anteile von Kohlenhydraten, Protein und Fett (Lipide) in der organischen Substanz kennt.

Typische Faktoren sind dann:

Kohlenhydrate   17,2 kJ/g,
Protein   23,7 kJ/g,
Lipide   39,6 kJ/g.

Da Lipide einen relativ hohen Kohlenstoffgehalt (80%) haben und Kohlenhydrate und Protein einen niedrigen (40%), ergibt sich eine gute Korrelation zwischen Kohlenstoffgehalt und Energiegehalt. Partikel tierischer Herkunft haben oft einen relativ hohen Energiegehalt, da sie mehr Fett enthalten.

Es muß aber betont werden, daß der Energiegehalt nur eine Komponente des Nahrungswertes der partikulären organischen Substanz ist. Der Bedarf an essentiellen Verbindungen oder Vitaminen kann durchaus der limitierende Faktor sein. Im Freiland haben Tiere jedoch meistens die Möglichkeit, verschiedene Arten von artikeln zu konsumieren und damit eventuelle Defizite auszugleichen. Detritusfresser konsumieren zum Beispiel Bakterien und Pilze mit, die auf dem abgestorbenen organischen Material wachsen.

Mixotrophie

Eine Reihe von Flagellaten kann sowohl autotroph als auch heterotroph leben. Sie können Photosynthese betreiben, aber auch gelöste organische Substanz aufnehmen oder Partikel ingestieren (**Phagocytose**). Es ist schon länger bekannt, daß einige pigmentierte Flagellaten im Dunkeln mit Hilfe von gelöster organischer Substanz wachsen können, im Hellen aber Photosynthese betreiben. In der letzten Zeit hat die Aufnahme von Partikeln durch pigmentierte Flagellaten mehr Interesse geweckt, da diese zusammen mit unpigmentierten Flagellaten und Ciliaten die Abundanz der Bakterien im Gewässer kontrollieren können. Diese Mischernährung aus Photosynthese und Aufnahme von partikulärer Substanz wird als Mixotrophie bezeichnet (Sanders u. Porter 1988).

Die Aufnahme von Partikeln ist in verschiedenen Gruppen von Flagellaten beobachtet worden, Dinoflagellaten, Cryptophyceen, Chrysophyceen und begeißelten Grünalgen. Besonders bekannte Beispiele sind unter den Chrysophyceen *Dinobryon*, *Ochromonas* und *Chromulina*, unter den Dinophyceen *Gymnodinium* und *Peridinopsis* sowie unter den Cryptophyceen *Cryptomonas*. Dabei fällt auf, daß Mixotrophie vor allem in Gruppen auftritt, die auch viele rein heterotrophe, unpigmentierte Vertreter aufweisen.

Wie bei anderen Protozoen gibt es auch bei mixotrophen Flagellaten verschiedene Mechanismen, wie Nahrungspartikel in die

Zellen aufgenommen werden können. Selbst die Bildung von Peuso-podien ist beobachtet worden. [Pseudo!] Bis zu 70 Bakterien pro Stunde kann ein Flagellat aufnehmen, so daß Aufnahmeraten von 5×10^3 bis 10×10^4 Bakterien pro Milliliter Seewasser und Stunde gemessen wurden. Die mixotrophe Ernährungsweise der Flagellaten kann deshalb einen Einfluß auf die Populationsdynamik der Bakterien haben.

Der Beitrag der Phagotrophie zum Wachstum von Flagellaten ist unterschiedlich bewertet worden. Einige Arten decken offenbar einen großen Teil ihrer Energie aus heterotrophen Quellen, andere liegen mehr im autotrophen Bereich. Eventuell dient die Aufnahme von Partikeln auch als Stickstoff- und Phosphorquelle, wenn diese Ressourcen im Wasser gelöst knapp sind, oder als Quelle für Vitamine. Schlüsse auf eine obligatorische Aufnahme von Partikeln lassen sich daraus ziehen, daß manche Arten in Abwesenheit von Bakterien (axenisch) nicht kultiviert werden können.

4.4 Nutzung der Energie

4.4.1 Netto- und Bruttoproduktion

Als **Produktion** bezeichnen wir die Neubildung körpereigener, belebter Substanz aus anorganischen oder organischen Ausgangsmaterialien (**„anabolische Prozesse"**). Die für diesen Aufbauprozeß nötige Energie wird entweder aus der photo- bzw. chemotrophen Energiefixierung oder aus dem Abbau organischer Substanzen, d. h. ihrer Oxidation und Zerlegung in niedrigmolekulare Substanzen (**„katabolische Prozesse"**, Atmung, Gärung), gewonnen. Zusätzliche Energie benötigt der Organismus zur Leistung mechanischer Arbeit und, im Fall homöothermer Tiere, zur Aufrechterhaltung der Körpertemperatur. Auch dieser Energiebedarf wird durch katabolische Reaktionen gedeckt. In der Stoffbilanz des Organismus ist der Katabolismus ein Verlustprozeß, d. h. er führt zur Verminderung von Masse. Wir müssen diesen internen Verlust, der sich aus dem Stoffwechsel des untersuchten Organismus ergibt, deutlich von den externen Verlusten (z. B. Fraß durch andere Organismen, mechanische Schädigung) unterscheiden. Anabolische und katabolische Reaktionen finden gleichzeitig statt, deshalb ist die direkt zu beobachtende zeitliche Veränderung der Biomasse das Nettoergebnis von beiden, auch dann wenn externe Verluste ausgeschlossen sind. Der Begriff der **„Bruttoproduktion"** bezeichnet also eine gedachte, aber niemals realisierbare Produktion unter Ausschluß katabolischer Verluste. Dagegen bezeichnet der Begriff „**Nettoproduktion**" die Differenz aus Bruttoproduktion und katabolischen Verlusten, also die beobachtete Massenänderung, ohne Berücksichtigung der externen Verluste. Ein Ausschluß externer Verluste ist zwar im Experiment möglich, tritt aber unter natürlichen Bedingungen nur selten auf.

4.4.2 Energienutzung der Photosynthese

Wie bei allen energetischen Umsetzungen, wird auch bei der Photosynthese nur ein Teil der Energie genutzt (2. Hauptsatz der Thermodynamik). Die Ausnutzung der Lichtenergie läßt sich dabei durch den Ertragskoeffizienten der Quantenausbeute (Φ) charakterisieren, der die molare Menge fixierten Kohlenstoffs pro Mol absorbierter Lichtquanten angibt. Der Wert des Ertragskoeffizienten ist im lichtlimitierten Teil der P-I-Kurve (vgl. 4.3.5) konstant (Φ_{max}) und nimmt im lichtgesättigten Teil mit dem Kehrwert der Lichtintensität ab, da die Photosyntheserate trotz zunehmender Lichtintensität konstant bleibt. Für Φ_{max} des Phytoplanktons wurden Werte von 0,03 – 0,09 gemessen (Tilzer 1984a). Setzt man für 1 Mol C das kalorische Äquivalent von 468 kJ und für 1 Mol photosynthetisch aktive Strahlung von 550 nm Wellenlänge (Mittelwert des PAR-Spektrums) 218 kJ ein, ergibt das eine Effizienz der Energienutzung von 6,3 – 19,3%. Der aus biophysikalischen Gründen mögliche Maximalwert des Ertragskoeffizienten beträgt 0,125, was einer Energienutzung von 26,8% entspricht.

Vergleicht man jedoch die Energieausbeute der Gesamtphotosynthese pro Oberfläche eines Gewässers (vgl. Box 4.3) mit der Lichteinstrahlung [$E_d(0)$], so kommt man zu einer wesentlich geringeren Ausnutzung der Lichtenergie. Dies liegt daran, daß sich ein großer Teil des Phytoplanktons in Wasserschichten mit sättigenden oder sogar hemmenden Lichtintensitäten aufhält, d. h., daß ein großer Teil der Gesamtphotosynthese unter Bedingungen stattfindet, wo Φ_{max} nicht erreicht wird. Außerdem kann Nährstofflimitation eine maximale Ausnutzung der Lichtenergie unterbinden. Daneben ist zu beachten, daß sich der Ertragskoeffizient nur auf das vom lebenden Chlorophyll absorbierte Licht bezieht. Im natürlichen Gewässer treten aber Lichtverluste durch gelöste Substanzen, suspendierte Partikel und durch die selbst inaktiven Abbauprodukte der photosynthetischen Pigmente auf. Im Bodensee werden zwischen 6% (Biomasseminima) und 50% (Biomassemaxima) der eingestrahlten Lichtenergie vom Chlorophyll absorbiert. Die Effizienz der Lichtausnutzung durch das Gesamtphytoplankton schwankt jahreszeitlich zwischen 0,16 und 1,65%, liegt also mindestens eine Zehnerpotenz unter dem biophysikalisch möglichen Maximum. Auch in anderen Seen wurden keine wesentlich höheren Werte gemessen.

4.4.3 Energiebilanz heterotropher Organismen

Sekundärproduktion

Bei heterotrophen Organismen hat der Begriff der Produktion eine etwas andere Bedeutung als bei autotrophen. Im Gegensatz zur Primärproduktion der Autotrophen wird durch die Sekundärproduktion der Heterotrophen organische Substanz nicht aufgebaut, sondern nur umgebaut. Heterotrophe Organismen nehmen organische Substanz auf (**Assimilation**) und verbrauchen einen Teil davon im Stoffwechsel. Nur der verbleibende Rest wird in eigene Körpersubstanz eingebaut. Der Prozeß läßt sich in einer einfachen Bilanzgleichung beschreiben:

sek. **Produktion = Assimilation − Stoffwechselverluste.**

Das Ergebnis der Bilanzgleichung ist eine Änderung von Masse (oder Energie). In dieser Form kann Produktion nur an Individuen im Labor gemessen werden. Bei kleinen Organismen im Freiland kann man nicht die Individuen verfolgen. Deshalb messen wir die Produktion einer Population (vgl. 5.2). Unter Freilandbedingungen muß eine beobachtete Biomassenveränderung nicht der gesamten Produktion entsprechen, da ein Teil davon im Beobachtungszeitraum bereits wieder eliminiert worden sein kann (z. B. durch Räuber). Wenn die Rate, mit der Biomasse „geerntet" wird, gerade der Produktionsrate entspricht, sieht man keine Biomassenveränderung, obwohl die Produktion hoch sein kann. Da die eliminierte Biomasse nur selten direkt bestimmt werden kann, muß man zur Bestimmung der Sekundärproduktion im Freiland indirekte Methoden anwenden (vgl. Box 4.4).

Als ein Maß für die Aktivität der Organismen läßt sich die spezifische Produktion, die produzierte Masse pro Masseneinheit und Zeit (z. B. $\mu g \, mg^{-1} \, d^{-1}$), angeben. Bei Individuen bezieht man die spezifische Produktion üblicherweise auf das Gewicht. Vor allem bei der Produktion von Populationen ist es üblich, den P/B-Quotienten anzugeben, das Verhältnis aus Produktion und Biomasse. Er gibt an, welcher Teil der Biomasse pro Zeiteinheit erneuert wird, ist also ein Maß für den Umsatz.

Box 4.4 Schätzung der Sekundärproduktion

In Freilandpopulationen ist die Bestimmung der Sekundärproduktion schwierig, da meistens nur die Biomassenänderung sichtbar ist, nicht aber der Anteil der Produktion, der in der Zwischenzeit durch Verlustprozesse eliminiert wurde. Deshalb muß man indirekte Methoden anwenden, um zusätzlich zur beobachteten auch die eliminierte Produktion zu erfassen. Angeregt durch das Internationale Biologische Programm (IBP) sind viele Methoden der Sekundärproduktionsschätzung entwickelt und getestet worden. Sie sind in entsprechenden Büchern zusammengefaßt (z. B. Edmondson u. Winberg 1971, Winberg 1971, Downing u. Rigler 1984). Wegen der Schwierigkeit der quantitativen Stichprobennahme und anderer Unsicherheiten sind alle Methoden mit relativ großen Fehlern behaftet. Es ist deshalb tatsächlich besser, von einer „Schätzung" zu sprechen als von einer „Messung". Hier sollen nur zwei typische Beispiele vorgestellt werden:

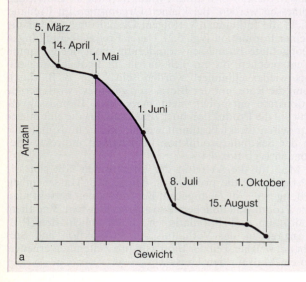

Allen-Kurve

Für den Fall, daß man im Freiland eine bestimmte Klasse von Tieren, die gleich alt sind, z. B. eine Jahrgangsklasse von Fischen (Kohorte, vgl. 5.2.6), verfolgen kann, läßt sich eine graphische Methode (Allen-Kurve) anwenden. Sie beruht darauf, daß die Tiere im Laufe der Zeit wachsen, daß aber ihre Zahl durch Mortalität ständig abnimmt (vgl. Abb. 5.5). Entnimmt man eine Stichprobe aus der gleichen Kohorte zu verschiedenen Zeiten, kann man die Anzahl der zu jedem Zeitpunkt noch vorhandenen Tiere gegen deren Gewicht auftragen. Die Fläche unter der Kurve gibt dann die Produktion an. Im abgebildeten hypothetischen Beispiel sind die Daten der Sammeltage den Durchschnittsgewichten der Tiere zugeordnet. Die farbige Fläche bezeichnet die Produktion im Monat Mai, die Fläche unter der gesamten Kurve die Jahresproduktion.

Summe des Zuwachses

Häufig ist eine Verfolgung von Kohorten nicht möglich, da sich mehrere Generationen von Tieren überlappen. In diesem Fall kann man die gesamte Population in Entwicklungsstadien oder Größenklassen einteilen, nachdem man experimentell bestimmt hat, wie lange es dauert, bis die Tiere von einer Klasse in die

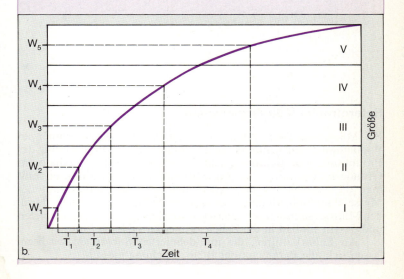

andere wachsen. Aus dieser Zeit und dem Gewichtszuwachs von einer Klasse zur nächsten berechnet man den täglichen Gewichtszuwachs eines Individuums. Dieser wird für alle Individuen aufsummiert. Das Schema gibt ein Beispiel, wie man vorgehen kann:

1. Es wird experimentell eine Wachstumskurve für ein Individuum ermittelt (fette Linie). Die Methode ist stark abhängig von der Form dieser Wachstumskurve.
2. Die Freilandpopulation wird in fünf Größenklassen eingeteilt.
3. Die Zahl (N) in jeder Größenklasse wird bestimmt.
4. Für jede Größenklasse wird das mittlere Gewicht (W) bestimmt.
5. Aus der Kurve wird der Zeitraum (T) in Tagen ermittelt, in dem die Tiere von einer Klasse in die andere wachsen.

Der tägliche Gewichtszuwachs der Klasse I ist dann:

$$P_1 = \frac{N_1 \cdot (W_2 - W_1)}{T_1}$$

Die Gesamtproduktion ergibt sich aus der Summe aller Klassen:

$$P = \frac{N_1 \cdot (W_2 - W_1)}{T_1} + \frac{N_2 \cdot (W_3 - W_2)}{T_2}$$
$$+ \ldots + \frac{N_i \cdot (W_{(i+1)} - W_i)}{T_i}$$

Heterotrophe Mikroorganismen

Bei Mikroorganismen muß die Nutzung der Energie immer an Populationen gemessen werden. Die Methoden zur Bestimmung der Produktion von Bakterien und Protozoen beruhen deshalb im Grunde auf Messungen der Populationsdynamik. In Kulturen mißt man die Vermehrung der Zellen und multipliziert diese mit der Masse eines Individuums. Eine andere Möglichkeit besteht darin, den Mikroorganismen ein radioaktiv markiertes Substrat anzubieten und dessen Einbau in die Zellen zu messen (vgl. 4.3.10).

An Laborkulturen, die mit definierten Substraten wachsen, lassen sich alle Parameter der Bilanzgleichung messen:

1. Die Produktion aus dem Biomassezuwachs.
2. Die Assimilation aus der Abnahme des Substrats oder dem Einbau eines Tracers.
3. Die Stoffwechselverluste aus dem Sauerstoffverbrauch (Atmung) oder der CO_2-Entwicklung.

Kennt man die Produktion und die Atmung (Stoffwechselverluste), kann man die **Effizienz** (K_2) errechnen, mit der verbrauchte organische Substanz in mikrobielle Biomasse umgesetzt wird (in %):

$$K_2 = \frac{P}{A} \cdot 100 = \frac{P}{P + M} \cdot 100$$

(P = Produktion, A = Assimilation, M = Stoffwechselverluste).

Für natürliche Bakterienpopulationen wurde die Effizienz mit ca. 25% bestimmt (Sorokin u. Kadota 1972), d. h., daß 25% der aufgenommenen Energie in Biomasse eingebaut wurden, während 75% durch Atmung verlorengingen.

Tiere

Für Tiere, die partikuläre organische Substanz aufnehmen, die nur zum Teil verwertbar ist, muß die **Energiebilanzgleichung** etwas erweitert werden:

$$P = I - F - R - E.$$

Dabei bedeuten: I = **Ingestion,** die Menge an organischer Substanz (Energie, Kohlenstoff), die gefressen wird; F = **Defäkation** (Ausscheidung nicht genutzter Nahrung); R = Atmungsverluste **(Respiration);** E = **Exkretionsverluste.** R und E werden in der Praxis als Stoffwechselverluste (M) zusammengefaßt. Die **Assimilation** (A) ist die Differenz zwischen Ingestion und Defäkation ($I - F$). Assimilation bezeichnet also die Aufnahme organischer Moleküle durch die Darmwand. Sie ist davon abhängig, wieviel das Tier gefressen hat und ob die aufgenommene Nahrung verdaut werden kann. Als Maß für die Verdaulichkeit kann man den **Assimilationsquotienten** (Assimilationseffizienz) angeben:

$$AQ = \frac{A}{I} \cdot 100 \ (\%).$$

Wenn man die Fäzes sammeln kann, läßt sich die Assimilation als Differenz von Ingestion und Fäzes berechnen. Ein typisches Beipiel für diese Methode ist die Erstellung der Energiebilanz von *Asellus aquaticus*. Aus Blättern wurden kleine Scheibchen ausgestanzt, gewogen und den Tieren angeboten. Am Ende des Versuchs wurden die Scheibchen erneut gewogen, so daß die gefressene Blattmenge berechnet werden konnte. Außerdem wurden alle Fäzes gesammelt und gewogen. Durch Verbrennung der Blattscheibchen und der Fäzes wurde deren Energiegehalt bestimmt und die Assimilation in Energieeinheiten berechnet (Prus 1971).

Bei Wassertieren ist eine vollständige Aufsammlung der Fäzes nur in Ausnahmefällen möglich, da diese sich auflösen. Wenn man nur einen Teil der Fäzes gewinnen kann, kann man den Prozentsatz von mineralischer Asche im Futter und in den Fäzes bestimmen. Da beim Verdauungsvorgang nur die organische Substanz verbraucht wird, nicht jedoch die Asche, muß der Ascheanteil in den Fäzes größer sein als im Futter. Deshalb läßt sich der Assimilationsquotient aus dem relativen Anteil der Asche in Futter und Fäzes berechnen. Ist aber die Sammlung der Fäzes gar nicht möglich, wie etwa bei Cladoceren, kann man die Assimilationsrate als Einbaurate von ^{14}C aus markiertem Futter in das Körpergewebe der Tiere messen. Diese Methode ist sehr empfindlich, erfordert aber eine Korrektur für ausgeschiedenes $^{14}CO_2$ (Peters 1984).

Die **Stoffwechselverluste** werden üblicherweise als **Atmung** (O_2-Verbrauch) bestimmt. In gepuffertem Wasser ist die Exkretion von CO_2 kaum meßbar, da durch den großen Pool des Kalk-Kohlensäure-Systems im Wasser die Änderungen durch die Atmung sehr gering sind. Um Sauerstoffverbrauch in CO_2-Produktion umzurechnen, benutzt man den **respiratorischen Quotienten** (RQ), der angibt, wieviel Mol CO_2 pro verbrauchtes Mol O_2 freigesetzt werden. Er ist abhängig von der Art des veratmeten Substrats und liegt zwischen 0,7, wenn Fett veratmet wird, und 1,1, wenn Kohlenhydrate veratmet werden und Fett synthetisiert wird (Lampert 1984).

Die meisten Tiere sind groß genug, daß man Energiebilanzen für Individuen aufstellen kann. Dabei ist zu berücksichtigen, daß die Produktion auf Körperwachstum und Reproduktion aufgeteilt wird. Diese **Aufteilung der Energie** zwischen Körper und Fortpflanzungsprodukten ist ein wichtiger Parameter, der bei der Evolution von Lebenszyklusstrategien (vgl. 6.8.2) optimiert werden kann. Einige Tiere wachsen ihr ganzes Leben lang und investieren nur einen Teil der Produktion in die Reproduktion, andere, wie die Copepoden, wachsen nach Erreichen der Geschlechtsreife überhaupt nicht mehr. Die gesamte Sekundärproduktion besteht dann nur noch aus der Produktion von Eimasse.

Die Effizienz der Energienutzung kann entweder auf die gefressene Nahrungsmenge oder auf die assimilierte Energie bezogen werden:

Der **Bruttowirkungsgrad** (%) ist

$$K_1 = \frac{P}{I} \cdot 100$$

Er gibt an, welcher Prozentsatz der aufgenommenen Energie in die Produktion fließt. Der Nettowirkungsgrad (K_2; Berechnung wie bei Mikroorganismen) gibt an, welcher Prozentsatz der assimilierten Energie für die Produktion zur Verfügung steht.

In der Literatur findet man Werte für K_1 häufig im Zusammenhang mit der Fischzucht, da sie angeben, wieviel Futter man benötigt, um eine bestimmte Menge Fisch zu erzeugen. K_1 hängt sehr stark von der Assimilierbarkeit (Verdaulichkeit) des Futters ab und ist deshalb sehr variabel. Typische Werte liegen bei 10–15%, unter Laborbedingungen gelegentlich auch höher. Auch K_2 hängt von der Qualität und Quantität des Futters ab. Mit sehr gutem Futter können aquatische Tiere Werte von über 70% erreichen. In der

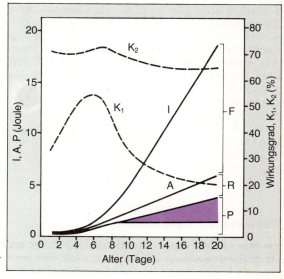

Abb. 4.**26** Kumulative Energiebilanz für die ersten 20 Tage im Leben der Cladocere *Simocephalus vetulus*. I = Ingestion, A = Assimilation, F = Defäkation, R = Stoffwechselverluste, P = Produktion. Der schattierte Bereich bezeichnet den Anteil der Produktion, der in die Reproduktion investiert wird. Die Wirkungsgrade K_1 und K_2 sind als gestrichelte Linien eingezeichnet (nach Klekowski u. Duncan 1975)

4 Das Individuum in seinem Lebensraum

Tabelle 4.2 Parameter der Energiebilanz für *Daphnia magna* (Futter: Grünalge *Scenedesmus acutus*), den Flußbarsch *Perca fluviatilis* (Futter: Schlammröhrenwurm *Tubifex*) (nach Klekowski 1973) und den Amphipoden *Hyalella azteca* (Futter: Detritus) (nach Hargrave 1971)

Parameter	*Daphnia* (μg C ind^{-1} h^{-1})	Barsch (J ind^{-1} h^{-1})	*Hyalella* (J ind^{-1} h^{-1})
Ingestion	0,90	392	0,220
Defäkation	0,16	255	0,180
Assimilation	0,74	137	0,040
Stoffwechselverluste	0,18	63,4	0,034
Produktion	0,56	73,6	0,006
AQ (%)	82	35,0	18,0
K_1 (%)	62	18,8	2,7
K_2 (%)	76	53,7	15,0

Mehrzahl der Fälle liegen sie aber bei 30—40% (Winberg 1971). Zusammenstellungen finden sich bei Winberg (1971), Grodzinski u. Mitarb. (1975) und Zaika (1973). Abb. 4.26 zeigt als Beipiel das kumulative Energiebudget für *Simocephalus*, eine Litoralcladocere. Alle Parameter des Energiebudgets wurden in dieser Darstellung über die Zeit aufsummiert. Es wird deutlich, daß die Tiere nach Erreichen der Geschlechtsreife am 9. Tag fast ausschließlich in die Reproduktion investieren. In Tab. 4.2 sind exemplarisch Energiebilanzen für Tiere unterschiedlicher Lebensweise zusammengestellt. Der Vergleich zeigt, wie unterschiedlich die Energienutzung sein kann. Die höchsten Wirkungsgrade finden sich für die Cladocere *Daphnia magna*, einen Filtrierer unter optimalen Futter- und Temperaturbedingungen. Die niedrigsten erreicht *Hyalella azteca*, ein Amphipode, der Detritus von der Oberfläche des Sediments frißt.

Schwellenkonzentrationen

Im Bereich niedriger Futterkonzentrationen sind die Freß- und Assmilationsraten von Tieren zur vorhandenen Futtermenge proportional. Erst oberhalb einer **Grenzkonzentration** wird eine maximale Futteraufnahme erreicht (Functional response, vgl. 4.3.2). Die Respirationsrate jedoch ist nur im geringen Maße abhängig vom Futterangebot und wird auch bei hungernden Tieren nie Null. Daraus ergibt sich, daß die Energiebilanz eines Tieres unterhalb der Grenzkonzentration abhängig vom Futterangebot sein muß. Es gibt einen bestimmten Punkt, an dem das Tier gerade so viel Energie

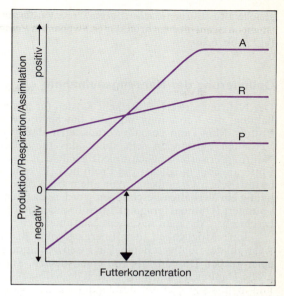

Abb. 4.27 Abhängigkeit von Assimilationsrate (A), Stoffwechselverlusten (R) und Produktionsrate (P) eines Filtrierers von der Futterkonzentration. Die Produktionsrate ist berechnet aus $(A - R)$. Der Pfeil bezeichnet die Schwellenkonzentration, bei der die Produktionsrate Null ist (nach Lampert 1984)

pro Zeit aufnehmen kann, wie es veratmet. An diesem Punkt ist die Produktion Null. Abb. 4.27 verdeutlicht das an einem Schema für einen Filtrierer. Mit steigender Futterkonzentration steigen Ingestions- und Assimilationsrate. Am Schnittpunkt der Assimilationsrate und der Respirationsrate ist die Produktion Null. Oberhalb der entsprechenden Schwellenkonzentration kann das Tier wachsen und Nachkommen produzieren, unterhalb verliert es Gewicht und stirbt schließlich. Diese Schwellenkonzentration für das Wachstum ist deshalb ein wichtiger Parameter für das Überleben eines Individuums. Auch für das Populationswachstum gibt es eine minimale Futterkonzentration. Wenn auf die Population eine Mortalität wirkt, muß die Schwellenkonzentration höher sein als für das Individuum, da jedes Tier nicht nur sein Gewicht halten, sondern auch eine bestimmte Zahl von Nachkommen produzieren muß, um die Populationsverluste zu kompensieren. Die Schwellenkonzentrationen sind ökologisch besonders interessant, wenn Tiere um die gleichen Ressourcen konkurrieren. Unter Futtermangelbedingungen ist die Art mit der niedrigeren Schwellenkonzentration im Vorteil (vgl. Abb. 6.26).

Optimierung der Nahrungsaufnahme

Der Nahrungserwerb verursacht Kosten für das Suchen, die Handhabung, die Verdauung und die biochemische Verarbeitung des Futters. Man kann deshalb voraussagen, daß in der Evolution ein Verhalten entstanden sein sollte, das die relativen Kosten des Nahrungserwerbs möglichst niedrig hält, d. h. aus dem vorhandenen Futterangebot möglichst viel Profit holt (Pyke u. Mitarb. 1977). Bei terrestrischen Organismen, vor allem bei Vögeln und Insekten, ist häufig ein Verhalten beschrieben worden, das den Nahrungserwerb optimiert (**Optimal foraging**). Im Süßwasser sind bisher wenige Fälle beschrieben, die man in diesem Sinn interpretieren kann.

Eine Möglichkeit, den Energiegewinn zu optimieren, ist die Auswahl der richtigen Beute. Ein Fisch bekommt mehr Energie von einer großen Daphnie als von einer kleinen. Solange es genügend große Daphnien gibt, sollte er sich deshalb auf diese konzentrieren und nicht seine Zeit mit der Jagd auf kleine vergeuden. Werner u. Hall (1974) haben das mit Sonnenbarschen gezeigt. Sie boten den Fischen drei Größenklassen von Daphnien an. Solange die Zeit zwischen zwei Begegnungen eines Fisches mit großen Daphnien kürzer als ca. $1/2$ Minute war, fraßen die Fische fast ausschließlich große Daphnien. Bei einer Zeit zwischen $1/2$ und 5 Minuten, konzentrierten sie sich auf die beiden größten Klassen. Wenn aber die großen Daphnien so selten waren, daß mehr als 5 Minuten vergingen, bevor ein Fisch wieder eine solche zu Gesicht bekam, nahmen sie alle Größenklassen. Dann zahlte es sich nicht mehr aus, auf die großen Brocken zu warten.

Ein ähnliches Verhalten beobachtete DeMott (1989) bei dem Copepoden *Eudiaptomus*, dem Algen verschiedener Qualität angeboten wurden. Gute Futteralgen wurden mit schlecht verdaulichen gemischt. Wenn die Partikelkonzentration im Wasser hoch war, fraß der Copepode sehr selektiv die guten Algen. Bei niedrigen Futterkonzentrationen aber gab er das selektive Verhalten auf und fraß alles, was er finden konnte.

Räuber können die Zeit optimieren, während der sie sich mit einer einzelnen Beute beschäftigen. Ein interessantes Beispiel ist die Stabwanze *(Ranatra dispar)*. Sie ist ein Lauerräuber, d. h., sie sitzt regungslos an Wasserpflanzen und wartet, bis ein Beutetier vorbeikommt. Dann ergreift sie es, injiziert Verdauungsflüssigkeit und saugt die Beute schließlich aus. Zu Beginn des Aussaugens bekommt die Wanze viel Nahrung pro Zeit, aber nach einer Weile, wenn die Beute langsam leergesaugt ist, wird der Profit pro Zeit immer geringer. Die Wanze optimiert das Verhältnis zwischen der Zeit, in der sie auf Beute wartet, und der, die sie sich mit einem gefangenen Beutetier beschäftigt. Wenn die Beutedichte gering ist, ist die Zeit bis ein neues Beutetier vorbeikommt lang. Dann saugt die Wanze ein einmal gefangenes Beutetier vollständig aus. Wenn aber häufig neue Beute vorbeikommt, frißt sie nur einen Teil der Beute und fängt eine neue, bevor die alte völlig aufgebraucht ist. Auf diese Weise erzeugt sie viel „Abfall", dennoch bekommt sie insgesamt mehr Energie, obwohl sie sich nur halb so lange mit jeder Beute beschäftigt (Bailey 1986).

Schließlich kann es, wenn die Nahrung sehr rar ist, profitabler sein, die Nahrungssuche völlig einzustellen. Für einen filtrierenden Zooplankter zum Beispiel kostet die Erzeugung eines Wasserstroms oder der Betrieb einer „Filterpumpe" Energie. Wenn die Partikeldichte so gering ist, daß das Pumpen mehr Energie kostet, als durch die wenigen gefangenen Partikel hereinkommt, sollte der Filtrierer am besten aufhören, Wasser zu pumpen, und nur von Zeit zu Zeit prüfen, ob sich die Situation geändert hat. Wenn er nicht filtriert, hungert er zwar, aber er verhungert langsamer, als wenn er auch noch Energie für das Pumpen ausgeben würde. Als Konsequenz eines solchen Verhaltens kann die Kurve der Abhängigkeit der Freßrate von der Futterkonzentration (Functional response; vgl. Box 4.1) nicht durch den Ursprung gehen, sondern muß einen Schwellenwert aufweisen. Ein solcher Schwellenwert ist für marine Copepoden gefunden worden, nicht jedoch für limnische Zooplankter (Muck u. Lampert 1980).

4.5 Bedeutung der Körpergröße

Einer der wichtigsten Parameter, der die ökologischen und physiologischen Eigenschaften eines Organismus bestimmt, ist die Körpergröße. In diesem Buch finden sich viele Beispiele dafür. So ist zum Beispiel die Schwebefähigkeit von Planktern größenabhängig (vgl. 4.2.6). Größenunterschiede zwischen Arten können die Ursache unterschiedlicher Mortalität sein, weil Räuber-Beute-Beziehungen größenselektiv sind (vgl. 6.5.6); sie können aber auch eine unterschiedliche Konkurrenzfähigkeit bewirken (vgl. Abb. 6.**26**). Die Größe spielt eine wichtige Rolle bei der Frage der Einnischung und Koexistenz ähnlicher Arten. Die umfangreiche Literatur über die physiologischen und ökologischen Konsequenzen der

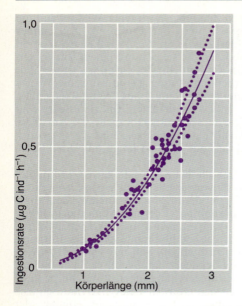

Abb. 4.28 Größenabhängigkeit der Ingestionsrate von *Daphnia pulicaria* bei 15 °C (Futter: *Scenedesmus acutus*, 0,17 mgC/l). Jeder Punkt repräsentiert ein Einzeltier
Punktierte Linien: 95%-Vertrauensbereich der Regressionsgeraden (nach Geller 1975)

Körpergröße ist in einem speziellen Buch zusammengefaßt (Peters 1983).

Da die Körpergröße Einfluß auf die Energiebilanz der Organismen hat, wird besonders häufig die Größenabhängigkeit einzelner Parameter der Bilanzgleichung (vgl. 4.4.3) bestimmt. Dabei haben sich erstaunliche Regelmäßigkeiten gezeigt. Beschreibt man die Größe mit einer linearen Dimension (z. B. Körperlänge), so ergeben sich sowohl für die Masse der Organismen als auch für ihre physiologischen Leistungen Exponentialfunktionen (allometrische Funktionen) der Form

$F = a \cdot L^b$ oder $W = a \cdot L^b$

(L = Länge, W = Gewicht, F = physiologische Leistung, a, b = Konstanten). Der Exponent (b) liegt häufig zwischen 2 und 3. Ein Beispiel ist in Abb. 4.28 dargestellt. Trägt man die Daten auf beiden Achsen logarithmisch ab, so erhält man eine Gerade der Form

$\log F = \log a + b \cdot \log L$.

Damit kann man über eine lineare Regression den Exponenten (b) und den Achsenabschnitt (a) bestimmen. Die entsprechende Gleichung für Abb. 4.28 ist

$I = 0{,}08 \cdot L^{2{,}19}$.

4.5 Bedeutung der Körpergröße

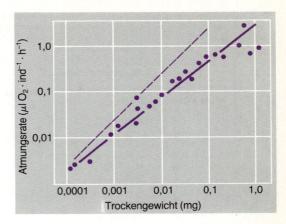

Abb. 4.**29** Atmungsraten verschiedener Arten von Wassertieren mit unterschiedlichem Gewicht bei 20 °C. Die Steigung der Geraden beträgt 0,794. Die gestrichelte Gerade hat die Steigung 1 (nach Lampert 1984)

Benutzt man statt der Länge das Gewicht eines Individuums als unabhängige Variable, so erhält man auch eine **Exponentialfunktion**

$$F = a \cdot W^b.$$

In diesem Fall liegt der Exponent jedoch in der Regel unter 1. Für unser Beispiel (Abb. 4.**28**) lautet die entsprechende Gleichung (W in µg)

$$I = 0{,}015 \cdot W^{0{,}74}.$$

Drückt man die physiologische Leistung als Rate pro Einheit Körpergewicht aus (spezifische Rate), so ergibt sich

$$F/W = a \cdot W^{(b-1)}.$$

In unserem Beispiel erhalten wir so

$$I/W = 0{,}015 \cdot W^{-0{,}26}.$$

Diese Beziehungen gelten nicht nur für unterschiedlich große Individuen einer Art, sondern auch zwischen verschiedenen Arten. Das Prinzip sei hier an einem Beispiel demonstriert. In Abb. 4.**29** sind die Atmungsraten (R) für verschiedene Arten von Wassertieren bei 20 °C gegen das Individualgewicht aufgetragen. Die Spannweite reicht von Rotatorien (ca. 0,2 µg) bis zu Amphipoden (ca. 1 mg) über vier Zehnerpotenzen. Im doppeltlogarithmischen System liegen

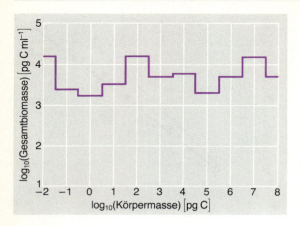

Abb. 4.**30** Verteilung der Biomasse im Pelagial des Bodensees (Jahresmittel) auf die Größenklassen (nach Gaedke u. Mitarb. 1990)

die Punkte nahe an einer Geraden mit der Steigung 0,794. Unter Einschluß aller Werte bis 0,8 mg Trockengewicht ergibt sich die Funktion

$$R = 0{,}48 \cdot W^{0,794}.$$

Auch für andere physiologische Parameter ergeben sich Funktionen mit Exponenten, die nahe bei 0,75 liegen. Peters (1983) gibt zahlreiche Beispiele dafür. Die ökologische Bedeutung dieser Beziehung liegt darin, daß große Organismen pro Einheit Körpermasse einen geringeren Stoffumsatz haben als kleine. Sie verbrauchen deshalb weniger Ressourcen, wachsen aber auch langsamer.

Man muß jedoch betonen, daß es sich dabei nur um einen generellen **Trend** handelt. Durch die doppeltlogarithmische Auftragung der Daten über mehrere Zehnerpotenzen sind die absoluten Unterschiede zwischen Organismen ähnlicher Größe schlecht sichtbar. Die Punkte in Abb. 4.**29** liegen zwar optisch nahe an der Regressionsgeraden, in Absolutwerte umgerechnet sind die Abweichungen der Atmungsrate von der Geraden aber erheblich. Die Meßwerte bei 3 µg zum Beispiel liegen zwischen 0,02 und 0,07. Betrachtet man nur einen engen Größenbereich, so findet man die negative Beziehung zwischen spezifischer Stoffwechselrate und Größe zwar innerhalb einer Art, häufig jedoch nicht zwischen Arten. Im Artvergleich werden die wirklich wichtigen ökologischen Anpassungen möglicherweise gerade durch die Streuung um die Ausgleichsgerade repräsentiert.

4.5 Bedeutung der Körpergröße

Auch bei ökologischen Faktoren zeigen sich Trends in Abhängigkeit von der Körpergröße. So erreichen zum Beispiel kleine Arten meistens höhere Individuendichten pro Fläche als große (weitere Beispiele bei Peters 1983). Sheldon u. Mitarb. (1972) haben für das marine Pelagial eine interessante Regelmäßigkeit beschrieben. Teilt man die dort lebenden Organismen entsprechend ihrem Gewicht logarithmisch in Klassen ein und berechnet die Biomasse in jeder Klasse, dann ist die Biomasse in jeder Klasse annähernd gleich. Das bedeutet, daß in der Größenklasse der Bakterien ebensoviel Biomasse pro Raumeinheit vorhanden ist wie in der Größenklasse der Wale. Im Süßwasser ist die Spannweite der Größenklassen nicht ganz so groß wie im Meer. Dennoch kann man dieses Phänomen auch im Pelagial großer Seen beobachten. Abb. 4.**30** zeigt das am Beispiel des Bodensees, wo die Größenunterschiede von den kleinsten zu den größten Organismen immerhin 10 Zehnerpotenzen betragen.

5 Populationen

5.1 Eigenschaften von Populationen

Natürliche Auslese wirkt auf den Phänotyp; dessen Träger ist das Individuum. Es ist aber klar, daß Evolution sich nicht auf der Ebene des Individuums abspielen kann, sondern daß es eine Gruppe von Individuen geben muß, die sich in ihren Eigenschaften leicht unterscheiden, damit aus diesen ausgelesen werden kann. Eine solche Gruppe von Individuen der gleichen Art, die zur gleichen Zeit einen bestimmten Raum bevölkern, nennen wir eine **Population.**

Die Definition einer Population ist nicht ganz trivial, denn sie hängt vom Standpunkt des Beobachters ab. Prinzipiell können alle Organismen einer Art zu einer Population gehören; es gibt aber gute Gründe, diese als eine Ansammlung lokaler Populationen zu betrachten. Es ist nämlich sehr gut möglich, daß auf Gruppen von Individuen der gleichen Art, die in verschiedenen geographischen Regionen leben, sehr unterschiedliche Selektionsfaktoren wirken. Deshalb ist es hilfreich, Populationen als Gruppen von Individuen zu definieren, die eine **Fortpflanzungsgemeinschaft,** einen **Genpool,** bilden. Entscheidend ist, ob sie sich wirklich miteinander fortpflanzen, nicht, ob sie das könnten. So kann man die Individuen einer Fischart in einem See als eine Population ansehen und die in einem anderen, viele Kilometer entfernten See als eine andere Population, obwohl beide Populationen der gleichen Art angehören und sich ohne weiteres mischen könnten, wenn man sie austauschte. Normalerweise aber kommt ein solcher Austausch nur selten vor, d. h., die Fische in jedem See bilden eine Fortpflanzungsgemeinschaft und sind als selbständige Population zu betrachten.

Dieses Beispiel zeigt zweierlei:

1. daß eine Population selten wirklich geschlossen ist. Meistens gibt es einen mehr oder weniger starken Fluß von Individuen (Genen) zwischen Populationen;
2. daß der Raum, den eine Population einnimmt, von der Größe und der Mobilität der Organismen abhängt. In einer Ansammlung kleiner Tümpel kann jeder eine eigene Population von kleinen Muschelkrebsen haben; bei fliegenden Insekten, z. B. Wasserwanzen, muß man sicher die Tiere aller Tümpel als eine Population auffassen; die Enten schließlich, die die Tümpel aufsuchen, sind nur Teil einer Population, die ein viele Quadratkilometer großes Gebiet bewohnt. In der Limnologie ist die

Situation einfach, da die Grenze zwischen Wasser und Luft für viele Organismen schwer zu überwinden ist, so daß deutlich abgegrenzte Lebensräume entstehen, in denen sich Populationen ausbilden können.

Aber auch das Konzept der Population als Fortpflanzungsgemeinschaft ist nicht völlig schlüssig. Gerade im Süßwasser gibt es viele Organismen – wenn nicht gar die Mehrzahl –, die nie oder nur selten bisexuelle Fortpflanzung betreiben. Sie vermehren sich durch Teilung oder durch Parthenogenese. In diesem Fall besteht der Genpool nicht aus Rekombinanten, sondern aus einer Vielzahl von Klonen, die, abgesehen von Mutationen, genetisch einheitlich sind. Wir betrachten diese aus praktischen Gründen normalerweise als eine Art, auch dann, wenn sie sich nicht kreuzen können. In einem solchen Fall kann es **„Meta-Populationen"** geben, die sich in bestimmten Charakteristika unterscheiden, z. B. in ihrem tagesperiodischen Wanderverhalten.

Da Populationen aus vielen Individuen bestehen, haben sie Charakteristika, die sich aus der Summation der Eigenschaften der Individuen ergeben:

1. Sie haben eine Größe oder Dichte, die sich verändern kann;
2. sie zeigen phänotypische und genotypische Variabilität;
3. sie können eine Altersstruktur haben;
4. sie weisen bestimmte räumliche Verteilungsmuster auf.

5.2 Regelung der Populationsgröße

5.2.1 Abundanzschwankungen

Wenn Ökologen von Populationsgrößen sprechen, meinen sie im Gegensatz zu Populationsgenetikern selten die Gesamtzahl der Individuen einer Population, sondern deren Dichte in einer definierten Fläche oder einem definierten Volumen Wasser **(Abundanz).** Bei Mikroorganismen muß man manchmal zu Hilfsgrößen greifen, die leichter zu messen sind als die Individuendichte, und gibt dann, unter der Annahme, daß die Individuen der Population alle etwa gleich sind, Biomasseeinheiten (Trockengewicht, Kohlenstoff, Zellvolumen) oder Ersatzparameter (Chlorophyll für Phytoplanktonbiomasse) anstelle der Individuenzahl an.

Die Abundanz aller Populationen verändert sich zeitlich und räumlich. Charakteristische Muster der zeitlichen Abundanzschwankung sind unregelmäßige Fluktuationen um ein mehr oder

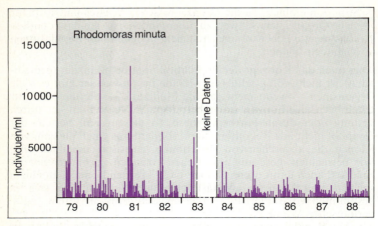

Abb. 5.1 Langzeit-Abundanzänderungen des Phytoplankters *Rhodomonas minuta* im Bodensee. Individuendichte (N/ml) als Durchschnitt der obersten 20 m

weniger konstantes Niveau, langfristige Zunahme, langfristige Abnahme, zyklische Schwankungen (**"Oszillationen"**) und gelegentliche explosionsartige Zunahmen von Populationen, die sonst ein niedriges Abundanzniveau haben. Wie sich Populationen wirklich entwickeln, kann man nur bei ausreichend häufigen und langfristigen Beobachtungen erkennen. Veränderungen, die bei kurzfristiger Betrachtung als Zunahme erscheinen, können sich bei langfristiger Betrachtung als Teil eines Zyklus erweisen. Deshalb spielen **Langzeitbeobachtungen** in der Ökologie eine wichtige Rolle (Edmondson 1991).

Phytoplankter der gemäßigten Zone zeigen starke jahreszeitliche Abundanzschwankungen mit einer Amplitude von meistens mehr als vier Zehnerpotenzen. Die Maxima oder die Durchschnittswerte der einzelnen Jahre können langfristig relativ konstant sein oder aber einen gerichteten Trend anzeigen (z. B. *Rhodomonas minuta* im Bodensee ab 1981, Abb. 5.1). Ähnlich hohe jahreszyklische Abundanzschwankungen findet man bei Zooplanktern (Cladoceren, Rotatorien), während planktische Bakterienabundanzen meist deutlich geringer schwanken (etwa um eine Zehnerpotenz).

Die Abundanzen mehrjähriger Organismen (höhere Pflanzen, Fische, Muscheln) variieren in kurzen und mittleren Beobachtungszeiträumen (einige Jahre) meist innerhalb wesentlich engerer Grenzen. Das liegt daran, daß Populationen langlebiger Organismen aus mehreren Jahrgangsklassen bestehen und sich somit der Einfluß

„guter" und „schlechter" Jahre kompensiert. Aber auch bei ihnen gibt es langfristige Trends. So wuchs zum Beispiel Schilf im flachen Neusiedler See (Österreich/Ungarn) 1872 nur in sporadischen Flekken. Anschließend nahm es kontinuierlich zu, und heute ist etwa die Hälfte der Seefläche von einem dichten Schilfröhricht bedeckt.

5.2.2 Mechanismen der Abundanzänderung

Aus dem Muster und der Geschwindigkeit von Abundanzschwankungen kann man nicht direkt auf die zugrundeliegenden Prozesse schließen. Findet man annähernde Konstanz innerhalb eines Beobachtungszeitraumes, so kann das daran liegen, daß die Veränderungen sehr langsam sind. Wenn man das Schilf im Neusiedler See nur wenige Jahre beobachtet, erkennt man keine Veränderung. Es ist aber auch möglich, daß die Population eine große **Dynamik** hat, die wir nur deshalb nicht erkennen, weil die vermehrenden und die vermindernden Prozesse einander die Waage halten. Das ist sicher der Grund für die relativ geringen Schwankungen des Bakterienplanktons.

Der wichtigste vermehrende Prozeß ist die **Reproduktion,** d. h. die Geburt neuer Individuen bei höheren Organismen oder die Zellteilung bei Protisten. Zusätzlich kann eine Population durch **Import von außen** vermehrt werden. Das kann entweder durch aktive Einwanderung oder durch passive Verfrachtung geschehen. Import in eine Population bedeutet gleichzeitig einen Verlust als **Export** für die Ursprungspopulation. Individuen werden nicht nur geboren und importiert und exportiert, sie sterben auch. Die **Mortalität** kann dabei verschiedene Ursachen haben, z. B. den Fraß durch Feinde, Befall durch Krankheitserreger, Hungertod oder das Auftreten letaler chemischer und physikalischer Bedingungen. Ein von Umweltfaktoren unabhängiger Alterstod tritt nur bei mehrzelligen Organismen auf, nicht bei Protisten.

5.2.3 Wachstumsrate der Population

In Abschnitt 4.3.3 haben wir zur Charakterisierung der Leistung von Organismen in Abhängigkeit von den Umweltbedingungen die **Wachstumsrate** eingeführt. Da diese auch ein wichtiger Parameter in der Dynamik der Population ist, müssen wir den Begriff hier wieder aufgreifen. Leider ist der Begriff „Wachstumsrate" nicht ganz eindeutig definiert. Bei Mehrzellern wird er nicht nur für das **numerische** Wachstum (Zunahme der Individuenzahl) verwendet, sondern auch für das **somatische** Wachstum des Individuums, also für den Zugewinn an Masse pro Zeiteinheit. Die Bedeutung wird in der Regel jedoch aus dem Zusammenhang klar, so daß die meisten Autoren auf die genauere Angabe „Körper-" bzw. „Populationswachstum" verzichten.

Zoologen verwenden den Begriff „Wachstumsrate" meistens für die Netto-Veränderung der Abundanz, die sich aus Zuwächsen und Verlusten ergibt. Mit Kulturen arbeitende Mikrobiologen und Phytoplanktologen hingegen meinen damit die **Reproduktionsrate** (entspricht μ, vgl. 4.3.3), da die Mortalität in der Wachstumsphase von Kulturen ohne natürliche Feinde vernachlässigbar klein ist. In zoologischer Nomenklatur wäre das die **„Geburtenrate"**. Im Freiland arbeitende Phytoplanktologen verwenden meistens den Begriff „Brutto-Wachstumsrate" für die Reproduktionsrate und „Netto-Wachstumsrate" für die Charakterisierung der tatsächlichen Abundanzveränderungen.

Im allgemeinen wird der Begriff der Populations-Wachstumsrate heute als **„relative"** (synonym: **„spezifische", „per-capita"**) Wachstumsrate verstanden. Das heißt, es wird nicht die zeitliche Veränderung der Individuenzahl pro Fläche oder Volumen angegeben, sondern die zeitliche Veränderung der Individuenzahl pro Individuenzahl. Eine Zunahme von 1 auf 2 entspricht also der gleichen Wachstumsrate wie eine Zunahme von 1000 auf 2000. Die (Netto-)Wachstumsrate (r) ist definiert als:

$$r = \frac{dN}{dt} \cdot \frac{1}{N}$$

(t: Zeit; N Individuenzahl pro Fläche oder Volumen). Sie hat die Dimension t^{-1}.

Für Vermehrung und Verlust gibt es zwei unterschiedliche Prinzipien: Mehrzellige Organismen erzeugen eine Reihe von Nachkommen und sterben schließlich, während Einzeller sich in der Regel durch Teilung fortpflanzen und deshalb potentiell unsterblich sind. Deshalb haben sich mit Bezug auf die Populations-Wachstumsrate zwei unterschiedliche Terminologien durchgesetzt. Unter Vernachlässigung von Import und Export definiert man die (Netto-)Wachstumsrate:

1. In zoologischer Terminologie als

$$r = b - d,$$

wobei b die **Geburtenrate** und d die **Sterberate** bedeutet (Dimension: t^{-1}).

2. In mikrobiologisch-phytoplanktologischer Terminologie als

$$r = \mu - \lambda,$$

wobei μ die **Brutto-Wachstumsrate** und λ die **Verlustrate** symbolisiert.

Die resultierende **Netto-Wachstumsrate** kann positive (zunehmende Abundanz) oder negative (abnehmende Abundanz) Werte annehmen.

Wächst eine Population mit konstanter Wachstumsrate, kann ihre Größe zu einem zukünftigen Zeitpunkt (N_t) aus Ausgangsgröße (N_1), Zeitabstand und Wachstumsrate berechnet werden. Erfolgt das Wachstum in diskreten Schüben, läßt sich das Wachstum als geometrische Folge ausdrücken:

$$N_t = N_1 \cdot (1 + R)^{(t-1)} = N_1 \cdot (N_2/N_1)^{(t-1)}.$$

Diese Formel ist zum Beispiel dann anwendbar, wenn die Geburten immer in einer bestimmten Jahreszeit stattfinden oder auf andere Weise mit regelmäßigen Intervallen synchronisiert sind. Die Population wächst in diesem Fall in jedem Zeitintervall um einen bestimmten Bruchteil (R) der vorhandenen Populationsgröße. Das Zeitintervall im Exponenten muß ein ganzzahliges Vielfaches des Intervalls zwischen zwei Wachstumsschüben sein. Die Formel läßt sich nur anwenden, wenn sich die Organismen in diskreten Generationen **(Kohorten)** entwickeln, die deutlich unterscheidbar sind, z. B. bei Fischen und Insekten mit nur einer Generation pro Jahr oder bei Copepoden mit langer Entwicklungszeit und wenigen Generationen pro Jahr, die sich nicht überlappen (vgl. 5.2.6).

Häufig gibt es aber keine diskreten Schübe im Populationswachstum, sondern Geburten und Todesfälle sind zeitlich zufällig verteilt. Dann folgt die Abundanzänderung nicht der Treppenkurve einer geometrischen Reihe, sondern einer glatten Exponentialkurve. Diese läßt sich als Grenzfall der geometrischen Folge mit unendlich kleinen Zeitschritten denken:

$$N_2 = N_1 \cdot e^{r \cdot (t_2 - t_1)}.$$

Da bei logarithmischer Auftragung der Abundanz eine Exponentialkurve in eine Gerade verwandelt wird, läßt sich die Wachstumsrate aus den Logarithmen der Abundanz berechnen:

$$r = (\ln N_2 - \ln N_1)/(t_2 - t_1).$$

Als anschauliches Maß für die Vermehrungsintensität wird oft die Verdopplungszeit benutzt, der Zeitraum, in dem die Individuendichte auf das Doppelte zunimmt. Da der natürliche Logarithmus von 2 ca. 0,69 beträgt, bedeuten ein r von $0,69\ d^{-1}$ eine Verdopplung pro Tag und ein r von $-0,69\ d^{-1}$ eine Halbierung pro Tag. Die **Verdopplungszeit** einer zunehmenden Population (t_d) beträgt $\ln 2/r$.

5.2.4 Exponentielles und logistisches Wachstum

Populationen, deren Netto-Wachstumsrate immer negativ ist, können nicht existieren. Daraus folgt, daß alle existierenden Arten unter bestimmten Bedingungen in der Lage sein müssen, eine positive Netto-Wachstumsrate zu erzielen, d. h. mehr Nachkommen zu produzieren als durch Mortalität und Export verloren gehen. Bei konstanter Wachstumsrate würde die Abundanz einer immer steiler werdenden Exponentialkurve folgen (vgl. Box **4.2**). Offensichtlich würde das selbst bei langsam wachsenden Organismen schließlich zu einer völligen Überfüllung des Lebensraumes führen. Daraus ergibt sich, daß exponentielles Wachstum nicht unbegrenzt erfolgen kann. Nur bei der Neubesiedlung von konkurrentenfreien Lebensräumen, bei der Wiederbesiedlung nach Katastrophen oder nach dem Animpfen von Batch-Kulturen (Box **4.2**) von Mikroorganismen kann es zu einem länger anhaltenden exponentiellen Wachstum kommen. Normalerweise ist die Menge der zur Verfügung stehenden Ressourcen begrenzt, so daß es eine Obergrenze der Besiedlungsdichte gibt, die **Kapazität** genannt wird (in der englischsprachigen Literatur „**carrying capacity**").

Es gibt zwei Möglichkeiten, wie das Überschreiten der Kapazität verhindert wird:

1. Dichteunabhängige Begrenzung: Wir sprechen von dichteunabhängiger Begrenzung, wenn exponentielle Wachstumsvorgänge durch äußere Faktoren abgebrochen werden, deren Wirkung unabhängig von der Besiedlungsdichte sind. Solche Faktoren sind für die Population „Katastrophen". Es können plötzliche Veränderungen in den physikalischen Umweltbedingungen (Temperatur, Durchmischungsverhältnisse, Auswaschung durch Hochwässer, Austrocknung des Gewässers) sein oder plötzliche chemische Veränderungen (z. B. Vergiftung). Populationskontrolle ausschließlich durch dichteunabhängige Faktoren ist nur dann möglich, wenn derartige Katastrophen häufig genug sind, um jedesmal vor der Annäherung an die Kapazitätsgrenze zu wirken. Sie ist deshalb vor allem in stark gestörten Lebensräumen wichtig. Da Katastrophen zufällig auftreten, kann dichteunabhängige Regulation nicht dazu führen, daß Populationen annähernd konstant bleiben.

2. Dichteabhängige Regulation: Regulationsmechanismen, die zu einer Herabsetzung der Netto-Wachstumsrate bei zunehmender Besiedlungsdichte führen, werden als dichteabhängig bezeichnet. Sie können sowohl auf die Reproduktions- als auch auf die Mortalitätsrate einwirken. Zunehmende Verknappung der Ressourcen bei zunehmender Besiedlung kann zur Herabsetzung der Reproduktionsrate (Ressourcenlimitation) wie auch zur Erhöhung der Mortalität (verminderte Lebenserwartung, Hungertod) führen. Die Mortalität ist der steuernde Faktor, wenn bei erhöhter Besiedlungsdichte das Infektionsrisiko durch Parasiten und Krankheitserreger steigt oder wenn ein Räuber bevorzugt die häufigste Beuteart jagt. Die Einwirkung natürlicher Feinde (Parasiten, Räuber) ist eher von der absoluten Dichte abhängig, während die Einwirkung der Ressourcenlimitation vom Verhältnis zwischen Abundanz und Kapazität abhängt. Bei aktiv beweglichen Tieren kann die Dichteregulation auch dadurch geschehen, daß sie auswandern.

Dichteabhängige Faktoren halten die Abundanz in der Nähe der Kapazität, können also als echte Regulation bezeichnet werden. Überschreitet die Abundanz die Kapazität, wird die Wachstumsrate negativ, d. h. die Populationsdichte sinkt wieder. Umgekehrt wird die Wachstumsrate positiv, so daß die Populationsdichte wieder steigt, wenn die Abundanz die Kapazität unterschreitet. Sowohl negative als auch positive Wachstumsraten werden um so größer, je größer der Abstand zur Kapazität ist. Die einfachste mathematische Formulierung der dichteabhängigen Regulation ist die logistische Wachstumskurve, die wir bereits im Abschnitt 4.3.3 eingeführt haben:

$$\frac{dN}{dt} = r \cdot N \cdot \frac{K-N}{K} \quad \text{oder} \quad N_t = \frac{K}{1 + [(K-N_0)/N_0] \cdot e^{-rt}}.$$

Es gibt eine negative Rückkopplung zwischen der Populationsdichte und der Netto-Wachstumsrate. Manchmal wird diese aber nur mit einer **Zeitverzögerung** wirksam. Wenn zum Beispiel die Zahl der angelegten Eier vom Ressourcenangebot abhängt, die angelegten Nachkommen aber erst nach einer bestimmten Entwicklungszeit beginnen, die limitierende Ressource zu verbrauchen, wird eine Population mehr Nachkommen produzieren, als später ernährt werden können. Dann kommt es zu einer Überschreitung der Kapazität, die zu einem entsprechend höheren Verbrauch von Ressourcen und einer um so stärker reduzierten Populationswachstumsrate führt. Da aber auch in diesem Fall eine Verzögerung wirksam wird, kommt es jetzt zu einer Unterschreitung der Kapazität. Dadurch entstehen regelmäßige **Schwingungen** um die Kapazität (Abb. 5.2). Mathematisch läßt sich der Verzögerungseffekt so ausdrücken:

$$\frac{dN_t}{dt} = r \cdot N_t \cdot \frac{K - N_{t-T}}{K},$$

wobei T die Verzögerungszeit ist.

Je nach der Größe der Verzögerungszeit werden die Schwingungen um die Kapazität allmählich gedämpft oder nicht (Abb. 5.3).

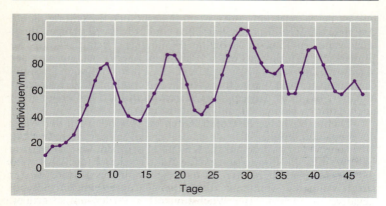

Abb. 5.2 Regelmäßige Populationsschwingungen in einer Kultur des Rädertiers *Brachionus calyciflorus* bei täglicher Erneuerung des Mediums mit einer konstanten Futtermenge (nach Halbach 1969)

Auf diese Weise entstehen viele Möglichkeiten für Schwankungen der Populationsdichte, ohne daß ein Anstoß von außen notwendig ist. Entscheidend für die Form der Kurve ist das Produkt aus r und T. Wenn $r \cdot T$ größer ist als $\pi/2$, entstehen stabile Schwingungen mit konstanter Amplitude. Wird die Verzögerung sehr lang (z. B.

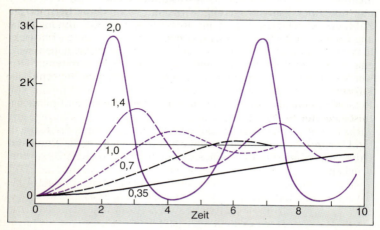

Abb. 5.3 Populationswachstum nach der logistischen Wachstumskurve mit einer Verzögerungszeit T. Kurven für verschiedene Produkte $r_{max} \cdot T$. K = Kapazität (nach Hutchinson 1978)

$r \cdot T$ ca. 2), entstehen steile, kurz andauernde Peaks und lange Minima. Während solcher Perioden von sehr niedrigen Populationsdichten besteht die Gefahr, daß Zufallsereignisse zur Ausrottung der Population führen („Random extinction").

5.2.5 Konzept des Fließgleichgewichts

Bleibt die Dichte einer Population annähernd in der Nähe der Kapazität konstant, so bedeutet das keineswegs, daß die populationsdynamischen Prozesse stillstehen, sondern nur, daß Reproduktion (plus Importe) und Mortalität (plus Exporte) einander die Waage halten. Die Population wird stetig erneuert, ohne sich in ihrer Dichte zu ändern. Ein solches **Fließgleichgewicht** kann man sich auch auf der Ebene abiotischer Ressourcen vorstellen. Chemische Substanzen können gleichzeitig verbraucht und durch Import (Nachlösung, Exkretion durch Organismen) regeneriert werden. Ein Fließgleichgewicht in der Populationsdynamik autotropher Organismen kann nur existieren, wenn gleichzeitig ein Fließgleichgewicht in den limitierenden abiotischen Ressourcen vorliegt.

Obwohl sich exakte Fließgleichgewichte in der Natur kaum oder gar nicht finden, spielt dieses Konzept bei ökologischen Modellen eine wichtige Rolle, weil selbst bei mäßig komplexen Modellen oft nur für die Gleichgewichtssituation ($dN/dt = 0$) eine analytische Lösung möglich ist. Übergangszustände können oft nur durch numerische Simulation berechnet werden. Die perfekteste experimentelle Annäherung an das Konzept des Fließgleichgewichts ist die Chemostatkultur von Mikroorganismen (vgl. 4.3.3). Hier übernimmt der kontinuierliche Import von Medium in das Kulturgefäß die Rolle der Ressourcenregeneration und der Export von Organismen durch den Überlauf die populationsdynamische Rolle der Mortalität (vgl. Box **4.2**).

Während der sommerlichen Stagnationsphase im Epilimnion geschichteter Seen ergibt sich eine Situation, die dem Fließgleichgewicht eines Chemostaten ähnelt. Die Biomasse des Phytoplanktons ändert sich dann nur wenig, obwohl man hohe Photosyntheseraten messen kann. Die neugebildete organische Substanz wird aber nicht akkumuliert, sondern wird mit annähernd derselben Geschwindigkeit eliminiert. Dasselbe gilt für einzelne Populationen von Phytoplanktern: Die tatsächlichen Zunahmen bleiben weit hinter den Raten der Zellteilungen zurück. Während unentwegt neue Phytoplankter durch Zellteilungen gebildet werden, werden in einem ähnlich schnellem Ausmaß Phytoplankter gefressen, durch Parasitenbefall getötet, durch Sedimentation aus dem Epilimnion entfernt oder sterben in physiologischen Streßsituationen. Ganz ähnliche

Verhältnisse herrschen auch beim Zooplankton. Auch für chemische Substanzen, die sich im Gegensatz zu Organismen nicht selbst reproduzieren können, gilt in dieser Situation die Annäherung an das Fließgleichgewicht: Konzentrationsveränderungen sind das Nettoergebnis von Zehrungsprozessen (Aufnahme durch Phytoplankter) und Nachlieferungsprozessen (Exkretion durch Zooplankter, Eintrag durch Zuflüsse, Einmischung aus dem Hypolimnion). Zooplankter spielen dabei eine ähnliche Rolle wie der Durchfluß in einem Chemostaten. Je mehr Algen sie fressen, um so mehr Nährstoffe (P als Orthophosphat, N als Ammonium und Harnstoff) exkretieren sie. Die Analogie zum Chemostaten besteht darin, daß bei steigender Durchflußrate sowohl mehr Algen eliminiert als auch Nährstoffe nachgeliefert werden.

5.2.6 Schätzung der Parameter der Populationsdynamik

Phytoplankter und andere Protisten

Die **Brutto-Wachstumsrate** (μ kann am einfachsten in Kulturen bestimmt werden, in denen Populationsverluste entweder ausgeschlossen oder experimentell kontrolliert werden. In Abwesenheit von Verlustprozessen kann μ aus der Veränderung der Populationsdichte (N_1, N_2) zwischen zwei Zeitpunkten (t_1, t_2) berechnet werden:

$$\mu = (\ln N_2 - \ln N_1)/(t_2 - t_1).$$

μ ist dabei eine Funktion der limitierenden Ressource (vgl. Box **4.2**). Die ressourcengesättigte („maximale") Wachstumsrate (μ_{max}) ist ein artspezifischer Parameter, der auch von der Temperatur abhängt. Die **maximalen Wachstumsraten** der planktischen Algen bei 20 °C variieren von ca. $0,25 d^{-1}$ (große Dinoflagellaten) zu ca. $2,5 d^{-1}$ (sehr kleine Grünalgen und Blaualgen). Im allgemeinen nimmt die maximale Wachstumrate mit der Zell- bzw. Koloniegröße ab. Das gilt allerdings nur für einen allgemeinen Trend über mehrere Zehnerpotenzen des Zellvolumens, nicht für den paarweisen Vergleich zweier Arten deren Zellvolumen sich um weniger als zwei Zehnerpotenzen unterscheidet (vgl. 4.5).

Unter natürlichen Bedingungen können Populationsverluste nie ausgeschlossen werden. Deshalb haben wir im Freiland die **Netto-Wachstumsrate** (r) zu betrachten (vgl. 5.2.3). Sie setzt sich aus **Vermehrungsrate** (μ) und **Verlustrate** (λ) zusammen und kann auch negativ sein:

$$r = \mu - \lambda.$$

Die Verlustrate läßt sich wieder in verschiedene Komponenten aufspalten, die alle mehr oder weniger wichtig sein können:

$\lambda = \gamma + \sigma + \delta + \pi + \omega$

γ Grazingrate (Verluste durch Zooplanktonfraß),
σ Sedimentationsrate,
δ physiologische Mortalität,
π Mortalität durch Parasiten,
ω Auswaschung.

Während r sich direkt aus Zählungen berechnen läßt, ist es in den meisten Fällen äußerst schwierig, alle Teilkomponenten der Bilanzgleichung zu erfassen. Die **Brutto-Wachstumsrate** kann im Freiland nur selten direkt geschätzt werden. Methodisch am besten abgesichert ist die Bestimmung aus der Frequenz sich teilender Zellen (= mitotischer Index; Braunwarth u. Sommer 1985).

Die **Sedimentationsrate** (σ) kann aus der Sinkgeschwindigkeit (v_s) und der Durchmischungstiefe (z) berechnet werden (s. 4.2.6). Wenn Werte über Sinkgeschwindigkeiten fehlen, können die Sedimentationsverluste auch direkt durch die Exposition von Sedimentfallen unterhalb der euphotischen Zone erfaßt werden (Sommer 1984). Das sind nach oben offene Röhren, in denen sich absinkende Partikel ansammeln, so daß sie nach bestimmten Zeiträumen (Tagen) gezählt werden können. Bei einem v_s/z-Quotienten (vgl. 4.2.6) von $0,5 d^{-1}$ liegen die Sedimentationsraten im selben Bereich, wie nur mäßig nährstoff- oder lichtlimitierte Wachstumsraten mittelgroßer Phytoplankter. Deshalb ist es auch bei verhältnismäßig guter Ressourcenversorgung für schnell sinkende Algen (Kieselalgen, Desmidiaceen) schwierig, sich im Epilimnion zu halten, wenn die Durchmischungstiefe gering ist. Wenn allerdings die Durchmischungstiefe etwa zehnmal so groß ist wie die tägliche Absinkdistanz der Alge, dann kann Sedimentation nur bei extrem starker Ressourcenlimitation (d. h. kleinen Wachstumsraten) zum Zusammenbruch einer Population führen.

Grazingraten (γ) können aus der Gesamtfiltrationsrate (G) des Zooplanktons und dem Selektivitätskoeffizienten (w) der untersuchten Algenart berechnet werden:

$\gamma = G \cdot w$.

Die Gesamtfiltrationsrate gibt an, welcher Anteil des Wasservolumens pro Zeiteinheit leergefressen wird, vorausgesetzt, daß die Futterpartikel optimal freßbar sind ($w = 1$). Sie ist die Summe aus den Filtrationsraten (Volumen/Zeit) aller einzelnen Zooplankter (Individuen/Volumen) und hat selbst die Dimension t^{-1}. Der Begriff „Filtration" wird für die Elimination der Algen benutzt, obwohl sich nicht alle Zooplankter im strengen Sinne filtrierend ernähren (vgl. 6.4.1). Der Selektivitätskoeffizient berücksichtigt die Tatsache, daß nicht alle Algen gleich gut freßbar sind. Die Grazingrate der Art i wird dazu auf diejenige für die am besten freßbare Art bezogen:

$w_i = \gamma_i/\gamma_{opt}$.

Da der Selektionskoeffizient nicht nur artspezifisch für die Phytoplankter ist, sondern auch von Art und Altersstadium der Zooplankter abhängt, macht die Bestimmung realistischer Grazingraten große Schwierigkeiten. Ausnahmen sind jene Phytoplankter, die für nahezu alle wichtigen Zooplankter optimal oder fast optimal freßbar sind. Das sind in erster Linie Flagellaten, aber auch dünnwandige coccale Algen des Größenbereichs 3—30 µm. Für solche Algen wurden während Maxima der Zooplanktonbiomasse Grazingraten bis zu ca. $2{,}5 d^{-1}$ gemessen. Das entspricht einer täglichen Populationsabnahme um 91,8% allein aufgrund des Grazing. Solche riesigen Verluste liegen über den maximalen Wachstumsraten der meisten Algenarten. Im Gegensatz zur Sedimentation können daher Grazingverluste auch Phytoplanktonpopulationen vernichten, die optimal mit Licht und Nährstoffen versorgt sind.

Die **physiologische Mortalität** (δ) kann nur erfaßt werden, wenn man von abgestorbenen Individuen eindeutig erkennbare Reste findet, z. B. die leeren Schalen von Kieselalgen. Mit Sedimentationsfallen kann man auch aus dem Epilimnion absinkende „Leichen" erfassen. Die physiologische Mortalität ist ein undefiniertes Gemisch verschiedenster Prozesse. Sicherlich ist die **Mortalität durch Parasiten** (π) in δ mit eingeschlossen, denn derzeit ist es noch unmöglich, sie aus dem Grad des Parasitenbefalls zu berechnen.

Die Verlustrate durch **Auswaschung** (ω) kann man aus dem Quotienten von Abfluß und Volumen des Epilimnions berechnen. Sie ist in den meisten Seen im Vergleich zu den bisher genannten Prozessen unbedeutend, kann jedoch zu Hochwasserzeiten (Schneeschmelze) wichtig werden.

Die relative Bedeutung der einzelnen Verlustfaktoren zeigt starke artspezifische Unterschiede (Abb. 5.4). Flagellaten <30 µm gelten als besonders anfällig gegenüber Fraßverlusten, sedimentieren aber kaum; große, koloniebildende Kieselalgen leiden nur wenig unter Grazing, sind aber empfindlich gegen Sedimentationsverluste und Parasiten. Die Verluste der großen, beweglichen Dinoflagellaten, die sowohl gegen Grazing als auch gegen Sedimentation resistent sind, sind zum größten Teil noch ungeklärt.

In den meisten Fällen ist es unmöglich, alle Komponenten der Populationsdynamik der Phytoplankter im Freiland zu bestimmen. Außerdem sind auch die meßbaren Komponenten stark fehlerbehaftet (Zählfehler, Stichprobenfehler aufgrund von heterogener

5.2 Regelung der Populationsgröße

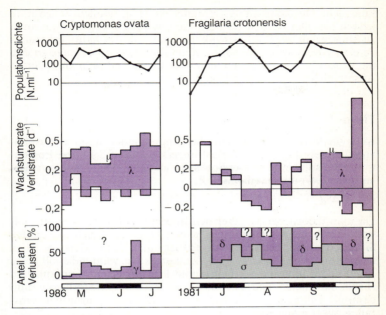

Abb. 5.4 Vergleich der Populationsdynamik eines gut freßbaren, nicht sedimentierenden Flagellaten (*Cryptomonas ovata*; nach Braunwarth 1988) mit einer fast unfreßbaren, stark sedimentierenden Kieselalge (*Fragilaria crotonensis*; nach Sommer 1984) im Bodensee.
Oben: Populationsdichte in der euphotischen Zone.
Mitte: Bruttowachstumsrate (μ); Nettowachstumsrate (r); Verlustrate (λ; Distanz zwischen μ und r).
Unten: Prozentueller Beitrag der einzelnen Komponenten zur Verlustrate: γ = Grazing durch Daphnien, σ = Sedimentation, δ = physiologischer Tod, hier überwiegend durch Parasiten verursacht, ? = unerklärte Verluste

Planktonverteilung, Fehler in der Bestimmung von Sinkgeschwindigkeiten, Selektionskoeffizienten etc.). Wegen dieser Schwierigkeiten wird statt der direkten Bestimmung der natürlichen Raten oft ein anderer Ansatz gewählt. Durch gezielte Manipulation in **„Enclosures"** (Abb. 2.1b) werden einzelne Komponenten ausgeschaltet, um durch einen Vergleich mit der Kontrolle ihre Bedeutung zu erfassen. Grazing kann zum Beispiel durch die Entfernung von Zooplanktern ausgeschaltet werden; Parasitismus durch Pilze kann durch Fungizide unterdrückt werden; Sedimentation kann durch künstliche Durchmischung verhindert werden. In allen Fällen muß jedoch beachtet werden, daß die Ausschaltung von Verlustfaktoren zu einer erhöhten Biomasseakkumulation führt. Dadurch kann es zu einer verschärften Ressourcenlimitation von μ kommen, so daß die Brutto-Wachstumsraten in der Kontrolle und im manipulierten Ansatz nicht mehr identisch sind.

Tiere

Auch die Veränderungen tierischer Populationen sind das Resultat von Vermehrungs- und Verlustprozessen (vgl. 5.2.3). Die Populationswachstumsrate (r) ergibt sich aus der Differenz von **Geburtenrate** (b) und **Sterberate** (d):

$r = b - d$.

Da man jedoch bei Mehrzellern die Reproduktions- und Juvenilstadien von den Adulten unterscheiden kann, ergibt sich eine andere Situation als bei Bakterien, Protozoen und Algen. Meistens ist es möglich, die Geburtenrate direkt zu bestimmen, während es oft keine Möglichkeit gibt, die Sterberate und ihre einzelnen Komponenten (Fraß, natürlicher Tod) zuverlässig zu messen. Die Sterberate muß dann als Differenz von Geburtenrate und Populationswachstumsrate geschätzt werden.

Dabei sind zwei unterschiedliche Reproduktionsweisen zu berücksichtigen:

1. Manche Tiere pflanzen sich in diskreten Schüben fort, so daß man die einzelnen Altersklassen als **Kohorten** verfolgen kann. Am einfachsten ist das, wenn jedes Tier sich während seines Lebens nur einmal fortpflanzt, und wenn die Reproduktion synchron erfolgt. Das ist zum Beispiel bei vielen Insekten der Fall, aber auch bei manchen Copepoden und beim Pazifischen Lachs (*Oncorhynchus*). Da man in diesem Fall jede Kohorte von dem Augenblick an, wenn die Jungen entlassen werden, bis zu dem, wenn sie als Adulte absterben, verfolgen kann, kann man alle populationsdynamischen Parameter direkt messen. Im Prinzip genügen zwei Meßwerte der Populationsdichte zu der Zeit, wenn die Jungen produziert werden. Verfolgt man jedoch das Schicksal der Kohorte fortlaufend, erhält man wichtige Zusatzinformationen, z. B. über die Mortalität in verschiedenen Altersstadien. Abb. 5.5 zeigt ein Beispiel für eine solche Kohorte für einen Copepoden, der nur eine Generation pro Jahr hat. Es ist deutlich zu sehen, wie die Individuendichte abnimmt, während die Copepodenkohorte älter wird. Ein ähnliches Bild ergibt sich, wenn es mehrere getrennte Generationen pro Jahr gibt.

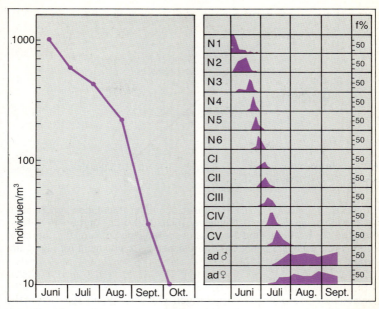

Abb. 5.5 Typische Entwicklung einer Kohorte. Der calanoide Copepode *Heterocope saliens* hat im norwegischen See Øvre Heimdalsvatn nur eine Generation im Jahr. Die Nauplien schlüpfen im Juni.
Links: Abnahme der Copepodenzahl im Laufe des Sommers.
Rechts: Zeitliches Auftreten der einzelnen Stadien (nach Larsson 1978)

Etwas komplizierter ist die Situation für langlebige Tiere, die mehrfach in ihrem Leben, aber in diskreten Schüben, Junge produzieren. Fische in gemäßigten Breiten, die nur einmal im Jahr laichen, sind ein solcher Fall. Eine Population besteht dann aus vielen Jahrgangsklassen, die auch Kohorten bilden. Es gibt Techniken der Altersbestimmung über Zuwachsringe auf Schuppen, Otolithen (Gehörsteinen) oder Knochen, mit denen man gefangene Fische einer bestimmten Jahrgangsklasse zuordnen kann. In diesem Fall kann man die mittlere Sterberate der Population auch dann bestimmen, wenn man keine exakten Schätzungen der absoluten Populationsgröße hat. Sofern eine für alle Alterklassen repräsentative Stichprobe vorliegt, genügt die relative Altersverteilung, um die Sterberate, gemittelt über mehrere Jahre, abzuschätzen. Abb. 5.6 gibt ein Beispiel für eine unbefischte Population von Felchen (*Coregonus* spec.) im Schluchsee im Schwarzwald. Bestimmt wurde die relative Altersverteilung der Fische, die in Kiemennetzen ver-

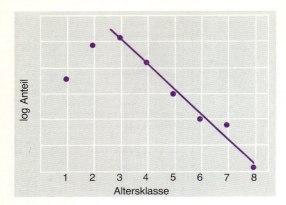

Abb. 5.**6** Altersklassenzusammensetzung einer Population von Felchen (*Coregonus* spec.) im Schluchsee (Schwarzwald). Durch die Altersklassen 3−8 wurde eine Regressionsgerade gelegt, um die jährliche Verlustrate zu bestimmen. Die Alterklassen 0−2 sind nicht repräsentativ erfaßt (nach Lampert 1971)

schiedener Maschenweiten gefangen wurden. Wenn die Logarithmen der Anteile der Altersklassen über dem Alter aufgetragen werden, kann man für Fische, die älter als 2 Jahre sind, eine Regressionsgerade berechnen. Die beiden ersten Jahrgänge sind unterschätzt, weil Kiemennetze solch kleine Fische nicht repräsentativ fangen.

Da wir es hier mit Kohorten zu tun haben und neue Jungfische nur in die Altersklasse 0 kommen, gibt es für die älteren Fische kein zahlenmäßiges Wachstum, sondern nur Verluste. In diesem Fall ist also $r = d$. Die negative Steigung der Regressionsgeraden gibt deshalb die Sterberate an. Sie beträgt in diesem Fall $0{,}87 a^{-1}$; das entspricht einem Verlust von ca. 58% der Population pro Jahr. Die Streuung um die Gerade ist sowohl durch Meßfehler als auch durch Schwankungen in der Größe der einzelnen Jahrgangsklassen als Folge unterschiedlichen Reproduktionserfolgs verursacht.

2. Im Gegensatz zu der Kohorte sprechen wir von **kontinuierlicher Reproduktion,** wenn Tiere sich mehrfach fortpflanzen, und sich die Generationen überlappen. Dann sind alle Alterklassen vorhanden, ohne daß man in einer Freilandprobe feststellen könnte, welchen adulten Tieren die Jungen zuzuordnen sind. Geburten- und Sterberaten von Populationen solcher Organismen können sich sehr schnell ändern, die Geburtenrate zum Beispiel mit dem Futterangebot, die Sterberate mit dem Auftreten von Räubern.

Box 5.1 Berechnung der Geburtenrate bei kontinuierlicher Reproduktion

Vorausgesetzt, daß die Reproduktion in der Population wirklich kontinuierlich ist, muß die Altersverteilung der Eier gleichmäßig sein, d. h., es müssen junge und alte Eier zu gleichen Anteilen vorhanden sein. Kennen wir die Entwicklungszeit (D) der Eier, so können wir erwarten, daß nach einer bestimmten Zeit der Teil der Eier geschlüpft ist, der dem Verhältnis aus Zeitintervall und Entwicklungszeit entspricht. Bei einer Entwicklungszeit von $D = 3$ Tagen werden also am Ende eines Tages alle Eier geschlüpft sein, die zu Beginn des Tages älter als 2 Tage waren, d. h. 1/3 (1/D). Die Zahl der Eier nimmt währenddessen nicht ab, da ja sofort neue Eier gelegt werden, wenn die alten schlüpfen.

Unter der Voraussetzung, daß keine Tiere sterben ($b = r$), können wir voraussagen, daß nach einem Tag die Population um diesen Anteil der Eier angewachsen ist. Wenn wir die Zahl der Eier pro Tier mit (E) ansetzen, so wächst die Population um den Anteil

$B = E/D$.

Für die Herleitung der Geburtenrate benutzen wir die Formel des exponentiellen Wachstums:

$b = (\ln N_2 - \ln N_1)/t$.

Wenn die Populationsgröße N_1 den Wert 1 hat, muß nach einem Tag

$N_2 = 1 + B$

sein. Eingesetzt in die obige Formel ergibt sich deshalb (Edmondson 1972):

$b = \ln(1 + B)$ oder $b = \ln(1 + E/D)$ (Dimension: d^{-1}).

Bei vielen Zooplanktern mit kontinuierlicher Reproduktion können wir für die Bestimmung der Geburtenrate die Tatsache ausnutzen, daß die Tiere ihre Eier mit sich herumtragen. Wir können also nicht nur die Anzahl der Tiere in unserer Probe zählen, sondern auch die Anzahl der Eier. Diese werden von der Mutter nicht ernährt. Ihre Entwicklung hängt also nur von der Temperatur ab, unter der die Mutter lebt und die man messen kann. Die Zeit, die ein Ei für seine Entwicklung braucht (einige Tage), kann man in Abhängigkeit von der Temperatur experimentell bestimmen. Je höher die Temperatur, desto kürzer ist die Entwicklungszeit (vgl. 4.2.1). Kennen wir die Zahl der Eier pro Tier und die Temperatur, bei der sich das Tier aufhält, können wir eine **augenblickliche Geburtenrate** (instantaneous birth rate) berechnen (Box **5.1**).

Wie bei den Algen können wir auch bei Tieren unter Bedingungen der kontinuierlichen Reproduktion die Populationwachstumsrate (r) aus zwei aufeinanderfolgenden Populationsdichten bestimmen:

$$r = (\ln N_2 - \ln N_1)/(t_2 - t_1) \,,$$

wobei N_1 und N_2 die Populationsgrößen zu den Zeitpunkten t_1 und t_2 sind.

Für die Bestimmung der Sterberate gibt es keine direkte Möglichkeit. Wir müssen sie als Differenz berechnen:

$$d = b - r \,.$$

Für diesen Zweck ist die Anwendung der Formel für die Geburtenrate (b) von Edmondson nicht ganz korrekt. Die Ableitung beruht ja auf der Annahme, daß keine Mortalität auftritt. Also kann man damit nicht die Mortalität schätzen. Deshalb hat es eine Reihe von Versuchen gegeben, die Formel zu ersetzen. Heute wird meistens die Formel von Paloheimo (1974) benutzt, die sich mathematisch aus der Formel von Edmondson herleiten läßt:

$$b = \ln(E + 1)/D \,.$$

Die populationsdynamischen Parameter bei kontinuierlicher Reproduktion werden für kurze Zeiträume (wenige Tage) ermittelt. Deshalb kann man ihre zeitlichen Veränderungen, z. B. über einen Jahreszyklus, beobachten und versuchen, sie mit sich ändernden Umweltfaktoren in Beziehung zu bringen. Abb. 5.7 zeigt das Beispiel eines Jahreszyklus für *Daphnia longispina*. Daphnien sind typische Vertreter für Populationen mit kontinuierlicher Reproduktion. Im zeitigen Frühjahr ist die Geburtenrate hoch, da die Eizahl pro Tier während des Frühjahrs-Algenmaximums hoch ist. Mit dem Eintritt des Klarwasserstadiums (vgl. 6.4) wird die Nahrungssituation für die Daphnien schlecht. Ihre Eizahl — und damit die Geburtenrate — sinkt. Im Sommer ist die Geburtenrate wieder hoch, aber nicht weil die Eizahlen so hoch sind, sondern weil die Temperatur hoch und damit die Eientwicklungsdauer kurz ist. Die Sterberate ist zunächst niedrig, später im Sommer aber, wenn es viele Feinde gibt, fast so hoch wie die Geburtenrate. Deshalb ist die Populationswachstumsrate, die Differenz zwischen Geburten- und Sterberate, im Frühjahr hoch, aber im Sommer niedrig.

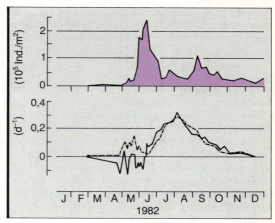

Abb. 5.7 Populationsdynamik von *Daphnia longispina* im Schöhsee (Holstein).
Oben: Jahreszeitliche Veränderung der Abundanz.
Unten: Geburtenrate (gestrichelt) und Sterberate (durchgezogen) (nach Lampert 1988)

Die Abb. 5.7 macht auch einige Probleme bei der Ermittlung der Sterberate deutlich. Im Frühjahr treten negative Sterberaten auf, was im Prinzip nicht möglich ist. Der Grund dafür dürfte darin liegen, daß die Sterberate aus $(b - r)$ berechnet, aber nicht selbst gemessen wird. Deshalb akkumulieren sich in d alle Fehler, die bei der Schätzung von b und r gemacht werden. Negative Sterberaten treten wahrscheinlich auf, weil im Frühjahr junge Daphnien aus Dauereiern im Sediment schlüpfen. Damit wächst die Population schneller als anhand der Geburtenrate vorausgesagt wurde.

5.3 Phänotypische und genotypische Variabilität

Ein Charakteristikum von Populationen ist die phänotypische und genotypische Variabilität. Die Individuen in einer Population sind nicht alle gleich. Ein Teil der Variabilität ist darauf zurückzuführen, daß die Organismen auf wechselnde Umweltbedingungen reagieren können **(Reaktionsnorm),** daß aber nicht alle Individuen unter genau den gleichen Umweltbedingungen gelebt haben. Solche phänotypischen **Modifikationen** verändern aber nicht das Erbgut und sind deshalb nicht erblich. Ein anderer Teil der Variabilität beruht auf genetischen Unterschieden zwischen Individuen. Entsprechend ihrem Genotyp können Organismen unter gleichen Umweltbedingungen verschieden reagieren (unterschiedliche Reaktionsnorm). Diese Unterschiede sind erblich.

Wenn wir natürliche Auslese als treibende Kraft der Evolution ansehen, müssen wir die Auslese von vererbbaren Eigenschaften betrachten. Es ist klar, daß Selektion nur auf eine Population von Phänotypen, die den Umwelteinflüssen ausgesetzt sind, wirkt. Diese Phänotypen aber sind Ausdruck der entsprechenden Genotypen. Evolution kann deshalb nur stattfinden, wenn eine Population auch eine genotypische Variabilität hat. Während die Ökophysiologie sich dafür interessiert, wie Organismen sich phänotypisch an die Umweltbedingungen anpassen und in diesen bestehen können, interessiert sich die ökologische Genetik für die Wirkung von Umweltfaktoren auf den Genpool von Populationen, d. h. für natürliche Auslese.

Der Unterschied kann in einem Beispiel erläutert werden: Im Bundesstaat Illinois der USA, der sehr stark landwirtschaftlich geprägt ist, gibt es viele hochproduktive Farmtümpel. Wegen der sehr hohen Nährstoffkonzentrationen kommt es darin im Sommer zu extrem hohen Algendichten. Das führt bei Tage zu hoher Primärproduktion an der Oberfläche. In der Tiefe, und nachts auch im Oberflächenwasser, kommt es aber zu erheblichen Sauerstoffzehrungen. In diesen Tümpeln leben Wasserflöhe der Art *Daphnia pulex*. Sie haben die Fähigkeit, unter Sauerstoffmangelbedingungen Hämoglobin zu bilden, mit dem sie den Sauerstoff auch noch bei sehr niedriger Konzentration aus dem Wasser extrahieren können. Wenn im Sommer die Sauerstoffbedingungen schlecht werden, kann man das daran erkennen, daß die vorher blassen Daphnien sich rosa verfärben. Das ist eine phänotypische Reaktion.

Da sich die Daphnien in einem Teich parthenogenetisch fortpflanzen, besteht eine Population aus vielen Klonen von genetisch identischen Individuen. Die einzelnen Klone unterscheiden sich aber genetisch. So gibt es zum Beispiel genetische Unterschiede in der Fähigkeit, Hämoglobin zu bilden. Unter gleichen Bedingungen können einige Klone wesentlich mehr Hämoglobin bilden als andere. Mit populationsgenetischen Methoden (Allozymelektrophorese) läßt sich nun zeigen, daß sich im Laufe des Sommers einige Klone, und zwar die, welche das meiste Hämoglobin bilden, im Teich anreichern, während die anderen selten werden. Hier hat also eine Verschiebung der Genotypenzusammensetzung der Population stattgefunden. Wir haben einen Selektionsprozeß beobachtet. Wichtig ist in diesem Fall, daß nicht ein Genotyp völlig verschwindet, sondern daß sich nur die relative Zusammensetzung der Population

5.3 Phänotypische und genotypische Variabilität

verschiebt. Genotypen, die nicht so viel Hämoglobin bilden, werden zwar selten, sie überleben aber in Habitaten, die noch tolerierbar sind (z. B. in der Nähe der Oberfläche). Da offenbar die Fähigkeit zur Bildung von viel Hämoglobin mit Kosten (Energie, bessere Sichtbarkeit) verbunden ist, sind die anderen Genotypen im Vorteil, wenn die Sauerstoffbedingungen wieder besser werden. Vom Herbst bis zum Frühjahr verschiebt sich die Genotypenverteilung deshalb wieder zu deren Gunsten.

In den letzten Jahren haben mehr und mehr Ökologen begonnen, die **genetische Struktur** von Populationen zu untersuchen, um Hinweise auf Selektionsfaktoren, aber auch auf Verbreitungsmechanismen und den Genaustausch zwischen Populationen zu bekommen. Genetische Variabilität bedeutet, daß bestimmte Eigenschaften der Organismen in verschiedener Ausprägung vorliegen können. Ein Gen kann in mehreren Allelen auftreten; wir bezeichnen es dann als **polymorph.** Wenn ein Locus in zwei Allelen (a und b) auftritt, dann kann ein diploides Individuum die Kombinationen aa, ab oder bb haben; wir hätten also drei mögliche Genotypen. Die relative Häufigkeit eines Allels in der Population bezeichnen wir als seine Frequenz. Wenn zum Beispiel das Allel a in 10% aller Fälle der untersuchten Individuen vorliegt, hat es die Frequenz $p = 0,1$. Entsprechend muß das Allel b die Frequenz $q = 0,9$ haben, denn wir haben nur zwei Allele, und $p + q$ muß 1 sein. Die relative Häufigkeit eines Genotyps **(Genotypfrequenz)** hängt von den Frequenzen der Allele ab. Unter Gleichgewichtsbedingungen gilt das **Hardy-Weinberg-Gesetz.** Die Genotypfrequenzen entsprechen der Gleichung:

$$1 = p^2 + 2pq + q^2$$

Das gilt aber nur unter Idealbedingungen:

1. Die Population muß groß sein;
2. alle Individuen müssen die gleiche Chance haben, sich zu kreuzen;
3. Mutation darf keine Rolle spielen;
4. es darf keine natürliche Auslese geben;
5. es darf keine Zu- oder Abwanderung geben.

In einer Population, in der alle diese Bedingungen erfüllt sind, gibt es keine Evolution. Allerdings ist auch nur eine annähernde Erfüllung der Bedingungen im Süßwasser selten. Findet man Abweichungen vom Hardy-Weinberg-Gleichgewicht, ist deshalb die Frage, worauf diese zurückzuführen sind, von besonderem ökologischen Interesse.

Morphologische Eigenschaften von Organismen werden meistens von mehreren Genen kontrolliert. Da sie auch noch phänotypisch variabel sind, gibt es selten klare Unterscheidungsmöglich-

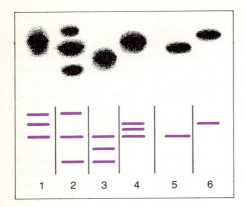

Abb. 5.8 Allozymmuster der Glucosephosphatisomerase von sechs Individuen von *Daphnia cucullata*.
Oben: Banden, wie sie nach der Elektrophorese auf einen Stärkegel sichtbar sind.
Unten: Schematische Aufschlüsselung der einzelnen Banden

keiten von Allelen. Um Einsichten in die genetische Struktur von Populationen zu bekommen, untersucht man deshalb die primären Genprodukte, Proteine. Besonders weit entwickelt ist das Studium von **Allozymen**. Das sind Enzyme, die zwar die gleiche Funktion, aber eine etwas andere Struktur haben. Bringt man sie auf einem geeigneten Trägergel in ein elektrisches Feld, so wandern sie mit unterschiedlicher Geschwindigkeit **(Elektrophorese)**. Nach einer bestimmten Zeit wird die Wanderung gestoppt. Mit einer spezifischen Färbung wird das Enzym als Bande sichtbar. Anhand der Strecke, die das Enzym auf dem Gel zurückgelegt hat, läßt sich bestimmen, welchem Typ ein Enzym, das aus einem Individuum isoliert wurde, angehört (Abb. 5.8). Nur wenn das Enzym in einer Population polymorph ist, wird man verschiedene Banden für die einzelnen Individuen finden. Ein Enzym, das in einer Population polymorph ist, kann in einer anderen monomorph sein, d. h., in der Elektrophorese nur eine Bande zeigen. Oft gibt es in einer Population zwei Allele eines polymorphen Enzyms, selten mehrere. Ein diploider Organismus kann dann entweder nur eine der beiden möglichen Banden haben, dann ist er homozygot, oder beide, dann ist er heterozygot. Untersucht man das polymorphe Enzym in einer großen Zahl von Individuen, so kann man direkt die Frequenzen der beiden Allele bestimmen. Daraus kann man berechnen, ob sich die Population annähernd im Hardy-Weinberg-Gleichgewicht befindet.

5.3 Phänotypische und genotypische Variabilität

Mit der Elektrophoresetechnik sind inzwischen viele Populationen aquatischer Organismen untersucht worden. Die genetische Struktur von Populationen gibt Hinweise darauf, daß sich eine natürliche Auslese abspielt oder daß es Austauschprozesse zwischen Populationen gibt. Ein Punkt ist aber sehr wichtig festzuhalten: Zeitliche und räumliche Unterschiede in Allelfrequenzen und der Genotypzusammensetzung, die mit Allozymen gewonnen werden, sagen uns nur, daß Veränderungen im Genpool stattgefunden haben; sie erklären nichts über die Ursachen oder über die Art eines Selektionsfaktors. Allozyme sind nur **Marker** für die genetische Zusammensetzung einer Population.

Betrachten wir noch einmal die Daphnien unter Sauerstoffstreß: Die Allozymanalyse sagt uns, daß es im Sommer eine Verschiebung im Genpool gibt, sagt uns aber nicht warum, denn wir haben nicht das Gen untersucht, das die Hämoglobinsynthese steuert. Anhand der Isozymdaten können wir aber bestimmte Genotypen identifizieren, die wir dann physiologisch untersuchen können. Auf diese Weise können wir zeigen, daß die Adaption an Sauerstoffmangelbedingungen nicht nur eine phänotypische Reaktion ist, sondern daß es zur Selektion besonders gut angepaßter Klone aus dem Spektrum der vorhandenen Genotypen kommt.

Die Voraussetzungen für die Gültigkeit des Hardy-Weinberg-Gesetzes, die weiter vorn aufgelistet sind, geben uns gleichzeitig einen Katalog von Fragen, zu denen die Allozymanalyse beitragen kann.

In kleinen Populationen spielt der **Zufall** eine große Rolle. Ein bekanntes Beispiel dafür sind die sogenannten **Rock-Pools,** kleine Tümpel an felsigen Meeresküsten, in denen sich Regenwasser sammelt. Diese sind sehr instabile Lebensräume. Wenn sie sehr klein sind, können sie austrocknen. Außerdem besteht die Gefahr, daß sie bei einer hohen Flut durch Spritzwasser versalzen werden; dann werden sie erst langsam durch Regenwasser wieder ausgesüßt. Solche Katastrophen können zur Auslöschung von Populationen führen. Dann spielt die Wiederbesiedlung eine große Rolle. Welche Genotypen zuerst ankommen, ist vom Zufall abhängig. Deshalb können sich benachbarte Tümpel in ihrer genetischen Struktur zunächst erheblich unterscheiden **(Gründereffekte).**

In Rock-Pools an der kalifornischen Küste leben harpacticoide Copepoden der Art *Tigriopus californicus*. Sie haben keine Dauerstadien, deshalb sterben einzelne Populationen bei Katastrophen aus. Normalerweise liegen diese Rock-Pools in kleinen Gruppen beieinander, die durch kurze Strecken von Sandküste getrennt sind. Allozymanalysen haben gezeigt, daß diese Gruppen sich in genetischer Struktur ihrer *Tigriopus*-Populationen stark unterscheiden. Innerhalb einer Gruppe sind die Unterschiede zwischen den Tümpeln weniger bedeutend. Nach einer Katastrophe gibt es zunächst starke Abweichungen durch Gründereffekte. Diese werden aber relativ schnell dadurch ausgeglichen, daß neue Genotypen aus benachbarten Rock-Pools dazukommen. Da diese in unterschiedlichen Höhen über der Wasserlinie liegen und unterschiedlich groß sind, werden von einer Katastrophe nicht alle Tümpel gleichzeitig betroffen (Burton u. Swisher 1984). Aus der genetischen Analyse lassen sich deshalb Rückschlüsse auf die Ausbreitung der Copepoden ziehen. Der **Genfluß** zwischen den Tümpeln einer Gruppe ist groß, während er zwischen den Gruppen sehr gering ist. Deshalb ist es sinnvoll, die Tiere einer Gruppe als eine Population zu betrachten, während die der nächsten, durch einen Sandstreifen getrennte Gruppe, einer anderen Population zugerechnet werden können.

Gründereffekte können von **Selektionsfaktoren** überlagert werden. Auch dafür bieten die Rock-Pools ein gutes Beispiel. Sie variieren in der Regel sehr stark im Salzgehalt. Tümpel, die nahe an der Hochwasserkante liegen, sind salziger als solche weiter im Hinterland. Auch diesen wird durch sprühende Gischt mit dem Wind Salz zugeführt; es gibt aber einen deutlichen Gradienten im Salzgehalt von der Wasserlinie ins Hinterland. Die genetische Struktur von Populationen der Cladoceren *Daphnia pulex* und *Daphnia magna* in einem Küstengebiet in Alaska ist detailliert untersucht worden (Weider u. Hebert 1987). Dabei zeigte sich ein klarer Effekt des Salzgehaltes; je näher die Tümpel an der Wasserlinie lagen, desto häufiger waren salztolerante Genotypen vertreten. Auch hier ist die zufällige Besiedlung der Ausgangspunkt für das beobachtete Phänomen. Auch die Tümpel mit relativ hohem Salzgehalt werden nach einer Katastrophe zufällig besiedelt. Wenn aber die Genotypen, die ankommen, nicht salztolerant sind, können sie sich nicht behaupten. Das geht so lange, bis zufällig ein salztoleranter Genotyp eintrifft. Als Ergebnis zeigt sich, daß die genetische Ähnlichkeit zwischen den Tümpeln nahe der Wasserlinie größer ist als zwischen diesen und den Tümpeln im Hinterland. Es entsteht ein Gradient der genetischen Zusammensetzung der Population, und wir können mit großer Wahrscheinlichkeit annehmen, daß der Salzgehalt der dafür verantwortliche Selektionsfaktor ist.

Populationen benachbarter großer Seen sind in ihrer genetischen Struktur normalerweise ähnlicher als die aus kleinen Teichen. In größeren Seen spielt wohl Selektion eher eine Rolle als Gründereffekte oder zufällige genetische Drift. Dennoch findet man auch bei benachbarten Seen Unterschiede in der genetischen Struktur von Populationen, die man aus den Allelfrequenzen als ein statistisches Maß (genetische Distanz) schätzen kann. Abb. 5.**9** zeigt ein Beispiel für *Daphnia galeata* in Holsteinischen Seen. Die Populationen, die

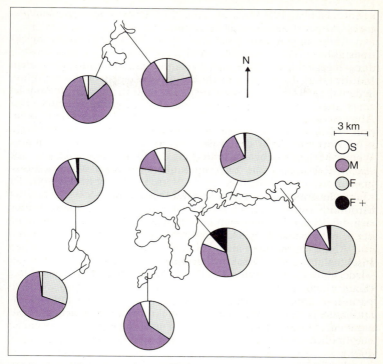

Abb. 5.9 Allelfrequenzen der Phosphoglucosemutase von *Daphnia galeata* in benachbarten Seen der Holsteinischen Schweiz. Die Kreissegmente geben die relativen Anteile der vier möglichen Allele an. Die zentrale Gruppe von Seen ist durch einen kleinen Fluß (Schwentine) verbunden, der von Osten nach Westen fließt (nach Mort u. Wolf 1986)

durch einen kleinen Fluß untereinander in Verbindung stehen, sind genetisch ähnlicher als solche, die davon getrennt sind. Aber bereits im vierten See der Kette (Großer Plöner See) gibt es erhebliche Abweichungen, da das ansonsten seltene Allel F^+ (läuft in der Elektrophorese besonders schnell) dort häufig ist. Der genetische Austausch zwischen den Populationen über das Flußwasser reicht offenbar nicht aus, die Selektionseffekte wieder völlig aufzuheben.

Selbst im gleichen See kann es genetische Differenzierungen geben, wenn der Wasseraustausch eingeschränkt ist. In einem kleinen bayerischen See (Klostersee bei Seeon), der zwei Becken aufweist, die durch eine flache Schwelle unter Wasser getrennt sind, konnte Jacobs (1990) zeigen, daß die Populationen von *Daphnia cucculata* genetisch verschieden waren.

Anthropogene Einflüsse sind häufig besonders starke Selektionsfaktoren. Wie auf dem Land kann man solche Resistenzbildungen gegen Schadstoffe auch bei aquatischen Organismen finden. Maltby (1991) berichtet über ein Beispiel aus einem englischen Fluß, in dem die Wasserassel *Asellus aquaticus* lebt. In diesen Fluß mündet ein Kanal, der Abwasser aus einer Kohlengrube einleitet. Der Abwasserkanal trennt zwei Populationen von *Asellus*. Die Population oberhalb der Einleitung ist empfindlich gegen Abwasserstreß, produziert aber unter Reinwasserbedingungen viele Nachkommen. Wenige Meter flußabwärts, unterhalb der Einleitungsstelle, lebt eine *Asellus*-Population, die zwar im sauberen Wasser weniger Junge produziert, aber *resistent* gegen die Verschmutzung ist. Obwohl der räumliche Abstand so gering ist und ständig Wasserasseln mit der Strömung von oben nach unten verdriftet werden, unterscheiden sich die beiden Populationen genetisch. Die Trennung ist stabil, da der Selektionsfaktor (Säure, Schwermetalle) offenbar sehr stark ist.

Ähnliches hat man auch bei der Bekämpfung von aquatischen Insektenlarven mit Insektiziden beobachtet. So mußte bei der wiederholten Bekämpfung von Büschelmückenlarven im Clear Lake (Kalifornien) nach 13 Jahren die Konzentration von Methylparathion erhöht werden, da sich die Mückenlarven mit der ursprünglichen Konzentration nicht mehr bekämpfen ließen. Tests ergaben, daß sie von 1962 bis 1975 um den Faktor 10 weniger empfindlich gegen das Gift geworden waren (Apperson u. Mitarb. 1978).

Veränderungen in der Zusammensetzung des Genpools einer Population sind der erste Schritt zur evolutionären Veränderung einer Art. Wir nennen die Selektion aus einer vorhandenen Variabilität **Mikroevolution.** Nun sollte man unter konstantem Selektionsdruck aber annehmen, daß die Variabilität von Merkmalen, die nicht selektionsneutral sind, immer mehr abnimmt. Eine interessante Frage, bei der Ökologie und Populationsgenetik eng verwoben sind, ist deshalb, wie und warum genetische Variabilität erhalten bleibt. Der möglicherweise wichtigste Grund ist sicher der, daß die Selektionsfaktoren nicht konstant sind; die Umweltbedingungen ändern sich räumlich und zeitlich, und damit haben immer wieder andere Genotypen einen Fitneßvorteil. Darüber hinaus hat die Populationsgenetik Modelle entwickelt, die weitere Denkmöglichkeiten eröffnen wie die **frequenzabhängige Selektion,** bei der seltene Genotypen einen Selektionsvorteil haben, wenn sich zum Beispiel ein Räuber auf die häufigsten Genotypen spezialisiert.

Die ökologische Genetik befindet sich in einer stürmischen Entwicklung. Neue molekular-genetische Methoden wie Mitochondrien-DNS- oder RNS-Fingerprinting eröffnen Möglichkeiten einer feinen Analyse von Verwandtschaftsbeziehungen. Für die Ökologen ist es von größter Wichtigkeit, die Brücke zu schlagen zwischen der deskriptiven Populationsgenetik, welche die zeitlichen und räumlichen Veränderungen der genetischen Strukturen von Populationen beschreibt, und der Ökophysiologie, die versucht, Fitneß zu quantifizieren.

5.4 Demographie

Bei den Betrachtungen zur Populationsdynamik (5.2.6) haben wir alle Individuen einer Population als gleichwertig betrachtet. Wir haben uns für die Vermehrungs- und Verlustraten der gesamten Population interessiert und deren numerische Veränderungen betrachtet. In Populationen von Einzellern ist das ausreichend, da die Individuen, die sich durch Teilung fortpflanzen, potentiell unsterblich sind. Bei Populationen von Mehrzellern jedoch ist nicht jedes Individuum gleichwertig. Vermehrung liefert immer Individuen der jüngsten Altersklasse und die Wahrscheinlichkeit zu sterben ist nicht in jedem Alter gleich.

Eine typische Eigenschaft solcher Populationen ist deshalb die **Altersstruktur.** Für ein bestimmtes Individuum einer Population läßt sich natürlich nicht voraussagen, wie lange es leben wird. Betrachten wir aber die ganze Population, dann können wir eine Wahrscheinlichkeit angeben, mit der das Individuum nach einer bestimmten Zeit noch leben wird. Anhand der Abb. 5.**5** wird das deutlich. Aus dem Zahlenverhältnis der aufeinanderfolgenden Larvenstadien läßt sich berechnen, wie groß die Wahrscheinlichkeit ist, daß ein Copepodid des Larvenstadiums (x) das Stadium ($x + 1$) erreicht. Bezeichnen wir die **Überlebenswahrscheinlichkeit** von Nauplius 1 zu Nauplius 2 mit p_1 und die folgenden Wahrscheinlichkeiten mit p_2 usw., so ergibt sich für die Wahrscheinlichkeit (L_x), daß der Copepode das Stadium (x) erreicht:

$$L_x = p_1 \cdot p_2 \cdots p_{x-1} \cdot p_x .$$

Da jedes p kleiner als 1 sein muß, wird das Produkt und damit die Überlebenswahrscheinlichkeit bis zu einem hohen Alter immer kleiner.

Der zeitliche Verlauf dieser Wahrscheinlichkeit ist für verschiedene Organismen sehr unterschiedlich. Drei Typen von Überlebensverläufen lassen sich charakterisieren und als **Überlebenskurven** darstellen. Im ersten Fall gibt es eine kurze Phase erhöhter

Juvenilensterblichkeit, und anschließend bleibt die Überlebenswahrscheinlichkeit für eine längere Periode relativ hoch; schließlich sterben alle Individuen in einem relativ kurzen Zeitraum. Eine solche Kurve trifft fast nur für höhere Säugetiere zu, die Brutpflege betreiben und, wenn sie über die juvenile Phase hinaus sind, kaum noch Feinde haben. Im Süßwasser kommt dieser Fall kaum vor.

Im zweiten Fall nimmt die Überlebenswahrscheinlichkeit um einen bestimmten Prozentsatz pro Altersklasse ab, also mit einer negativen Exponentialfunktion. Das bedeutet, daß die Verluste in zufälliger Art und Weise alle Altersgruppen treffen. Auch für diesen Kurvenverlauf dürfte im Süßwasser bei Metazoen schwer ein Beispiel für den gesamten **Lebenszyklus** zu finden sein (evtl. bei Rotatorien), wohl aber kann er in einem Teil des Lebenszyklus realisiert sein, z. B. bei Fischen, wie in Abb. 5.6 dargestellt, nach dem 2. Lebensjahr.

Im Süßwasser dürften Lebenszyklen häufiger sein, bei denen zunächst eine hohe Sterblichkeit unter den Jungen auftritt. Für die Individuen, die das kritische Alter überlebt haben, ist die weitere Überlebenswahrscheinlichkeit hoch und vom Zufall abhängig. Das Beispiel des Copepoden (Abb. 5.5) würde hierhin gehören, da die Sterblichkeit der Nauplien sehr viel höher ist als die der Copepodide und Adulten. Tiere, die keine Brutpflege betreiben, aber große Zahlen von Nachkommen erzeugen, folgen etwa diesem Modell, z. B. Muscheln, Insekten, aber auch Fische.

In der Natur ist kaum damit zu rechnen, daß einer dieser Idealtypen voll verwirklicht ist. Meistens werden Kombinationen aus den drei Typen vorliegen. Das ist auch bei der in Abb. 5.6 dargestellten Fischpopulation der Fall. Ab dem 3. Lebensjahr entspricht der Kurvenverlauf dem exponentiellen Modell. In den ersten beiden Jahren, die hier nicht quantitativ erfaßt sind, sind die Verluste jedoch sehr viel höher, so daß das 3. Modell zutreffend wäre.

Die Individuen einer Population tragen nicht alle gleich viel zu deren Erhaltung bei. Solange sie noch juvenil sind, erzeugen sie gar keine Nachkommen. Später kann die Zahl der Nachkommen, die produziert werden, vom Alter abhängig sein. Organismen, die sich nur einmal fortpflanzen und dann sterben, z. B. viele Insekten und der pazifische Lachs *(Oncorhynchus)*, sind ein Sonderfall, da ihre Reproduktion in einem einzelnen Puls erfolgt. Für Organismen, die sich mehrfach fortpflanzen, läßt sich aber eine charakteristische Kurve der altersspezifischen Fruchtbarkeit *(Fekundität)* erstellen (Abb. 5.10). Wir verstehen darunter die durchschnittliche Anzahl weiblicher Nachkommen, die ein Individuum in einer bestimmten Altersklasse produziert. Die altersspezifische Fekundität (bezeichnet als m_x) ist bis zum Eintritt der Geschlechtsreife Null. Dann steigt sie häufig an, da die Weibchen wachsen und um so mehr Junge

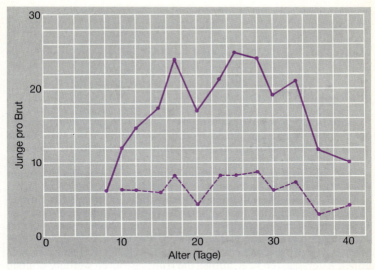

Abb. 5.**10** Altersspezifische Fekundität von *Daphnia pulex* bei hohem (durchgezogene Linie) und niedrigem (gestrichelte Linie) Futterangebot (nach Richman 1958)

produzieren können, je älter sie sind. Schließlich, wenn die Weibchen sehr alt werden, nimmt m_x wieder ab. Die Zahl der weiblichen Nachkommen eines Individuums ist dann die Summe aller Werte von m_x.

Wenn eine Population gegründet wird (Neubesiedlung eines Lebensraums), hat sie zunächst eine Altersstruktur, die vom Zufall abhängig ist. Werden die ersten Jungen geboren, verschiebt sich die Altersverteilung zu Jungtieren. Wenn diese geschlechtsreif werden, gibt es einen neuen Puls von Juvenilen. Die Altersverteilung und damit das mittlere Alter eines Individuums in der Population verschiebt sich also ständig. Da sich aber die Generationen überlappen, nähert sich, sofern die Umweltbedingungen sich nicht ändern, die Population nach einigen Generationen einem Gleichgewichtszustand. Sie erreicht eine **„stabile" Altersverteilung,** die der Überlebenskurve (vgl. Abb. 5.**6**) angeglichen ist.

Eine hohe Altersklasse muß nicht unbedingt einen großen Beitrag zur Population leisten, auch wenn ihre altersspezifische Fekundität hoch ist. Entsprechend der Überlebenskurve (Abb. 5.**6**) erreicht ja nur ein kleiner Teil der Organismen die hohe Altersklasse, so daß zwar jedes überlebende Individuum viele Junge produziert, insgesamt aber die Nachkommenzahl der Altersklasse gering ist. Die Gesamtzahl der weiblichen Nachkommen eines Individuums in der Population (R_0) hängt deshalb sowohl von der altersspezifischen Fekundität (m_x) als auch von der Überlebenswahrscheinlichkeit bis zu der entsprechenden Altersklasse (L_x) ab:

$$R_0 = \sum_{x=0}^{n} L_x \cdot m_x .$$

In einer Freilandpopulation muß dieser Wert immer kleiner sein als der Maximalwert, den ein Individuum unter Bedingungen, wo es nur eines natürlichen Todes stirbt (z. B. in Laborkulturen), erreichen kann.

R_0 gibt zwar an, wie viele Nachkommen ein Individuum in einer Population im Durchschnitt erzeugt, wir können es aber nicht direkt benutzen, um die Populationswachstumsrate (r), die wir als Fitneßparameter betrachten, zu schätzen. Diese ist nämlich von der zeitlichen Verteilung von m_x abhängig. Wenn hohe Werte von m_x von Jungtieren erreicht werden, ist das Populationswachstum größer, als wenn bei gleichem R_0 der Hauptteil der Reproduktion in hohen Altersklassen liegt. Junge, die früher geboren werden, können nämlich selbst schon wieder reproduzieren und zur Population beitragen, wenn ihre späteren Geschwister noch heranwachsen. Schnell wachsende Populationen haben deshalb ein relativ geringes Durchschnittsalter der Individuen.

Diese Tatsache wird in der Eulerschen Gleichung, die man zur Schätzung der Populationswachstumsrate aus den demographischen Parametern benutzen kann, berücksichtigt:

$$1 = \sum_{x=0}^{n} L_x \cdot m_x \cdot e^{-rx} .$$

Diese Gleichung muß iterativ gelöst werden, was mit den heute verfügbaren Computern kein Problem ist.

Demographische Parameter spielen eine sehr große Rolle in der Ökologie tierischer Populationen im Süßwasser. Da der Zeitpunkt der ersten Reproduktion und die Form der artspezifischen Fekunditätskurve einen so starken Effekt auf die Reproduktionsrate haben, unterliegen sie auch einem starken Selektionsdruck. Man kann die Evolution von Lebenszyklen der Organismen nur verstehen, wenn man weiß, welchen Effekt Veränderungen der demographischen Parameter haben.

Das sei am Beispiel der Fekunditätskurve einer *Daphnia* (Abb. 5.10) erläutert. Berechnet man mit Hilfe der Eulerschen Formel den Beitrag, den die aufeinanderfolgenden Bruten zur Gesamtpopulationswachstumsrate (r) leisten, so stellt man fest, daß nach der dritten Brut bereits über 90% des Maximalwertes von r (unter Einschluß sämtlicher Bruten) erreicht sind. Die vierte und sämtliche folgenden Bruten tragen nur noch sehr wenig zu (r) bei. In der Tat erreichen Daphnien in der Natur nur selten mehr als drei Bruten, da ältere (größere) Individuen unter einem hohen Räuberdruck stehen. Es ist deshalb günstig, daß die ersten Bruten sehr viel zur Gesamtvermehrungsrate beitragen.

5.5 Verteilung

Wirft man ein Quadrat bestimmter Seitenlänge in einen Bach und zählt die Organismen einer Art, die man in dem Quadrat findet, so wird man nicht bei jedem Wurf die gleiche Zahl ermitteln. Voraussetzung dafür wäre, daß die Organismen hinreichend klein und gleichmäßig verteilt wären.

Prinzipiell gibt es drei Möglichkeiten, wie Organismen im Raum verteilt sein können:

1. Die Verteilung kann **zufallsgemäß** sein. Die Individuen haben dann unterschiedlichen Abstand zueinander. Mißt man die Abstände aller benachbarten Individuen, so stellt man fest, daß zwei davon selten sehr nahe beieinander sind, aber auch selten sehr weit entfernt. Die Häufigkeit der Abstände folgt einer zufälligen Verteilung (Poisson-Verteilung).
2. Die Organismen können **gleichverteilt** sein. Im Extremfall hätten alle Individuen gleichen Abstand voneinander.
3. Die Verteilung kann **geklumpt** sein. Die Organismen tendieren dazu, in Aggregaten zusammenzuleben.

Eine Zufallsverteilung kann man erwarten, wenn die Organismen ihren Aufenthaltsort nicht selbst bestimmen können, etwa kleine Algen oder freie Bakterien im Epilimnion eines Sees. In einem relativ kleinen Maßstab (etwa bis in den Meterbereich) kann das auch gegeben sein. Im Maßstab von einigen Metern ist aber bereits Vorsicht geboten. Auch passiv verfrachtete Planktonorganismen können durch Wasserbewegungen zu „Wolken" zusammengetrieben werden, vor allem, wenn sich verschiedene Wasserkörper relativ zueinander bewegen (Walzenbildung).

Immer dann, wenn Organismen sich gegenseitig negativ beeinflussen, wenn sie sich zum Beispiel Konkurrenz um den Raum machen, kann man eine Verteilung finden, die gleichmäßiger ist als die Zufallsverteilung. Das ist im limnischen Bereich nicht so häufig wie im marinen, kommt aber vor allem in Fließgewässern vor. Ein

Beispiel wären netzspinnende Köcherfliegenlarven (vgl. 6.2.2) oder Zuckmückenlarven (Chironomiden), die im Sand Röhren bauen.

Eine geklumpte Verteilung kommt vor, wenn der Lebensraum der Organismen sehr heterogen ist, so daß es viele Mikrohabitate gibt. In Fließgewässern ist das fast immer der Fall. Zonen stärkerer und geringerer Strömung (vgl 3.4) sind die Regel und damit auch Zonen unterschiedlichen Substrats. Organismen werden sich deshalb an den Stellen anreichern, die für sie das beste Habitat bieten. Den stärksten Einfluß auf die Verteilung von Fließwasserorganismen hat die Verteilung ihres Futters (Hildrew u. Townsend 1982). Auch im Litoral stehender Gewässer sind geklumpte Verteilungen häufig, weil sowohl biotische (z. B. Makrophyten) als auch abiotische Faktoren (z. B. Wellenschlag) für eine starke Heterogenität des Lebensraumes sorgen.

Sogar im relativ homogenen Pelagial von Seen kommt es zu geklumpten Verteilungen. Besonders in der Vertikalen sind Plankter selten zufällig verteilt. Häufig findet man ausgeprägte Schichtungen selbst von kleinen Organismen (vgl. Abb. 3.**8**). Sie können durch aktive Bewegung oder durch vertikale Unterschiede in den Wachstums- und Verlustbedingungen hervorgerufen werden. Zooplankter sind ausreichend gute Schwimmer, um sich auch im durchmischten Epilimnion in einer bevorzugten Tiefe aufhalten zu können (vgl. 6.8.4). Aber auch mobile Algen, die entweder mit Geißeln schwimmen (Flagellaten) oder ihren Auftrieb mit Gasvakuolen regulieren können (einige Cyanobakterien), findet man oft scharf geschichtet in einer bestimmten Tiefe. Zu Anreicherungen kommt es auch an der Thermokline, wo die Sinkgeschwindigkeit durch den Sprung in der Dichte des Wassers reduziert wird.

Zooplankter treten oft in Wolken oder Schwärmen auf **(patchiness)**. Neben einer Anreicherung durch passive Verfrachtung können sie offenbar auch aktiv Schwärme bilden. Dichte Ansammlungen von Cladoceren kann man manchmal in ruhigem Wasser beobachten, wo sie sich an Untergrundstrukturen, z. B. hellen Flecken, orientieren. Die Bedeutung dieser Schwärme ist noch nicht ganz klar. Es ist aber möglich, daß die Schwarmbildung bei Planktonorganismen, genau wie bei Vögeln oder Fischen, einen Schutz gegen Räuber darstellt. Räuber tendieren dazu, Individuen außerhalb des Schwarmes anzugreifen, weil sie sich im Gewimmel nur schlecht auf ein Individuum konzentrieren können. Unerfahrene Stichlinge haben auf diese Weise Schwierigkeiten, Daphnien zu fressen, wenn diese in einem Schwarm zusammen sind (Milinski 1977). Da die Fische in jedem Fall an der Außenseite eines Schwarmes fressen, sind die Zooplankter im Inneren eines Schwarmes sicher. Der Zusammenhalt des Schwarmes ergibt sich dadurch, daß jedes Individuum versucht, ins Zentrum zu kommen.

Jakobsen u. Johnsen (1987) interpretieren das Auftreten dichter Schwärme (bis über 9000 Individuen pro Liter) der Cladocere *Bosmina longispina* im Litoral eines norwegischen Sees als Schutz vor den dort häufigen Stichlingen. Der Schutz, den das Individuum durch das Leben im Schwarm hat, muß erheblich sein, denn der Aufenthalt in der Schwarmmitte ist auch mit Nachteilen verbunden. Als Filtrierer sind Bosminen von der Konzentration der Nahrungspartikel abhängig. Im Zentrum eines *Bosmina*-Schwarmes ist die Konzentration der Futterpartikel wegen der Filtriertätigkeit so vieler Organismen aber wesentlich geringer als außerhalb. Das ist wiederum ein Beispiel für einen Konflikt zwischen der Maximierung der Reproduktionsrate (erfordert viel Futter) und der Reduktion der Mortalität (Schutz). Man kann vermuten, daß der Schwarm sich im Dunkeln, wenn die Fische sich nicht mehr optisch orientieren können, auflöst. Bei Fischschwärmen, die sich als Schutz vor Raubfischen und Vögeln zusammenschließen können, ist tatsächlich beobachtet worden, daß sie sich nachts zerstreuen, so daß die Individuen getrennt nach Futter suchen.

Fischschwärme sind aber auch ein gutes Beispiel dafür, daß Betrachtungen über die Verteilung von Organismen im Raum vom Maßstab abhängen. Blickt man mit kleinem Maßstab in einen Schwarm, so wird man eine erstaunlich gleiche Verteilung feststellen, da die Individuen konstanten Abstand zueinander halten. Nimmt man aber den ganzen See als Maßstab, so ist die Verteilung von Fischschwärmen extrem geklumpt. Welchen Maßstab man anlegen muß, hängt von der Fragestellung ab.

5.6 *r*- und *K*-Strategie

In einem dünn besiedelten Lebensraum mit freier Kapazität sind die Organismen einer ganz anderen Kombination von Selektionsdrücken ausgesetzt als bei einer Besiedlungsdichte in der Nähe der Kapazitätsgrenze. Im Wettbewerb von Populationen, die einen stark unterbesiedelten Lebensraum kolonisieren, kommt es auf eine hohe maximale Nettowachstumsrate (r_{max}) und eine hohe Verbreitungsfähigkeit an. In dicht besiedelten Lebensräumen (nahe an *K*) sind hingegen eine effiziente Nutzung knapper Ressourcen, Konkurrenzfähigkeit und die Vermeidung von Mortalität wichtig.

MacArthur u. Wilson (1967) faßten die Anpassungen an diese beiden Extreme als Grundtypen der Anpassungsstrategie von Organismen auf und benannten sie nach den beiden Parametern der logistischen Wachstumskurve ***r*- und *K*-Strategie**. Der Begriff Strategie ist metaphorisch zu verstehen, da er nicht teleologisch im Sinne einer planvollen Anpassung gemeint ist, sondern als Bündel von Merkmalen und Fähigkeiten, die unter bestimmten Bedingungen selektiert werden. Es wäre wohl korrekter, von r- und K-selektierten Merkmalen, Merkmalskombinationen oder Organismen zu sprechen.

Organismen können nicht gleichzeitig an die Selektionsbedingungen bei dünner und dichter Besiedlung („r- und K-Selektion") angepaßt sein, da jede Einheit Energie und Material nur an einer Stelle investiert werden kann. Was in die Bildung von Nachkommen investiert wird, kann zum Beispiel nicht mehr in die Bildung von Verteidigungsstrukturen investiert werden, die unter hoher Besiedlungsdichte wichtig sind. Dieses **„Allokationsproblem"** ist die wichtigste Ursache dafür, daß es keine „Superart" gibt, die unter allen Bedingungen allen anderen Arten überlegen ist.

Ursprünglich wurde das Begriffspaar r- und K-Strategen auf alle Arten pauschal verwendet. Ganze Gruppen wurden dem einen oder anderen Typ zugeordnet. Gräser und Insekten wurden zum Beispiel als typische r-Strategen und Bäume und warmblütige Säugetiere als typische K-Strategen bezeichnet. Heute ist es üblicher, das Begriffspaar relativ und im Sinne eines Kontinuums zu verwenden. Arten oder Genotypen werden nicht mehr generell als r- oder K-selektiert bezeichnet, sondern als „mehr oder weniger" im Vergleich zu anderen. Das kann im paarweisen Vergleich geschehen oder innerhalb einer Gruppe funktionell äquivalenter Organismen, z. B. Phytoplankter, Zooplankter, Fische.

Das Grundmerkmal r-selektierter Organismen ist eine hohe maximale Nettowachstumsrate (r_{max}). Um diese zu erreichen, sind hohe spezifische Stoffwechselraten, kurze Generationszeiten und eine hohe Allokation von Energie und Material in die Produktion von Nachkommen nötig. Für Protisten, bei denen es keine Trennung von Keimbahn und Soma gibt, ist eine hohe Allokation in Reproduktion gleichzeitig auch eine hohe Allokation in produktive Biomassekomponenten (z. B. Chlorophyll bei Phytoplanktern). Die Kosten einer Strategie, die auf maximale Reproduktion ausgerichtet ist, bestehen darin, daß nur wenig in Reservebildung, Strukturen, Enzyme und Verhaltensweisen für die Beschaffung knapper Ressourcen und in defensive Strukturen investiert werden kann. Daraus ergeben sich Nachteile, wenn es darum geht, Hunger zu ertragen, um knappe Ressourcen zu konkurrieren oder dem Druck von Freßfeinden zu widerstehen. Da hohe spezifische Stoffwechselraten in erster Linie von kleinen Organismen erreicht werden, sind r-Strategen meistens klein.

K-selektierte Organismen müssen in der Lage sein, zumindest langfristig eine negative Netto-Wachstumsrate zu vermeiden, auch wenn der Lebensraum bis an die Kapazitätsgrenze gefüllt ist. Das können sie durch Minimierung der Mortalität erreichen. Wenn die Mortalität von Freßfeinden stammt, helfen Verteidigungsstrukturen; häufig genügt schon eine Erhöhung der Körpergröße als Fraßschutz. Beide Anpassungen sind mit einer Verminderung der spezifischen Stoffwechselraten und Reproduktionsraten zu bezahlen. Gegen hungerbedingte Mortalität hilft die Speicherung von Reservestoffen. Auch **Reservebildung** muß aber damit bezahlt werden, daß die Speichersubstanzen metabolisch inaktiv sind und der unmittelbaren Investition in die Reproduktion entzogen werden. Eine andere Möglichkeit negative Netto-Wachstumsraten zu vermeiden, besteht darin, knappe Ressourcen effizient auszubeuten und zu verwerten. Dazu dienen wirksame Aufnahmesysteme bei Mikroorganismen und Mobilität, wenn die Ressourcen heterogen verteilt sind (z. B. vertikale Gradienten), Schnelligkeit und ein großer Aktionsradius bei Räubern sowie die Fähigkeit, pro konsumierter Einheit Ressource möglichst viel eigene Biomasse zu bilden (hohe **Wachstumseffizienz).**

Allokationsprobleme schließen nicht nur eine gleichzeitige Anpassung an r- und K-Selektion aus, es gibt auch Zielkonflikte zwischen den verschiedenen Anpassungen an K-Selektion. Ein Beispiel dafür wurde in Kapitel 4.3.7 erwähnt: Kieselalgen-Arten mit einer niedrigen Halbsättigungskonstante (k_s) für Phosphor haben eine hohe für Silizium und umgekehrt. Offensichtlich besteht also ein Allokationsproblem zwischen den Aufnahmensystemen für beide häufig limitierenden Elemente. Darüber hinaus ist die Nährstoffaufnahme nicht nur ein Problem der enzymatischen Ausstattung der Zelle, sondern auch des Verhältnisses zwischen Oberfläche und Volumen. Um ein großes Oberfläche-Volumen-Verhältnis zu erreichen, müßten Zellen klein sein, das ist aber unter dem Gesichtspunkt der Fraßresistenz ungünstig. Die größten Phytoplankter (Dinoflagellaten, koloniebildende Grün- und Blaualgen) sind daher ineffizient in der Nutzung knapper Nährstoffe, aber sie sind vor Fraß geschützt.

Während es also leicht ist, sich innerhalb einer funktionellen Gruppe von Organismen den idealen r-Strategen vorzustellen, gibt es keinen einzelnen idealen K-Strategen. Es können niemals alle Komponenten der K-Strategie gleichzeitig maximiert werden. Infolgedessen gibt es innerhalb jeder Gruppe von vergleichbaren Organismen ein Kontinuum von niedrigen zu hohen r_{max}. Die Organismen mit einem niedrigen r_{max} müssen kompensatorische Vorteile haben, die nur bei hoher Besiedlungsdichte wichtig sind, nicht aber bei niedriger. Arten mit hoher maximaler Wachstumsrate herrschen deshalb am Anfang der Besiedlung eines Lebensraumes vor. Sie kehren jedesmal wieder, wenn Störungen zu einer Verminde-

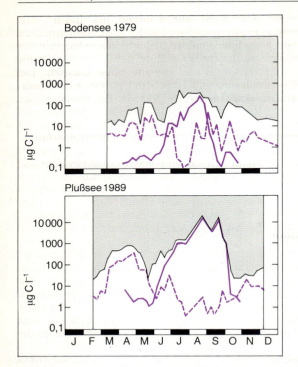

Abb. 5.11 *r*- und *K*-Strategen im Phytoplankton: Jahresgang der Biomasse des *r*-Strategen *Rhodomonas minuta* (− − −) und des *K*-Strategen *Ceratium hirundinella* (———) sowie Gesamtbiomasse des Phytoplanktons (weiße Fläche) im physikalisch sehr stabilen Plußsee und im weniger stabilen Bodensee

rung der Besiedlungsdichte führen. Da sie freiwerdende Lebensräume stets als Erste nutzen, werden sie auch **opportunistische Arten** genannt. Bei ungestörter Zunahme der Besiedlungsdichte werden sie von Arten mit niedrigerer maximaler Wachstumsrate verdrängt.

Abb. 5.11 zeigt das Beispiel eines extremen *r*-Strategen und eines extremen *K*-Strategen im Phytoplankton. Der *r*-Stratege ist *Rhodomonas minuta* mit einer maximalen Wachstumsrate von 0,95 d^{-1} bei 20 °C und einem Zellvolumen von ca. 80 μm^{-3}. Dieser Flagellat hat keine Zellulosewand und ist gegen Fraß durch Zooplankter ungeschützt. Im stark windexponierten Bodensee, dessen thermische Schichtung durch Stürme immer wieder partiell gestört wird, erreicht diese Alge nicht nur während des Beginns der Vegetationsperiode („Frühjahrsblüte", April/Mai), sondern auch nachher noch einige Male hohe Dichten. Im extrem windgeschützten Plußsee dagegen, dessen Schichtung während des Sommers kaum gestört wird, erreicht sie nur im Frühjahr hohe Dichten. Der Dinoflagellat *Ceratium hirundinella* repräsentiert den *K*-Strategen. Er hat eine maximale Wachstumsrate von 0,26 d^{-1} bei 20 °C, ein Zellvolumen von ca. 50000 μm^3 und eine dicke Zellulosewand. Deshalb kann er von fast keinem Zooplankter gefressen werden. In beiden Seen erreicht er sein Jahresmaximum während des Jahresmaximums der Gesamtbiomasse, eine Dominanz durch *Ceratium* (< 90% der Biomasse) baut sich jedoch nur im stabilen Plußsee auf, nicht im häufig gestörten Bodensee.

5.7 Verbreitung und Kolonisierung

Langfristig entscheidet die Bilanz aus Reproduktion und Mortalität über die Existenzfähigkeit einer Population. Zunächst ist es aber notwendig, daß die ersten Vertreter einer Art einen bestimmten Lebensraum überhaupt besiedeln. Diese Kolonisation kann durch aktive Bewegung oder durch passiven Transport erfolgen. Viele Organismen haben besondere Verbreitungsstadien, die sich für den Transport besonders gut eignen.

Man kann **Seen als Inseln** ansehen, die durch völlig andersartige Lebensräume voneinander getrennt sind. Selbst wenn sie durch Fließgewässer miteinander verbunden sind, so herrschen doch in den Fließstrecken andere Lebensbedingungen, und viele Organismen sind nicht in der Lage, sich gegen die Fließrichtung über größere Strecken zu bewegen. Auch Fische können an der Wanderung gehindert werden, wenn sie Wasserfälle nicht überwinden können. Deshalb waren die meisten Hochgebirgsseen der Alpen ursprünglich fischfrei, bevor (meist schon im Mittelalter) Besatzmaßnahmen durchgeführt wurden.

Im Gegensatz zu Seen sind **Fließgewässer verbundene Systeme.** Allerdings ist die physikalische Transportrichtung einsinnig, so daß die Besiedlung von oben schneller als die Besiedlung von unten erfolgt. Deshalb kann man die **Drift** (vgl. 4.2.5) von Organismen in Fließgewässern nicht nur als „Unfall" auffassen; sie stellt auch einen effektiven Verbreitungsmechanismus dar. Freie Strecken in Fließgewässern werden extrem schnell besiedelt. Bei der Umlegung eines Flusses in Kanada wurde zum Beispiel ein neues Bett gegraben. Als dieser neue Flußabschnitt schließlich geflutet wurde, waren nach einem Tag bereits 22 Taxa von Benthostieren vorhanden. Davon stammten 16 aus dem oberen Flußabschnitt (Drift). Die weitere Besiedlung erfolgte dann viel langsamer; nach 7 Tagen waren es 26 Arten, nach einem Jahr 41, davon 18, die nicht aus der Drift stammten (Williams u. Hynes 1977).

Diese schnelle Wiederbesiedlung macht Fließgewässer glücklicherweise wesentlich robuster gegen Umweltkatastrophen als Seen. Eines der spektakulärsten Ereignisse dieser Art war die Brandkatastrophe bei Sandoz in Basel im November 1986, bei der 10 – 30 Tonnen toxischen Materials wie Insektizide, Fungizide und Herbizide in den Rhein gelangten. Als Folge davon starben nicht nur Tausende von Fischen, vor allem Aale, bis zur Loreley, 400 km flußabwärts von Basel, auch das Makrozoobenthos wurde stark in Mitleidenschaft gezogen. Die regelmäßigen Probenahmen zeigten jedoch, daß die bodenbewohnenden Tiere sehr schnell zurückkehrten. Sie waren sicher als Drift aus dem Hochrhein und den Nebenflüssen zugewandert. Noch dramatischer, wenn auch nicht so öffentlichkeitswirksam, vollzog sich ein Giftunfall am Breitenbach bei Schlitz/Hessen, wo 1986 durch Forstleute nur wenige Gramm eines Borkenkäferbekämpfungsmittels (Cypermethrin) in den Bach gelangten. Das reichte jedoch aus, um in dem kleinen Fließgewässer auf einer Fließstrecke von 2 km alle Insektenlarven und Bachflohkrebse (Gammariden) zu töten. Der Effekt für den Bach war dramatisch. Durch den Ausfall der weidenden Larven überwucherten zunächst grüne Fadenalgen die Steine. Danach wurde der Bach schnell wieder besiedelt. Nach einem Jahr hatte er wieder seine „natürliche" Lebensgemeinschaft.

Fische, die lebenszyklische Wanderungen zwischen Meer und Fließgewässern durchführen (Aal, Lachs), können verschiedene Flußsysteme miteinander verbinden. Allerdings können auch bestimmte Meeresabschnitte unpassierbar sein. So kann der Aal das meromiktische, in der Tiefe sauerstofffreie Schwarze Meer nicht durchwandern und würde deshalb ohne Besatzmaßnahme im Donausystem fehlen.

Nach der Neuentstehung isolierter Gewässer werden diese sehr schnell von opportunistischen Arten besiedelt. Bei der Anlage eines Gartenteiches läßt sich das leicht beobachten. Fliegende Insekten, z. B. Mücken, Wasserwanzen und Käfer, sind häufig die ersten Besiedler. Andere Organismen werden durch passiven Transport von Gewässer zu Gewässer verbreitet. Das kann bei sehr kleinen Organismen (Algen, Protozoen) in Aerosolen geschehen. Viele Organismen haben resistente Dauerstadien, die zur Verbreitung dienen. Diese können direkt mit dem Wind oder im Haftwasser am Gefieder von Wasservögeln verbreitet werden. Sogar im Darmtrakt von Vögeln ist der Transport möglich.

5.7 Verbreitung und Kolonisierung

Pelagische Rotatorien und Cladoceren werden besonders leicht verbreitet. Sie können nach vielen Generationen parthenogenetischer Fortpflanzung eine bisexuelle Generation einschieben, als deren Ergebnis Dauereier entstehen. Bei Cladoceren werden diese oft in eine verdickte Struktur des Brutraumes, das Ephippium (Abb. 5.12), eingeschlossen, das bei der nächsten Häutung abgeworfen wird. Ephippien sind extrem resistent gegen ungünstige Umweltbedingungen. Sie können austrocknen, einfrieren und viele Jahre im anaeroben Sediment liegen. Da ihre Oberfläche hydrophob ist, schwimmen sie oft im Oberflächenhäutchen und heften sich an das Gefieder von Wasservögeln an, mit denen sie verschleppt werden. Aus den Dauereiern schlüpfen bei guten Bedingungen wieder Weibchen, die parthogenetisch eine neue Population aufbauen.

Mit steigender Mobilität wird auch der Mensch zum Ausbreitungsfaktor für aquatische Organismen. Bei Fischbesatzmaßnahmen kommt es meistens auch zu einer Verschleppung von planktischen Organismen. Ein spektakulärer Fall war Mitte der 80er Jahre die Einschleppung der räuberischen Cladocere *Bythotrephes cederstroemi* in die Großen Seen von Nordamerika. Sie war bis dahin die einzige europäische Planktonart, die keine Entsprechung in Nordamerika hatte. *Bythotrephes* verbreitete sich sehr schnell in allen großen Seen und führte zu einer völligen Veränderung der planktischen Lebensgemeinschaft, da er besonders Daphnien frißt. Eine Rekonstruktion der Funde ergab, daß er den Atlantik wahrscheinlich im Ballastwasser von Schiffen aus Osteuropa überquert hatte.

Ein anderer Fall ist die Dreikantmuschel (Wandermuschel) *Dreissena polymorpha*, die sich wegen ihrer freischwimmenden Veligerlarve gut verbreiten kann, allerdings nur mit der Strömung. Nachdem sie den Rhein und seine Nebenflüsse längst erobert hatte, war es deshalb erstaunlich, daß sie Ende der 60er Jahre plötzlich im Bodensee auftauchte, denn die Larven können sicherlich nicht den Rheinfall bei Schaffhausen überwinden. Da die ersten Exemplare aber in einem Hafen gefunden wurden, kann man annehmen, daß die Muscheln, die sich mit Byssusfäden an der Unterlage festspinnen, mit Sportbooten über Land transportiert wurden. Ende der 80er Jahre tauchte die Dreikantmuschel auch in den großen Seen von Nordamerika auf, wo sie sich durch ihre Veligerlarven explosionsartig vermehrte. Auch in diesem Fall gibt es kaum eine andere Möglichkeit als den Transport mit Schiffen.

Besonders bei den kleinen Organismen kann der passive Transport äußerst effektiv sein. Das zeigt sich zum Beispiel daran, daß bei Phytoplanktern **geographische Verbreitungsgrenzen** eine wesentlich geringere Rolle spielen als bei vielen Tieren. Vergleichbare Seen der nördlichen und der südlichen gemäßigten Zonen (z. B. südliches

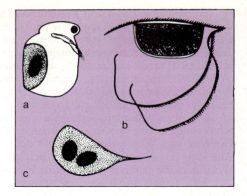

Abb. 5.12 Ephippien als Verbreitungsstadien der Cladoceren.
a: Ephippientragendes Weibchen von *Ceriodaphnia* spec.;
b: Ephippium von *Daphnia magna* mit erhaltenem Schalenrand;
c: Ephippium von *Daphnia longispina*.

Südamerika; Thomasson 1963) unterscheiden sich kaum im Artbestand ihres Phytoplanktons. Es gibt nur wenige Arten (keine einzige Gattung), die ausschließlich auf der Südhemisphäre oder der Nordhemisphäre vorkommen.

Beim Zooplankton gibt es eine stärkere biogeographische Differenzierung als beim Phytoplankton. Im allgemeinen ist das Zooplankton in südlichen gemäßigten Zonen artenärmer als das in nördlichen. Es gibt auch eine beinahe exklusiv südhemisphärische Copepoden-Gattung *(Boeckella)*, die nur einen Vertreter im mongolisch-ostsibirischen Raum hat.

Das extreme Gegenteil zur kosmopolitischen Verbreitung, wie wir sie beim Phytoplankton beobachten, ist der **Endemismus**. Damit bezeichnet man die Beschränkung eines Taxons auf einen einzigen Standort, wenn es auch andere Standorte mit ähnlichen Lebensbedingungen gibt. Endemische Arten werden besonders häufig in den tertiären Grabenbruchseen (Baikalsee, Tanganjikasee, Malawisee, Ohridsee) gefunden, die mit etwa 5 bis 20 Millionen Jahren deutlich älter sind als die große Mehrheit der anderen Seen (ca. 10000 bis 20000 Jahre). Da es nur wenige Seen gibt, die die letzte Eiszeit als solche überlebt haben, ist es leicht vorstellbar, daß Arten, die vorher weit verbreitet waren, heute nur noch in einzelnen Seen vorkommen. Gleichzeitig ermöglichte die lange Zeit der kontinuierlichen Existenz als See auch zahlreiche Artbildungen innerhalb dieser Gewässer.

Der südsibirische Baikalsee weist als ältester See (vermutlich 20 Millionen Jahre) auch den höchsten Grad an Endemismus auf. Nach Kozhov (1963) sind 708 von 1219 (58%) der Tierarten des Seebeckens endemisch, aber nur 12 der ca. 150 Phytoplanktonarten (8%). Auch innerhalb der Tiere gibt es interessante Unterschiede, die die Verbreitungsfähigkeit der Arten widerspiegeln. Einen auffallend niedrigen Grad von Endemismus weisen Rotatorien (5 von 48 Arten; 10,4%), Cladoceren (0 von 10 Arten; 0%) und calanoide Copepoden (1 von 5 Arten; 20%) auf. Tiere, die zu aktiven Bewegungen über größere Distanzen befähigt sind, haben einen mittleren Grad an Endemismus: Insekten mit flugfähigen Imagines mit 24 von 98 Arten (24%) und Fische mit 23 von 50 Arten (46%). Organismen mit starker Substratbindung neigen offenbar eher zum Endemismus als freischwimmende. Interessanterweise gehören zum Beispiel alle endemischen Fische des Baikalsees der benthosbewohnenden Unterordnung Cottoidei an, während es unter den Coregoniden, Salmoniden, Cypriniden, Accipenseriden und anderen Familien keine Endemiten gibt. Extrem ausgeprägt ist der Endemismus bei Turbellarien (alle 90 Arten), harpactoiden Copepoden (38 von 43 Arten; 88%), Ostracoden (31 von 33 Arten; 94%), Gammariden (239 von 240 Arten; 99,6%) und Mollusken (56 von 84 Arten; 67%), alles substratgebundene Tiere.

6 Interaktionen

Es ist lange bekannt, daß die meisten Arten in ihrer Verbreitung weit stärker eingeschränkt sind, als es ihrer physiologischen Toleranz entspricht. In vielen Fällen können verbreitungsgeschichtliche Ursachen dafür ausgeschlossen werden. Dann werden biotische Interaktionen, d. h. Wechselbeziehungen zwischen verschiedenen Populationen, zur Erklärung herangezogen. Organismen können durch ihren Konsum die Verfügbarkeit von Ressourcen für andere beeinflussen oder selbst Nahrung für andere Organismen sein. Wechselbeziehungen zwischen Organismen, die gemeinsame Ressourcen nutzen, bezeichnen wir als **Konkurrenz**. Solche Wechselwirkungen können indirekt sein, d. h. auf der Ausbeutung gemeinsamer Ressourcen beruhen, oder direkt, d. h. in einer unmittelbaren Schädigung oder Behinderung des Konkurrenten bestehen. Interaktionen zwischen Populationen, bei denen die eine als Nahrung für die andere dient, werden als **Räuber-Beute-** oder **Parasit-Wirt-Beziehungen** bezeichnet. Konkurrenz und Räuber-Beute-Beziehungen sind zumindest für einen Partner negative Interaktionen. Daneben gibt es aber auch positive, von denen beide Partner profitieren **(Symbiose)**, z. B., indem Stoffwechselendprodukte jedes der beiden Partner Ressourcen für den anderen sind (z. B. die nitrifizierenden Bakterien *Nitrosomonas* und *Nitrobacter*).

6.1 Konkurrenz um Ressourcen

6.1.1 Historische Konzepte: Exklusionsprinzip — Nische

Wenn Organismen derselben Population oder verschiedener Populationen dieselben Ressourcen nutzen, kommt es durch den kumulativen Effekt aller beteiligten Organismen zu einer Verminderung der Konzentration, Häufigkeit bzw. Verfügbarkeit der gemeinsamen Ressource. Das kann so weit gehen, daß negative Folgen wie Limitation der Vermehrungsraten, physiologische Insuffizienz oder sogar Hungertod auftreten. Wir bezeichnen diese Wechselwirkung zwischen Organismen als **„exploitative Konkurrenz"**, da sie auf der Ausbeutung gemeinsamer Ressourcen beruht. Exploitative Konkurrenz ist eine indirekte Interaktion, da die Herabsetzung der Vermehrungsfähigkeit bzw. Vitalität des Konkurrenten nicht durch

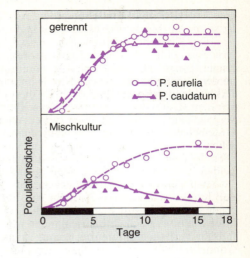

Abb. 6.1 Konkurrenzexperimente von Gause (1934).
Oben: Wachstum von *Paramecium aurelia* und *P. caudatum* in getrennter Kultur (Nahrung: Hefe).
Unten: Wachstum beider Arten in Mischkultur.

direkte Einwirkung (Antibiose, Aggression) verursacht wird. Wenn davon gesprochen wird, daß sich zwei Populationen in einem Konkurrenzverhältnis befinden, muß immer definiert werden, um welche Ressource(n) sie konkurrieren.

Die ersten Konkurrenzexperimente unter kontrollierten Laboratoriumsbedingungen wurden mit den Ciliaten *Paramecium aurelia* und *Paramecium caudatum* durchgeführt, die beide um die gemeinsame Nahrungsressource Hefe konkurrierten (Gause 1934). In getrennter Kultur konnten sich beide Arten erfolgreich vermehren und erreichten annähernd gleiche Populationsdichten. In gemischter Kultur wurde jedoch *P. caudatum* von *P. aurelia* verdrängt (Abb. 6.1). Dieses und eine Reihe ähnlicher Experimente führten zur Formulierung des **Exklusionsprinzips:** Im selben Lebensraum kann von mehreren um dieselbe Ressource konkurrierender Arten nur eine überleben.

Ein unmittelbarer Abkömmling des Exklusionsprinzips ist das Konzept der ökologischen **Nische:** Um langfristig miteinander koexistieren zu können, müssen verschiedene Arten entweder in verschiedenen Lebensräumen leben, verschiedene Ressourcen nutzen, dieselben Ressourcen aus verschiedenen Quellen beziehen (z. B. flach- und tiefwurzelnde Pflanzen) oder verschiedene Ansprüche an physikalische Umweltbedingungen haben. Die Gesamtheit aller Ansprüche wird als die für eine Art charakteristische Nische definiert (vgl. 4.1.2). Nach dem Exklusionsprinzip kann in einer Nische nur eine Art existieren. Einnischung (die Ausbildung distinkter Nischen) ist somit ein Mechanismus der Konkurrenzvermeidung.

Das Konzept der Nische ist keineswegs unumstritten. Einwände gibt es sowohl auf wissenschaftstheoretischer als auch auf empirischer Ebene. Die wissenschaftstheoretische Kritik setzt vor allem an der n-Dimensionalität der Nische an. Dadurch wird nämlich das Exklusionsprinzip der empirischen Überprüfbarkeit entzogen, d. h. vor dem Risiko der Falsifizierung geschützt (vgl. 2.1). Wann immer vergleichende Untersuchungen zweier Arten nicht in der Lage sind, Unterschiede in Habitat, Ressourcenansprüchen oder physikalischen Umweltansprüchen festzustellen, kann entgegnet werden, daß eben die eine entscheidende Nischendimension, entlang der sich die beiden Arten unterscheiden, noch nicht gefunden worden ist.

Auf der Basis des Nischenkonzepts wird auch argumentiert, daß Konkurrenz heute nicht mehr stattfinde. Einstmals konkurrierende Arten hätten sich zur Vermeidung der Konkurrenz im Laufe ihrer Stammesgeschichte auseinanderentwickelt oder würden sich, falls ihr Verhalten differenziert genug ist, aktiv aus dem Wege gehen. Connell (1980) verhöhnte diese Vorstellung als „ghost of competition past" (Gespenst der vergangenen Konkurrenz). Tatsächlich ist die Vorstellung, historische Konkurrenz hätte zur Abwesenheit aktueller Konkurrenz geführt, ein Verstoß gegen das ursprünglich für die Geologie entwickelte und von Darwin für die Evolutionslehre übernommene Lyellsche Prinzip. Danach dürfen für die Erklärung vergangener Prozesse nur solche Kräfte herangezogen werden, deren Wirken auch in der Gegenwart nachgewiesen werden kann.

In der Praxis macht es große Schwierigkeiten, sich die Verwirklichung des Prinzips „eine Art — eine Nische" für Pflanzen vorzustellen. Es gibt einige Hunderttausend verschiedene Pflanzenarten, die mit ihren verschiedenen Organen, Samen und Blütennektar genügend verschiedenartige Ressourcen bieten, um den einigen Millionen Tierarten eine perfekte Spezialisierung auf verschiedene Ressourcen zu ermöglichen. Andererseits gibt es für die Pflanzen nur verhältnismäßig wenige verschiedenartige Ressourcen (Licht und Nährstoffe), von denen einige fast immer im Überschuß vorhanden sind. Besonders deutlich wird dieses Problem für die Phytoplankter, die, suspendiert in einem turbulenten Medium, keine Möglichkeit haben, sich bei der Beschaffung ihrer Ressourcen aus dem Weg zu gehen. Hutchinson (1961) bezeichnete den Widerspruch zwischen dem Exklusionsprinzip und der tatsächlich beobachteten Artenvielfalt des Phytoplanktons, selbst in kleinen Wasserproben, als **„Paradoxon des Planktons"**. Dieser Artikel stimulierte eine lange Kette von theoretischen und experimentellen Untersuchungen über interspezifische Konkurrenz, aus denen schließlich die mechanistische Theorie der Konkurrenz hervorging (Tilman 1982).

Die Kontroversen um das Konzept der Nische waren für die empirische Forschung äußerst stimulierend. Dennoch beruht vieles daran auf einem Mißverständnis: auf der völligen Mißachtung der Dimension Zeit. Bereits ein kurzer Blick auf Gauses *Paramecium*-Experiment zeigt, daß auch im Verdrängungsversuch beide Arten im selben Gefäß und mit derselben Ressource bis zum 16. Tag zusammen vorkamen. In diesem Fall entsprach das annähernd 16 Generationen. Die Verdrängung eines unterlegenen Konkurrenten benötigt also Zeit. Sie benötigt um so mehr Zeit, je langsamer sich die konkurrierenden Arten vermehren oder je geringer sie sich in ihrer Konkurrenzfähigkeit unterscheiden. Es ist auch ohne weiteres vorstellbar, daß es bei Arten mit ähnlicher Konkurrenzfähigkeit durch leichte Veränderungen in den Umweltbedingungen (z. B. Temperatur) zu einer Umkehrung der Dominanzverhältnisse kommt, bevor die Verdrängung der leicht unterlegenen Art stattgefunden hat. Berücksichtigt man die zeitliche Dimension des Konkurrenzkampfes, dann wird auch klar, daß aus Verbreitungsdaten einer Art nicht auf ihre Nische geschlossen werden kann (vgl. 4.1.2). Aus einer zeitlichen Momentaufnahme kann man nämlich nicht erkennen, ob eine Art stabil ist oder im Begriff, verdrängt zu werden. Selbst wenn eine Tendenz zur Abnahme sichtbar ist, läßt sich nur selten ausschließen, daß sich die betreffende Art nicht auf einem niedrigeren Abundanzniveau stabilisieren würde.

Die Möglichkeit vorübergehender Koexistenz oder langfristiger Koexistenz bei wechselndem Vorteil bedeutet aber auch, daß Konkurrenten nicht unbedingt in die Richtung größerer Verschiedenheit (Einnischung) evolvieren müssen. Sie können sich auch in die Richtung größerer Ähnlichkeit (Minimierung der Verdrängungsgeschwindigkeit) entwickeln. Deshalb ist die Wahrscheinlichkeit der Koexistenz für unterschiedliche Organismen nicht notwendigerweise größer. Sehr ähnliche Arten mit identischen Ansprüchen und ähnlichen Fähigkeiten, diese zu befriedigen, können auf der Basis des wechselnden Vorteils oder der langsamen Verdrängung koexistieren, während unähnliche Arten auf der Basis verschiedenartiger Ansprüche (Einnischung) zusammen existieren können. Am geringsten ist die Wahrscheinlichkeit der Koexistenz bei Arten mäßiger Unterschiedlichkeit, die zwar weitgehend identische Ansprüche haben, sich aber in den Fähigkeiten zur Befriedigung ihrer Ansprüche unterscheiden.

6.1.2 Konkurrenzmodell nach Lotka und Volterra

Der erste Versuch, das Phänomen der Konkurrenz mathematisch zu beschreiben, bestand in einer Ausweitung der logistischen Wachstumsgleichung (vgl. 5.2.4). Diese beschreibt in ihrer einfachen Form die negative Rückkopplung auf die eigene Wachstumsrate lediglich als Folge der Populationsdichte der eigenen Art. Im **Lotka-Volterra-Modell** kommt dazu, daß auch von der Populationsdichte konkurrierender Arten ein vermindernder Effekt auf die Wachstumsrate ausgeht. Die mathematische Formulierung für zwei Arten lautet:

$$\frac{dN_1}{dt} \cdot \frac{1}{N_1} = r_1 \cdot \frac{(K_1 - N_1 - \alpha N_2)}{K_1}, \tag{6.1}$$

$$\frac{dN_2}{dt} \cdot \frac{1}{N_2} = r_2 \cdot \frac{(K_2 - N_2 - \beta N_1)}{K_2}. \tag{6.2}$$

Dabei bedeuten N_1 und N_2 die Individuenzahlen für die Arten 1 und 2, und K_1 und K_2 sind die entsprechenden Kapazitäten. Die Koeffizienten α und β sind ein Maß für den Einfluß der einen Art auf die jeweils andere. Läßt man die Populationen wachsen, so werden sie entsprechend der logistischen Wachstumsfunktion ein Gleichgewicht bei der Kapazität erreichen. Dann ist die Wachstumsrate $r = 0$. Da die Kapazität von den vorhandenen Ressourcen abhängt und die beiden konkurrierenden Arten sich diese Ressourcen teilen müssen, wird jede Art einen bestimmten Anteil an der Gesamtzahl der Individuen stellen. Immer wenn eine Art die Kapazität nicht ganz erreicht, kann mit Individuen der anderen Art aufgefüllt werden. Das Verhältnis der beiden Arten kann man bestimmen, wenn man die Gleichungen 6.1 und 6.2 für ($r = 0$) löst. Die Gleichgewichtslösung bei $dN/dt = 0$ lautet:

$$N_1 = K_1 - \alpha N_2, \tag{6.3}$$

$$N_2 = K_2 - \beta N_1. \tag{6.4}$$

Aus diesen Gleichungen kann man ein graphisches Modell ableiten, das das Resultat der Konkurrenz bei verschiedenen Konkurrenzkoeffizienten deutlich macht. Wenn wir eine bestimmte Anzahl Individuen der Art 1 haben, können wir aus Gleichung 6.3 berechnen, wie viele Individuen der Art 2 nötig sind, um die Kapazität zu erreichen. Tragen wir alle denkbaren Gleichgewichtskombinationen in einem Koordinatensystem mit N_1 auf der X-Achse und N_2 auf der Y-Achse ab, so liegen sie auf einer Geraden (Abb. 6.**2**, A).

Für den Fall, daß kein Individuum der Art 2 vorhanden ist ($N_2 = 0$), ergibt Gleichung 6.3 $N_1 = K_1$, d. h. die Kapazität. Den Schnittpunkt mit der Y-Achse erhalten wir für $N_1 = 0$ aus Gleichung 6.3:

$$N_2 = K_1/\alpha.$$

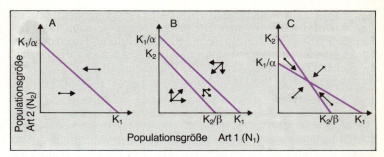

Abb. 6.2 Graphisches Modell der Konkurrenz nach Lotka u. Volterra. Die Geraden verbinden alle Gleichgewichtskombinationen der Arten 1 und 2, deren Populationsgrößen auf den Achsen abgetragen sind.
A: Änderung der Populationsdichte von Art 1, die mit Art 2 konkurriert. Wenn immer eine Kombination auftritt, die nicht auf der Geraden liegt (Punkt) entwickelt sich die Population in Richtung des Pfeiles.
B: Entwicklung beider Arten. In diesem Fall zeigen die Pfeile die Richtung beider Arten und die Resultierende für die Gesamtpopulation. Die Population bewegt sich in den Raum zwischen den Geraden für die beiden Arten und dann in Richtung der X-Achse. Es gewinnt Art 1.
C: Wenn die beiden Geraden sich überschneiden, gibt es einen Punkt stabiler Koexistenz

Wenn durch Zufall eine Kombination auftritt, die nicht auf der Geraden liegt, werden die Individuenzahlen beider Arten so lange zu- oder abnehmen, bis die Kapazität wieder erreicht ist, d. h. die Gesamtpopulation wird sich auf die Gerade zu bewegen.

Eine ähnliche Gerade kann man für die Art 2 mit dem Koeffizienten β konstruieren. Der Verlauf der Konkurrenz hängt dann von der Lage der Geraden ab. Zwei Möglichkeiten sind in Abb. 6.2 dargestellt. Im ersten Fall (B) liegt die Gleichgewichtsgerade für die Art 1 höher als die für Art 2. Wenn die Gesamtpopulation unterhalb der Kapazität für Art 2 liegt, wird sie zunächst wachsen, bis die Gerade für $r_2 = 0$ erreicht ist. Jetzt kann Art 2 nicht mehr weiterwachsen, wohl aber Art 1. Liegt die Gesamtpopulation außerhalb der beiden Geraden, wird die Individuenzahl beider Arten abnehmen, bis die obere Gerade erreicht ist. Dann bleibt Art 1 konstant, aber Art 2 nimmt weiter ab. Zwischen den beiden Geraden nimmt Art 1 zu, während Art 2 abnimmt. Als Resultat bewegt sich die Gesamtpopulation, wo auch immer der Startpunkt liegt, in Richtung K_1 auf der X-Achse. Das heißt, daß nur Individuen der Art 1 übrigbleiben. Art 2 wird durch Art 1 verdrängt.

Eine andere Situation ergibt sich, wenn die beiden Geraden sich schneiden (C). Im dargestellten Fall strebt die Gesamtpopulation immer zum Schnittpunkt. In diesem Punkt herrscht deshalb stabile Koexistenz zwischen den beiden Arten. Je nach Lage der Geraden gibt es noch mehrere mögliche Resultate. Koexistenz im Gleichgewicht ist aber nur dann möglich, wenn auch bei maximal möglicher Dichte einer Art (K) die Populationsdichte der anderen Art einen positiven Wert hat. Mathematisch ist das gegeben wenn:

$$\frac{K_1}{K_2} > \alpha \quad \text{und} \quad \frac{K_2}{K_1} > \beta .$$

Verbal bedeutet dies, daß der innerartliche dichteabhängige Effekt größer sein muß als der zwischenartliche. Für die Verdrängung der Art 2 durch die Art 1 gilt:

$$\frac{K_1}{K_2} > \alpha \quad \text{und} \quad \frac{K_2}{K_1} < \beta .$$

Umgekehrt gilt für die Veränderung von 1 durch 2:

$$\frac{K_1}{K_2} > \alpha \quad \text{und} \quad \frac{K_2}{K_1} < \beta .$$

Die Koeffizienten α und β sind indifferent gegenüber dem Mechanismus der Konkurrenz und drücken lediglich irgendeine zweiseitige negative Interaktion zwischen zwei Arten aus. Sie können nur experimentell aus dem Vergleich des Populationswachstums in Mischkultur und Monokultur ermittelt werden. Deshalb ist es unmöglich, Aussagen über die Größe der Koeffizienten unter Freilandbedingungen zu machen.

6.1.3 Mechanistische Theorie der Konkurrenz um Ressourcen

Die frühen Konkurrenzexperimente (Gause, de Wit) und die frühen mathematischen Konkurrenzmodelle (Lotka, Volterra) behandelten die Konkurrenzfähigkeit als „Black box". Erst am Ende eines Konkurrenzexperiments konnte der Gewinner festgestellt werden. Es gab keine unabhängige, z. B. aus der Physiologie der Ressourcennutzung hergeleitete Definition der Konkurrenzfähigkeit. Konkurrenzfähigkeit wurde in einem Zirkelschluß als die Fähigkeit definiert, einen Konkurrenten auszuschließen. Dieser Mangel wurde durch Tilmans (1982) **mechanistische Konkurrenztheorie** behoben, deren Entwicklung stark von den Prinzipien der Chemostatkultur (vgl. Box **4.2**) beeinflußt wurde. Das entscheidende Charakteristikum dieser Theorie besteht darin, daß die Konkurrenzfähigkeit

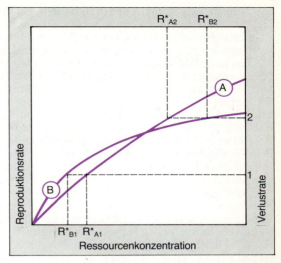

Abb. 6.**3** Graphisches Modell der Konkurrenz zwischen den hypothetischen Arten A und B um eine gemeinsame limitierende Ressource. In Systemen mit niedrigen Verlustraten (1) gewinnt B, in Systemen mit hohen Verlustraten (2) gewinnt A. Die Konkurrenzstärke ist durch den Gleichgewichtswert (R^*; Schnittpunkt der Wachstumskinetik mit der Verlustrate) definiert. Die Art mit dem niedrigsten R^* gewinnt, da die unterlegene Art bei dieser Ressourcenkonzentration nur eine negative Netto-Wachstumsrate erreichen kann (Verlustrate > Reproduktionsrate) (nach Tilman 1982)

der konkurrierenden Arten aus deren physiologischen Eigenschaften, d. h. den Kinetiken des ressourcenlimitierten Wachstums und den Verlustraten hergeleitet werden kann. Die Prognose für den Ausgang des Konkurrenzkampfes kann durch einfache **graphische Modelle** gewonnen werden.

Abb. 6.**3** stellt das einfachste Modell dar: Konkurrenz um **eine gemeinsame Ressource**. Die beiden hypothetischen Konkurrenten unterscheiden sich durch ihre Wachstumskinetik. Die Art A erzielt höhere Reproduktionsraten bei hohen Ressourcenkonzentrationen, die Art B bei niedrigen. Die Netto-Wachstumsrate ist die Differenz aus Reproduktions- und Verlustrate (vgl. 5.2.3). In diesem Beispiel wird angenommen, daß beide Arten dieselbe Verlustrate erleiden. Experimentell wird dies zum Beispiel in der Chemostatkultur verwirklicht, wo die Verlustrate als Durchflußrate vom Experimentator festgelegt wird. Zunächst, wenn die Kultur angeimpft wird und noch fast nichts von der limitierenden Ressource aufgezehrt ist, können sich beide Arten mit nahezu maximalen Raten vermehren. Dabei wird die Population der Art A schneller wachsen. Bei steigender Besiedlungdichte kommt es zu zunehmender Zehrung der limitierenden Ressource. Die Reproduktionsraten nehmen deshalb ab. Bei hoher gemeinsamer Verlustrate (2) wird zunächst für Art B jene Ressourcenkonzentration erreicht, bei der Reproduktionsrate und Verlustrate identisch sind (R_{B2}^*). Die Nettowachstumsrate bei R* beträgt Null. In Abwesenheit von Konkurrenten würde B ein Fließgleichgewicht erreichen, in dem Neuproduktion und Elimination von Organismen sowie Aufzehrung und Nachlieferung der Ressource sich die Waage halten (**„Steady state"**). Dabei ist es im Prinzip gleichgültig, ob die Nachlieferung der Ressource durch Import, durch Remineralisation (bei anorganischen Ressourcen) oder durch Nachwachsen (bei lebenden Ressourcen) geschieht. Art A erzielt bei dieser Ressourcenkonzentration jedoch immer noch eine Reproduktionsrate, die höher ist als die Verlustrate, d. h. ihre Population nimmt weiter zu. Damit nimmt jedoch auch die Konzentration der limitierenden Ressource weiterhin ab, und zwar so lange, bis die Gleichgewichtkonzentration für die Art A erreicht wird (R_{A2}^*). Bei R_{A2}^* erzielt B jedoch nur mehr eine Reproduktionsrate, die niedriger als die Verlustrate ist, d. h. die Nettowachstumsrate ist negativ. B wird verdrängt und A verharrt im Steady state. Bei niedriger gemeinsamer Verlustrate (1) hingegen wird bei zunehmender Ressourcenzehrung zuerst die Gleichgewichtskonzentration der Art A (R_{A1}^*) erreicht, bei der die Art B weiterhin eine positive Nettowachstumsrate ereichen kann. Die Population der Art B nimmt noch so lange zu, bis die Konzentration der limitierenden Ressource auf den Wert R_{B1}^* fällt. Hier wird A verdrängt und B kann sich im Fließgleichgewicht halten. Wir sehen also, daß die Konkurrenzstärke durch die unter den gegeben Bedingungen gültige Gleichgewichtskonzentration der limitierenden Ressource (R*) am Schnittpunkt der Wachstumskinetik mit der Verlustrate definiert ist. Unter mehreren Arten, die um dieselbe limitierende Ressource konkurrieren, setzt sich diejenige durch, welche die externe Konzentration der limitierenden Ressource am tiefsten herabsetzen kann (Minimierung von R*). Das R*-Kriterium gilt auch, wenn die konkurrierenden Arten sich durch die Verlustraten unterscheiden.

Diese Theorie wurde experimentell überprüft (Sommer 1986a). Für einige Grünalgen des Bodensees wurden Monod-Kinetiken für Phosphor im Labor bestimmt. Dann wurde ein natürliches Inokulum (viele Arten) aus dem Bodensee bei sehr niedriger Silikatkonzentration (um die Kieselalgen auszuschalten) mit steigenden Durchflußraten (Verlustraten) im Chemostaten kultiviert. Nach einigen Wochen blieb in jedem Experiment nur eine bestimmte Art übrig, ganz egal, wie häufig diese im Inokulum war. Die Gewinner des

6.1 Konkurrenz um Ressourcen

Konkurrenzkampfes stimmten mit den Arten überein, die nach dem Modell aus Monod-Kinetik und Verlustrate vorausgesagt worden waren.

Damit wird der prinzipielle Unterschied zwischen den Konkurrenzmodellen von Lotka-Volterra und Tilman deutlich. Im Lotka-Volterra-Modell schließt man erst nach dem Experiment auf die Konkurrenzstärke der beteiligten Arten. Im Tilman-Modell geht man von den Mechanismen der Konkurrenz (Ressourcenerwerb) aus und sagt den Gewinner für bestimmte Bedingungen voraus. Deshalb bezeichnen wir es als ein **„mechanistisches"** Modell.

Wurde das Konkurrenzexperiment mit Bodensee-Phytoplankton bei hohen Silikatkonzentrationen wiederholt, gewann keine der Grünalgen, sondern es setzten sich Kieselalgen durch. Die Grünalgen konnten sich in der Konkurrenz um Phosphat also nur behaupten, wenn die Kieselalgen durch Si-Mangel ausgeschlossen waren. Die Theorie muß deshalb erweitert werden, so daß mehrere Ressourcen eingeschlossen werden. Besteht die Möglichkeit, das Angebot von Si und P so auszutarieren, daß Grün- und Kieselalgen miteinander koexistieren? Auch die Gesetzmäßigkeiten der **Konkurrenz um mehrere Ressourcen** lassen sich graphisch herleiten. In Abb. 6.**4** ist das für zwei essentielle und zwei substituierbare Ressourcen durchgeführt. Die Achsen in den Diagrammen stellen die Konzentration der beiden Ressourcen dar. An die Stelle nur eines R^*-Wertes tritt eine **ZNGI-Linie** (**„Zero net growth isocline"**, Netto-Nullwachstumslinie). Das ist die Linie (Wachstumsisoplethe), die alle diejenigen Konzentrationskombinationen verbindet, bei denen die Reproduktionsrate genauso groß ist wie die vorgegebene Verlustrate. Bei essentiellen Ressourcen (A) hat die ZNGI die Gestalt eines rechten Winkels, der keine der beiden Achsen schneidet. Die Lage der Schenkel wird durch die Gleichgewichtskonzentration (R^*) der jeweiligen Ressource bestimmt. Wenn eine der beiden Ressourcen in so geringer Konzentration vorhanden ist, daß sie sich im Bereich links oder unterhalb des Winkels befindet, kann die Art überhaupt nicht wachsen. Bei perfekt substituierbaren Ressourcen ist die ZNGI eine Gerade, die mit beiden Achsen einen positiven Achsenabschnitt bildet (D).

Das Angebot beider Ressourcen (Konzentration vor der Zehrung durch konkurrierenden Organismen) wird durch den **Angebotspunkt** charakterisiert. Liegt dieser im Bereich zwischen der ZNGI und dem Ursprung, wird die durch die ZNGI charakterisierte Art auch dann eliminiert, wenn es keine Konkurrenten gibt. Liegt er jenseits der ZNGI, kann sich die untersuchte Art in Abwesenheit von Konkurrenten etablieren. Wenn die Kapazität erreicht ist, liegen die unkonsumierten Restkonzentrationen beider Ressourcen auf der ZNGI.

210 6 Interaktionen

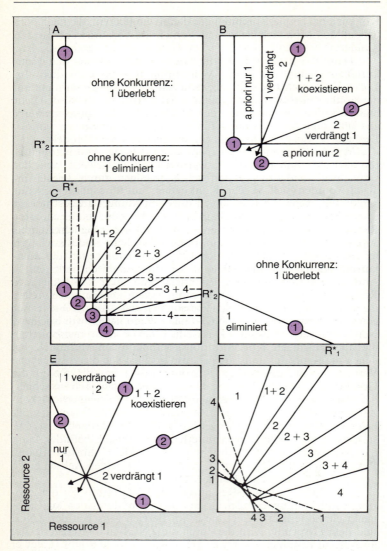

Abb. 6.**4**

Für die Analyse der Konkurrenzbedingungen ist es nötig, die Richtung des **Konsumvektors** zu bestimmen. Er wird durch das Verhältnis bestimmt, in dem die beiden Ressourcen gezehrt werden. In der Graphik gibt der Konsumvektor die Richtung an, in die sich der Angebotspunkt bewegt, wenn beide Ressourcen verbraucht werden. Theoretische Überlegungen (Tilman 1982) und experimentelle Erfahrung haben gezeigt, daß essentielle Ressourcen im **Optimalverhältnis** gezehrt werden. Das ist jenes Verhältnis, bei dem der Übergang von Limitation durch R_1 zu Limitation durch R_2 stattfindet, d. h. das Verhältnis der beiden R*-Werte. Bei substituierbaren Ressourcen muß die Richtung des Konsumvektors experimentell ermittelt werden. Aus der Lage der ZNGIs und der Konsumvektoren kann nun eine Prognose für das Ergebnis des Konkurrenzkampfes um zwei potentiell limitierende Ressourcen hergeleitet werden. Haben die ZNGIs der konkurrierenden Arten keinen Schnittpunkt (nicht dargestellt in Abb. 6.4), setzt sich unter allen Umständen die Art durch, deren ZNGI näher bei den Achsen liegt (beide R*-Werte kleiner). Wenn der bessere Konkurrent um R_1 gleichzeitig der schlechtere um R_2 ist, haben die ZNGIs einen Schnittpunkt (Abb. 6.4, B und E). Das Ergebniss des Konkurrenzkampfes hängt von der Lage des Angebotspunktes ab. Neben den Bereichen, wo auch ohne interspezifische Konkurrenz keine oder nur eine der beiden Arten existieren kann, gibt es einen Bereich der Koexistenz und zwei **Exklusionsbereiche.**

Durch den gemeinsamen Konsum und die Nachlieferung bewegt sich die kombinierte Restkonzentration beider Ressourcen

◀ **Abb. 6.4** Theorie der Konkurrenz um zwei Ressourcen (nach Tilman 1982) (A − C: essentielle Ressourcen, D − F: substituierbare Ressourcen).
A: Herleitung der ZNGI für die Art 1 bei zwei essentiellen Ressourcen aus den R*-Werten.
B: Konkurrenz der Arten 1 und 2 um zwei Ressourcen. Abgrenzung der Exklusions- und Koexistenzbereiche durch ZNGIs und Konsumvektoren.
C: Mehrere Arten (1, 2, 3, 4) teilen den Gradienten des $R_1:R_2$-Verhältnisses. Die Ziffern bezeichnen die Bereiche der Koexistenz und der alleinigen Dominanz. Die punktierte Linie stellt die ZNGI einer Art dar, die zwar mit 2, 3 und 4 einen Schnittpunkt hat, aber dennoch bei jedem $R_1:R_2$-Verhältnis ausgeschlossen würde, da alle Schnittpunkte im Persistenzbereich anderer Arten liegen.
D: Herleitung der ZNGI für Art 1 bei 2 substituierbaren Ressourcen aus den R*-Werten.
E: Konkurrenz zweier Arten um zwei substituierbare Ressourcen. Abgrenzung der Exklusions- und Koexistenzbereiche durch ZNGIs und Konsumvektoren.
F: Mehrere Arten (1, 2, 3, 4) teilen den Gradienten des $R_1:R_2$-Verhältnisses (vgl. C)

auf den Schnittpunkt der ZNGIs (2-Arten-Gleichgewichtspunkt). Die Konsumvektoren müssen deshalb durch diesen Schnittpunkt gehen. Im Bereich zwischen dem Schnittpunkt der ZNGIs und den beiden Konsumvektoren können beide Arten stabil koexistieren. Für essentielle Ressourcen, bei denen Liebigs Gesetz des Minimums gilt, ist das derjenige Bereich, innerhalb dessen beide Arten durch unterschiedliche Ressourcen limitiert sind. Wenn die Arten koexistieren können, wird ihre relative Abundanz vom Verhältnis der limitierenden Ressourcen bestimmt. Je näher das Verhältnis am Bereich der alleinigen Dominanz einer Art liegt, desto größer ist der Anteil einer Art.

Außerhalb des Koexistenzbereichs, aber innerhalb des Bereichs, in dem beide Arten alleine existieren könnten, liegen die Exklusionsbereiche. Hier setzt sich diejenige Art durch, die durch ihren Konsum die kombinierte Konzentration beider Ressourcen in jenen Bereich drängen kann, in dem die andere Art auch alleine nicht mehr existenzfähig ist. Bei essentiellen Ressourcen ist dieser Fall identisch mit der Konkurrenz um nur eine Ressource; die Art mit dem niedrigeren R^* für die limitierende Ressource setzt sich durch. In Abb. 6.4,B bedeutet das zum Beispiel, daß sich im Exklusionsbereich nahe der Y-Achse, also bei hohen $R_2 : R_1$-Verhältnissen, der bessere Konkurrent um R_1 durchsetzt, also Art 1. Im Falle von substituierbaren Ressourcen (6.4,E) ist es umgekehrt: bei hohen $R_2 : R_1$ Verhältnissen setzt sich auch Art 1 durch. Das ist aber in diesem Fall der bessere Konkurrent um R_2.

Koexistenz- und Exklusionsbereiche sind also durch **Verhältnisse der limitierenden Ressourcen** voneinander abgegrenzt, nicht durch die absolute Menge der Ressourcen. Innerhalb des Koexistenzbereichs können maximal so viele Arten im Gleichgewicht koexistieren, wie es limitierende Ressourcen gibt (erweiterte Fassung des Exklusionsprinzips). Wenn auch bei einem bestimmten Verhältnis zweier Ressourcen maximal zwei Arten koexistieren können, so ist doch Koexistenz von mehr als zwei Arten möglich, wenn das Ressourcenverhältnis einen Gradient aufweist. Abb. 6.4, C und F illustrieren, unter welcher Bedingung dies möglich ist: Die Schnittpunkte zweier „benachbarter" Arten müssen in dem Bereich liegen, in dem keine weitere Art existieren kann. Dies ist dann gegeben, wenn die Rangfolgen der Konkurrenzfähigkeit um beide Ressourcen genau umgekehrt sind. Aus diesen Graphiken lassen sich zwei interessante Folgerungen ableiten: 1. Die bei einem bestimmten Ressourcenverhältnis koexistierenden Arten sind „Nachbarn", also verhältnismäßig ähnlich in ihren Ressourcenansprüchen. 2. Der letztendliche Konkurrenzerfolg hängt nicht von der Ausgangshäufigkeit der Konkurrenten ab.

6.1 Konkurrenz um Ressourcen

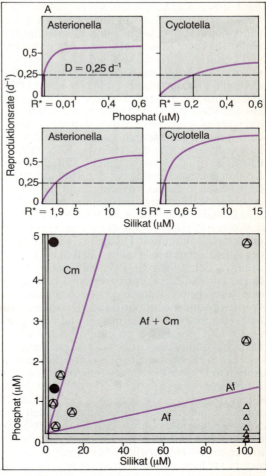

Abb. 6.5 Zusammenfassung der Konkurrenzexperimente Tilmans (1977) mit *Asterionella formosa* und *Cyclotella meneghiniana* bei einer Verdünnungsrate von $0{,}25\,\text{d}^{-1}$.
Oben: Monod-Kinetik des P- und Si-limitierten Wachstums, Bestimmung der R*-Werte.
Unten: Konkurrenzdiagramm mit ZNGIs und Konsumvektoren. Die Symbole charakterisieren die Nachschubpunkte (Zusammensetzung des Mediums im Zufluß) der einzelnen Experimente und das taxonomische Ergebnis des Konkurrenzkampfes. Kreise: *Cyclotella* dominant, Dreiecke: *Asterionella* dominant, kombinierte Symbole: Koexistenz

Auch dieses Konkurrenzmodell ist inzwischen vielfach durch Chemostatversuche mit planktischen Algen (essentielle Ressourcen; meist Si und P, aber auch N und P) und einmal auch mit Rotatorien (substituierbare Ressourcen; zwei Arten von Futteralgen) überprüft und bestätigt worden. Abb. 6.5 zeigt das erste publizierte Beispiel (Tilman 1977) mit den Kieselalgen *Asterionella formosa* (hoher Si-, niedriger P-Bedarf) und *Cyclotella meneghiniana* (umgekehrt) für Silikat und Phosphat als limitierenden Ressourcen. Die ZNGIs sind aus den Monod-Kurven beider Arten hergeleitet; die Konsumvektoren wurden so gekennzeichnet, daß die Ressourcen im Optimalverhältnis für die Algen gezehrt wurden. Die Angebotspunkte im Konkurrenzdiagramm entsprechen den Konzentrationen im Zufluß zum Chemostaten (S_o). In 11 von 13 Fällen stimmte das Ergebnis der Konkurrenzexperimente mit der Prognose überein. Das Diagramm zeigt deutlich, daß es tatsächlich auf das Verhältnis und nicht auf die absolute Konzentration der limitierenden Ressourcen ankommt.

Dieser Studie folgten zahlreiche andere, teilweise mit zwei oder wenigen Arten aus Klonkulturen, teilweise mit natürlichem Phytoplankton als Inokulum. Unabhängig vom geographischen Ursprung des Ausgangsmaterials zeigten sich dabei konsistente taxonomische Trends: Bei hohen Si:P-Verhältnissen dominieren Kieselalgen. Innerhalb der Kieselalgen zeigt sich entlang des Si:P-Gradienten eine feststehende Rangfolge von pennaten zu centrischen Arten. Werden N und P als limitierende Ressourcen eingesetzt, setzen sich bei niedrigen N:P-Verhältnissen und ausreichenden Temperaturen ($>15\,°C$) Cyanobakterien durch, bei hohen N:P-Verhältnissen je nach Silikatangebot Grün- oder Kieselalgen.

Einen experimentellen Test für substituierbare Ressourcen zeigt Abb. 6.6. Die beiden Rotatorien-Arten *Brachionus calyciflorus* und *Brachionus rubens* können sich sowohl von der begeißelten Grünalge *Chlamydomonas* als auch von der coccalen Grünalge *Monoraphidium* ernähren. Allerdings unterscheiden sie sich deutlich in der Nutzung dieser Ressourcen (Rothhaupt 1988). Bei gleichem Kohlenstoffangebot im Futter wächst *B. calyciflorus* besser mit *Chlamydomonas*, und *B. rubens* wächst besser mit *Monoraphidium*. Dies drückt sich in niedrigeren R*-Werten für die jeweils günstigere der beiden substituierbaren Ressourcen aus. Aus den ZNGIs und den Konsumvektoren wurde die Prognose abgeleitet, daß *B. rubens* bei niedrigen *Chlamydomonas*:*Monoraphidium*-Verhältnissen und *B. calyciflorus* bei hohen Verhältnissen dominieren sollten, und es wurden die Koexistenzbereiche bestimmt (Abb. 6.6 oben). Dann wurde in Langzeitexperimenten die Konkurrenzstärke bei zwei Verlustraten getestet. In 11 von 12 Experimenten sagte das Modell das Ergebnis korrekt voraus. Nur in einem Fall, in dem Koexistenz vorausgesagt wurde, dominierte *B. rubens*.

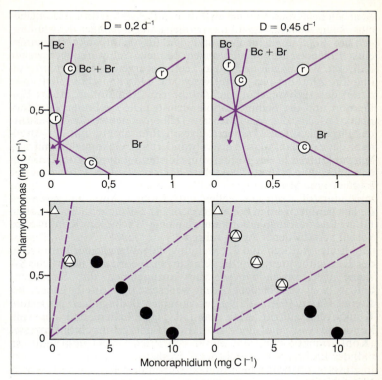

Abb. 6.**6** Konkurrenz der Rotatorien *Brachionus rubens* (Br, r, Kreise) und *B. calyciflorus* (Bc, c, Dreiecke) um die substituierbaren Ressourcen *Chlamydomonas* und *Monoraphidium* (nach Rothhaupt 1988).
Oben: Region nahe dem Ursprung; Lage der ZNGIs und der Konsumvektoren sowie Prognose der Koexistenz- und Exklusionsbereiche für die Verdünnungsraten $0{,}2\,d^{-1}$ und $0{,}45\,d^{-1}$.
Unten: Tatsächliches Ergebnis der Experimente; die Symbole charakterisieren die Lage der Angebotspunkte sowie das Ergebnis des Konkurrenzkampfes (Kreise: Br, Dreiecke: Bc, kombinierte Symbole: Koexistenz). Die unterbrochenen Linien begrenzen die in den oberen Diagrammen definierten Koexistenz- und Exklusionsbereiche

6.1.4. Konkurrenz unter variablen Bedingungen

In natürlichen Gewässern treten strenge Gleichgewichtsbedingungen wie in Chemostatkulturen nicht auf. Für das Phytoplankton gibt es neben dem regelmäßigen circadianen Rhythmus im Lichtangebot eine Reihe weniger regelmäßiger oder unregelmäßiger Schwankungen im Ressourcenangebot und den für den Konkurrenzkampf entscheidenden Randbedingungen. Manche Schwankungen ziehen indirekte Wirkungen nach sich. Temperaturveränderungen im Epilimnion zum Beispiel beeinflussen die Durchmischungstiefe und damit das Lichtangebot, die Zufuhr von Nährstoffen in das Epilimnion und die Sedimentationsverluste. Die Freßraten des Zooplanktons, eine der wesentlichsten Teilkomponenten der Verlustrate des Phytoplanktons, variieren tagesrhythmisch und mit der Abundanz des Zooplanktons (Vertikalwanderung). Gekoppelt damit sind Schwankungen in der Nährstoffnachlieferung durch Zooplanktonexkretion. Die Nährstoffexkretion der Zooplankter führt zur Ausbildung von Mikrozonen erhöhter Nährstoffkonzentrationen, die von nährstoffverarmten Zellen mit erhöhter Aufnahmegeschwindigkeit genutzt werden können (vgl. 6.4.4). Solche zeitliche Variabilität im Ressourcenangebot kann zu einem Wechsel im Konkurrenzvorteil verschiedener Arten führen.

Einige Autoren sind der Meinung, daß aufgrund der Variabilität der Umweltbedingungen die Konkurrenztheorie auf natürliche Systeme nicht anwendbar ist. Statt anzunehmen, daß Koexistenz auftritt, weil verschiedene Arten wechselseitig Vorteile haben, bestreitet Harris (1986), daß unter variablen Bedingungen überhaupt Konkurrenz auftritt. Man kann dagegen halten, daß der vollkommene Ausschluß einer Art nur das Endergebnis eines Prozesses (Konkurrenz) ist und daß es für den Prozeß nicht notwendig ist, daß der Endzustand erreicht wird. Deshalb ist die Frage besonders interessant, ob die in Chemostatexperimenten gefundenen Muster erhalten bleiben, wenn die Bedingungen, unter denen der Konkurrenzkampf stattfindet, zeitlich variabel sind.

Entscheidend wichtig ist, wie schnell Veränderungen der Umweltbedingungen vor sich gehen. „Schnell" und „langsam" sind allerdings relative Begriffe, die in Relation zur Verdrängungsgeschwindigkeit unterlegener Konkurrenten zu sehen sind. Ändern sich die Bedingungen zu langsam, kann eine mögliche Verschiebung, die einer anderen Art den Konkurrenzvorteil bringt, zu spät kommen. Fluktuieren die Bedingungen zu rasch, kommt es zwar zu kurzfristigen Schwankungen physiologischer Raten, diese wirken sich aber nicht koexistenzfördernd aus, da in diesem Fall alle Arten eher auf die durchschnittliche Versorgung reagieren. Das führt zu der Hypothese, daß weder sehr langsame noch sehr schnelle Fluktuationen Möglichkeiten für abwechselnde Vorteile verschiedener Arten bieten und daß man dementsprechend die geringste Häufigkeit von kompetitivem Ausschluß, d. h. Koexistenz der meisten Arten, bei mittleren Störungshäufigkeiten finden sollte. Das ist der Inhalt der **„Intermediate disturbance hypothesis"** (Connell 1978).

Für Phytoplankton wurde diese Hypothese in Chemostaten getestet, bei denen Nährlösungszufuhr und Ernte nicht kontinuierlich, sondern in bestimmten Zeitabständen erfolgten (Gaedeke u. Sommer 1986). Bei Verdünnungsintervallen von weniger als einer Generationszeit trat in der Zahl koexistierender Arten und im Diversitätsindex (s. Abschnitt 7.4.1) kein Unterschied zu vergleichbaren Steady-state-Experimenten auf. Ein Maximum der Diversität wurde bei Intervallen von ca. drei mittleren Generationszeiten erreicht. Dieses Ergebnis liegt ganz auf der Linie der „Intermediate disturbance hypothesis", muß allerdings durch weitere Experimente untermauert werden. Es wird gestützt durch Experimente in Mikrokosmen (Abb. 2.**1**, A), in denen die Koexistenz verschiedener Klone von *Daphnia pulex* getestet wurde. Auch dabei blieb die klonale Diversität (vgl. 5.3) am besten bei mittleren Störungsintervallen erhalten, unabhängig von der Stärke der Störung (Weider 1992).

Fluktuierende Zufuhr limitierender Ressourcen ermöglicht zusätzliche Strategien zur Minimierung von R*. Arten mit hohen maximalen Reproduktionsraten können ein kurzfristiges, hohes Angebot zu beschleunigter Vermehrung nutzen, um Populationsverluste in Zeiten von Ressourcenverknappung zu kompensieren. Eine andere Möglichkeit, günstige Zeiten zu nutzen, ist die Bildung von Reserven, die auch bei abnehmender Ressourcenverfügbarkeit ausreichende Reproduktion erlauben. Das gilt aber nicht für alle Ressourcen: Algen können zwar in hohem Ausmaß Phosphat und bis zu einem gewissen Grad auch Stickstoff und Photosyntheseprodukte (Polysaccharide, Lipide) speichern, nicht jedoch das für Kieselalgen wichtige Silikat. Für Tiere ist die **Speicherung von Reserven** (z. B. Lipiden) sehr wichtig, da sie in ihrer längeren Lebenszeit häufiger mit knappen Ressourcen konfrontiert werden und da viele von ihnen auf ein verbessertes Ressourcenangebot nicht unmittelbar mit einer erhöhten Reproduktionsrate reagieren können.

Die Unterschiede in den Strategien lassen sich an der Reaktion der Populationen auf fluktuierende Ressourcen erkennen. Arten mit hohen maximalen Reproduktionsraten folgen Ressourcenmaxima mit schnellen Wachstumsschüben, während gute Konkurrenten für niedrige Ressourcen und Spezialisten für Reservebildung eher stabile Populationsdichten aufweisen. Das läßt sich an einem Konkurrenzexperiment mit kontinuierlichen Phytoplanktonkulturen demonstrieren (Sommer 1985). In diesem Chemostatexperiment fehlte in der kontinuierlich zudosierten Nährlösung der Phosphor. Er wurde statt dessen einmal pro Woche pulsartig zudosiert. P und Si waren in diesem Experiment potentiell limitierende Ressourcen. Bei kon-

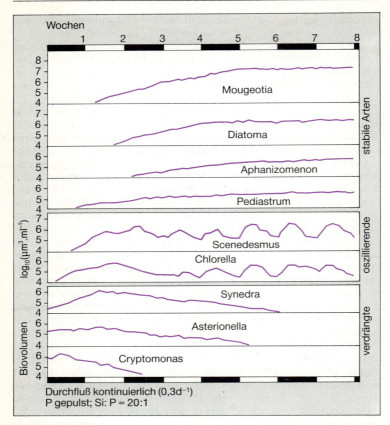

Abb. 6.7 Konkurrenzexperimente mit Bodenseephytoplankton, kontinuierliche Kultur ($D = 0{,}3\,d^{-1}$), Zugabe von P in wöchentlichen Pulsen, Si:P Verhältnis 20:1. Biomasse der persistierenden (stabil oder oszillierend) und von 3 der verdrängten Arten in logarithmischer Scala (nach Sommer 1985)

tinuierlicher Zugabe der Nährstoffe hätte man deshalb Koexistenz von zwei Arten erwartet (vgl. Abb. 6.5). Die gepulste Nährstoffzugabe führte aber zu einer wesentlichen Erhöhung der Artenzahl (Abb.6.7). Vier Arten bauten annähernd stabile Populationsdichten auf (Phosphorspeicherung), während zwei Arten in ihrer Abundanz regelmäßig fluktuierten, da sie jedem Phosphorpuls folgten. Gepulste Nährstoffzugabe führte im Vergleich zu kontinuierlicher

Zufuhr nicht nur zu einer Erhöhung der Artenzahl, sondern auch zu deutlichen Verschiebungen in der Artenzusammensetzung. Trotz solcher Verschiebungen blieb eines der Grundmuster der Experimente mit perfekten Gleichgewichtsbedingungen qualitativ erhalten: Die Tendenz der Kieselalgen, insbesondere der Fragilariaceae, mit zunehmenden Si : P-Verhältnissen zuzunehmen.

Wie robust dieses Muster ist, kann man aus den saisonalen Verschiebungen in der Phytoplanktonzusammensetzung zweier Seen erkennen (Abb. 6.**8**). Obwohl neben der zeitlichen Variabilität in den Konkurrenzbedingungen in natürlichen Gewässern eine Reihe anderer Faktoren auftreten, die das Ergebnis des Konkurrenzkampfes verschieben oder überdecken können (z. B. artspezifische Unterschiede in den Grazingverlusten und den Sinkverlusten, vertikale Gradienten im Ressourcenangebot), folgen in beiden Seen die Fragilariaceae den gelösten Si : P-Verhältnissen im Epilimnion mit einer Verzögerung von 1 bis 2 Wochen. Die Beziehungen zwischen dem P : N-Verhältnis und den Blaualgen im Schöhsee werden erst ab Juni deutlich, da das Wasser vorher zu kalt ist.

Ähnliche Überlegungen kann man auch bei räumlicher Variabilität von Ressourcen anstellen. Ressourcen für Tiere sind häufig heterogen verteilt. Aufwuchsalgen bilden meistens ein Mosaik, und Plankton tritt häufig in Wolken auf (**patchiness**). Wenn der Konsument sich durch die räumlich heterogene Ressource bewegt, wird die räumliche Variabilität identisch mit einer zeitlichen. Ist die räumliche Heterogenität klein gegenüber der Körpergröße des Konsumenten (**feinkörnige Umwelt**), wird dieser wie bei kurzen zeitlichen Intervallen integrieren. Wenn die Skala sehr groß ist (**grobkörnige Umwelt**), wird er vielleicht niemals seinen Flecken verlassen und die Ressource gar nicht als heterogen wahrnehmen. Bei mittleren Größenverhältnissen aber findet der Konsument wechselnde Ressourcen vor. In diesem Fall kann der Ausgang der Konkurrenz davon abhängen, wie schnell sich ein Konsument auf das plötzlich verfügbare Futter einstellen kann, aber auch, wie lange er hungern kann, wenn er eine Ressourcenwolke wieder verlassen hat.

Räumliche und zeitliche Heterogenität ist besonders ausgeprägt in Fließgewässern. Je nach den lokalen Störungsbedingungen können an einem einzelnen Stein auf dem Boden eines Baches ganz verschiedene Ressourcen für Konsumenten zur Verfügung stehen. Außerdem verändert sich ein Bachbett ständig als Folge von Hochwässern oder Ablagerung von Material. Lange herrschte die Meinung vor, daß Konkurrenz in Fließgewässern deshalb zu vernachlässigen sei. In den letzten Jahren finden sich aber immer mehr experimentelle Hinweise, daß auch die Verbreitung von Fließgewässerorganismen von Konkurrenz geprägt sein kann (Hart

220 6 Interaktionen

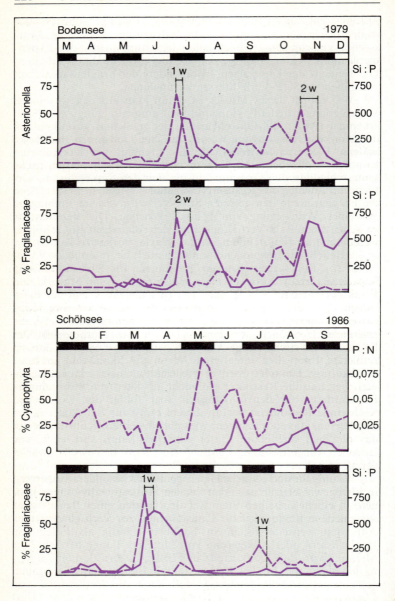

1983). Häufig handelt es sich dabei um direkte Interaktionen (Interferenz) (vgl. 6.2), die bei Konkurrenz um Raum entstehen, aber auch exploitative Interaktionen scheinen eine Rolle zu spielen. Sie sind nur sehr schwer in situ nachzuweisen.

6.1.5 Konkurrenz um substituierbare Ressourcen

Im Gegensatz zu Pflanzen konkurrieren Tiere im wesentlichen um substituierbare Ressourcen. Sie nehmen ihre Nahrung in „Paketen" auf, die viele verschiedene Substanzen enthalten. Wenn sie nicht ihr optimales Futter bekommen, können sie das eventuell durch etwas mehr von schlechterem Futter ausgleichen. Prinzipiell kann man auch unter diesen Bedingungen das Tilmansche Konzept der Konkurrenz anwenden, bisher ist das aber nur für Rotatorien gelungen, die klein sind und einen so einfachen Lebenszyklus haben, daß man sie auch in Chemostaten kultivieren kann (Rothhaupt 1988, vgl. 6.1.3). Bei Tieren mit komplizierten Lebenszyklen ist es nicht so einfach, experimentell eine konstante Sterberate zu erzeugen.

Wenn die Verlustrate aber gering ist, nähert sich R* der Schwellenkonzentration für Nullwachstum (vgl. 4.4.3) an. Unter diesen Bedingungen lassen sich Arten, die die gleichen Ressourcen nutzen (z. B. filtrierende Zooplankter) mit Bezug auf ihre Konkurrenzfähigkeit vergleichen, wenn man die minimalen Futterkonzentrationen vergleicht, bei denen sie noch Wachstum zeigen. Die Art mit dem geringeren Schwellenwert wird jeweils der bessere Konkurrent sein. Ein solches Beispiel ist in Abb. 6.**26** dargestellt.

Im Freiland haben Tiere normalerweise ein sehr großes Spektrum unterschiedlicher Futterorganismen. Es ist dann unmöglich, durchschnittliche ZNGIs für eventuelle Konkurrenten zu bestimmen. Als ein Hilfsmittel versucht man, die Stärke der Konkurrenz aus der sogenannten **Nischenüberlappung** abzuschätzen (Giller 1984). Die Grundidee ist, daß zwei Arten um so stärker konkurrieren, je ähnlicher die von ihnen genutzten Ressourcen sind (Abb. 6.**9**). Jede Art nutzt einen bestimmten Anteil aus dem gesamten **Ressourcenspektrum**. In Abb. 6.9 könnte das Ressourcenspektrum zum Beispiel aus Invertebraten steigender Größe bestehen. Zwei Fischarten, die beide Benthonorganismen fressen, bevorzugen Beutetiere unterschiedlicher Größe, fressen aber auch kleinere und

---

◀ Abb. 6.**8** Saisonale Veränderung des Biomasseanteils von Kieselalgen (*Asterionella formosa* bzw. Fragilariaceae) im Bodensee und der Fragilariaceae im Schöhsee im Vergleich zum Si:P-Verhältnis und Änderung des Biomasseanteils der Blaualgen im Schöhsee im Vergleich zum P:N-Verhältnis. Algentaxa: ────── , Nährstoffverhältnisse: ─ ─ ─

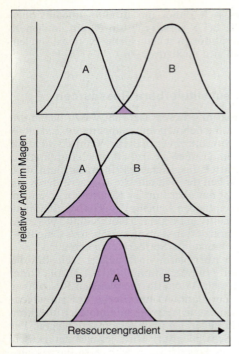

Abb. 6.**9** Überlappung der Futterspektren von zwei Arten (A und B) als Maß für potentielle Konkurrenz. Entlang der X-Achse sind verschiedene Futterressourcen angeordnet (z. B. nach der Größe). Die Kurven geben die Nutzung der Ressourcen durch die beiden Arten an.
Oben: Beide Arten sind sehr spezialisiert. Es gibt keine nennenswerte Überlappung.
Mitte: Die Futterspektren überlappen sich, d. h. die beiden Arten nutzen einen Teil der Ressourcen gemeinsam und können sich Konkurrenz machen. Art A ist mehr betroffen als Art B.
Unten: Ein Fall von „einschließender Überlappung". Art B ist ein Generalist mit sehr breitem Futterspektrum, während B spezialisiert ist. Für Art A ist die Überlappung hundertprozentig, sie steht also unter starkem Konkurrenzdruck

größere. Wenn sich die Nahrungsspektren der beiden Arten nicht überschneiden, gibt es keine Konkurrenz um das Futter, je ähnlicher sich die Spektren aber sind, desto größer die Überlappung. Das Ausmaß an Überlappung kann man in einem Index quantifizieren.

Nahrungsspektren lassen sich messen, z. B. mit Mageninhaltsuntersuchungen koexistierender Arten. Zaret u. Rand (1971) haben das mit 11 tropischen Fischen in einem kleinen Fluß in Panama demonstriert. Die Überlappung der Futterspektren lag zwischen 0 und 90%, aber die meisten Werte waren niedrig. Sie änderten sich auch mit der Saison. Während der Trockenzeit, wenn der Fluß wenig Wasser hatte und die verfügbare Futtermenge gering war, war die Überlappung geringer, d. h. die Fische waren mehr spezialisiert.

Die Überlappung muß nicht symmetrisch sein. Viele filtrierende Zooplankter haben sehr ähnliche Nahrungsspektren (Algen). Sie können sich aber in der Breite des Spektrums stark unterscheiden. Kerfoot u. Mitarb. (1985) beschreiben einen Fall von „einschließender Überlappung" (vgl. Abb. 6.**9**) bei koexistierenden Zooplanktern. Mit Magenuntersuchungen fanden sie, daß *Daphnia pulicaria* ein sehr breites Algenspektrum nutzte, während andere Zooplankter mehr spezialisiert waren. Das Nahrungsspektrum von *Daphnia* überdeckte die Spektren der anderen Arten völlig. Das bedeutete für die spezialisierten Arten vollständig Überlappung mit *D. pulicaria*, aber umgekehrt für *Daphnia* nur eine teilweise Überlappung mit den anderen Arten. Daraus läßt sich schließen, daß Daphnien starke Konkurrenten für die anderen Arten sind, nicht aber umgekehrt.

Man muß sich allerdings hüten, den Überlappungsindex mit den Koeffizienten α und β der Lotka-Volterra-Gleichungen gleichzusetzen. Der Überlappungsindex gilt nur für eine einzelne Nischendimension, während der Konkurrenzkoeffizient das Ergebnis der gesamten Interaktion zwischen zwei Arten ist. Man kann niemals sicher sein, daß der gemessene Überlappungsindex die gesamte Interaktion repräsentiert. Wenn die gemessene Ressource gar nicht limitierend ist, besagt eine große Überlappung gar nichts. Es ist sogar vorstellbar, daß Arten gerade dann sehr ähnliche Ressourcen nutzen, wenn diese im Überfluß vorhanden sind. Darüber hinaus hängt der Überlappungsindex vom Vorhandensein der Ressourcen ab und kann sich mit den Umweltbedingungen ändern.

Sehr ähnliche Futterspektren (größere Überlappung) können wir bei Individuen der gleichen Art erwarten. Solche Konkurrenz bezeichnet man als **intraspezifisch** im Gegensatz zur **interspezifischen** Konkurrenz zwischen Individuen verschiedener Arten. Intraspezifische Konkurrenz haben wir schon als Ursache der logistischen Wachstumskurve kennengelernt. Das ist bereits eine Vereinfachung, denn eigentlich spielt sich Konkurrenz nicht zwischen Arten, sondern zwischen Phänotypen ab. Wir sehen aber normalerweise nur den Effekt auf die ganze Population. Es gibt viele Beispiele dafür, daß intraspezifische Konkurrenz sehr stark sein kann. Das „Klarwasserstadium" (vgl. 6.4.1) ist eine Periode, in der die intraspezifische Konkurrenz zwischen Daphnien so groß wird, daß die Ressourcen völlig verbraucht werden und die Daphnienpopulation zusammenbricht. Bei Fischpopulationen ist die Frage, ob diese durch intraspezifische Konkurrenz oder durch externe Faktoren limitiert werden, wichtig für die Bewirtschaftung. Bei hoher intraspezifischer Konkurrenz kann man mehr Fische „ernten", da die Konkurrenz vermindert und so die Produktion verbessert wird.

Im Gegensatz zur interspezifischen Konkurrenz kann intraspezifische nicht zur völligen Verdrängung einer Art führen. Sie kann aber starke Populationsschwankungen verursachen. Ein klares Beispiel dafür bei Fischen beschreiben Hamrin u. Persson (1986). Die Kleine Maräne *(Coregonus albula)* ist ein häufiger Fisch in Nordeuropa. Sie ist ein obligater Planktonfresser. In einem schwedischen See wurden über acht Jahre sehr regelmäßige Schwankungen des Bestandes an *Coregonus* beobachtet. Quantitativ bedeutsam sind nur die beiden ersten Jahrgangsklassen. Die Fische laichen im zweiten Jahr. Der Bestand alternierte von Jahr zu Jahr um den Faktor zehn. In jedem zweiten Jahr war der Bestand der ersten Altersklasse hoch, der der zweiten niedrig. In den dazwischenliegenden Jahren war es umgekehrt. Diese regelmäßigen Schwankungen sind das Resultat intraspezifischer Konkurrenz. Nicht nur die Individuen der gleichen Altersklasse nutzen die gleichen Ressourcen, eine große Überlappung besteht auch zwischen den Nahrungsspektren der jungen und der alten Fische. Der Überlappungsindex beträgt 0,8 – 0,9. Intraspezifische Konkurrenz tritt deshalb sowohl innerhalb eines Jahrgangs als auch zwischen den Jahrgängen auf. Wenn ein starker Jahrgang der ersten Altersklasse heranwächst, ist die Konkurrenz für die zweite Altersklasse groß. Die älteren Fische wachsen nur langsam und produzieren wenig Nachkommen, aber auch die Jungfische sind am Ende des Jahres relativ klein. Der Nachwuchs des folgenden Jahres ist dann zahlenmäßig schwach; Die Überlebenden aus dem Vorjahr haben deshalb wenig intraspezifische Konkurrenz. Sie wachsen schnell und produzieren viel Nachwuchs. Damit beginnt im nächsten Jahr der Zyklus von vorn. Die intraspezifische Konkurrenz sorgt dafür, daß der Zyklus erhalten bleibt.

6.2 Direkte Interaktionen von Konkurrenten

6.2.1 Chemische Faktoren

Die direkte Beeinflussung von Konkurrenten mit Hilfe chemischer Substanzen, die von einer Art ausgeschieden werden, um andere zu behindern, nennt man **Allelopathie**. Das bekannteste Beispiel für diese Art Interaktion ist vielleicht das Penicillin, mit dem der Schimmelpilz *Penicillium* die ihn umgebenden Bakterien unterdrükken kann. Terrestrische Organismen sind dabei in einer besseren Lage als aquatische. Scheidet beispielsweise eine Pflanze über ihre Wurzeln eine allelopathische Substanz aus, so bleibt diese konzentriert um die Pflanze herum und verursacht einen schützenden Hof. Im Wasser jedoch werden ausgeschiedene chemische Stoffe gleich verdünnt und verteilt. Das schränkt die Effektivität des Mechanismus im Wasser ein, so daß man von vornherein nicht erwarten kann, daß er eine große Bedeutung hat.

In der Tat gibt es auf diesem Gebiet viele anekdotische Beobachtungen, aber wenige gut untersuchte Systeme. Wenn chemische Substanzen isoliert wurden, die eine biologische Wirkung haben, etwa im Laborbiotest wachstumshemmend auf Algen wirken, ist meistens ihre Bedeutung im Freiland nicht klar. Solche chemischen Substanzen sind zum Beispiel bei Blaualgen gefunden worden. Man kann einen bestimmten Stamm der Blaualge *Anabaena* in kleinen Kolonien auf Agarplatten wachsen lassen. Überschichtet man dann den Agar mit einem anderen Stamm von Anabaena, so zeigen sich deutlich Hemmhöfe um die zuerst angeimpften Kolonien. Die chemische Substanz, die dafür verantwortlich ist, kann man isolieren und charakterisieren; ob sie aber im Freiland diesem Stamm von *Anabaena* hilft, sich durchzusetzen, ist unbekannt.

Ähnlich ist es mit einer chemischen Substanz, die in der benthischen Blaualge *Fischerella* enthalten ist. Die isolierte Substanz hemmt andere Blaualgen und bringt sie bei höheren Konzentrationen zum Absterben. *Fischerella* überzieht im Freiland Steine mit dichten Polstern. Man kann sich vorstellen, daß die Allelopathie die Entstehung solcher **Monokulturen** ermöglicht (Groß u. Mitarb. 1991).

Spekulationen gibt es auch über die Rolle chemischer Inhibitoren in höheren Wasserpflanzen. Diese sind normalerweise ein beliebtes Substrat für periphytische Algen. Periphyton behindert den Stoffaustausch und die Nährstoffversorgung der Wasserpflanzen über die Blätter und nimmt ihnen Licht weg. Erstaunlicherweise kann man oft beobachten, daß relativ junge Pflanzen frei von Periphyton sind, obwohl die Algen sicher schneller wachsen als die Makrophyten. Es wäre möglich, daß sich die Makrophyten chemisch „wehren". Nachgewiesen ist ein chemischer Inhibitor bei den Interaktionen zwischen der filamentösen Grünalge *Cladophora glomerata*, die von Diatomeen *(Nitzschia fonticola)* bewachsen werden. Extrakte aus *Cladophora* hemmen das Wachstum von *Nitzschia* (Dodds 1991).

Allelopathische Effekte bei wasserlebenden Tieren sind fast unbekannt. Es gibt Hinweise (z. B. Seitz 1984), daß Daphnien in Wasser, das vorher Daphnien einer anderen Art enthalten hat, weniger Nachkommen produzieren; über die Mechanismen ist aber nichts bekannt.

Die „chemische Ökologie" ist im aquatischen Bereich lange nicht so gut entwickelt wie im terrestrischen. Es wäre von höchstem Interesse zu erfahren, ob allelopathische Prozesse beim Aufbau von Lebensgemeinschaften wichtig sind und ob sie vielleicht eine Rolle bei der jahreszeitlichen Sukzession des Phytoplanktons spielen, bei der sich Algenarten regelmäßig abwechseln.

6.2.2 Mechanische Interaktionen

Die Konkurrenz um Raum mit aktiver Auseinandersetzung benachbarter Individuen ist im marinen Litoral ein wichtiger Prozeß. Im Süßwasser gibt es festsitzende Arten vor allem in schnellfließenden Gewässern. Dort kann der Raum zur begrenzenden Ressource werden. Langsame **Verdrängung** findet statt, wenn krustenförmige Algen auf der Oberfläche eines Steines aneinanderstoßen. Auch Schwämme und Bryozoen verdrängen andere, festsitzende Organismen, indem sie diese überwachsen. Diese Interaktionen sind so langsam, daß man sie nicht direkt beobachten, sondern nur durch Kartierung oder Fotografie in langen Zeitabständen dokumentieren kann.

Unter Insektenlarven gibt es auch eine direkte **Verteidigung von Revieren**. Die Larven der Köcherfliege *Leucotrichia pictipes* leben in Seidengehäusen, die auf Steinen festgesponnen sind. Um die Gehäuse herum verteidigen sie ein Gebiet gegen das Eindringen von Larven sowohl der eigenen als auch fremder Arten (Hart 1985a). Das führt zu einer räumlichen Gleichverteilung der Larven (vgl. 5.5). Die Larven leben von Aufwuchsalgen, die sie abweiden. Die Revierverteidigung dient dazu, die eigenen „Weidegründe" zu schützen. In der Tat wachsen im „Revier" mehr Algen als auf Flächen, die von vielen weidenden Insektenlarven besucht werden. Die Größe des Reviers ist von der Körpergröße der Larven abhängig. Fläche und Ressourcenverfügbarkeit sind hier eng gekoppelt. Deshalb kann man die Fläche durchaus als Ressource ansehen. Das läßt sich mit einem einfachen Test beweisen: Entfernt man Algen aus dem Revier einer Köcherfliegenlarve, so vergrößert diese ihr Territorium.

Räuberische Steinfliegenlarven fangen weniger Eintagsfliegenlarven, wenn auf dem Stein, auf dem sie leben, andere Larven, egal ob von der eigenen oder von einer anderen Art, anwesend sind. Die gegenseitige Störung wirkt sich aber nur bei mittleren Beutedichten aus, nicht wenn die Beute sehr selten ist (extrem lange Suchzeit), oder wenn Beute im Überfluß da ist (Peckarsky 1991).

Ein anderes Beispiel sind Kriebelmückenlarven *(Simulium piperis)*, die mit dem Hinterende auf Steinen sitzen und ihre Filterflächen in die Strömung halten, um vorbeidriftende Partikel zu fangen (vgl. 4.3.11). Auch diese Larven verteidigen den Raum, aus dem sie Partikel filtrieren können. Dabei ist interessant, daß sie nur gegenüber Larven aggressiv sind, die stromaufwärts von ihnen sitzen. Nur diese können ihnen etwas „wegfiltrieren". Es läßt sich auch experimentell zeigen, daß die Larven tatsächlich mehr fressen, wenn es ihnen gelingt, die oberhalb sitzende Larve zu vertreiben.

In ihrem Mechanismus gut untersucht ist die Beziehung zwischen Rotatorien und großen Cladoceren, die um gemeinsame Ressourcen (Algen) konkurrieren. Es gibt viele Freilandbeobachtungen, daß sich Rotatorien und große Daphnienarten ausschließen. Im Jahreslauf kommen häufig zuerst die Rotatorien, dann die Daphnien. Wenn Daphnienpopulationen fluktuieren, erreichen die Rotatorien immer dann hohe Populationsdichten, wenn die Daphnien geringe Abundanzen haben. Wenn große Daphnien selten sind, weil sie durch planktivore Fische dezimiert wurden, dominieren Rotatorien. Selbst wenn die Daphnien durch ein Insektizid getötet werden, bauen die Rotatorien sofort riesige Populationen auf. Zunächst vermutete man, daß es sich hier um einen Fall von exploitativer Konkurrenz handelte. Man nahm an, daß die Daphnien die effektiveren Konkurrenten um die Algen sind. In der Tat gibt es eine solche Komponente exploitativer Konkurrenz in der Weise, daß Rotatorien höhere Futterkonzentrationen benötigen als Daphnien.

Inzwischen hat sich aber herausgestellt, daß auch hier ein Fall von mechanischer **Interferenz** vorliegt (Gilbert 1988). Kleine Rotatorien werden in die Filtrierkammer der Daphnien eingesaugt und dabei beschädigt oder ganz mit den Algen ingestiert. Dadurch entsteht schon bei geringen Dichten von Daphnien (fünf Tiere pro Liter) eine erhebliche Mortalität für die Rotatorien. Voraussetzung ist allerdings, daß die Daphnien groß (mindestens 1,2 mm) und die Rotatorien klein sind. Große Rotatorien, wie die gepanzerte *Keratella quadrata*, werden nur wenig beeinträchtigt. Deshalb findet man bevorzugt solche resistenten Arten von Rotatorien mit *Daphnia* vergesellschaftet. Allerdings haben große Rotatorien einen höheren Futterschwellenwert für die Reproduktion als kleine. Unter limitierenden Futterbedingungen werden sie deshalb eher von exploitativer Konkurrenz betroffen. Beides, exploitative Konkurrenz und mechanische Interaktion, führt zum gleichen Ergebnis. Deshalb ist die Entscheidung, welche Komponente im konkreten Fall wichtig ist, schwer. Laborexperimente haben aber gezeigt, daß für große

Daphnien der mechanische Effekt wichtiger ist, während kleine Cladoceren, z. B. *Ceriodaphnia*, Rotatorien durch exploitative Konkurrenz unterdrücken. Der umgekehrte Fall, daß Cladoceren durch Rotatorien unterdrückt werden, ist nie beobachtet worden.

6.3 Räuber-Beute-Beziehungen

6.3.1 Ursachen der Mortalität

Neben der Reproduktion wird die Fitneß eines Individuums durch die Mortalität bestimmt. Wegen der Arbeitsteilung zwischen den somatischen und den generativen Zellen müssen alle Organismen, außer den potentiell unsterblichen Einzellern, sterben. Im ökologischen Kontext ist die **Alterssterblichkeit** aber nur von untergeordnetem Interesse. Die große Mehrheit der Individuen erreicht unter natürlichen Bedingungen gar nicht das Alter, bei dem sie ohne Fremdeinflüsse sterben würden. Die meisten sterben bereits vorher in Auseinandersetzung mit der abiotischen und biotischen Umwelt. Diese externe Mortalität gilt auch für potentiell unsterbliche Einzeller.

Abiotische Faktoren sind häufig eine Quelle von Mortalität, wenn die physiologischen Grenzen eines Organismus überschritten werden. Es kann zu Massensterben kommen, wenn durch ungewöhnliche klimatische Ereignisse der Toleranzbereich für die Temperatur überschritten oder wenn der Minimalgehalt des Wassers an Sauerstoff unterschritten wird. Starke Hochwässer, die das Geröll eines Baches in Bewegung setzen, können ein mechanischer Mortalitätsfaktor für die Fließwasserorganismen sein.

Der Mangel an Ressourcen kann ein anderer Mortalitätsfaktor sein. Leben ist nicht ohne Energiezufuhr möglich. Mikroorganismen werden sterben, wenn sie nicht ausreichend Substrat haben, und Algen, wenn sie ins Dunkle geraten; Tiere werden ohne Futter verhungern. Mortalität kann also auch das Ergebnis negativer Interaktionen zwischen Organismen sein, die wir früher eher unter dem Aspekt der Erniedrigung der Reproduktionsrate gesehen haben: Konkurrenz um gemeinsame Ressourcen (6.1) oder direkte Beeinflussung (6.2).

Nahezu jeder Organismus kann einem anderen als Nahrung dienen. Deshalb ist vielleicht die wichtigste biotische Ursache der Mortalität das „Gefressenwerden". Im klassischen Sinn versteht man unter einem **Räuber** einen Karnivoren, ein Tier, das andere

Tiere frißt. Unter funktionalen Gesichtspunkten ist dieser Begriff aber zu eng. Wir behandeln deshalb unter dem Oberbegriff **Räuber-Beute-Beziehungen** alle Interaktionen, die dem Energietransfer von einem Organismus zum anderen dienen und dabei, mit wenigen Ausnahmen, einen Mortalitätsfaktor für die Beute darstellen. Das gilt für heterotrophe **Flagellaten**, die Bakterien konsumieren, **Herbivore**, die Algen fressen, **Karnivore**, die sich von anderen Tieren ernähren, und **Parasiten**. Diese breite Auslegung wird dadurch gerechtfertigt, daß das Ergebnis der Interaktion für die Beute immer gleich, nämlich Mortalität ist. Das Problem ist ähnlich, ob eine Algenpopulation durch filtrierende Zooplankter gefressen wird oder ob Chironomiden-Larven von Fischen attakkiert werden: Die Populationen werden dezimiert, und es entsteht ein Selektionsdruck, der Individuen, die besser gegen diesen Mortalitätsfaktor geschützt sind, eine höhere relative Fitneß verschafft. Die Wirkung der Interaktion auf die Populationen und die Konsequenzen für die Evolution sind deshalb gleich, auch wenn die Mechanismen der Nahrungsaufnahme bei den einzelnen Ernährungstypen sehr unterschiedlich sind.

6.3.2 Räuber-Beute-Zyklen

Lotka und Voltera haben, ähnlich wie für die Konkurrenzverhältnisse (vgl. 6.1.2), auch ein einfaches Modell der Räuber-Beute-Beziehungen aufgestellt. Sie stellten zwei Gleichungen für die Populationswachstumsraten der Beute und des Räubers auf. Diese bestehen jeweils aus einem Wachstums- und einem Verlustterm. Die Änderung der Beutepopulation ist

$$\frac{dN_1}{dt} = b \cdot N_1 - p \cdot N_1 \cdot N_2 .$$

Der Zuwachs ist das Produkt aus der unlimitierten Geburtenrate in Abwesenheit von Räuberverlusten (b) und der Zahl der vorhandenen Beutetiere (N_1). Die Verluste sind proportional der Anzahl der Beutetiere (N_1), der Räuber (N_2) und einem Prädationskoeffizienten (p). Für die Räuberpopulation ergibt sich

$$\frac{dN_2}{dt} = a \cdot p \cdot N_1 \cdot N_2 - d \cdot N_2 .$$

Der Zuwachs ist das Produkt aus den Verlusten der Beute ($p \cdot N_1 \cdot N_2$) und einem Koeffizienten a, der angibt, wie viele Beutetiere ein Räuber fressen muß, um einen Nachkommen zu erzeugen. Die Verluste sind proportional der Räuberzahl (N_2) und einer Sterberate (d).

Dieses Modell hat großes Interesse gefunden, denn es sagt regelmäßige **Zyklen** voraus, in denen sich Räuber und Beute abwechseln. Wenn beide Populationen im Gleichgewicht sind, so daß $dN_1/dt = 0$ und $dN_2/dt = 0$, folgt:

$$b \cdot N_1 = p \cdot N_1 \cdot N_2$$

und

$$d \cdot N_2 = a \cdot p \cdot N_1 \cdot N_2 \, .$$

Dann ergeben sich die Gleichgewichtsdichten

$$N_1^* = \frac{d}{a \cdot p} \quad \text{und} \quad N_2^* = \frac{b}{p} \, .$$

Beides sind Konstanten. N_1^* ist die Minimalzahl der Beute, bei der der Räuber noch wachsen kann, und N_2^* ist die maximale Räuberzahl, die die Beutepopulation ertragen kann. Wenn die Populationen durch Zufall vom Gleichgewichtspunkt entfernt werden, werden sie ohne Dämpfung immer um diese Werte oszillieren.

Dieses Modell enthält wesentliche Vereinfachungen. Es gibt zum Beispiel keine Rückkopplung zwischen der Beute und ihren eigenen Futterressourcen. Solche **Rückkopplungen** sollten *(b)* beeinflussen. Ebenso ist die Sterberate der Räuber *(d)* unabhängig von der Räuberdichte. Es wäre auch realistisch anzunehmen, daß die Sterberate des Räubers wiederum dichteabhängig von einem weiteren Räuber kontrolliert wird. Das Modell berücksichtigt keine Zeitverzögerungen in der Reaktion von Räuber und Beute. Schließlich ist die Sterberate der Beute linear mit der Beutedichte korreliert. Alle diese Annahmen treffen nicht unbedingt zu (vgl. 6.4 und 6.5). Deshalb ist es nicht erstaunlich, daß man regelmäßige Räuber-Beute-Zyklen im Freiland nur selten antrifft.

Im Süßwasser findet man sie nur in Ausnahmesituationen. McCauley u. Murdoch (1987) haben zahlreiche Zeitreihen von Daphnien und ihren „Beute"-Algen in Situationen, in denen die Daphnien nicht ihrerseits durch Räuber kontrolliert wurden, analysiert. Sie fanden Zyklen, die durch die Räuber-Beute-Beziehungen entstanden und nicht von außen gesteuert wurden. Im normalen Jahresgang einer Sukzession im See sieht man aber nur den Beginn einer Schwingung (vgl. Abb. 8.**15**). Zunächst wachsen im Frühjahr die Algen (Beute) zu einem Maximum heran, das filtrierende Zooplankton (Räuber) folgt in zeitlicher Versetzung. Schließlich werden die Zooplankter so häufig, daß sie die Algenwachstumsrate kompensieren können. Dann nehmen die Algen ab (vgl. Klarwasserstadium). Infolgedessen sinkt die Wachstumsrate der Zooplankter, so daß diese wieder abnehmen. Nach dem Zusammenbruch der Zooplanktonpopulation können die Algen wieder zunehmen. Hier bricht der Zyklus aber ab, da jetzt (im Frühsommer) die Zooplankter, vor allem die Daphnien, durch andere Faktoren (Fische, störende Großalgen) kontrolliert werden, so daß sie nicht mehr zunehmen können.

Das Räuber-Beute-Modell unterscheidet sich durch seine Koeffizienten grundsätzlich vom Konkurrenzmodell (6.1.2). Während die Koeffizienten α und β undefinierte Einflüsse einer Art auf die andere bezeichnen, sind die Koeffizienten a, b, p und d des Räuber-Beute-Modells prinzipiell unabhängig meßbar. Sie sind durch die Physiologie der beteiligten Organismen vorgegeben und können deshalb einzeln experimentell bestimmt werden. Die Geburtenrate *(b)* läßt sich in Abhängigkeit von Temperatur und Futterbedingungen messen. Der Prädationskoeffizient *(p)* kann in Abhängigkeit von der Beutedichte bestimmt werden. Er bezeichnet den Fangerfolg, den ein Räuber unter bestimmten Bedingungen hat. Der Koeffizient a entspricht der Brutto-Produktionseffizienz (vgl. 4.4.3). Auch die Sterberate (d) des Räubers läßt sich unabhängig von einem Räuber-Beute-Experiment bestimmen. Die folgenden Abschnitte werden sich eingehend mit den dabei auftretenden Mechanismen beschäftigen.

Im Gegensatz zum Konkurrenzmodell bietet das Räuber-Beute-Modell deshalb Ansätze für eine mechanistische Erklärung des Phänomens und die Chance, zu verstehen, warum man regelmäßige Zyklen so selten findet. Da man für die Koeffizienten auch Funktionen einsetzen kann, die die Abhängigkeit von Umweltbedingungen beschreiben, kann das einfache Modell als Basis für komplizierte Simulationsmodelle dienen (vgl. 2.5).

6.3.3 Evolution von Verteidigungsmechanismen

Das Lotka-Voltera-Modell betrachtet alle Beuteorganismen als identisch und deshalb mit der gleichen Wahrscheinlichkeit, vom Räuber gefressen zu werden. In Wirklichkeit ist das aber nicht richtig. Die Beuteindividuen sind genotypisch und phänotyisch verschieden, und diese Variabilität betrifft auch Faktoren, die den Erfolg des Räubers (Koeffizient p) beeinflussen. Beuteorganismen mit Eigenschaften, die den Erfolg des Räubers herabsetzen (z. B. Tarnfarbe, schnelle Flucht) haben eine geringere Wahrscheinlichkeit, getötet zu werden. Infolgedessen muß sich in evolutionären

Zeiträumen der Genpool der Beutepopulation in Richtung zu räuberresistenten Genotypen verschieben. Der Räuber wird dadurch immer ineffizienter und müßte schließlich aussterben. Damit das nicht geschieht, muß er sich in der gleichen Richtung evolvieren wie die Beute, oder er muß eine Alternativbeute finden.

Im ersten Fall kommt es zu einem **„Wettrüsten"** zwischen Räuber und Beute. Auch die Individuen der Räuberpopulationen sind ja variabel, und die jeweils effizienteren Individuen haben einen Selektionsvorteil. Wenn zum Beispiel die Beute transparenter wird, muß der Räuber besser sehen. Diese Prozesse können beinahe gleichzeitig ablaufen, denn ein effizienterer Räuber hat einen Selektionsvorteil, unabhängig davon, ob die Beute sich bereits verändert hat. Im aquatischen Bereich sind Räuber-Beute-Beziehungen die häufigste Ursache solcher **Koevolutionen**. Viele Eigenschaften in Morphologie, Lebenszyklus und Verhalten aquatischer Organismen lassen sich als Verteidigungsmechanismen interpretieren.

Da Fitneß nicht nur von einem einzelnen Faktor bestimmt wird, und da es für jede Anpassung Kosten und physiologische und genetische Grenzen gibt, wird der Anpassungsprozeß für einen Partner der Koevolution eventuell zum vorzeitigen Ende kommen. In diesem Fall kann die Beute dem Einfluß des Räubers völlig entzogen sein, so daß gar keine aktuelle Räuber-Beute-Beziehung mehr besteht. Dann läßt sich nicht eindeutig sagen, ob eine Eigenschaft der Beute, die sie für den Räuber unangreifbar macht, aus der Koevolution stammt oder ursprünglich eine Anpassung an einen anderen Umweltfaktor war. Copepoden, die eine sommerliche Diapause machen, stehen beispielsweise nicht unter dem Räuberdruck durch Fische. Es ist aber nicht von vornherein klar, daß es sich dabei um eine Vermeidung des Räuberdrucks handelt. Vielmehr könnte die Diapause auch als Anpassung an das gelegentliche Austrocknen von Kleingewässern im Sommer entstanden sein. Die Tatsache, daß das Diapause-Verhalten in der Abwesenheit von Fischen verschwindet, gibt uns aber einen Hinweis darauf, daß es zumindest durch die Aktivität der Fische aufrechterhalten wird.

In den letzten Jahren ist die Bedeutung von Räuber-Beute-Beziehungen für die Funktion aquatischer Ökosysteme immer mehr in den Vordergrund gerückt. Seit man die Mechanismen dieser Interaktionen besser versteht, wurde es möglich, viele Eigenschaften aquatischer Organismen, von Einzellern bis zu Wirbeltieren, als Verteidigungsmechanismen zu deuten. Es wurde auch möglich, A-priori-Hypothesen zu entwickeln, die dann experimentell getestet werden konnten.

6.4 Grazing

6.4.1 Grazing im Plankton — quantitative Aspekte

In Analogie zur Aktivität von grasenden Weidetieren bezeichnet man Räuber-Beute-Beziehungen im Wasser, bei denen Algen oder Bakterien die Beute darstellen, mit dem Begriff **Grazing** (vgl. 5.2.6). Die Bedeutung des Grazing durch herbivore Zooplankter für die Entfaltung des Phytoplanktons wurde erst in den 70er Jahren als bedeutender Faktor erkannt. Ein wesentlicher Schritt war dabei die Erklärung des **Klarwasserstadiums** durch Grazing. Das ist ein vor allem in meso- und eutrophen Seen sehr regelmäßig auftretendes saisonales Minimum der Phytoplanktondichten mitten in der Vegetationsperiode (in der nördlichen gemäßigten Zone meist im Mai oder Juni). In Seen mit mäßiger Trübung durch suspendierte abiotische Partikel zeigt sich dieses Minimum durch ein Maximum der Transparenz des Wassers mit Sichttiefen, wie sie mitten im Winter üblich sind. Die Abnahme der Phytoplanktondichten ist meist ziemlich abrupt, eine Abnahme auf ein Zehntel gegenüber dem vorangehenden Frühjahrsmaximum innerhalb von einer Woche ist vor allem in eutrophen Seen keine Seltenheit (vgl. Abb. 4.22, erste Juniwoche).

Das Klarwasserstadium fällt in eine Periode mit maximaler Einstrahlung und Tageslänge. Während des Frühjahrsmaximums treten nur schwache oder gar keine Symptome von Nährstofflimitation auf; innerhalb des Klarwasserstadiums nehmen die Nährstoffkonzentrationen im Wasser sogar wieder zu. Entsprechend der optimalen Versorgung mit Ressourcen treten während des Klarwasserstadiums die Jahresmaxima der spezifischen Photosyntheseraten (Photosynthese/Biomasse) auf, woraus man auch auf hohe Reproduktionsraten zumindest der dominanten Algenarten schließen kann. Der Abfall der Phytoplanktondichten kann also nur durch Mortalität verursacht sein. Da das Klarwasserstadium mit dem Jahresmaximum des herbivoren Zooplanktons zusammenfällt, lag es nahe, das Grazing als entscheidenden Mortalitätsfaktor anzusehen. Der direkte Nachweis, daß die Freßraten des Zooplanktons während des Klarwasserstadiums tatsächlich höher sind als die Produktionsraten des Phytoplanktons, gelang erst in den letzten Jahren (Abb. 6.10).

Herbivore Zooplankter ernähren sich entweder durch Phagocytose (Protozoen), Filtrieren (Cladoceren, Rotatorien) oder durch gezieltes Ergreifen (Copepoden) ihrer Futteralgen. Da in vielen Seen Cladoceren die funktionell dominierenden Zooplankter sind, ist es üblich, allgemein von **Filtrationsraten** zu sprechen. Diese werden

234 6 Interaktionen

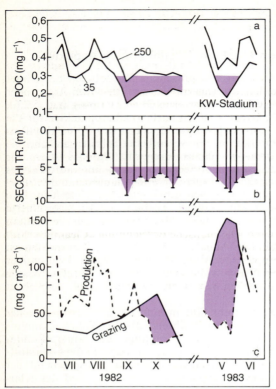

Abb. 6.**10** Zooplanktoneinfluß auf die Biomasse des Phytoplanktons im Schöhsee.
a: Partikulärer organischer Kohlenstoff (POC, enthält neben Phytoplankton auch Detritus), Partikelgrößen < 250 und < 35 µm. Die Partikel unter 35 µm gelten als freßbar.
b: Sichttiefe.
c: Photosyntheseraten des Phytoplanktons (unterbrochene Linie) und Freßraten des Zooplanktons (volle Linie). Perioden, in denen die Freßraten die Produktionsraten überschreiten, sind schattiert. Das Klarwasserstadium tritt Mitte Mai auf (nach Lampert 1989)

entweder durch kurzfristige (Minuten) Fütterung mit radioaktiv markierten Futterorganismen oder durch die längerfristige (Stunden) Abnahme der Partikelzahl in der Suspension gemessen. Wenn es sich um lebende Partikel handelt, ist dabei eine Korrektur für gleichzeitig stattfindendes Wachstum nötig. Beide Messungen können verschiedene Ergebnisse bringen, wenn zunächst gefressene Futterpartikel die Darmpassage überleben und wieder ausgeschieden werden.

Die **Ingestionsrate** des Individuums (I) gibt an, wie viele Futterpartikel (N) oder wieviel Futtermasse (M) ein Individuum pro Zeiteinheit (t) frißt (Dimension: $N \text{ ind}^{-1} t^{-1}$ oder $M \text{ ind}^{-1} t^{-1}$). Werden die Ingestionsraten aller Individuen aller Arten in einem bestimmten Wasservolumen (V) oder unter einer bestimmten Seeoberfläche (A) summiert (Dimension: $M V^{-1} t^{-1}$ bzw. $M A^{-1} t^{-1}$), erhält man eine Gesamtfreßrate, die der Produktionsrate des Phytoplanktons gegenübergestellt werden kann.

Die **Filtrationsrate** (F) gibt an, in welchem Wasservolumen die gefressene Futtermenge vorhanden war. Da sie aus der Zahl der aufgenommenen oder aus der Suspension verschwindenden Partikel berechnet wird und die Retention filtrierbarer Partikel meist <100% ist, gibt sie keinen wirklichen Wasserdurchsatz durch den Filterapparat an und kann auch auf Arten angewandt werden, die nicht wirklich filtrieren. Die englische Bezeichnung „**Clearance rate**" macht besser deutlich, daß angegeben wird, welches Wasservolumen pro Zeit partikelfrei gemacht wird. Die individuelle Filtrationsrate hat die Dimension $V \text{ ind}^{-1} t^{-1}$ und kann aus dem Quotienten der Ingestionsrate und der Futterkonzentration (C) berechnet werden:

$$F_{ind} = I/C$$

oder aus der Partikelabnahme in Wasser (nach Korrektur für Kontrollen ohne Tiere) direkt bestimmt werden:

$$F_{ind} = V \cdot \frac{\ln C_2 - \ln C_1}{N \cdot T}.$$

Dabei sind C_1 und C_2 die Partikelkonzentrationen zu Beginn und am Ende der Messung, N ist die Zahl der Tiere im Experiment und V das Volumen des Experimentalgefäßes.

Bestimmt man die individuellen Filtrationsraten der einzelnen Altersstadien (Größenklassen), multipliziert mit der Abundanz der Altersstadien (Ind/V) und summiert diese Produkte, so erhält man die Filtrationsrate einer Population (F_{pop}). Die Summe der Filtrationsraten aller Populationen des herbivoren Zooplanktons ergibt die **Gesamtfiltrationsrate** (G) (engl. **Community grazing rate**.) Diese entspricht der durch Grazing verursachten spezifischen Mortalitätsrate (kurz: **Grazingrate**) von Algen, die keinen Schutz vor Grazing genießen (γ_{opt}). Sie hat die Dimension Zeit^{-1} und gibt den Anteil des Wasservolumens an, der in der Zeiteinheit „filtriert" wird (vgl. 5.2.6).

Mit geeigneten Inkubationskammern kann die Gesamtgrazingrate auch *in situ* bestimmt werden. Damit läßt sich die räumliche (Tiefenverteilung) und zeitliche (Tagesrhythmen) Variabilität des Grazing unter den natürlichen Temperatur-, Licht-, und Futterbedingungen erfassen, so daß ein Integral über den Tag berechnet werden kann. Die Grazingraten während des Klarwasserstadiums erreichen Werte zwischen 1,0 und 2,5 d^{-1} und liegen damit höher als die maximalen Wachstumsraten vieler Algenarten. Derartig hohe Grazingraten treten jedoch nur während des wenige Wochen dauernden Klarwasserstadiums auf; im Sommer liegen sie häufig bei ca. 0,2 d^{-1}.

6.4.2. Selektivität der herbivoren Zooplankter

Selbst dann, wenn alle Phytoplankter mit gleicher Effizienz gefressen würden, ginge vom Grazing ein selektiver Druck auf die Artenzusammensetzung des Phytoplanktons aus. Er würde sich so auswirken, wie die Erhöhung der Durchflußrate in einem Chemostaten (vgl. Abb. 6.3.). Einheitlich hohe Grazingraten würden zugunsten von Phytoplanktern mit hoher maximaler Wachstumsrate (μ_{max}) selektieren, einheitlich niedrige Grazingraten zugunsten von Phytoplanktern, die einen steilen Anfangsanstieg der ressourcenlimitierten Wachstumskinetik haben. Tatsächlich werden aber nicht alle Phytoplanktonarten mit der gleichen Effizienz gefressen. Sie können entweder der Ingestion widerstehen oder der Verdauung. Beides wirkt sich in einer gegenüber optimal freßbaren Arten verminderten grazingbedingten Mortalität aus und kann durch den Selektionskoeffizienten w_i ausgedrückt werden (vgl. 5.2.6.):

$$w_i = \gamma_i/\gamma_{opt}.$$

Der Selektionskoeffizient ist aber keine feststehende Eigenschaft einer bestimmten Phytoplanktonart. Er variiert in bezug auf verschiedene Zooplanktonarten und -altersstadien, d. h. er hängt von der Zusammensetzung des Zooplanktons ab. Abb. 6.11. erlaubt einen Vergleich der Selektionskoeffizienten einiger Algenarten mit unterschiedlicher Morphologie gegenüber dem herbivoren Zooplankter *Daphnia magna*.

Selektivität des Grazing bedeutet auch einen Selektionsfaktor im evolutionären Sinne. Da resistentere Genotypen von Algen eine geringere Mortalität erleiden, muß man mit der Evolution von Mechanismen rechnen, die die Empfindlichkeit gegen Grazing herabsetzen. Tatsächlich kann man viele Eigenschaften von Phytoplanktern als Verteidigungsmechanismen gegen Grazing interpretieren. Eine wesentliche Komponente der Fraßresistenz ist die

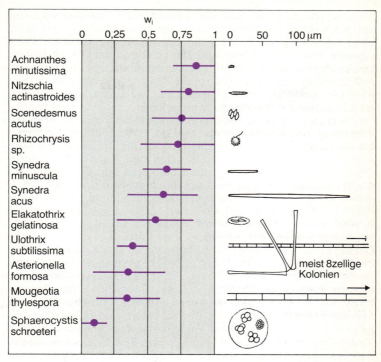

Abb. 6.11. Selektivitätskoeffizient (w_1: Mittelwert und Standardabweichung) verschiedener Phytoplanktonarten in Mikrokosmosexperimenten mit *Daphnia magna* als Grazer. Die Skizzen der Algenarten sind maßstäblich; große und gallertige Arten werden schlechter gefressen. Daten aus Sommer (1988c)

Partikelgröße (Zell- oder Koloniegröße inklusive Gallerte). Bei filtrierenden Zooplanktern wird die Untergrenze der freßbaren Partikelgrößen durch die Maschenweite des Filterapparates bestimmt. Bei den filtrierenden Cladoceren sind das die Abstände zwischen den sekundären Borsten (Setulae) des Filterkamms am 3. und 4. Paar der Thoracalbeine (vgl. Abb. 4.**24**). Die Maschenweiten der verschiedenen Cladocerenarten liegen zwischen 0,16 und 4,2 µm (Geller u. Müller 1981). Die Cladoceren mit den feinsten Maschenweiten *(Diaphanosoma brachyurum, Chydorus sphaericus, Ceriodaphnia quadrangula, Daphnia magna)* können sogar freilebende Bakterien filtrieren, während bei den grobmaschigsten Arten *(Holopedium gibberum, Sida cristallina)* die Grenze im Bereich der kleinen Phytoplankter liegt. Die Mehrzahl der *Daphnia*-Arten hat mittlere Maschenweiten von ca. 1 µm, was einen gewissen, aber nicht vollständigen Schutz für die kleinsten Phytoplankter („Picoplankton" ca. 0,5−2 µm) und das Bakterioplankton bedeutet. Solche kleinen Partikel sind das bevorzugte Futter vieler Protozoen, z. B. Zooflagellaten und Ciliaten, die Phagocytose betreiben. Copepoden fressen meist größere Partikel als Cladoceren, bei Rotatorien bestehen starke artspezifische Unterschiede.

Am anderen Ende des Partikelgrößenspektrums begrenzt die Öffnungsweite der Mandibeln und/oder die Öffnungsweite der Carapaxspalte (Cladoceren) die Größen der freßbaren Partikel (vgl. Abb. 4.25). Für kleine Cladoceren und Rotatorien liegt die Obergrenze bei 20 µm, für große Cladoceren und Copepoden bei ca. 50 µm. Eine solche Größe kann durch große Einzelzellen *(Peridinium)*, Fortsätze *(Staurastrum)*, Koloniebildung *(Pediastrum)* oder die Ausbildung von Gallerten *(Planktosphaeria)* erreicht werden. Die Größe allein reicht jedoch zur Erklärung der Unterschiede in der Freßbarkeit nicht aus. Partikel, die die kritische Grenze in nur einer Dimension überschreiten (nadelförmige Zellen, dünne, gerade Fäden) können gefressen werden, wenn sie längs orientiert sind. Fragile Kolonien (z. B. *Asterionella*, *Dinobryon*) können während des Freßvorgangs aufgebrochen werden. Mechanisch stabile Zellen oder Kolonien, die die kritische Größe in mindestens zwei Dimensionen überschreiten, sind beinahe perfekt geschützt. Sie können jedoch von Spezialisten attackiert werden. Zum Beispiel gibt es ein hoch spezialisiertes Rädertier (*Ascomorpha*), das den ansonsten unfreßbaren, großen Dinoflagellaten *Ceratium hirundinella* frißt.

Während filtrierende Zooplankter bei der Ingestion ihr Futter nur aufgrund der Größe selektieren, sind greifende Herbivore in der Lage, auch aufgrund chemischer Qualitäten („Geschmack") auszuwählen. Bietet man Cladoceren (Ausnahme: *Bosmina*) eine Mischung aus künstlichen Partikeln und gleich großen Futteralgen an, ingestieren sie Algen und künstliche Partikel ohne Unterschiede. Herbivore Copepoden aber können die Partikel einzeln prüfen und entscheiden, ob sie sie aufnehmen. Abb. 6.12. zeigt, daß der Copepode *Eudiaptomus* spp. die Algen aufnahm, die künstlichen Partikel aber verschmähte. *Eudiaptomus* kann sogar zwischen toten und lebenden Zellen derselben Futteralge unterscheiden.

Als Schutz vor Grazing kann man auch die Bildung von **Toxinen** ansehen, die im Süßwasser im wesentlichen von Cyanobakterien beschrieben wurde *(Microcystis, Anabaena, Aphanizomenon)*. Die chemische Struktur einiger dieser Toxine ist schon aufgeklärt (Microcystin, Anatoxin, Saxitoxin), da toxische Blaualgenblüten zu Problemen bei der Trinkwasserversorgung und der

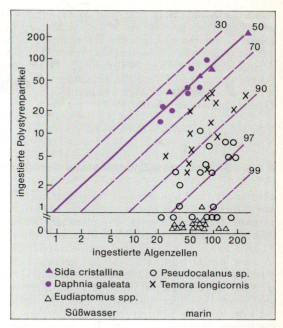

Abb. 6.**12** Selektivität in der Futterwahl bei Cladoceren *(Sida, Daphnia)* und Copepoden *(Eudiaptomus, Temora, Pseudocalanus)*. Den Zooplanktern wurde eine Mischung aus gleichen Teilen etwa gleichgroßer künstlicher Partikel und Algenzellen angeboten. Diagonale Linien: Prozentanteil der Algen im ingestierten Futter; 50% bedeutet unselektive Aufnahme (nach DeMott 1988)

Viehtränke geführt haben. Toxine finden sich immer nur in bestimmten Stämmen; im gleichen Gewässer können toxische und nichttoxische Stämme auftreten. Zooplankter, die toxische Blaualgen fressen, sterben oder werden im Wachstum gehemmt. Allerdings vermeiden sie, solche Blaualgen zu fressen, die sie offenbar am Geschmack erkennen. Copepoden, die einzelne Partikel selektieren, verschmähen toxische Zellen in einem Gemisch, während sie andere Zellen uneingeschränkt fressen. Cladoceren, die die Algen nicht „sortieren" können, stellen das Filtrieren ganz ein, wenn toxische Zellen vorhanden sind (Lampert 1987a).

Größe, Sperrigkeit, schlechter Geschmack oder Toxine können vor der Ingestion schützen. Zellen, die ingestiert werden, haben noch eine Möglichkeit, sich zu verteidigen. Sie können durch eine dicke Zellwand oder eine stabile Gallerte vor der **Verdauung** geschützt sein, so daß sie lebend wieder ausgeschieden werden. Dieser Schutzmechanismus ist vor allem bei gallertigen Grünalgen (*Planktosphaeria, Sphaerocystis*) und Blaualgen (*Chroococcus, Microcystis*) zu finden. Während der Darmpassage können diese Algen sogar noch Nährstoffe aufnehmen. In Feldexperimenten mit hohen Zooplanktondichten reichern sich solche Formen oft im Phytoplankton an (Porter 1977).

6.4.3. Störung des Zooplanktons durch unfreßbare Algen

Fraßresistente Phytoplankter genießen nicht nur einen Schutz vor Mortalität, sie stören auch die Ingestion freßbarer Phytoplankter durch filtrierende Zooplankter. Wenn schlecht freßbare Algenarten, insbesondere fädige Blaualgen und sperrige Einzelzellen (*Ceratium*) erst in den Filtrationsapparat der Cladoceren und dann in den Futterstrom zum Mund geraten, müssen sie mit der postabdominalen Klaue entfernt werden. Dabei werden auch freßbare Algenarten mit entfernt. Je häufiger die störenden Algen sind, desto häufiger müssen sie entfernt werden und desto öfter wird der normale Filtrierprozeß unterbrochen. Cladoceren können die Spalte zwischen den beiden Carapaxhälften verengen, um das Eindringen von großen Algen in den Filterapparat zu vermeiden. Damit wird aber auch der Wasserstrom insgesamt vermindert, und es werden die größeren unter den freßbaren Algen teilweise ausgeschlossen. Das Auftreten schlecht freßbarer Algen vermindert also in jedem Fall auch die Filtrationsrate. Besonders empfindlich gegen die Störung durch Fadenalgen und andere sperrige Arten sind die ansonsten so konkurrenzstarken Daphnien, während kleine Cladoceren-Arten, die an sich schon eine schmale Carapaxspalte haben (z. B. *Ceriodaphnia*), weniger beeinträchtigt werden.

Der Grazingdruck des Zooplanktons führt mit fortschreitender Vegetationsperiode zur Anreicherung fraßresistenter Algen. Im Gegenzug führt die Zunahme fraßresistenter, störender Algenarten zu Vorteilen für die kleineren, weniger empfindlichen Zooplankter. Dadurch ergibt sich ein umgekehrter Größentrend für Phyto- und Zooplankton. Im Sommer dominieren größere Phytoplankter, aber kleinere Zooplankter. Allerdings läßt sich der abnehmende Trend bei der Größe der Zooplankter nicht eindeutig auf die Filtrierinhibition zurückführen, denn der selektive Fraßdruck durch die Fische wirkt in die gleiche Richtung (vgl. 6.5.3.).

6.4.4. Nährstoffregeneration durch das herbivore Zooplankton

Wenn Zooplankter Algen fressen, setzen sie einen Teil der darin enthaltenen Nährstoffe wieder frei. Dafür gibt es mehrere Möglichkeiten: Die Nährstoffe können aus Algen stammen, die beim Freßvorgang zerstört werden (**Sloppy feeding**), aus den Fäzes der Tiere oder direkt aus der tierischen Exkretion. Während der Sommerstagnation in einem See ist die Freisetzung durch Zooplankter häufig die wichtigste Quelle der **Regeneration gelöster Nährstoffe**. Damit beeinflußt das Zooplankton nicht nur die Mortalität, sondern auch die Bruttowachstumsrate der Phytoplankter. Unter der Annahme, daß sowohl die Grazingraten als auch die Regenerationsraten der Nährstoffe linear mit der Zooplanktondichte zunehmen, lassen sich drei hypothetische Fälle postulieren (Abb. 6.13):
A: Wenn eine Phytoplanktonart nicht nährstofflimitiert ist, zeigt die Brutto-Wachstumsrate (μ) keine Reaktion auf die Zooplanktonbiomasse. Da die Grazingrate (γ) aber zunimmt, muß die Netto-Wachstumsrate (r) abnehmen.
B: Bei Nährstofflimitation eines Phytoplankters nimmt dessen Bruttowachstumsrate mit der Zooplanktonbiomasse nichtlinear in der Art einer Sättigungskurve zu. Ist der Selektionskoeffizient für diesen Phytoplankter hoch, nimmt die Grazingrate stärker mit der Zooplanktonbiomasse zu als die Brutto-Wachstumsrate. Die Netto-Wachstumsrate nimmt deshalb nichtlinear mit der Zooplanktonbiomasse ab; diese Abnahme ist zunächst flacher und wird dann steiler.
C: Wenn die Phytoplanktonart nährstofflimitiert ist, aber einen niedrigen Selektionskoeffizienten hat, kann bei geringen Zooplanktondichten die Zunahme der Brutto-Wachstumsrate stärker sein als die Zunahme der Grazingrate. Daraus ergibt sich ein unimodaler Verlauf der Netto-Wachstumsrate mit einem Maximum bei einer bestimmten Zooplanktonbiomasse. Schlecht freßbare Algen können auf diese Weise sogar vom Grazing profitieren.

Abb. 6.13 bringt Beispiele von tatsächlich gemessenen Netto-Wachstumsraten in einem Feldexperiment, in dem die Zooplanktondichte künstlich manipuliert wurde. Da die Zooplankter keine Nährstoffe aus dem Nichts schaffen können, ist eine Förderung bestimmter Phytoplanktonarten wie in Fall C nur möglich, wenn gleichzeitig in ausreichender Menge gut freßbare Futterorganismen existieren, aus deren Biomasse die exkretierten Nährstoffe stammen. Zooplankter verteilen also Nährstoffe von den besser freßbaren zu den schlechter freßbaren Organismen um. Besonders effektiv ist in diesem Fall das Grazing von Bakterien durch Protozoen, da Bakterien in der Regel einen höheren P-Gehalt als Algen haben.

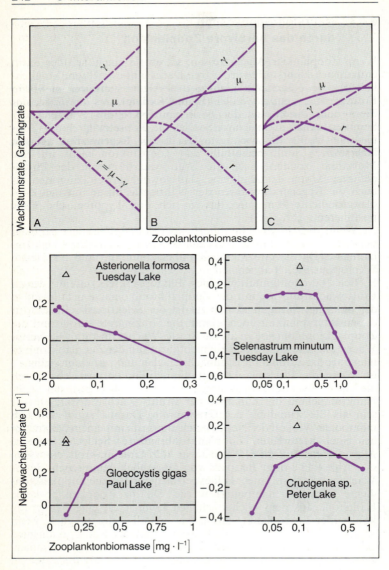

Abb. 6.**13**

Zooplankter regenerieren nicht alle Nährstoffe mit der gleichen Effizienz. Phosphor wird überwiegend als gelöstes Phosphat exkretiert, Stickstoff überwiegend als Ammonium. Beide Formen sind gut pflanzenverfügbar. Silikat hingegen wird als partikulärer Kieselalgendetritus ausgeschieden, der sich nur langsam löst und größtenteils aus dem Epilimnion absinkt, bevor das Silizium wieder in Lösung geht. Deshalb verschiebt die Aktivität des Zooplanktons die Verhältnisse der essentiellen Ressourcen Si:P und Si:N sowie das Verhältnis der substituierbaren Ressourcen $NO_3:NH_4$ zu niedrigeren Werten. Das verändert die Konkurrenzbedingungen innerhalb des Phytoplanktons (vgl. 6.1.3.).

Diese Verschiebung der Konkurrenzverhältnisse zuungunsten der Kieselalgen durch die zooplanktoninduzierte Abnahme des Si:P-Verhältnisses kann wieder an Kulturexperimenten (Abb. 6.14) demonstriert werden. Ein nach dem Chemostatprinzip arbeitendes Hell- und ein Dunkelgefäß wurden in einen Kreislauf geschaltet. Im Hellgefäß wuchsen und konkurrierten Phytoplankter, die in einem kontinuierlichen Fluß in das Dunkelgefäß transportiert wurden. Darin lebten Daphnien, die Phytoplankter fraßen und Nährstoffe exkretierten. Der Rückstrom vom Dunkel- in das Hellgefäß enthielt exkretierte Nährstoffe und die nicht gefressenen Algen. Wie erwartet nahm das Si:P-Verhältnis im Nährstofftransport vom Dunkel- in das Hellgefäß ab und die Kieselalgen wurden durch Grünalgen ersetzt. Die dominante Kieselalge *(Asterionella formosa)* und die dominante Grünalge *(Mougeotia thylespora)* haben annähernd gleiche Selektionskoeffizienten (Abb. 6.11), so daß ein direkter selektiver Einfluß des Grazings auf diese Sukzession ausgeschlossen ist. Damit bleibt nur der indirekte Einfluß des Zooplanktons durch die Verschiebung der Konkurrenzverhältnisse (Abnahme des Si:P-Verhältnisses) als Erklärung übrig.

Rund um die Zooplankter und deren Fäzes bilden sich Diffusionshöfe mit kleinsträumig erhöhten Nährstoffkonzentrationen. Die Exkretion von Nährstoffen durch das Zooplankton erzeugt so eine kleinräumige Variabilität (**„Mikropatchiness"**) des Nährstoffangebots. Goldman u. Mitarb. (1979) spekulierten, daß Phytoplankter, wenn sie in Kontakt mit diesen Mikrozonen kommen,

◀ Abb. 6.**13** *Oben:* Hypothetischer Einfluß der Zooplanktonbiomasse auf Bruttowachstumsrate (μ), Grazingrate (γ) und Nettowachstumsrate (r) von Phytoplanktern. A: nicht nährstofflimitiert; B: nährstofflimitiert, gut freßbar; C: nährstofflimitiert, schlecht freßbar.
Mitte und unten: Beispiel von Nettowachstumsraten aus Feldexperimenten mit manipulierten Zooplanktondichten. Die Nettowachstumsraten bei unmanipulierten Zooplanktondichten und Nährstoffzugabe (Dreiecke) zeigen Nährstofflimitation aller dargestellten Arten (nach Elser 1988)

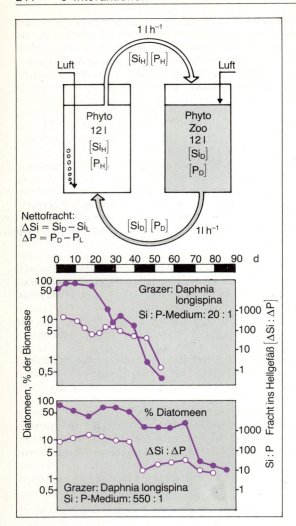

Abb. 6.**14** Experimente zur Interaktion zwischen Grazing und Nährstoffkonkurrenz.
Oben: Schema der Versuchsanordung.
Unten: Abnahme des Si:P-Verhältnisses in der Nettofracht in das Hellgefäß und Abnahme des Anteils der Diatomeen an der Phytoplanktonbiomasse (nach Sommer 1988)

kurzzeitig stark erhöhte Aufnahmeraten von Nährstoffen haben können. Das könnte langfristig zu höheren Brutto-Wachstumsraten führen, als man nach der Monod-Formel und den großräumigen Durchschnittskonzentrationen erwarten würde. Diese Spekulation ist stark umstritten; gute experimentelle Beweise für einen förderlichen Effekt der „Mikropatchiness" fehlen noch.

6.4.5. Periphyton

Grundsätzlich sollten für das Grazing von Mikroalgen, die auf submersen Oberflächen wachsen (Periphyton, Aufwuchs), dieselben Prinzipien gelten wie für das Grazing im Plankton. Leider gibt es dazu jedoch wesentlich weniger gesicherte Kenntnisse über quantitative Bedeutung und Selektivität. Grazer des Periphytons unterscheiden sich sowohl in ihrer Körpergröße als auch in ihrer taxonomischen Herkunft (von Protozoen bis Schnecken und Insektenlarven) weit stärker als Plankter. Deshalb ist nicht zu erwarten, daß ein ähnlich klares Bild wie bei der Selektivität des herbivoren Zooplanktons entstehen wird. Neben Gallerte und Partikelgröße spielt die Festigkeit der Anheftung an das Substrat eine entscheidende Rolle bei der Freßbarkeit periphytischer Algen. Die Fließwasserschnecke *Theodoxus fluviatilis* zum Beispiel kann Periphyton mit ihrer Radula nur abraspeln und zerkleinern, wenn es auf einem harten, rauhen Untergrund wächst (Neumann 1961).

Im kanadischen Lake Mephremagong untersuchte Cattaneo (1983) die Dynamik der Biomasse von Aufwuchsalgen auf natürlichen und künstlichen Wasserpflanzen. Er fand für beide Substrate das gleiche Muster: Im Juni gab es ein Maximum der Periphytonbiomasse, das schnell zusammenbrach, als Oligochaeten und Chironomiden einwanderten. Anschließend blieb die Periphytonbiomasse niedrig, möglicherweise als Folge der nun auftretenden Schnecken. Ausschlußexperimente mit feinmaschigen Käfigen gaben Hinweise darauf, daß die Periphytonbiomasse tatsächlich durch die Grazer niedriggehalten wurde. Die Ausschlußexperimente führten auch zu einer anderen taxonomischen Zusammensetzung des Periphytons. Während in den Kontrollen Blaualgen dominierten, setzten sich in den Käfigen Grünalgen und Kieselalgen durch.

In Fließgewässern ist die Bedeutung des Grazing durch benthische Invertebrate (Insektenlarven und Schnecken) erst in den letzten Jahren erkannt worden. Es ist schwierig, den Effekt zu quantifizieren, weil Grazer-Ausschlußexperimente durch die Wasserströmung behindert werden. Wo es aber gelungen ist, zeigte sich, daß weidende Invertebrate und Fische (vgl. 7.3.3) das Periphyton auf Steinen unter Kontrolle halten können. Feminella u. Mitarb. (1989) exponierten künstliche Substrate in einem Fluß in Kalifornien. Ein Teil der Platten lag auf dem Boden, so daß Grazer ungehinderten Zugang hatten. Der andere Teil war etwas erhöht, so daß kriechende Grazer ausgeschlossen waren und nur wenige Eintagsfliegenlarven die Platten über die Drift besiedeln konnten. Dabei zeigte sich klar, daß das Periphyton in den von Bäumen beschatteten Abschnitten des Flusses durch das Licht kontrolliert wurde, während in den besonnten Abschnitten die Grazer ausschlaggebend waren.

Auch benthische Grazer können selektiv sein. Ein Beispiel dafür berichtet Hart (1985b). Er beobachtete in einem Bach in Michigan Flecken von langsam wachsenden Aufwuchsalgen (besonders Diatomeen), die mit dicken Polstern einer fadenförmigen Blaualge *(Microcoleus vaginatus)* abwechselten. Die blaualgenfreien Flecken waren die Grazing-Areale einer Köcherfliegenlarve *(Leucotrichia pictipes)*. Wenn diese Larven entfernt wurden, wuchsen die Flecken sehr schnell mit *Microcoleus* zu. Es stellte sich allerdings heraus, daß die Köcherfliegenlarve die Blaualgen gar nicht fraß. Sie entfernte sie offensichtlich nur, wie ein Gärtner, der Unkraut jätet, und ermöglichte den von ihr gefressenen Diatomeen das Wachstum.

Komplizierte Interaktionen zwischen filamentösen Grünalgen *(Cladophora)*, ihren Epiphyten (Kieselalgen) und invertebraten Grazern (Insektenlarven) beobachtete Dodds (1991) in Flüssen in Montana. Konkurrenz um Nährstoffe zwischen Filamenten und Epiphyten wurde nicht beobachtet. Wenn aber Kieselalgen auf den Algenfäden wuchsen, erhöhten sie den Reibungswiderstand für das darüberfließende Wasser und erniedrigten die Strömungsgeschwindigkeit im Algenbüschel. Durch den verschlechterten Stoffaustausch wurde die Photosyntheseleistung der Grünalgen vermindert. 75% der Epiphyten wurden allerdings durch die Grazer eliminiert. Diese exkretierten Nährstoffe, die den unterhalb wachsenden Grünalgen zur Verfügung standen. In diesem Fall profitierten die Grünalgen also von der Tätigkeit der Grazer, ähnlich wie die fraßresistenten Phytoplankter von den Zooplanktern.

6.5 Prädation

6.5.1 Komponenten des Beutemachens

Wenn ein Räuber bei der Beutejagd erfolgreich ist, bedeutet das für ihn eine Erhöhung der Fitneß (höhere Reproduktionsrate, bessere Überlebenschancen für seine Nachkommen), für die Beute jedoch einen Fitneßnachteil (Mortalität). Gerade bei dieser Art von Interaktionen finden wir deshalb viele Beispiele von Koevolution. Räuber und Beute haben Eigenschaften und Taktiken entwickelt, mit denen sie möglichst effektiv Beute machen können bzw. möglichst gut gegen Räuber geschützt sind. In die verwirrende Vielfalt solcher Adaptationen kann man etwas Ordnung bringen, wenn man den Prozeß des Beutemachens genauer analysiert. Man kann dabei vier Phasen unterscheiden, die nacheinander ablaufen müssen (Gerritsen u. Strickler 1977):

1. Räuber und Beute müssen sich begegnen.
2. Der Räuber muß die Beute erkennen und angreifen.
3. Er muß die Beute fangen.
4. Er muß sie auffressen.

In einem Schema kann man das folgendermaßen darstellen:

Bewegung von Beute und
Räuber relativ zueinander

$\downarrow P_B$

Begegnung

$\downarrow P_A$

Angriff

$\downarrow P_F$

Fang

$\downarrow P_K$

Konsum

Auf jeder Stufe gibt es eine gewisse **Wahrscheinlichkeit**, daß der Prozeß weiterläuft. Wir bezeichnen diese Wahrscheinlichkeit mit einem P (Probabilität). Dann ergibt sich für die Wahrscheinlichkeit einer für den Räuber erfolgreichen Interaktion (P_{EI})

$$P_{EI} = P_B \cdot P_A \cdot P_F \cdot P_K.$$

Umgekehrt gilt die gleiche Beziehung aus der Sicht der Beute, nur ist die Beute um so erfolgreicher, je kleiner die Wahrscheinlichkeiten sind. Die Wahrscheinlichkeit, daß der nächste Schritt erfolgt, hängt also sowohl von den Fähigkeiten des Räubers als auch der Beute ab. Anpassungen können auf jeder Stufe stattfinden. Die Aufspaltung der gesamten Beutefanghandlung in Teilprozessen erlaubt uns eine systematische Analyse der Mechanismen der Anpassung.

Wenn es zu einer Interaktion kommen soll, müssen sich Räuber und Beute begegnen. Die **Begegnungswahrscheinlichkeit** hängt von der mittleren Geschwindigkeit ab, mit der sich Räuber und Beute

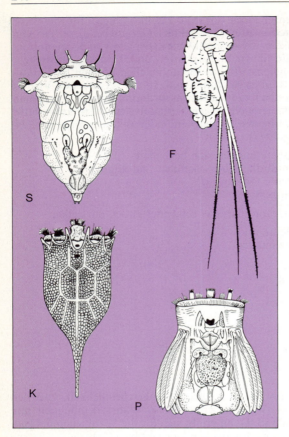

Abb. 6.**15** Rotatorien mit unterschiedlichen „Verteidigungsmechanismen. Die weichhäutige *Synchaeta* (*S*) kann nicht entkommen. *Filinia* (*F*) kann drei lange Dornen abspreizen. *Polyarthra* (*P*) kann mit ihren flossenartigen Anhängen schnelle Fluchtsprünge ausführen. *Keratella* (*K*) ist durch einen Panzer geschützt

bewegen. Für die Beute wäre es am günstigsten, sich ganz still zu verhalten und überhaupt nicht zu bewegen. Das ist aber nicht möglich, denn die Tiere müssen Futter und Geschlechtspartner suchen. Für den Räuber gibt es zwei Möglichkeiten: Er kann entweder ruhig lauern und warten, bis eine Beute vorbeikommt, oder sich suchend umherbewegen. Lauernde Räuber in Süßwasser sind zum Beispiel der Hecht, *Chaoborus*-Larven und Libellenlarven. Beispiele für suchende Räuber wären der Barsch, räuberische Copepoden oder einige Steinfliegenlarven.

Der Räuber muß aber nicht nur einer Beute begegnen, er muß sie auch wahrnehmen. Wiederum spielen dabei Eigenschaften der Beute und des Räubers eine Rolle. Wir können um den Räuber einen **Wahrnehmungsradius** definieren, in dem er die Beute erkennen kann. Je größer der Wahrnehmungsradius, desto größer ist die Wahrscheinlichkeit, daß die Beute erjagt wird. Zunächst hängt der Wahrnehmungsradius von den Sinnesleistungen des Räubers ab. Orientiert er sich optisch (z. B. ein Raubfisch), so spielt die Qualität seiner Augen eine Rolle, aber auch die Sichtbarkeit der Beute, Größe, Färbung und die Art, wie sich die Beute bewegt. Außerdem kann der Wahrnehmungsradius durch die Umweltbedingungen beeinflußt werden. Ein sich optisch orientierender Räuber wird zum Beispiel im trüben Wasser einen geringen Wahrnehmungradius haben.

Ist die Beute wahrgenommen, muß der Räuber entscheiden, ob er sie angreift. Dabei können Lernprozesse eine Rolle spielen. Fische haben einen großen Wahrnehmungsradius für auffallend gefärbte Wassermilben, fressen sie aber nicht, da sie lernen, daß diese schlecht schmecken (Kerfoot 1982).

Schließlich muß die Beute ergriffen, überwältigt und gefressen werden. Dabei hat sie immer noch eine Chance, mit dem Leben davonzukommen. Sie kann zum Beispiel im letzten Moment fliehen oder durch Panzerstrukturen geschützt sein, so daß der Räuber sie nicht handhaben kann. Verschiedene Arten von Rotatorien (Abb. 6.**15**), die in den Bereich eines räuberischen Copepoden geraten, verhalten sich unterschiedlich. Die weichhäutige, langsame *Synchaeta* hat kaum eine Chance zu entkommen. *Polyarthra* besitzt eine Anzahl von paddelartigen Anhängen, die sie plötzlich synchron zurückschlagen kann, wodurch sie einen sehr schnellen Sprung macht. Sie entkommt durch Flucht. *Filinia* spreizt drei lange Dornen ab, die sie für den Räuber unhandlich macht. *Keratella* schließlich vertraut auf einen starken, dornigen Panzer. Für die Frage, ob eine Beute überwältigt werden kann, ist das Größenverhältnis von Räuber zu Beute von ausschlaggebender Bedeutung.

6.5.2 Selektivität

Alle Komponenten des Beutemachens tragen dazu bei, daß Räuber nur eine bestimmte Auswahl von Beuteorganismen fressen können; deshalb sind Räuber selektiv. Vergleicht man den Mageninhalt eines Räubers mit der Zusammensetzung der möglichen Beutetiere in seinem Lebensraum, findet man große Unterschiede. Eine Reihe

Box 6.1 Quantifizierung der Selektivität

Dieses und das folgende Kapitel bringen viele Beispiele, die zeigen sollen, wie wichtig es für die Struktur von Lebensgemeinschaften ist, daß Räuber und Grazer selektiv fressen, d. h., daß sie unterschiedliche Mortalität auf verschiedene Klassen ihrer Beute ausüben. Will man diese Unterschiede nicht nur verbal beschreiben, sondern quantifizieren, so benötigt man ein geeignetes Maß. Dafür ist eine Reihe von Indices entwickelt worden. Sie basieren alle auf dem Vergleich der Anteile einer bestimmten Beutekategorie (Partikelklasse) an der Gesamtzahl der Beutetiere in der aufgenommenen Nahrung und in der Umgebung. Will man zum Beispiel wissen, ob der Räuber Beutetiere einer bestimmten Größenklasse bevorzugt, so wird man zunächst bestimmen, welchen Anteil (Prozentsatz) diese Klasse an der gesamten Beutepopulation hat. Dann wird man den Anteil der gleichen Größenklasse im Magen des Räubers bestimmen.

Bezeichnen wir den relativen Anteil der betrachteten Klasse in der Umgebung mit p und den Anteil am Mageninhalt mit r, so können wir einen Elektivitätsindex (E) (nach Ivlev 1961) berechnen:

$$E = \frac{r - p}{r + p}.$$

Er kann von -1 bis $+1$ variieren. -1 bis 0 bedeutet negative Selektion des betrachteten Beutetyps (anteilmäßig weniger davon gefressen) und 0 bis $+1$ bedeutet positive Selektion (relativ zu anderen Klassen häufiger gefressen). Für den Fall, daß der Anteil des Beutetyps in Umwelt und Magen gleich ist, liegt keine Selektion vor. Dann ist $E = 0$.

Dieser klassische Index ist nicht unabhängig vom relativen Anteil der Beuteart, deshalb kann man ihn nicht verwenden, wenn man sich gerade dafür interessiert, ob die relative Häufigkeit der Beute einen Einfluß auf die Beutewahl des Räubers hat (frequenzabhängige Selektion). Jacobs (1974) hat eine Modifikation vorgeschlagen, die diesen Nachteil nicht hat. Sein Index D wird häufig benutzt; auch er reicht von -1 bis $+1$, mit 0 für den Fall unselektiver Nahrungsaufnahme:

$$D = \frac{r - p}{r + p - 2rp}.$$

Ein anderer häufig gebrauchter Index (α) stammt von Chesson (1978). Wir bezeichnen die betrachtete Futterklasse mit i und alle anderen mit j. Dann ist der Anteil der betrachteten Klasse in der Nahrung r_i bzw. r_j und der Anteil in der Umgebung p_i bzw. p_j. Der Elektivitätsindex für die Klasse i ist dann:

$$\alpha_i = \frac{r_i/p_i}{r_i/p_i + r_j/p_j}.$$

α reicht von 0 (negative Selektion) bis 1 (positive Selektion). Unselektivität liegt bei $\alpha = 0{,}5$ vor.

Beispiel
Ein Fisch findet in seiner Umgebung drei Klassen von Futterorganismen verschiedener Größe (A, B und C) vor. Eine Stichprobe in der Umgebung ergibt:

Klasse	Anzahl	Anteil
A	600	0,60
B	250	0,25
C	150	0,15
Summe	1000	

Im Magen des Fisches finden wir:

Klasse	Anzahl	Anteil
A	15	0,47
B	8	0,25
C	9	0,28
Summe	32	

Nach dem Mageninhalt haben wir den Eindruck, daß der Fisch die Klasse A besonders gerne frißt. Berechnen wir die Indices nach Jacobs und Chesson, so ergibt sich:

$$D_A = \frac{0{,}47 - 0{,}60}{0{,}47 + 0{,}60 - 0{,}282} = -0{,}165,$$

$$\alpha_A = \frac{0{,}47/0{,}60}{0{,}47/0{,}60 + 0{,}53/0{,}40} = 0{,}372.$$

Entsprechend erhalten wir für B: $D_B = 0$; $\alpha_B = 0{,}5$
und für C: $D_C = 0{,}376$; $\alpha_C = 0{,}688$.
Nicht die Futterart A wird also bevorzugt, sondern C, während B entsprechend seiner Häufigkeit unselektiv aufgenommen wird.

von **Selektivitätsindizes** (vgl. Box **6.1**) sind beschrieben worden, mit denen sich die „Vorliebe" eines Räubers für eine bestimmte Beuteart charakterisieren läßt. Sie basieren alle auf dem relativen Anteil einer Beuteart in der Umgebung und in der Nahrung des Räubers.

Bedingt durch die unterschiedliche Art der Beutewahrnehmung lassen sich im aquatischen Lebensraum die Räuber in zwei Gruppen einteilen, die ein völlig unterschiedliches Selektivitätsverhalten haben. Wirbeltiere — das sind im Süßwasser im wesentlichen Fische, gelegentlich aber auch Salamanderlarven — orientieren sich in der Mehrzahl der Fälle optisch. Der entscheidende Schritt in der Reaktionskette des Beutemachens ist hier die Wahrnehmung der Beute. Nur Raubfische sind durch die Größe ihres Maules limitiert. Sie können nur andere Fische einer bestimmten maximalen Größe fressen. Planktonfresser und Bodentierfresser sind (mit Ausnahme der kleinsten Jugendstadien) so groß, daß die Überwältigung der Beute leicht ist und nicht ins Gewicht fällt. Für einen Fisch ist größere Beute aus größerer Distanz sichtbar. Deshalb ist die Wahrscheinlichkeit, gefressen zu werden, für eine größere Beute höher. Als Resultat fressen vertebrate Räuber aus einem gemischten Angebot stets die größeren Brocken.

Anders ist das bei invertebraten Räubern (karnivore Zooplankter, Insektenlarven). Diese orientieren sich nicht optisch, sondern mit Mechano- oder Chemosensoren. Der begrenzende Schritt für ihren Erfolg ist nicht die Wahrnehmung, sondern die Überwältigung der Beute. Invertebrate sind relativ klein, daher benötigen sie Beute, die noch kleiner ist. Sie nehmen deshalb aus einem Beutespektrum normalerweise die kleineren Objekte heraus.

Vertebrate und invertebrate Räuber haben auf diese Weise einen sehr unterschiedlichen Effekt auf die Lebensgemeinschaft der Beutetiere. Dieser wird noch dadurch verstärkt, daß invertebrate Räuber selbst relativ groß sind und deshalb von den vertebraten Räubern bevorzugt gefressen werden (vgl. 6.5.6).

6.5.3 Vertebrate Räuber

Planktivore Fische

Fast alle Fische, auch die, die mit zunehmender Größe Bodennahrung fressen oder ganz **piscivor** sind, machen eine Phase durch, in der sie Zooplankton fressen. Manche bleiben auch ihr ganzes Leben **planktivor**. Solche obligaten Planktonfresser sind zum Beispiel die pelagischen Coregonen (Felchen, Renken, Maränen). Sie fressen auch noch mit 40 cm Körperlänge ausschließlich Zooplankton.

6.5 Prädation

Die meisten planktonfressenden Fische orientieren sich optisch, d. h., sie fangen die Beute einzeln. Nur wenige Ausnahmen, dazu gehören zum Beispiel junge Brachsen *(Abramis brama)*, verhalten sich wie Filtrierer. Sie pumpen Wasser durch das Maul und halten das Zooplankton mit den Kiemenreusen zurück. Die Größe der Zooplankter, die zurückgehalten werden können, hängt vom Abstand der Kiemenreusendornen ab. In jedem Fall werden größere Partikel leichter zurückgehalten als kleine, die zum Teil das Kiemenfilter passieren können. Es ergibt sich eine Selektion für größere Zooplankter.

Auch die Fische, die sich optisch orientieren, können nur solche Partikel zurückhalten, die größer sind als der Abstand der Kiemenfilter. Die Auswahl geschieht aber schon früher.

Zunächst muß eine Beute optisch wahrgenommen werden. Als Maß für die Wahrnehmbarkeit der Beute kann man die **Reaktionsdistanz** messen. Das ist diejenige Entfernung, aus der ein Fisch mit Angriff auf eine Beute reagiert. Je größer die Reaktionsdistanz, desto leichter ist die Beute wahrzunehmen. Die Reaktionsdistanz hängt von der Beuteart ab. Größere Beutetiere sind aus größerer Entfernung zu lokalisieren als kleinere. Ob eine Beute als solche erkannt wird, hängt wahrscheinlich von der Größe des Bildes auf der Netzhaut des Fischauges ab. Ein kleiner Zooplankter, der näher am Auge ist, wird auf der Retina genauso groß abgebildet wie der, der größer und weiter entfernt ist; er hat deshalb die gleiche „apparente" Größe. Darüber hinaus spielen der Kontrast zur Umgebung und die Bewegungsart der Beute eine Rolle. Auffällig gefärbte und bewegte Beute wird leichter wahrgenommen.

Die Reaktionsdistanz ist auch kürzer im trüben oder stark gefärbten Wasser. Besonders wichtig aber ist die **Lichtintensität**. Unterhalb eines Schwellenwertes, der bei wenigen Lux liegt, nimmt die Reaktionsdistanz stark ab. Die Fische müssen dann sehr nahe an der Beute sein, um sie wahrzunehmen (Abb. 6.**16**). Das bedeutet für die Zooplankter eine geringe Wahrscheinlichkeit, gefressen zu werden. Der Schwellenwert ist für verschiedene Fischarten unterschiedlich. Manche können aber noch bei sehr niedrigen Lichtintensitäten jagen, so daß Mondlicht völlig ausreicht. Egal, welcher Faktor die Sichtbarkeit beeinträchtigt, größere Beute wird immer leichter wahrgenommen. Deshalb ergibt sich auch für diese Gruppe von Fischen eine Selektion für große Zooplankter.

Sowohl für die filtrierenden als auch für die einzeln zuschnappenden Fische hängt der Erfolg davon ab, ob die Beute flüchten kann. In beiden Fällen wird Wasser samt Beute in die Mundhöhle gesaugt. Einige Zooplankter, vor allem die Copepoden, aber auch die Cladocere *Diaphanosoma*, können kräftige Fluchtsprünge machen. Man kann das Einsaugen durch den Fisch simulieren, indem

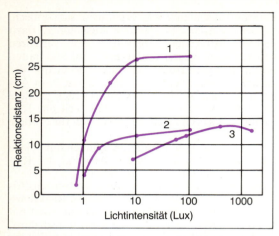

Abb. 6.**16** Reaktionsdistanz von Fischen für 2 mm große *Daphnia pulex* bei unterschiedlichen Lichtintensitäten. 1 = Sonnenbarsch *(Lepomis macrochirus)*, 2 = „White crappie" *(Pomoxis annularis)*, 3 = Bachsaibling *(Salvelinus fontinalis)* (nach O'Brien 1987)

man Wasser aus einem Aquarium durch einen Schlauch ablaufen läßt und beobachtet, wie sich Zooplankter, die in den Sog geraten, verhalten. Abb. 6.**17** zeigt ein solches Experiment. Alle Zooplankter werden um so besser gefangen, je näher sie der Ansaugöffnung kommen. Allerdings wird die Cladocere *Daphnia* in einer Entfernung von 8 cm bereits zu 100% angesaugt, während der Copepode *Diaptomus* auch bei nur 3 cm Abstand nur zu 20% gefangen wird. Als Ergebnis einer solchen Manipulation werden aus dem Aquarium zunächst die Daphnien und erst ganz zum Schluß die Copepoden abgesaugt. Daraus läßt sich vorhersagen, daß es dem Fisch wesentlich leichter fallen sollte, Daphnien zu fangen als Copepoden. Das ist in der Tat so (Brooks 1968).

Wenn reichlich Beutetiere vorhanden sind, so daß die Suchzeit unbedeutend ist, sollte der Fisch sich auch aus energetischen Gründen auf die besten Brocken konzentrieren. Abb. 6.**18a** u. **b** erläutert das an Jungbarschen. Mit steigender Konzentration an Beutetieren erreicht die Zahl der pro Zeiteinheit gefressenen Plankter ein Plateau (vgl. 4.3.2). Die Fische können pro Zeiteinheit nur eine bestimmte Zahl von Daphnien fangen, egal ob diese groß oder klein sind. Von den besser flüchtenden *Cyclops* fangen sie wesentlich weniger. Eine große Daphnie enthält aber wesentlich mehr Energie als eine kleine, deshalb ist die Energieaufnahmerate am größten,

6.5 Prädation

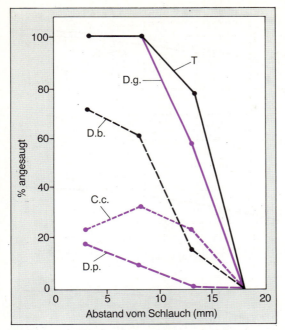

Abb. 6.17 Experiment zum Fluchtverhalten von Zooplanktern. Häufigkeit, mit der verschiedene Zooplankter in einem bestimmten Abstand von einem Schlauch angesaugt wurden (nach Drenner u. Mitarb. 1978). T = totes Zooplankton, D. g. = *Daphnia galeata*, D. b. = *Diaphanosoma brachyurum*, C. c. = cyclopoide Copepoden; D. p. = *Diaptomus pallidus*

wenn die Fische sich auf die großen Daphnien konzentrieren. Erst dann, wenn die Dichte der großen Daphnien so gering geworden ist, daß die Suchzeit zu lang wird, lohnt es sich, kleine Daphnien zu beachten. Da mehr Energieaufnahme einen Fitneßvorteil bedeutet, müssen wir annehmen, daß es eine Evolution in Richtung eines solchen Optimierungsverhaltens gegeben hat.

Es gibt Übergänge im Verhalten der Fische zwischen der Auswahl einzelner Beutetiere und dem „Filtern". Vor allem bei schlechten Lichtverhältnissen können Fische auch zwischen den beiden Beutefangstrategien wechseln. Alle hier angeführten morphologischen, sinnesphysiologischen und verhaltensphysiologischen Faktoren deuten aber in die gleiche Richtung: Planktivore Fische sollten selektiv große und leicht freßbare Zooplankter fressen. Diese Hypothese ist im Freiland vielfach bestätigt worden. Vergleicht man

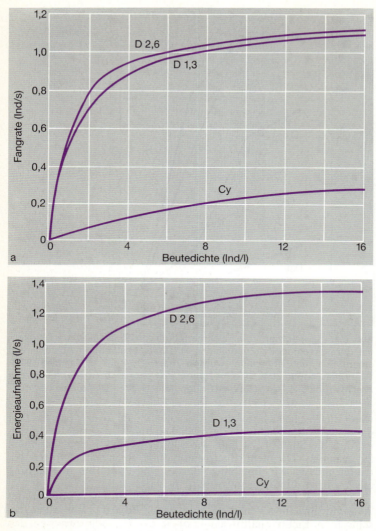

Abb. 6.**18a** u. **b** Fangrate (**a**) und daraus resultierende Energieaufnahme (**b**) einjähriger Barsche, die Jagd auf kleine (1,3 mm) und große (2,6 mm) Daphnien *(D)* und auf den Copepoden *Cyclops (Cy)* machen (nach Persson 1987)

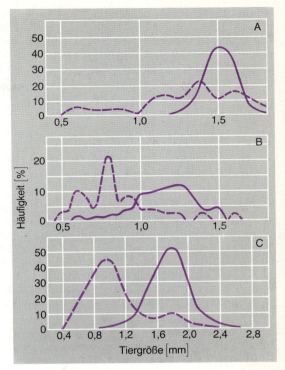

Abb. 6.**19** Größenverteilungen von Daphnien im See (gestrichelt) und im Magen von Fischen.
A: Seelaube *(Chalcalburnus chalcoides mento)* im Mondsee (nach Wieser 1986);
B: Barsch *(Perca fluviatilis)* in der Talsperre Bautzen (nach Köpke u. Mitarb. 1988);
C: Regenbogenforelle *(Salmo gairdneri)* im Stager Lake (nach Galbraith 1967)

zum Beispiel die Größenverteilung von Daphnien im Magen junger Barsche, Regenbogenforellen oder Lauben (kleine Cypriniden) und im See, so findet man ein sehr ähnliches Muster (Abb. 6.**19**). Im Magen sind die größeren Daphnien überrepräsentiert.

Planktivore Fische können sich spezialisieren. Solange Daphnien vorhanden sind, findet man im Magen von Coregonen häufig fast keinen Copepoden, auch wenn diese im Wasser sehr häufig sind. In einem Experiment mit gemischtem Zooplankton (Brooks 1968) wurden zunächst sehr schnell die Daphnien weggefressen und erst danach die Copepoden, zunächst die großen, dann die kleinen. Diese Spezialisierung ist so stark, daß sie nicht mehr einfach durch Sichtbarkeit und Fluchtverhalten der Beute erklärt werden kann. Wahrscheinlich spielt die Lernfähigkeit der Fische eine Rolle. Nach einigen Versuchen weiß der Fisch, daß, wenn er gleichzeitig eine Daphnie und einen Copepoden sieht, der Angriff auf die Daphnie erfolgreicher sein wird. Das verstärkt den Selektionsprozeß weiter.

Diese allgemeinen Regeln gelten für Fische, die relativ groß im Verhältnis zu ihrer Beute sind, also für Jungfische ab einer Länge von einigen Zentimetern. Während der Ontogenese der Fische wechselt jedoch die Nahrungspräferenz. Fischlarven und sehr kleine Jungfische sind relativ klein im Verhältnis zum Zooplankton und durch die Größe ihres Maules limitiert. Kleine Fischlarven können zu Beginn der Freßtätigkeit auf sehr kleine Zooplankter, z. B. Protozoen und Rotatorien, angewiesen sein. Wenn sie heranwachsen, verschiebt sich die Nahrungspräferenz zu Nauplien, den Copepodidstadien und schließlich zu Cladoceren. Hier gilt also noch nicht, daß die größte, verfügbare Beute gefressen wird, eher die größte, noch zu überwältigende. Diese Phase im Leben der Fische ist aber sehr kurz, so daß der Einfluß auf das Zooplankton nicht so groß ist wie der größerer Fische, die den ganzen Sommer über fressen.

Benthivore und piscivore Fische

Viele sogenannte Friedfische gehen zu Bodennahrung über, wenn sie größer werden. Sie suchen Beute auf Pflanzen und Steinen oder wühlen im Sediment. Fische in Fließgewässern sind immer auf Makroinvertebrate angewiesen, wenn sie nicht Insekten fressen, die ins Wasser gefallen sind. Obwohl das Konzept der Reaktionsdistanz in diesem Fall nicht so einfach angewandt werden kann wie im Pelagial, sind auch **benthivore** Fische selektiv und fressen bevorzugt die größeren Brocken. Auch Makroinvertebrate sind normalerweise klein genug, daß sie von allen Fischen gefressen werden können.

Die Wahl größerer Brocken muß nicht von der Wahrnehmbarkeit abhängen, sondern kann auch darauf beruhen, daß es profitabler ist, die limitierte Zeit mit der Suche nach größeren Beutetieren zu verbringen. So läßt sich zum Beispiel die Größenauswahl von Plötzen *(Rutilus rutilus)*, die Dreikantmuscheln *(Dreissena polymorpha)* fressen, erklären (Preijs u. Mitarb. 1990). Die Muscheln sind ein sehr gutes Futter. Um sie nutzen zu können, müssen die Fische sie aber mit ihren Schlundzähnen zerbrechen. Der Profit für den Fisch ergibt sich aus dem Energiegehalt pro Muschel, der mit steigender Muschelgröße wächst, und aus den Kosten des Zerbrechens, die auch mit der Muschelgröße zunehmen. Das Ergebnis ist, daß sehr kleine Muscheln (<10 mm) nicht gefressen werden, obwohl sie die häufigsten sind, und daß Plötzen erst anfangen, Muscheln zu fressen, wenn sie selbst größer als 16 cm sind. Erst ab dieser Größe lohnt sich der Aufwand, die Muscheln zu zerbrechen. Je größer der Fisch wird, desto geringer schlagen die Kosten zu Buche, so daß große Fische sich auf große Muscheln konzentrieren können. Die Maximalgröße, die sie fressen, hängt von der Größe ihres Mauls ab (ca. 60% der Maulgröße). Für die großen Fische lohnt es sich nicht, die kleinen Muscheln zu suchen; für die kleinen aber, deren Maulgröße für die kleinen Muscheln passen würde, ist das Zerbrechen zu schwierig. Deshalb werden die kleinen Muscheln überhaupt nicht gefressen.

Ähnlich ist das bei fischfressenden (piscivoren) Fischen. Auch für diese gibt es eine optimale Größe der Beute. Es ist sicher nicht lohnend, wenn ein großer Hecht eine kleine Elritze jagt. Für einen kleinen Hecht kann diese aber eine lohnende Beute sein. Die größere Beute wird durch die Maulgröße des Räubers bestimmt. Der amerikanische „Large-Mouth Bass" (*Micropterus salmoides*, eine Barschart) bevorzugt zum Beispiel solche Beutefische, die etwa ein Drittel seiner eigenen Größe haben (Werner u. Hall 1988).

Einschränkungen und Kompromisse

Ein Fisch kann nicht immer die optimale Beute suchen, weil er sich bei der Futtersuche möglicherweise selbst in Gefahr begibt. Für einen planktivoren Fisch wäre die Nahrungsuche im hellen Licht am günstigsten, da damit seine Reaktionsdistanz wachsen würde. Gleichzeitig wäre er aber mehr gefährdet durch Raubfische und fischfressende Vögel, die sich ebenfalls optisch orientieren. In diesem Fall muß es also eine Risikoabwägung geben. Das heißt nicht, daß der individuelle Fisch das Risko, gefressen zu werden, abschätzen würde, im Laufe der Evolution hat die Art jedoch eine im Durchschnitt optimale Verhaltensstrategie erworben.

Bohl (1980) hat mit einem Echographen die Verteilung von jungen Weißfischen (Rotaugen, Rotfedern, Brachsen) in bayerischen Seen aufgenommen. Dabei zeigte sich überraschenderweise, daß die Jungfische nur nachts ins Pelagial kamen, um Zooplankton zu fressen. Tagsüber hielten sie sich in Schwärmen in der Nähe des

Ufers auf, aber sobald es dunkel wurde, zerstreuten sich die Schwärme und die Jungfische begannen, im offenen Wasser zu fressen.

Jungfische in Schwärmen sind besser gegen Raubfische, z. B. Barsche, geschützt. Der Aufenthalt im freien Wasser während des Tages wäre sicher ein Risiko. Dieses Risiko wäre möglicherweise zu kompensieren, wenn die Verfügbarkeit des Futters bei Tage wesentlich besser wäre als bei Nacht. Tatsächlich sind die Beutetiere am Tage besser sichtbar. Allerdings befinden sie sich nicht im Oberflächenwasser, sondern in der Tiefe des Sees (vgl. 6.8.4). Deshalb ist die Beutekonzentration gering. Nachts kommen die Zooplankter ins Oberflächenwasser, obwohl sie jetzt schlecht sichtbar sind, ist die Jagd für die Fische offenbar lohnender, da die Zooplanktondichte hoch ist. Allerdings setzt dieses Verhalten voraus, daß das Fischauge sich an sehr niedrige Lichtintensitäten adaptieren kann (vgl. Abb. 6.**16**).

Da sich das Risiko, gefressen zu werden, im Laufe des Lebens eines Fisches ändert, kann sich auch das Verhalten entsprechend ändern. Am Sonnenbarsch *(Lepomis macrochirus)* konnten Werner u. Hall (1988) die Komponenten von Profit und Risiko abschätzen und damit das Verhalten in Seen Michigans erklären. Sonnenbarsche bauen Nester im Litoral. Wenn die Jungen schlüpfen, bewegen sie sich ins Pelagial und fressen Zooplankton. Sobald sie aber eine Länge von 12—14 mm erreicht haben, kehren sie ans Ufer zurück, leben zwischen den Wasserpflanzen und fressen Litoraltiere. Das machen sie mehrere Jahre; dann, mit etwa 8 cm Länge, kehren sie ins Freiwasser zurück und fressen wieder Plankton, zunächst in der Wassersäule über Pflanzen, später im richtigen Pelagial. Die Autoren konnten zeigen, daß Plankton für die Fische in jedem Lebensstadium das profitablere Futter ist. In einem Käfig im freien Wasser wuchsen die mittelgroßen Sonnenbarsche besser als im Litoral, wo sie sich natürlicherweise aufhalten. Warum kehren sie dennoch für mehrere Jahre ans Ufer zurück? Der Grund ist die Gefährdung durch einen Raubfisch (Large-Mouth Bass), der im freien Wasser jagt. Als ein Räuber, der durch die Größe seines Maules limitiert ist, frißt er Beute im Bereich von 15—40% seiner eigenen Länge. Mit etwa 35 mm Länge wird der Bass piscivor und stellt jetzt eine Gefährdung für die Sonnenbarsche dar. Mit steigender Größe nimmt aber die Zahl der Raubfische stark ab. Basse über 20 cm Länge sind relativ selten. Wenn die Sonnenbarsche also im Litoral eine Größe von 8 cm ereicht haben, überwiegt offenbar der Profit durch Planktonfressen das Risiko durch die wenigen großen Raubfische, so daß sie ins Freiwasser zurückkehren.

6.5.4 Invertebrate Räuber

Räubertypen

In vielen Gruppen von im Wasser lebenden wirbellosen Tieren gibt es neben pflanzenfressenden Arten auch Omnivore und Räuber. Diese haben oft einen erheblichen Einfluß auf die Populationen ihrer Beutetiere. Ihr Effekt auf die Lebensgemeinschaften ist jedoch völlig anders als bei Fischen. Invertebrate haben nicht die hochentwickelten Augen von Vertebraten, deshalb spielt optische Orientierung nur in Ausnahmefällen (bei einigen Insekten) eine Rolle. Die Wahrnehmung der Beute geschieht meistens mit Mechano- oder Chemorezeptoren. Verglichen mit Fischen sind invertebrate Räuber aber relativ klein. Bei der Auswahl der Beute ist deshalb entscheidend, ob diese auch überwältigt werden kann. Nur Räuber, die über ein Gift verfügen (z. B. die Larve des Gelbbrandkäfers *Dytiscus*), können Beutetiere überwältigen, die größer sind als sie selbst. Während bei den vertebraten Räubern im Wasser nur Fische und Amphibien wichtig sind, besteht die Gruppe der invertebraten Räuber aus sehr vielen verschiedenen Taxa. Deshalb gibt es auch größere Unterschiede in der Art des Beutefangs und der Beutewahl.

Typische Räuber im Pelagial von Seen sind die räuberischen Cladoceren *Leptodora* und *Bythotrephes*. Ihre Blattbeine sind zu einem Fangkorb umgebildet. Sie bewegen sich durch das Wasser und schließen die Beute, vor allem kleine Cladoceren, bei Berührung in den Fangkorb ein. Die Larven der Büschelmücke *Chaoborus* sind Lauerräuber. Mit Hilfe von zu „Schwimmblasen" umgebildeten Tracheen stehen sie reglos horizontal im Wasser. Sie erkennen die Beute im Vorbeischwimmen mit Mechanorezeptoren und schlagen plötzlich zu, um sie mit ihren Mundgliedmaßen zu ergreifen. Cycloide Copepoden machen während ihrer Larvenentwicklung eine Wandlung von der herbivoren zur karnivoren Lebensweise durch. Die vierten und fünften Copepodidstadien vieler Cyclopoider fressen neben Algen auch Rotatorien und kleine Crustaceen (Nauplien, Copepodidstadien, Cladoceren). Gelegentlich greifen sie auch größere Beute (z. B. Fischlarven) an. Mikrokinematographische Aufnahmen haben gezeigt, daß Copepoden der Spur ihrer Beute im Wasser folgen können. Schwimmende Zooplankter ziehen eine Spur aus Mikroturbulenzen hinter sich her, die von den Copepoden wahrgenommen werden können. Unter den calanoiden Copepoden gibt es ausgesprochene Räuber (z. B. *Epischura*), aber auch omnivore Arten. Es gibt mehr und mehr Beobachtungen, daß „herbivore" Copepoden *(Diaptomus)* auch kleine Zooplankter (Rotatorien, Protozoen) konsumieren. Unter den Rotatorien ist die räuberische

Asplanchna bekannt geworden (vgl. 6.5.5). Sie besitzt zangenförmige, ausstülpbare Kauer (Trophi), mit denen sie andere Rotatorien fängt. In tropischen Gewässern sind oft Wassermilben *(Piona)* wichtige Räuber. Die räuberische Cladocere *Polyphemus* ist auf die Litoralregion beschränkt, wo sie oft Schwärme bildet. *Polyphemus* fängt kleine Zooplankter und kann sich mit Hilfe des riesigen Komplexauges auch optisch orientieren.

Unter den zahlreichen Insektenlarven im Fließwasser gibt es Räuber bei den Köcherfliegen (Trichopteren), die kein Gehäuse bauen, Steinfliegen (Plecopteren) und Libellen. Auch die Larven der Gelbrandkäfer (Dytisciden) und der Schlammfliegen *(Sialis)* erkennt man an ihren kräftigen, zangenförmigen Mandibeln als Räuber. In manchen stehenden Gewässern haben Wasserwanzen, z. B. der Rückenschwimmer *Notonecta*, der von der Wasseroberfläche aus jagt, einen bedeutenden Einfluß auf ihre Beutepopulationen. Unter den benthischen invertebraten Räubern spielen außerdem Egel und Turbellarien eine wichtige Rolle.

Nahrungswahl

Während bei den visuell jagenden Räubern die Wahrnehmung der Beute der wichtigste Schritt ist, spielen bei Invertebraten die Begegnungswahrscheinlichkeit und die Handhabung der Beute eine größere Rolle. Daraus ergibt sich für den Räuber ein Optimierungsproblem.

Je größer die Beute ist, desto schneller schwimmt sie. Mit steigender Geschwindigkeit steigt aber die Begegnungswahrscheinlichkeit. Der Räuber findet größere Beute also leichter. Allerdings wird mit steigender Größe die Handhabung der Beute immer schwieriger und die Handhabungszeit länger. Dadurch sinkt die Fangeffizienz (Anteil der tatsächlich gefressenen Beutetiere pro Fangversuch). Dieser Zusammenhang ist für die räuberische Büschelmückenlarve *Chaoborus*, die Jagd auf *Daphnia* macht, besonders gut untersucht worden (Pastorok 1981). Abb. 6.20 stellt die Komponenten des Beutefangs beispielhaft zusammen. Die Begegnungswahrscheinlichkeit steigt linear mit der Daphniengröße (*A*). Die Handhabungszeit wächst exponentiell (*B*). Da die Fangeffizienz mit der Handhabungszeit abnimmt, ergibt sich ein nahezu linearer Abfall der Fangeffizienz mit der Daphniengröße. Das Produkt aus Begegnungsrate und Fangeffizienz ist ein Maß für die Gefährdung der Beute. Abb. 6.20 C zeigt modellhaft, daß Beutetiere mittlerer Größe besonders gefährdet sind. In der Tat findet man bei Beuteselektionsversuchen mit *Chaoborus* und Daphnien eine starke Bevorzugung mittlerer Größenklassen (*D*).

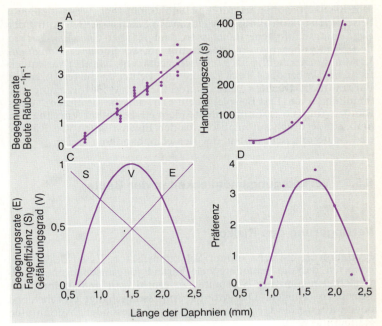

Abb. 6.**20** Entstehung der Präferenz von *Chaoborus*-Larven des 4. Stadiums für mittelgroße Daphnien.
A: Die Begegnungsrate steigt mit der Beutegröße.
B: Die Handhabungszeit wächst mit der Größe.
C: Modellmäßige Berechnung des Gefährdungsgrads der Beute *(V)* als Produkt der Begegnungshäufigkeit und der Fangeffizienz. Das Modell sagt eine Präferenz für Daphnien von ca. 1,5 mm Größe voraus.
D: Experimentelle Ermittlung der Präferenz (nach Pastorok 1981)

Solche Beziehungen gelten aber nicht nur für Räuber-Beute-Beziehungen im Plankton, sondern auch für benthische Räuber. Räuberische Steinfliegenlarven *(Hesperoperla)* bevorzugen Beute in Abhängigkeit von ihrer eigenen Größe: kleine Steinfliegenlarven bevorzugen kleine Beutetiere, große entsprechend größere. Auch in diesem Fall ließ sich experimentell zeigen (Allan u. Mitarb. 1987), daß dieses Muster dadurch entsteht, daß die Begegnungshäufigkeit, aber auch die Handhabungszeit, mit relativ zum Räuber steigender Beutegröße zunehmen. Das relative Gewicht dieser beiden Prozesse kann sich ändern. Wenn die Beute festsitzt (z. B. *Simulium*-Larven), hat die Beutegröße kaum einen Einfluß auf die Begegnungswahrscheinlichkeit, wohl aber auf die Handhabungszeit. Wenn die Beute beweglich ist (z. B. Eintagsfliegenlarven), wächst die Bedeutung der Begegnungshäufigkeit. Bietet man dem Räuber *Simulium*-Larven und Eintagsfliegenlarven gleichzeitig an, so findet er *Simulium*-Larven weniger häufig als Eintagsfliegenlarven, hat aber wesentlich mehr Erfolg bei der Überwältigung der Beute, da die festsitzenden Larven nicht flüchten. Daraus resultiert eine Bevorzugung der Simuliumlarven. Das Beispiel macht klar, daß die „Präferenz" eines Räubers für eine bestimmte Beute nicht ein bewußter Vorgang sein muß, sondern sich automatisch aus den Eigenschaften von Räuber und Beute und dem Ablauf der Beutefanghandlung ergibt.

6.5.5 Verteidigungsmöglichkeiten der Beute

Verringerung des Risikos

Prädation ist ein sehr starker Selektionsfaktor. Es ist deshalb zu erwarten, daß die Beutetiere viele Verteidigungsmechanismen evolviert haben, um ihre Mortalität zu erniedrigen und dadurch die Fitneß zu erhöhen. Die Art der Anpassung hängt entscheidend davon ab, ob die Gefährdung von vertebraten oder invertebraten Räubern ausgeht.

Verteidigungsmechanismen können auf jeder Stufe der Beutefanghandlung ansetzen (vgl. 6.5.1). Auf der ersten Stufe kann die Wahrnehmbarkeit der Beute reduziert werden. Im Fall von Räubern, die sich optisch orientieren, ist es vorteilhaft für die Beute, möglichst „unsichtbar" zu sein. Benthische Tiere können sich verstecken oder tarnen, Planktonorganismen aber können das nicht. Dennoch gibt es Möglichkeiten, die Sichtbarkeit zu reduzieren: Plankter können klein oder durchsichtig sein oder sich in die dunkle Tiefe begeben, wo sie nicht gesehen werden. Ein Beispiel für extreme Durchsichtigkeit ist die räuberische Cladocere *Leptodora*; alle sichtbaren Teile (Auge, Darm) sind stark reduziert. Ein Tier dieser Größe (10 mm) könnte kaum in einem Gewässer mit planktivoren Fischen existieren, wenn es nicht so durchsichtig wäre.

In Gewässern mit Räubern, die sich optisch orientieren, sind Zooplankter normalerweise transparent und unauffällig, während sie in temporären Teichen, die keine Fische haben, lebhaft gefärbt sind. Calanoide Copepoden (z. B. *Diaptomus leptopus*) kommen in mehreren Farbvarianten vor. Sie können entweder blaß oder auch lebhaft rot oder blau gefärbt sein. Das rote Pigment ist ein Carotinoid; bei dem blauen handelt es sich um einen Carotinoid-

Protein-Komplex. Das Pigment schützt die Copepoden vor schädlichem Lichteinfluß. Wenn sie dem Sonnenlicht ausgesetzt sind, sterben die unpigmentierten Copepoden schneller als die pigmentierten. Sie können das vermeiden, indem sie sich in tieferen Wasserschichten aufhalten. Die am lebhaftesten gefärbten Copepoden findet man im Hochgebirge, wo die Strahlungsintensität besonders hoch ist. Bietet man Fischen blasse und gefärbte Copepoden an, so selektieren sie stark die gefärbten. Deshalb findet man gefärbte Copepoden relativ selten und nur unter Bedingungen, wo der Lichtschutzeffekt die Nachteile durch erhöhte Mortalität aufwiegt oder wo es keine Fische gibt (Byron 1982).

Ein interessantes Beispiel gibt Hairston (1981). Zwei benachbarte Seen im Staat Washington unterscheiden sich in ihrer Salinität voneinander. Soap Lake hat eine wesentlich höhere Salinität (17‰) als Lake Lenore. In beiden Seen kommt der Copepode *Diaptomus nevadensis* vor, im Soap Lake in einer leuchtendroten, im Lake Lenore in einer blassen Form. Auf dem ersten Blick würde man den Unterschied einem abiotischen Faktor (Salinität) zuschreiben. Der tatsächliche Grund ist aber die Anwesenheit von Salamanderlarven im Lake Lenore, die Copepoden jagen und sich optisch orientieren. Die hohe Salinität im Soap Lake schließt die Salamanderlarven aus und erlaubt indirekt den Copepoden die Ausbildung ihres Schutzpigments.

Invertebrate Räuber nehmen ihre Beute über Mechanorezeptoren wahr. Die Beute wird schlechter erkannt, wenn sie wenig Turbulenzen im Wasser erzeugt. Kleine Cladoceren *(Bosmina* und *Chydorus)* können das ausnutzen, wenn sie von einem räuberischen Copepoden *(Cyclops)* angegriffen werden. Sie legen die Antennen in die Carapaxspalte und „spielen toter Mann". Dabei sinken sie langsam ab, erzeugen aber wesentlich weniger Turbulenzen. Einzelbildanalysen von Zeitlupenaufnahmen haben gezeigt, daß ein *Cyclops*, der eine *Bosmina* verfehlt, große Schwierigkeiten hat, diese wiederzufinden, wenn sie sich „totstellt" (Kerfoot 1978).

Turbulenzen entstehen bei filtrierenden Organismen vor allem bei der Nahrungsaufnahme. Daraus ergibt sich wiederum ein Optimierungsproblem. Stärkere Filtrieraktivität bedeutet mehr Nahrungsaufnahme, aber gleichzeitig bessere Wahrnehmbarkeit durch Räuber. Vermutlich ist das der Grund dafür, daß filtrierende Copepoden ihre Aktivität reduzieren, wenn räuberische Copepoden anwesend sind. Wahrscheinlich erkennen auch sie den Räuber an seinen Turbulenzen, möglicherweise spielt aber auch chemische Kommunikation eine Rolle.

Ist die Beute entdeckt, kann sie sich noch durch Flucht retten. Abb. 6.15 bringt Beispiele dafür, wie das gleiche Problem auf verschiedene Weise gelöst werden kann, durch Flucht, bevor der

Räuber Kontakt mit der Beute hatte, oder wenn der Räuber die Beutefanghandlung nicht erfolgreich abschließen konnte. Ein wirksames Mittel gegen invertebrate Räuber ist die Erschwernis der Handhabung. Das läßt sich durch Größerwerden oder durch die Ausbildung von hinderlichen Strukturen, wie Dornen oder Panzer, erreichen. Das weiche Rädertier *Conochilus unicornis* bildet Kolonien von vielen Tieren, die mit den Hinterenden zusammen in einer Gallertkugel sitzen und deshalb erheblich größer sind als ein Einzeltier. Den gleichen Mechanismus benutzt die Cladocere *Holopedium gibberum*; sie umgibt sich mit einer dicken Gallerthülle, durch die ihr Volumen auf ein Vielfaches anwächst. Nur ein schmaler Schlitz für die Carapaxöffnung und die Antennen bleibt offen. *Chaoborus*-Larven, die ein *Holopedium* angreifen, haben kaum Erfolg, auch wenn das Tier ohne Gallerthülle im idealen Größenbereich liegt (vgl. Abb. 6.**20**).

Die Gallerthülle von *Holopedium* bietet ein schönes Beispiel für die neue Art des Denkens, die sich mit der Betonung evolutionsbiologischer Konzepte und biotischer Interaktionen in der Ökologie durchgesetzt hat. Die klassische Interpretation für den „Sinn" der Gallerthülle war die Reduktion des Übergewichts zur Verhinderung des Absinkens. Die Gallerte hat in der Tat eine spezifische Dichte von fast 1,0, reduziert also das Übergewicht (vgl. 4.2.6) des Gesamttieres. Als Test der Hypothese maß man Dichte und Sinkgeschwindigkeit von Tieren mit und ohne Gallerte. Narkotisierte Tiere ohne Gallerte sanken mit 0,31 cm/s bei einer Dichte von 1,014, während solche mit Gallerte nur 0,22 cm/s sanken, da sie nur eine Dichte von 1,0015 hatten. Solange man das Tier nur in der Auseinandersetzung mit abiotischen Umweltfaktoren sah, mußte man daraus auf einen Vorteil schließen, da das Tier weniger Energie aufwenden mußte, um in der Schwebe zu bleiben. Nicht berücksichtigt war dabei allerdings, daß die Gallerte auch Kosten verursacht; sie muß hergestellt werden und dürfte hinderlich beim Schwimmen und bei der Nahrungsaufnahme sein, so daß fraglich ist, ob sich netto überhaupt noch ein energetischer Vorteil ergibt. In den letzten Jahren betrachtet die Ökologie verstärkt das Individuum in seiner Auseinandersetzung mit der belebten Umwelt. Erst als erkannt wurde, welchen großen Einfluß invertebrate Räuber auf Zooplankter haben, und welche Mechanismen bei der Nahrungswahl wichtig sind, fand sich eine schlüssigere Interpretation der Gallerthülle.

Im Gegensatz zu Zooplanktern haben benthische Organismen die Möglichkeit, sich zu verstecken; viele von ihnen sind kryptisch. Sie sind dem Untergrund in der Farbe angepaßt oder benutzen Material vom Untergrund, um sich ein Gehäuse zu bauen. Larven von Wasserjungfern verstecken sich aktiv hinter Blättern oder Stengeln von Wasserpflanzen auf der dem Feind abgewandten Seite.

Viele Fließwasserorganismen sitzen tagsüber unter Steinen und kommen nur nachts auf die Steinoberseite, wo die Algen wachsen, um diese abzuweiden. Auf diese Weise entgehen sie visuellen Räubern wie Fischen.

Einige Wasserkäfer, Wasserwanzen und Milben benutzen auch chemische Verteidigung; sie haben Giftdrüsen oder schmecken schlecht. Fische lernen das schnell und lassen sie unbehelligt.

Gegen invertebrate Räuber müssen auch im Benthos andere Verteidigungsstrategien benutzt werden, da sich diese entweder über Mechanorezeptoren oder chemotaktisch orientieren. Kleine Beutetiere können sich in das Sandlückensystem zurückziehen, wohin ihnen die größeren Räuber nicht folgen können. Auch Gehäuse, wie die der Köcherfliegenlarven, schützen vor beißenden Räubern. Vor allem aber gibt es Anpassungen, die dem Beutetier zu rechtzeitiger Flucht verhelfen.

Eintagsfliegenlarven erkennen räuberische Steinfliegenlarven ebenso mechanisch, wie sie von diesen erkannt werden, und flüchten, indem sie weglaufen oder sich mit dem strömenden Wasser abdriften lassen. Die Tatsache, daß Steinfliegenlarven selektiv bestimmte Eintagsfliegenlarven fressen, liegt nicht daran, daß sie diese bevorzugen würden, sondern an deren unterschiedlicher Fähigkeit zur Flucht (Peckarsky u. Penton 1989).

Schnecken können sogar das Wasser verlassen, wenn sie von einem Egel attackiert werden (Brönmark u. Malmquist 1986). Allerding geht das nur für eine kurze Zeit, sonst würden sie austrocknen oder anderen Räubern außerhalb des Wassers, z. B. Vögeln, zum Opfer fallen.

Ein solches spezifisches Verhalten eignet sich besonders zur Räubervermeidung, weil es nur dann eingesetzt werden muß, wenn wirklich Räuber vorhanden sind. Man muß ja davon ausgehen, daß die Vermeidung des Räubers Kosten verursacht (z. B. hat ein Beutetier weniger Zeit, selbst Futter zu suchen), so daß es von Vorteil ist, nur dann zu reagieren, wenn es nötig ist. Eine Reihe von Phänomenen, die an anderer Stelle beschrieben sind, kann man als Räubervermeidungsstrategien auffassen, z. B. Schwarmverhalten (5.5), Vertikalwanderung (6.8.4) und Habitatwechsel (6.5.3).

Chemische Induktion

In den letzten Jahren hat sich herausgestellt, daß zahlreiche Verteidigungsmechanismen chemisch induziert werden. Beutetiere sind in der Lage, die Anwesenheit eines Räubers anhand eines chemischen Stoffes wahrzunehmen, der entweder direkt vom Räuber oder von einer verletzten Beute herrührt. Sie reagieren darauf mit Verhaltensänderungen oder sogar mit der Ausbildung morphologischer Verteidigungsstrukturen. Da sich ein chemischer Stoff im Wasser verteilt, kann die Beute bereits reagieren, bevor es zu einer Begegnung mit dem Räuber kommt. Das ist eine besonders effektive Methode, Verteidigungsmaßnahmen kostengünstig nur dann einzusetzen, wenn sie gebraucht werden.

Lange bekannt ist der **Alarmstoff** in der Haut von Elritzen, der frei wird und die Artgenossen zu panischer Flucht veranlaßt, wenn eine Elritze von einem Räuber verletzt wird. Diese Art von chemischem Signal geht von der Beute aus. Die Alternative ist ein chemisches Signal, das direkt vom Räuber ausgeht und von der Beute wahrgenommen wird (**Kairomon**). Eine Reaktion der Beute läßt sich in diesem Fall nicht dadurch auslösen, daß ein Beutetier verletzt wird, ohne daß ein Räuber anwesend ist. In den letzten Jahren wurden zahlreiche Beispiele gefunden, in denen eine Beute auf ein chemisches Signal des Räubers („Geruch") mit morphologischen Veränderungen oder einem speziellen Verhalten reagiert.

Unter Zooplanktern zeigen vor allem Rotatorien und Cladoceren phänotypische Veränderungen bei Anwesenheit spezifischer Räuber. Das bekannteste Beispiel ist die Induktion von Dornen bei den herbivoren Rädertieren *Brachionus calyciflorus* und *Keratella testudo* durch das räuberische Rädertier *Asplanchna*. *Brachionus calyciflorus* kann in zwei Modifikationen vorkommen, mit und ohne lange, abspreizbare Caudaldornen (Abb. 6.**21**a). Auch *Keratella* kann entweder lange Dornen haben oder ein abgerundetes Ende (Abb. 6.**21**b). Dazwischen gibt es Übergänge.

Kultiviert man *Brachionus calyciflorus* in räuberfreiem Wasser, so haben sie keine Dornen. Bringt man sie aber mit dem großen, sackförmigen Rädertier *Asplanchna* zusammen, so hat bereits die erste Nachkommengeneration lange Dornen. Das funktioniert auch, wenn *Brachionus* gar nicht in Kontakt mit *Asplanchna* kommt, sondern nur in dem Wasser kultiviert wird, in dem vorher *Asplanchna* gelebt hat; also muß die Dornenbildung durch einen im Wasser gelösten Stoff induziert werden.

Füttert man *Asplanchna* mit unbedornten und bedornten *Brachionus*, wird der Verteidigungswert der Dornen sichtbar. *Asplanchna* hat keine Probleme, unbedornte *Brachionus* zu fressen. Greift sie jedoch ein bedorntes Rädertier, spreizt dieses die Dornen weit ab, so daß der Räuber es nicht mehr verschlingen kann und wieder schwimmen lassen muß. Halbach (1969) hat Experimente durchgeführt, die die Rolle der Dorneninduktion bei der Interaktion zweier Rädertiere, *Brachionus rubens* — der die Fähigkeit zur Dornenbildung nicht hat — und *Brachionus calyciflorus*, anschaulich macht (Abb. 6.**22**). Kultivierte er die beiden Arten einzeln mit einer limitierten Algenmenge *(Monoraphidium)*, so zeigten die Populatio-

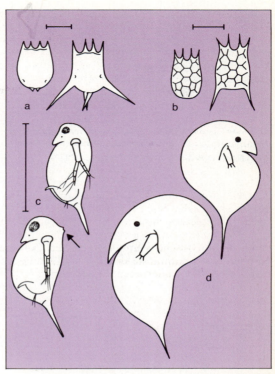

Abb. 6.**21** Chemische Induktion von Verteidigungsmechanismen bei Zooplanktern. Es sind die jeweils unterschiedlichen Morphen in Abwesenheit und Anwesenheit des Räubers nebeneinander gestellt.
a: Induktion beweglicher Dornen bei dem Rädertier *Brachionus calyciflorus* durch das räuberische Rädertier *Asplanchna*; Maßstab 100 µm (nach Halbach 1969).
b: Induktion starrer Dornen bei dem Rädertier *Keratella testudo* durch *Asplanchna*; Maßstab 100 µm (nach Stemberger 1988).
c: Induktion von „Nackenzähnen" bei *Daphnia pulex* durch *Chaoborus*-Larven; Maßstab 1 mm (nach Havel u. Dodson 1984).
d: Induktion eines Helmes bei *Daphnia carinata* durch den Rückenschwimmer *Anisops*; Tiergröße ca. 5 mm (nach Grant u. Baly 1981)

nen typische Fluktuationen (vgl. 5.2.4). Wenn in einer Mischpopulation beide Arten um die Algen konkurrierten, gewann *B. rubens*. Die Situation änderte sich, wenn er *Asplanchna* dazusetzte. Zunächst konnte der Räuber beide Rotatorien fressen. *B. calyciflorus* begann

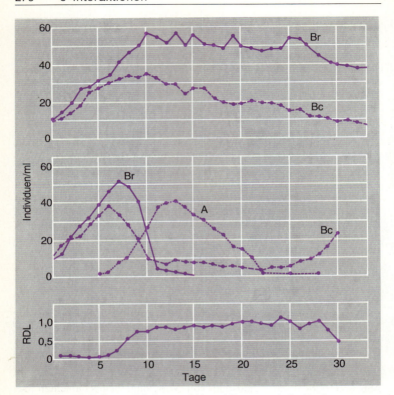

Abb. 6.**22** Einfluß von Räuber und Verteidigung auf die Konkurrenzverhältnisse zwischen den Rotatorien *Brachionus rubens (Br)* und *Brachionus calyciflorus (Bc)*.
Oben: Konkurrenzexperiment ohne Räuber.
Mitte: Zugabe des räuberischen Rädertiers *Asplanchna (A)* am 5. Tag.
Unten: Induktion von Dornen bei *B. calyciflorus*. Die relative Dornenlänge (RDL) ist das Verhältnis der Länge der Kaudaldornen (vgl. Abb. 6.**21**a) zur Länge des Panzers (Lorica) (nach Halbach 1969)

aber sehr schnell mit der Bildung von Dornen, die ihn resistent gegen den Räuber machten. Daraufhin starb der ungeschützte *B. rubens* aus. Die Verteidigung war so effektiv, daß schließlich, als *B. rubens* verschwunden war, der Räuber verhungerte. Dann verlor *B. calyciflorus*, der alleinige Gewinner, seine Dornen wieder.

Daphnien reagieren auf die Anwesenheit der Büschelmückenlarve *Chaoborus*, einen wichtigen invertebraten Räuber, mit morphologischen Veränderungen. Einige Arten *(Daphnia pulex, D. hyalina, D. ambigua)* bilden an der Rückseite ihres Kopfes kleine zackige Gebilde, sogenannte „Nackenzähne" (Abb. 6.21c) aus. Es ist mehrfach gezeigt worden, daß diese chemisch induziert werden. Verschiedene Klone von *D. pulex* sind allerdings unterschiedlich empfindlich. Einige reagieren auf den *Chaoborus*-Faktor schon in starker Verdünnung, während andere keine Reaktion zeigen. Die Nackenzähne treten vor allem bei den Juvenilstadien auf, die durch *Chaoborus* gefährdet sind, und verschwinden mit zunehmender Größe. Daphnien mit Nackenzähnen sind besser in der Lage, *Chaoborus*-Larven nach einem Angriff zu entkommen (Havel u. Dodson 1984). Deshalb erleiden sie eine geringere Mortalität. Andererseits haben sie demographische Nachteile. Wegen einer leichten Verzögerung des Zeitpunktes der ersten Reproduktion erreichen sie eine geringere Populationswachstumsrate (vgl. 5.4.).

Chaoborus kann auch die hohen Helme von *Daphnia cucculata* (vgl. Abb. 6.28) induzieren, die allerdings auch durch andere Faktoren beeinflußt werden können (vgl. Zyclomorphose). Eine besonders spektakuläre Helmbildung lösen Rückenschwimmer (Notonectiden) bei der australischen *Daphnia carinata* aus (Grant u. Baly 1981). Diese relativ großen (>5 mm) Daphnien leben in fischfreien Teichen. In Anwesenheit des Rückenschwimmers *Anisops* entwickeln sie einen riesigen Helm auf dem Kopf (Abb. 6.21d). Der Räuber greift Daphnien mit und ohne Helm gleich häufig an. Der Anteil von angegriffenen Daphnien, der anschließend getötet wird, ist aber für Tiere mit Helm nur halb so groß wie für die Normaltiere. Die Kosten für die Verteidigung bestehen auch hier in der Verlängerung der Juvenilphase, d. h. in einem demographischen Nachteil.

Auf dem Gebiet der chemischen Kommunikation zwischen Räuber und Beute werden im Augenblick laufend neue Entdeckungen gemacht (vgl. Vertikalwanderung, 6.8.4). Die chemische Natur der Botenstoffe (Kairomone), deren Nutzen nur der Empfänger hat, nicht aber der Sender, ist aber noch in keinem Fall geklärt.

6.5.6 Konsequenzen für das Beutespektrum

Räuber-Beute-Beziehungen sind normalerweise sehr starke Interaktionen. Sie spielen deshalb eine wichtige Rolle bei den Mechanismen, die die Zusammensetzung einer Lebensgemeinschaft steuern. Der unterschiedliche Effekt, den invertebrate und vertebrate Räuber auf die Population ihrer Beutetiere ausüben, läßt sich besonders gut an Plankton-Lebensgemeinschaften demonstrieren (Abb. 6.23). Er gilt aber ähnlich auch für benthische Gemeinschaften.

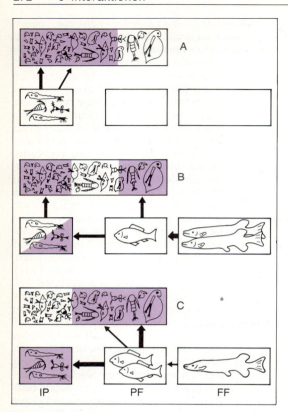

Abb. 6.**23** Der unterschiedliche Effekt von invertebraten und vertebraten Räubern auf die Größenzusammensetzung des Zooplanktons. A: keine planktivoren Fische → großes Zooplankton, B: starker Raubfischbestand → wenig planktivore Fische → mittleres Plankton, C: wenig Raubfische viele Planktivore → kleines Zooplankton (nach Lampert 1987)

In einem Gewässer ohne vertebrate Räuber (A), z. B. einem See, der regelmäßig im Winter unter Eis sauerstofffrei wird, so daß die Fische sterben, können sich die relativ großen invertebraten Räuber voll entfalten. Sie üben eine starke Mortalität auf die kleinen Zooplankter aus, während die großen Zooplankter ohne räuberbedingte Mortalität wachsen können. Deshalb verschiebt sich das Größenspektrum zu großen Planktern. Enthält der See aber eine starke Population planktivorer Fische (C), wie das in den meisten eutrophen Seen der Fall ist, so fressen diese sowohl die großen invertebraten Räuber als auch die großen filtrierenden Zooplankter. Dadurch werden die kleinen Zooplankter von der Mortalität entlastet, und das Größenspektrum verschiebt sich in Richtung auf die kleinen Arten. Wenn aber die planktivoren Fische durch Raubfische kontrolliert werden (B), so daß die Bestände nicht zu hoch werden, so haben auch die invertebraten Räuber eine Chance, zu überleben. Jetzt wirkt die räuberbedingte Mortalität an beiden Enden des Größenspektrums, so daß mittlere Zooplankter die besten Existenzchancen haben. Dieser Effekt ist inzwischen so häufig bestätigt worden, daß man ihn schon als eine Regel ansehen kann. Häufig genügt es, einen Blick auf das sommerliche Zooplankton eines Sees zu werfen, um etwas über den Fischbestand aussagen zu können. Diese Interaktionen haben Konsequenzen für das ganze Ökosystem und werden deshalb in den folgenden Kapiteln noch mehrfach behandelt.

6.6 Parasitismus

6.6.1 Allgemeine Merkmale

Parasitismus ist eine Räuber-Beute-Beziehung, bei der der „Räuber" (Parasit) wesentlich kleiner als seine Beute („Wirt") ist und in enger räumlicher Assoziation mit dem Wirt lebt. Parasiten, die im Inneren des Wirtes leben, werden als **Endoparasiten** bezeichnet, solche die an der Körperoberfläche leben, als **Ectoparasiten.** Die meisten Parasiten sind stärker auf bestimmte Wirtsarten spezialisiert als Räuber, die ihre Beute zur Gänze fressen. Parasitische Mikroorganismen werden als Krankheitserreger bezeichnet.

Das Populationswachstum von Parasiten kann entweder im oder auf dem Körper nur eines Wirtes stattfinden (z. B. Viren, Bakterien) oder mit einem **Wirtswechsel** verbunden sein (z. B. Bandwürmer). Meistens können Parasiten sich nur so lange von ihrem Wirt ernähren, wie er lebt. Tötet eine besonders virulente Parasitenpopulation ihren Wirt sehr schnell, so kann diese Population nur weiterexistieren, wenn es ihr gelingt vorher ein anderes Wirtsindividuum zu infizieren. Deshalb sind weniger mobile Parasiten einem Selektionsdruck zur Verminderung ihrer Virulenz ausgesetzt. Da die Wirtspopulation gleichzeitig einer Selektion zugunsten abnehmender Empfindlichkeit ausgesetzt ist, kann es zur Koevolution von Wirt und Parasit führen, die in einer Minimierung der Schädigung des Wirts resultiert. Die Vielzahl relativ „schonender" Parasitismen (z. B. Spulwürmer, Bandwürmer, Läuse) ist ein Ergebnis dieser Koevolution. Da aber auch der schonendste Parasit Energie und Material des Wirts verbraucht, muß echter Parasitismus immer eine Verminderung des Körper- oder Populationswachstums des Wirtes verursachen. Jede Form des Parasitismus erfordert eine direkte oder indirekte (über Zwischenwirte) Infektion von neuen Wirtsindividuen. Da die Wahrscheinlichkeit der Übertragung mit der Dichte der Wirtsindividuen zunimmt, wird in vielen Lehrbüchern angenommen, daß auch die Parasitierungshäufigkeit mit der Wirtsdichte ansteigt. Gut dokumentierte Beispiele für diese an sich plausible Annahme sind jedoch selten.

Auch im aquatischen Lebensraum sind zahlreiche Fälle von Parasitismus bekannt, von Phagen und Viren, die Bakterien, Blaualgen und Algen befallen, bis zu den Wurmparasiten der Fische. Besonders bekannt geworden sind Fälle, in denen Parasitismus zum regionalen Aussterben wirtschaftlich interessanter Arten geführt hat, z. B. die weitgehende Ausrottung des Europäischen Flußkrebses *(Astacus astacus)* durch den Schimmelpilz *Aphanomyces astaei* („Krebspest"). Viele Parasiten von Landtieren sind für die ersten Larvenstadien auf Wasser angewiesen, wie die Cercarien-Larven von Trematoden, die Wasserschnecken als Zwischenwirte brauchen.

Wegen der wirtschaftlichen Bedeutung sind besonders viele Parasiten von Fischen bekannt. Parasitische Copepoden leben auf den Kiemen von Fischen. Auf der Haut findet man häufig die „Karpfenlaus" *(Argulus foliaceus)*, eine Crustacee, und den Fischegel *(Piscicola geometra)*. An Flossensäumen lebt die Glochidien-Larve der Teichmuschel *(Anodonta)*. In den Eingeweiden leben als Endoparasiten zahlreiche Würmer, Bandwürmer und Kratzer (Acanthocephalen). Fische dienen auch als Zwischenwirte von Parasiten mit komplizierten Lebenszyklen. Ein bekanntes Beispiel ist der Fischbandwurm *(Diphyllobothrium latum)*, der im Darm fischfressender Säuger und des Menschen lebt. Gelangen seine Eier mit dem Kot ins Wasser, schlüpfen daraus bewimperte Larven (Coracidien), die zunächst im Plankton schwimmen. Diese werden von einem Copepoden als erstem Zwischenwirt gefressen und wachsen in diesem zu einem Procercoid heran. Infizierte Copepoden sind häufig braunrot gefärbt und deshalb gut sichtbar. Werden sie von einem Jungfisch gefressen, durchbohrt das Procercoid die Darmwand und wird in der Leber oder in der Muskulatur zum größeren Plerocercoid. Der Fisch wird schließlich von einem Säuger als Endwirt gefressen, in dessen Darm der Bandwurm heranreift.

Nicht in allen Fällen ist klar, ob der Wirt durch den Parasiten wirklich einen Nachteil erfährt. Häufig handelt es sich wohl nur um ein **kommensalisches** Verhältnis bei dem ein „Parasit" auf einem

Wirt, aber nicht von ihm lebt. Copepoden sind oft mit epibiontischen Ciliaten (Vorticelliden) bewachsen. In der Schale der Fließwasserschnecke *Ancylus fluviatilis* lebt der Oligochaet *Chaetogaster limnaei*. Auf einer Schnecke von 5 mm Länge kann man 10−15 Würmer finden. Diese fressen, ähnlich wie die Schnecke, Algen, scheinen aber ihrem Wirt keinen Nachteil zu bringen. Solche „Gäste" können sehr spezialisiert sein. Chironomidenlarven, die auf Libellenlarven leben, bevorzugen dort ganz bestimmte Orte, z. B. unter den Flügelscheiden. Möglicherweise kommt es zwischen den verschiedenen Chironomidenarten zur Konkurrenz um die besten Plätze.

In den meisten bekannten Fällen von Parasit-Wirt-Beziehungen beschränkten sich die Untersuchungen auf die Identifizierung des Parasiten, seinen Lebenszyklus und die Pathologie des Wirtes. Die Auswirkungen auf die Populationsdynamik des Wirtes wurden nur in wenigen exemplarischen Fällen untersucht. Als Beispiel soll im folgenden Abschnitt der Parasitismus von Chytridiomyceten auf planktischen Algen behandelt werden.

6.6.2 Beispiel: Pilzparasitismus auf Phytoplanktern

Der Parasitismus von niederen Pilzen an planktischen Algen ist ein Beispiel für einen letalen Parasitismus, der zur schnellen Dezimierung der Wirtspopulation führen kann; fast jede infizierte Zelle wird getötet. Die Parasiten produzieren große Zahlen von Schwärmsporen und sind offensichtlich mobil genug, um keiner Selektion zugunsten einer verminderten Virulenz zu unterliegen.

Eines der am besten untersuchten Beispiele ist der Parasitismus von Chytridiomyceten auf Phytoplanktern. Die phytoplanktonparasitischen Chytridiomyceten führen einen Generationswechsel zwischen asexueller und sexueller Vermehrung durch (Abb. 6.**24**), der jedoch wahrscheinlich nicht mit einem Wirtswechsel verbunden ist. Die meisten Arten befallen nur eine oder wenige, untereinander nah verwandte Algenarten. Das infektiöse Agens ist die Zoospore, die sich mit dem Flagellum an die Zellwand der Wirtszelle anheftet. Nach der Anheftung wird ein Rhizoid ausgebildet, das die Zellwand durchdringt und den Zellinhalt der Wirtszelle zerstört und aufsaugt. Die Zoospore wächst zu einem Sporangium oder einem Gametangium aus. Aus der Gametangiogamie kann eine Dauerspore hervorgehen.

Wenn die Suchzeit, die eine Zoospore benötigt, um eine neue Wirtszelle zu finden, vernachlässigbar klein ist, kann die Bruttowachstumsrate des Parasiten (μ_P) aus der Zahl der Zoosporen pro Sporangium (N_2) und der Entwicklungsdauer des Sporangiums

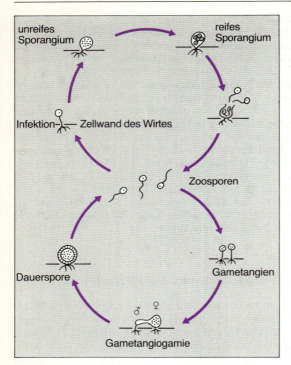

Abb. 6.**24** Lebenszyklus eines parasitischen Chytridiomyceten (nach van Donk 1989)

(D) berechnet werden:

$$\mu_P = \ln N_Z/D \, .$$

Die Zunahme des Anteils der infizierten Zellen in der Wirtspopulation (I) kann aus den Wachstumsraten des Parasiten und des Wirtes (μ_W) berechnet werden:

$$I_2 = I_1 \cdot e^{(\mu_P - \mu_W)(t_2 - t_1)} \, .$$

Der Fortschritt einer Epidemie hängt von der Differenz zwischen μ_P und μ_W ab. Daraus kann man schließen, daß nährstofflimitierte Wirtspopulationen (geringeres μ_W) eher einer Pilzepidemie zum Opfer fallen als nährstoffgesättigte. Beim Wirts-Parasit-Paar *Asterionella formosa* — *Rhizophydium planktonicum* ließ sich aber zeigen, daß Pilze auf P-limitierten Algen auch weniger Zoosporen produzieren (kleineres μ_P) (Bruning u. Ringelberg 1987). Die Differenz $\mu_P - \mu_W$ ist aber bei jedem P-Status der Algen positiv. Das bedeutet, daß der Parasit jede *Asterionella*-Population ausrotten kann, egal wie schnell sie wächst. Lediglich bei Temperaturen unter 3 °C wächst *Asterionella* schneller als der Parasit (van Donk 1989).

Chytridiomyceten können einen erheblichen Einfluß auf die Populationsdynamik von Algen haben. Im Schöhsee wurde innerhalb eines zweijährigen Beobachtungszeitraumes jeder Peak der Kieselalge *Synedra acus* durch den Chytridiomyceten *Zygorhizidium planktonicum* infiziert (H. Holfeld, unpubl.). In Feldexperimenten mit im See exponierten Plastiksäcken (Abb. 2.1b) ließ sich die Infektionsrate von *Synedra acus* durch Nährstoffzugabe nicht langfristig bremsen, wohl aber durch ein Fungizid. Das zeigt, daß der Pilz die Algen unter Kontrolle hatte, wenn er nicht gehindert wurde. Allerdings wurden keineswegs alle Populationsmaxima potentiell infizierbarer Phytoplankter von Parasiten befallen. Obwohl Parasiten auch optimal ressourcenversorgte Populationen dezimieren können, tun sie es nicht immer. Sie könnten ihrerseits durch Hyperparasiten kontrolliert werden oder ihre Zoosporen könnten höhere Grazingverluste aufweisen als die Wirtszellen. Auch die Selektion immuner Klone aus der Wirtspopulation ist theoretisch möglich, bisher aber noch nicht bekannt geworden.

6.7 Symbiose

Interaktionen können beidseitig positiv sein, d. h. beiden beteiligten Organismen nützen. Diese Form der Interaktion wird als Symbiose oder Mutualismus bezeichnet. Mathematisch läßt sich eine derartige Interaktion durch eine einfache Modifikation der Konkurrenzgleichungen von Lotka und Volterra (vgl. 6.1.2) modellieren: man muß nur die negativen Vorzeichen vor den Interaktionskoeffizienten α und β durch positive Vorzeichen ersetzen.

Im Süßwasser gelten Symbiosen als relativ unwichtig für die Strukturbildung von Lebensgemeinschaften, obwohl es zahlreiche Fälle von **Endosymbiosen** gibt, z. B. endosymbiontische Algen (Zoochlorellen) in Schwämmen, *Hydra* und Ciliaten.

Verhältnismäßig wichtige Symbiosen unabhängiger Populationen sind bakterielle Konsortien, bei denen das Stoffwechselendprodukt eines Bakteriums Ressource eines zweiten Bakteriums ist. Beispiele dafür wurden früher besprochen, z. B. das nitrifizierende Konsortium *Nitrosomonas* und *Nitrobacter* (vgl. 4.3.8) oder das methanbildende Konsortium „*Methanobacterium omelianskii*" (vgl. 4.3.10).

6.8 Zusammenwirken von Konkurrenz und Prädation

6.8.1 Size-Efficiency-Hypothese

1962 veröffentlichte Hrbáček eine Arbeit, in der er den Zusammenhang zwischen der Größe des Zooplanktons in einem See und dem Bestand an planktivoren Fischen demonstrierte. In Seen mit vielen planktivoren Fischen war das Zooplankton klein. Das Phänomen wurde jedoch erst richtig bekannt, als Brooks u. Dodson (1965) ein ähnliches Beispiel in dem amerikanischen Wissenschaftsjournal „Science" publizierten. Sie beschrieben darin den Effekt, den heringsartige Fische *(Alosa pseudoharengus)* auf das Zooplankton hatten. Sie beobachteten die Folgen eines „natürlichen Experiments", der Einwanderung von *Alosa* in Seen Neu-Englands im Nordosten der USA. Von diesen Seen lagen Zooplanktonproben aus dem Jahre 1942 vor, einer Zeit, bevor die *Alosa* eingewandert

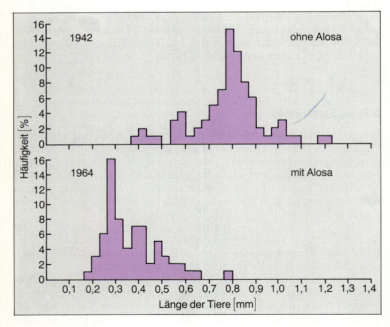

Abb. 6.**25** Größenverteilung der Zooplankter in einem See in Neu-England vor (oben) und nach (unten) der Einwanderung eines planktivoren Fisches *(Alosa)* (nach Brooks u. Dodson 1965)

war. 1964, nach der Einwanderung, wurden die Seen erneut untersucht. Brooks u. Dodson stellten fest, daß sich die Zusammensetzung des Zooplanktons dramatisch verschoben hatte. Die großen Arten waren verschwunden, und es herrschten kleine vor (Abb. 6.**25**). Die dominanten Zooplankter waren (mit der Größe, bei der sie geschlechtsreif wurden):

1942	*Mesocyclops*	1,5 mm,	
	Daphnia	1,3 mm,	
	Epischura	1,7 mm,	
	Cyclops	0,9 mm,	
	Diaphanosoma	0,8 mm,	Durchschnittsgröße 0,8 mm.
1964	*Cyclops*	0,9 mm,	
	Ceriodaphnia	0,6 mm,	
	Tropocyclops	0,45 mm,	
	Asplanchna	0,4 mm,	
	Bosmina	0,3 mm,	Durchschnittsgröße 0,35 mm.

Eine Nachprüfung in anderen Seen ergab den Effekt, der schon in Abschnitt 6.5.6 beschrieben wurde: Wann immer planktivore Fische häufig waren, war das Zooplankton klein; wenn sie fehlten, war das Zooplankton groß. Zur Erklärung des Phänomens formulierten Brooks u. Dodson die **Size-Efficiency-Hypothese (SEH),** die wegen ihrer Einfachheit und großen Voraussagekraft ein Paradigma wurde. Sie wurde später von Hall u. Mitarb. (1976) genauer ausgearbeitet:

Die Zusammensetzung des Zooplanktons ist das Resultat aus Konkurrenz und Prädation.
1. Filtrierende Zooplankter konkurrieren alle um kleine Partikel.
2. Große Zooplankter können das effektiver und nutzen zusätzlich größere Partikel.
3. Deshalb setzen sich große Zooplankter durch, wenn der Räuberdruck durch Fische klein ist.
4. Bei hohem Räuberdruck durch Fische dominieren kleine Zooplankter, weil die großen eliminiert werden.
5. Mäßiger Druck trifft die großen Zooplankter mehr als die kleinen und macht Koexistenz möglich.

Die Rolle der Fische in dieser Hypothese ist völlig klar; sie sorgen dafür, daß die großen Zooplankton-Arten eliminiert werden. Weniger klar ist die Konkurrenzseite der Hypothese. Warum verdrängen große Plankter die kleinen in Abwesenheit der Fische? Läßt man verschieden große Cladoceren im Labor gegeneinander konkurrieren, so gewinnen nicht in jedem Fall die größten. Die einfachste Erklärung stammt auch von Dodson, der die SEH dahingehend erweiterte, daß die Verschiebung zu großen Zooplanktern im Freiland durch die invertebraten Räuber erfolgt (vgl.

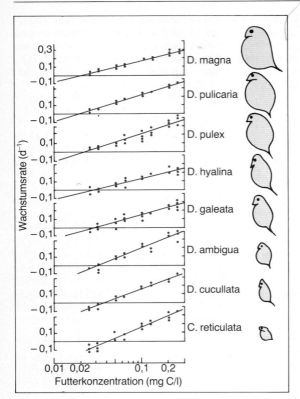

Abb. 6.**26** Verschiebung der minimalen Futterkonzentration für das Wachstum (Wachstumrate = Null) mit steigender Größe bei 8 Arten von Cladoceren (*Daphnia* und *Ceriodaphnia*). Je größer die Tiere, desto geringer die Schwellenkonzentration (nach Gliwicz 1990)

Abb. 6.**23**). In der Tat gab es im Fall der Neu-England-Seen große invertebrate Räuber *(Epischura, Leptodora)*, die nach Einwanderung der *Alosa* verschwunden waren.

Nicht geklärt ist bisher, warum große Zooplankter „effizienter" sind. Zwar kann man argumentieren, daß große Zooplankter weniger Energie pro Einheit Körpergewicht verbrauchen als kleine (vgl. 4.5), aber der Exponent von ca. 0,75 gilt nicht nur für die Respiration, sondern auch für die Assimilation, d. h. Energieaufnahme und Verbrauch haben die gleiche Größenabhängigkeit. Wenn allerdings die Energiebilanz durch Futtermangel negativ wird, dann können große Zooplankter — das kann man experimentell zeigen — länger überleben. Das würde ihnen einen Vorteil verschaffen, wenn die Futterkonzentration sehr schwankt. Ein weiteres Argument für die größere Konkurrenzfähigkeit großer Arten ergibt sich, wenn man die Schwellenkonzentrationen des Futters vergleicht, bei denen verschieden große Arten noch wachsen (Gliwicz 1990). Da zeigt sich, daß größere Cladoceren einen niedrigeren Schwellenwert haben als kleine (Abb. 6.**26**), bei Abwesenheit von Räubern also erfolgreichere Konkurrenten sein sollten (vgl. 6.1.5).

Während der größenvermindernde Effekt der Fische relativ klar und einfach ist, spielen wahrscheinlich bei dem gegenläufigen Trend viele verschiedene Faktoren eine Rolle. So gibt es zum Beispiel die Beobachtung, daß große Cladoceren Rotatorien, die ja viel kleiner sind, verdrängen. Cladoceren haben immer wesentlich niedrigere Schwellenwerte für das Wachstum als Rotatorien. Innerhalb der Rotatorien allerdings ist der Trend umgekehrt. Die kleinen Arten sind effizienter als die großen (Stemberger u. Gilbert 1987). Andererseits aber werden kleine Rotatorien durch große Daphnien auch mechanisch inhibiert (vgl. 6.2.2), so daß die relative Rolle von exploitativer Konkurrenz und mechanischer Inhibition nicht klar getrennt werden kann. Wenn auch noch nicht alle Mechanismen klar sind, so werden die Voraussagen der SEH doch immer wieder bestätigt, so daß sie zum Beispiel die Grundlage der Biomanipulation (vgl. 7.3.3) darstellen.

6.8.2 Evolution von Lebenszyklusstrategien

Fortpflanzung

Die Fitneß eines Individuums läßt sich nicht zu einem bestimmten Zeitpunkt seines Lebens bestimmen. Sie ist das Ergebnis des ganzen Lebenszyklus. Das schließt sowohl die Überlebenswahrscheinlichkeit bis zur Nachkommenproduktion als auch die Zahl der produzierten Nachkommen ein (vgl. 5.4). Im Laufe seiner ontogenetischen Entwicklung kann ein Individuum sehr verschiedenen Selektionsdrücken ausgesetzt sein. Die Größenselektivität der Räuber bewirkt zum Beispiel, daß ein juveniles Tier unter dem Druck von Invertebraten steht, während das größere adulte durch Fische gefährdet ist. Auch in der Ernährung machen viele Organismen im Laufe der Ontogenie eine Veränderung durch. Cyclopoide Copepoden sind als Nauplius und Copepodid herbivor, als Adulte carnivor; Fließwasserinsekten können als Larven Algen abweiden und als Imagines außerhalb des Wassers Nektar aufnehmen; in Abhängigkeit von der

Größe ihres Maules sind Fische im Laufe ihres Wachstums auf ganz unterschiedliche Nahrung angewiesen. Im Laufe des Lebens eines Individuums können abiotische Faktoren, Nahrungslimitation und Prädation unterschiedlich wichtig sein. Die relative Fitneß eines Individuums kann sowohl davon abhängen, wie es als Juveniles die optimale Futteraufnahme gewährleistet, als auch, wie es als Adultes am besten gegen Räuber geschützt ist. Es wird von der relativen Bedeutung der unterschiedlichen Selektionsfaktoren abhängen, wie ein Individuum seinen Lebenszyklus am besten einteilt, um die maximale Fitneß zu erreichen. Die Lösung des Problems, wie, wann und wie oft sich ein Individuum fortpflanzt, muß deshalb einen Kompromiß darstellen. Es kann auch mehrere Lösungen für das gleiche Problem geben. In Abhängigkeit von den Umweltbedingungen und den phylogenetischen Beschränkungen finden wir deshalb bei Süßwasserorganismen eine Fülle von Anpassungen mit Bezug auf Zeitpunkt, Dauer und Art der Fortpflanzung.

Von der Form der Überlebenskurve kann es abhängen, ob es für ein Tier profitabler ist, sich nur einmal in seinen Leben fortzupflanzen und dann zu sterben, oder mehrmals Nachkommen zu erzeugen. Beide Strategien können bei verwandten Arten auftreten. So laicht der pazifische Lachs *(Oncorhynchus)* nur einmal und stirbt dann. Die Jungfische entwickeln sich zunächst im Süßwasser, wandern dann ins Meer, wo sie groß werden, und kommen nach 3 oder 4 Jahren wieder in den Heimatfluß zum Laichen. Der atlantische Lachs *(Salmo salar)* hat einen ähnlichen Lebenszyklus, die Adulten sterben aber nach dem Laichen nicht, sondern wandern zurück ins Meer und kehren zum Laichen mehrmals zurück. Mehrmalige Reproduktion ist so etwas wie eine Versicherung gegen den Verlust einer ganzen Brut durch ungünstige Umweltbedingungen. Allerdings müssen auch hier Kompromisse geschlossen werden. Ein Tier kann nicht beliebig viel in die Reproduktion investieren. Die Alternative ist deshalb, entweder alles auf eine Karte zu setzen oder die Energie auf mehrere Bruten zu verteilen. Wenn die Gefahr, daß ein Tier die zweite Fortpflanzung gar nicht mehr erlebt, sehr groß ist, z. B. bei Insekten, wird sich die zweite Strategie nicht auszahlen.

Wenn sich die Bedingungen schnell ändern, haben opportunistische Arten (vgl. 5.6), die auf eine möglichst hohe Vermehrungsrate zur Besiedlung freier Räume selektiert sind, eine Chance. Parthenogenese ist eine erfolgreiche Strategie für die kurzfristige Maximierung der Populationswachstumsrate, da sämtliche Nachkommen Weibchen sind, die unmittelbar wieder zur Vermehrung beitragen können. Sie ist die normale Fortpflanzungsart von Rotatorien und Cladoceren. Die gelegentliche Einschaltung bisexueller Generationen (zyklische Parthenogenese) garantiert die Aufrechterhaltung der genetischen Variabilität und ist die Basis für die Produktion von Dauerstadien (vgl. 5.7).

Rotatorien und Cladoceren, aber auch einige Mollusken, sind auch Beispiele für die Verkürzung der Entwicklungszeit und Verminderung der Mortalität durch Reduktion der besonders gefährdeten Larvenstadien. Die Eier werden von der Mutter getragen, bis die Jungen schlüpfen. Die Juvenilstadien dieser Organismen sehen den Adulten schon sehr ähnlich, sind nur kleiner. Diese Strategie ist im Süßwasser sehr verbreitet, da die Funktion der Larven als Verbreitungsstadien, die im Meer wichtig ist, in isolierten Binnengewässern wegfällt.

Wachstum und Reproduktion

Konkurrenz um gemeinsame Ressourcen und Prädation können Arten dazu zwingen, ihren Lebenszyklus in bestimmter Weise einzurichten. Es muß noch einmal betont werden, daß das nicht bedeutet, daß die Individuen sich entscheiden würden, Zeiten, in denen ein wichtiger Räuber vorkommt, besser zu meiden. Was wir sehen, ist lediglich das Resultat der Selektionsfaktoren, die unter bestimmten Bedingungen so stark sind, daß gewisse Arten nicht existieren könnten.

Daß sich die Lebenszyklen verschiedener Arten stark unterscheiden, haben wir im Zusammenhang mit der r-K-Selektion (5.6) diskutiert. Diese bezieht sich auf das Wachstum von Populationen, deren Grundlage aber Wachstum und Reproduktion des Individuums sind. Im Leben eines jeden Tieres gibt es einen markanten Zeitpunkt, den Eintritt der Geschlechtsreife, der ein wichtiger Parameter für die Demographie (vgl. 5.4) ist und damit eine wichtige Stelle, an der die Selektion angreifen kann. Konkurrenz und Prädation können darüber entscheiden, ob ein Individuum besser früher oder später geschlechtsreif wird.

Ein Beispiel bieten die Cladoceren. Daphnien wachsen ihr ganzes Leben, allerdings viel langsamer, wenn sie geschlechtsreif sind, weil sie dann 80% und mehr ihrer Produktion in die Nachkommenschaft stecken. Große Daphnien produzieren wesentlich mehr Eier als kleine. Deshalb gibt es theoretisch zwei Alternativen für den Eintritt der Geschlechtsreife (Gabriel 1982), wenn man davon ausgeht, daß die Populationswachstumsrate (r) maximiert werden soll:

1. Die Tiere können relativ klein (früh) geschlechtsreif werden; dann beginnen sie früh mit der Eiproduktion, können also mehr Gelege produzieren; anschließend wachsen sie aber nicht mehr stark, so daß sie in jeder Brut relativ wenige Eier haben.

2. Die Tiere können erst geschlechtsreif werden, wenn sie größer sind. Dann beginnen sie zwar später mit der Reproduktion und haben weniger Bruten, dafür aber mehr Eier pro Brut.

Modellrechnungen zeigen, daß die Frage, welche Strategie realisiert werden sollte, davon abhängt, ob es eine größenabhängige Mortalität gibt. Bei stärkerer Mortalität auf große Größenklassen (Fisch-Prädation) wird r am größten, wenn die Tiere so früh wie möglich mit der Reproduktion beginnen. Ohne größenselektive Mortalität ist es profitabler zu warten. Freilandbeobachtungen bestätigen diese Modelle: Es ist mehrfach beschrieben worden, daß die gleiche Daphnienart in Seen mit viel planktivoren Fischen kleiner geschlechtsreif wird als in Seen mit wenigen Fischen. Selbst im selben See kann es jahreszeitliche Änderungen geben, so daß die Daphnien im Sommer, wenn die Fische besonders aktiv sind, kleiner geschlechtsreif werden.

Ein ähnliches Beispiel ist für benthische Organismen beschrieben (Crowl u. Covich 1990). In kleinen Bächen in Oklahoma lebt die Schnecke *Physella virgata* zusammen mit dem Krebs *Orconectis virilis*. Der Krebs frißt die Schnecken, ist aber sehr selektiv, da er nur die Schalen kleiner Schnecken zerbrechen kann. Wenn in einem Bach keine Krebse vorkommen, werden die Schnecken nach $3^{1}/_{2}$ Monaten mit einer Größe von 4 mm geschlechtsreif und wachsen dann nur noch wenig. Wenn es aber Krebse gibt, wachsen die Schnecken zunächst für 8 Monate auf eine Größe von 10 mm heran, bevor sie mit der Reproduktion beginnen. Dieser Effekt wird durch einen chemischen Stoff ausgelöst (vgl. 6.5.5). Die Schnecken ändern ihren Lebenszyklus auch, wenn kein Räuber anwesend ist und sie nur Wasser aus einem Gefäß mit Räubern und Schnecken bekommen. Das Beispiel zeigt, daß die Schnecken eine breite Reaktionsnorm haben, so daß sie entweder die eine oder die andere Lebenszyklusstrategie einsetzen können.

Zeitliche Einteilung

Viele Organismen kommen nur zu ganz bestimmten Zeiten des Jahres vor. Bei sehr kleinen Organismen mit hohen Reproduktionsraten ist das häufig einfach eine direkte Abhängigkeit von den Ressourcen. So folgen die Frühjahrsalgen zum Beispiel der zunehmenden Verfügbarkeit des Lichtes, wenn sie ein Maximum bilden. Dem Algenmaximum folgen dann Maxima der Protozoen und der Rotatorien. Diese Plankter können so schnell wachsen, daß sie die Ressourcen optimal ausnutzen (vgl. 8.7.3).

Bei Organismen, die zu ganz bestimmten Jahreszeiten auftreten, sprechen wir häufig von Frühjahrs-, Sommer- oder Herbstformen.

6.8 Zusammenwirken von Konkurrenz und Prädation

In solchen Fällen liegt es intuitiv nahe, das jahreszeitliche Auftreten einer Art mit abiotischen Faktoren, etwa der Temperatur, zu erklären. Man spricht dann von Warmwasser- und Kaltwasserformen. Das kann sehr irreführend sein. Das sogenannte „Sommerloch" der Daphnien ist ein Beispiel dafür. In eutrophen Seen der gemäßigten Breiten findet man während eines Jahres meistens eine zweigipfelige Verteilung von *Daphnia galeata* mit einem großen Maximum im Mai und einem zweiten, etwas kleineren, im September/Oktober. Dazwischen gibt es ein Minimum im Sommer (vgl. Abb. 5.7). Daraus zu schließen, daß diese Daphnien kühle Temperaturen bevorzugen, ist falsch. Bringt man nämlich die Daphnien, die im Mai bei etwa 10 °C Wassertemperatur leben, ins Labor, so stellt man fest, daß sie ihr Wachstumsoptimum bei 20 °C haben. Die Beschränkung auf Frühjahr und Herbst im Freiland ist eine Folge des reduzierten Nahrungsangebotes und der hohen Prädation, die ein Populationswachstum im Sommer nicht zulassen.

Einige Arten von Wasserorganismen erreichen ihr physiologisches Optimum allerdings tatsächlich bei niedriger Temperatur. Die Frage ist aber, ob es dafür physiologische Vorgaben gibt oder ob die Organismen ihren Stoffwechsel in einem Temperaturbereich optimiert haben, in den sie aus anderen Gründen (Konkurrenz, Prädation) gezwungen wurden.

Viele Arten haben einen „programmierten" Lebenszyklus, der nur wenig von variierenden Umweltbedingungen modifiziert wird. Das „Programm" verschiedener Populationen der gleichen Art kann durchaus unterschiedlich sein. Die jahreszeitliche Terminierung des Lebenszyklus erscheint manchmal „klug", da die Organismen eine Weile im voraus zu wissen scheinen, wie die Umweltbedingungen später sein werden, obwohl das gar nicht möglich ist. Fließwasserinsekten mit einem einjährigen Lebenszyklus werden zum Beispiel nie ein Frühjahrshochwasser in einem Bach erleben. Dennoch müssen sie ihre Eier so ablegen, daß ihre Larven während des nächsten Hochwassers nicht gerade in einem empfindlichen Stadium sind. Die zerstörerische Kraft eines Frühjahrshochwassers ist ein so starker Selektionsfaktor, daß Individuen mit einem falsch programmierten Lebenszyklus sehr schnell verschwinden würden.

Ähnlich wirken Konkurrenz und Prädation auf die zeitliche Einteilung des Lebenszyklus. Organismen müssen so angepaßt sein, daß ihre Nachkommen nicht gerade in einer Phase extremen Nahrungsmangels oder hoher Mortalität geboren werden. Das ist nur möglich, wenn solche Ereignisse in einem gewissen Grade voraussagbar sind und wenn es einen Auslöser (Trigger) gibt, der in einer zeitlichen Relation zu dem Ereignis steht. Ein sehr guter Trigger ist die Tageslänge, aber auch die Wassertemperatur kann als solcher dienen, denn sie ist relativ gut mit der Saison korreliert.

Viele Insekten, die ihre Larvenentwicklung im Wasser durchmachen, schlüpfen in einem engen Zeitraum und bilden dann Schwärme. Das erleichtert die Partnerfindung vor allem in Populationen mit relativ geringer Dichte. Es kann aber auch dazu dienen, durch hohe Beutedichten eventuelle Räuber abzusättigen (vgl. 4.3.2) und damit das Risiko für den einzelnen zu verringern. Auch in diesem Fall muß die Entwicklungszeit der Individuen durch einen äußeren Stimulus synchronisiert werden. Viele Insektenlarven schieben deshalb Entwicklungspausen ein und warten auf den richtigen Zeitpunkt zum Schlüpfen.

Diapause

Viele Tiere schieben in ihren Lebenszyklus eine Diapause ein, ein Stadium, auf dem sie sich eine bestimmte Zeit nicht weiterentwickeln, sondern mit reduziertem Stoffwechsel verharren. Die Eier in den Ephippien der Cladoceren sind ein solches Diapausestadium, denn sie stellen die Entwicklung nach wenigen Teilungen ein und benötigen dann einen Stimulus zur Weiterentwicklung. Besonders häufig finden sich Diapausestadien bei Copepoden. Manche Cyclopoide graben sich im vierten Copepodidstadium aktiv ins Sediment ein und können dort viele Monate ruhig liegen. Der Eintritt der Diapause wird über die Tageslänge gesteuert. Welcher Faktor die Beendigung auslöst, ist noch nicht klar. Dieses Phänomen wurde bereits im Anfangskapitel (1.3) behandelt.

Manche Arten, z. B. *Cyclops vicinus* und *Cyclops kolensis*, machen diese Diapause im Sommer. Normalerweise interpretiert man das als eine Strategie zur Vermeidung des Räuberdruckes durch Fische, der im Sommer hoch ist. Experimentelle Arbeiten haben aber gezeigt, daß die Sommer-Diapause offenbar auch der Konkurrenzvermeidung dient. Cyclopoide Nauplien sind ineffektive Filtrierer und benötigen hohe Algenkonzentrationen zur Entwicklung. Sie wären schlechte Konkurrenten gegen die Cladoceren mit ihrem viel effektiveren Filterapparat. Man kann deshalb argumentieren, daß es nachteilig wäre, wenn die Nauplien sich zu Zeiten im See entwickeln müßten, wenn hohe Populationsdichten von Cladoceren vorhanden sind. Entnimmt man im Sommer Sediment von einem See, so kann man die darin ruhende Copepodide der beiden Arten durch Belüftung „aufwecken" und zur Weiterentwicklung bringen. Sie werden adult und produzieren Nauplien. Auf diese Weise hat man Nauplien zu einer Zeit, zu der sie im See nie anzutreffen sind. Bietet man diesen Nauplien Wasser aus dem See mit allen darin vorhandenen Futteralgen an, so verhungern sie. Das Nahrungsangebot reicht also nicht aus. Reichert man das Wasser

6.8 Zusammenwirken von Konkurrenz und Prädation

aber zusätzlich mit im Labor kultivierten Flagellaten an, so entwickeln sich die Nauplien weiter. Das zeigt deutlich, daß die Nauplien im Sommer futterlimitiert sind (Santer 1991).

Der calanoide Copepode *Diaptomus sanguineus* kann zwei Arten von Eiern produzieren, Subitaneier, die sich sofort entwickeln, und Dauereier, die viele Monate im Sediment bleiben können, bevor sie schlüpfen. Gesteuert durch einen Umweltfaktor (z. B. Tageslänge), beginnen die Weibchen in einem Teich mit Fischen alle gemeinsam im März von Subitan- auf Dauereier umzustellen (Hairston u. Olds 1987). Damit verschwindet die Population aus dem Wasserkörper, bevor die Fische aktiv zu fressen beginnen. Die Umstellung wird nicht direkt durch die Fische ausgelöst, denn wenn man Weibchen in einen fischfreien Teich überführt, beginnen sie zum gleichen Zeitpunkt mit der Dauereibildung wie im Herkunftsteich. Die einzelnen Weibchen unterscheiden sich aber genetisch ein wenig mit Bezug auf den Zeitpunkt, an dem sie die Eiproduktion umstellen. Die Synchronisation wird durch die Räuber verursacht, die ständig diejenigen Weibchen, die zu einem späteren Zeitpunkt umstellen, eliminieren. Hairston konnte das an zwei Teichen zeigen, von denen einer seine Fischpopulation verloren hatte. Solange die beiden Teiche Fische hatten, war der Zeitpunkt der Umstellung der Weibchen identisch. Ohne Fischdruck aber verschob er sich. Nach 2 Jahren lag er bereits einen Monat später. Das zeigt, daß die Weibchen, die länger Subitaneier produzierten, offenbar in Abwesenheit des Räubers mehr Nachkommen zur nächsten Generation beitragen. Hier läßt sich eine Mikroevolution beobachten, die noch schneller voranschreiten könnte, wenn nicht im Sediment große Mengen von Dauereiern liegen würden, die erst in späteren Jahren schlüpfen und so den Prozeß verlangsamen (Hairston u. DeStasio 1988).

Die exakte Synchronisation des Umstellungszeitpunktes wird durch fortwährende Selektion erreicht. Die Tatsache, daß die überwiegende Zahl der Copepoden aber schon Dauereier produziert, bevor die Fische überhaupt aktiv werden, ist eine Folge der guten Voraussagbarkeit des Räuberdruckes. Teiche, die diese Voraussagbarkeit nicht bieten, führen zu einer völlig anderen Lebenszyklusstrategie. *Diaptomus sanguineus* lebt auch in Teichen, die gelegentlich austrocknen und deshalb keine Fische haben. Solche Austrocknungsereignisse sind aber von seltenen klimatischen Extremsituationen abhängig und deshalb schlecht voraussagbar. Unter diesen Bedingungen reagieren die Weibchen nicht auf die Umweltfaktoren, die Dauereier auslösen, sondern produzieren unregelmäßig beide Typen von Eiern während der ganzen Saison. Damit ist sichergestellt, daß immer Dauereier eines Individuums im „Dauereier-Pool" des Sediments liegen.

Streuung des Risikos

Nicht immer sind Umweltbedingungen so genau voraussagbar, daß es von Vorteil ist, den Lebenszyklus exakt zu terminieren. Bei einer sehr engen Reaktionsnorm kann es vorkommen, daß der beste Zeitpunkt verpaßt wird, wenn die Klimabedingungen in einem Jahr ungewöhnlich sind oder wenn es eine zufällige Verschiebung in der Nahrungsnetz-Struktur gibt. Dann kann ein feststehender Lebenszyklus zu einer Katastrophe für die Population führen. Ein Beispiel dafür wurde im Bodensee beobachtet. Im oligotrophen Bodensee gab es eine große calanoide Copepodenart, *Heterocope borealis*. Sie hatte nur eine Generation pro Jahr und überwinterte als Dauerei im Sediment. Die Nauplien schlüpften im März und stiegen dann ins Oberflächenwasser auf. Im Zuge der Eutrophierung wanderte 1956 der räuberische Copepode *Cyclops vicinus* in den Bodensee ein. Er hatte einen anderen Lebenszyklus; gerade während der Zeit, in der die *Heterocope*-Nauplien im Oberflächenwasser erschienen, hatte er sein Adultenmaximum. *Cyclops vicinus*, der mit Vorliebe Nauplien frißt, rottete innerhalb von 2 Jahren die *Heterocope*, deren Lebenszyklus plötzlich falsch angepaßt war, aus.

Um solche Katastrophen zu vermeiden, kann es vorteilhaft sein, das Risiko zu „streuen", so wie ein Aktienbesitzer nicht nur in eine Aktie investiert. Mit einer solchen Strategie kann man nicht maximale Gewinne machen, aber man verliert im Ernstfall auch nicht alles.

Ein nicht voraussagbares Risiko liegt zum Beispiel darin, daß manche Kleingewässer austrocknen können. Die darin lebenden Cladoceren könnten die höchste Reproduktionsrate erzielen, wenn sie stets Subitaneier produzieren würden, da die Bildung von Dauereiern nicht zur Populationswachstumsrate beiträgt. Dennoch produzieren sie, ähnlich wie die erwähnten Copepoden, gelegentlich Dauereier, die dann als „Versicherung" im Sediment liegen und im Katastrophenfall eine Wiederbesiedlung ermöglichen.

Die Diapause dient der Überwindung ungünstiger Zeiten. Nun müssen aber die Bedingungen nicht notwendigerweise in jedem Jahr so schlecht sein, daß die Tiere sich nicht weiterentwickeln könnten. Es kann Jahre geben, in denen sie ohne Diapause leben und sich entsprechend stärker vermehren könnten; nur ist eine solch ungewöhnliche Situation nicht voraussagbar. In diesem Fall kann es von Vorteil sein, wenn einige Tiere „ihr Glück versuchen" und nicht in ein Ruhestadium eintreten. Wenn der Fall eintritt, daß die Bedingungen gut sind, haben diese einen erheblichen Vorteil. Deshalb kann sich in der Population ein bestimmter Anteil halten, der einen anderen Lebenszyklus hat.

Nilssen (1980) hat Beispiele für eine solche Risikostreuung bei cyclopoiden Copepoden in Norwegen beschrieben. Diese können ihren Lebenszyklus in einem oder in 2 Jahren beenden. Sie können sich schnell entwickeln, dann werden sie bereits nach einem Jahr geschlechtsreif, sind aber relativ klein und haben weniger Eier. Als Alternative können sie sich langsamer entwickeln, dann werden sie nach 2 Jahren geschlechtsreif, sind aber größer und haben mehr Eier. Der Anteil von „Einjährigen" ist um so größer, je stärker der Räuberdruck durch Fische ist. Da die Fische nämlich größenselektiv fressen, sind die größten Copepoden besonders gefährdet. Andererseits schwanken Fischpopulationen sehr stark, so daß es eventuell vorteilhaft sein kann, die Reproduktion um ein Jahr zu verschieben, um dann für den Fall, daß die Gefährdung im nächsten Jahr geringer ist, größer zu sein und mehr Nachkommen zu produzieren.

6.8.3 Zyklomorphose

Viele Zooplankter verändern ihr Erscheinungsbild im Jahreslauf in typischer Art und Weise. Da solche morphologische Veränderungen in einem regelmäßigen saisonalen Zyklus ablaufen, werden sie Zyklomorphose genannt. Sommertiere sehen oft ganz anders als Wintertiere aus, so daß man sie für verschiedene Arten halten könnte (Abb. 6.27). In einigen Fällen, z. B. bei Rädertieren, hat sich gezeigt, daß die scheinbaren Formveränderungen tatsächlich dadurch entstehen, daß sich verschiedene Arten unmerklich gegenseitig ersetzen. Bei anderen, vor allem bei Plankton-Cladoceren, ändert sich aber wirklich das Aussehen innerhalb einer Art. Im gleichen See können nahe verwandte Arten koexistieren, von denen die eine jahreszeitliche Formveränderungen durchmacht, die andere aber nicht, z. B. *Daphnia galeata* und *D. hyalina* im Bodensee.

Ein typisches Beispiel für eine stark veränderliche Art ist die in eutrophen Seen Mitteleuropas häufige *Daphnia cucullata* (Abb. 6.28). Sie ist im Winter rundköpfig und gedrungen, im Frühsommer bekommt sie einen hohen „Helm". Im Juni kann man beobachten, daß die fast schlüpffertigen Jungen im Brutraum einer rundköpfigen Mutter bereits spitze Helme haben. Wenn die Jungen geschlüpft sind und heranwachsen, wächst der Helm im Verhältnis zum Körper sogar noch stärker (positiv allometrisch), so daß große Individuen die relativ längsten Helme haben. In der Population nimmt die relative Helmlänge, das Verhältnis von Helm- zu Körperlänge bis Ende Juli zu und dann langsam wieder ab. Im Hochsommer kann die Länge der Helme bis zu 60% der Körperlänge betragen. Es ergibt sich ein regelmäßiger jährlicher Zyklus, eine typische Zyklomorphose.

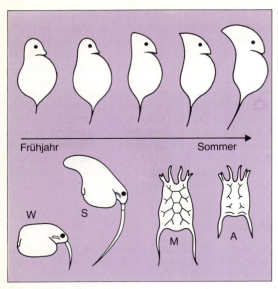

Abb. 6.**27** Zyklomorphose bei Zooplanktern.
Oben: Jahreszeitliche Formänderung von *Daphnia retrocurva* (nach Riessen 1984).
Unten links: Winterform (W) und Sommerform (S) von *Bosmina coregoni thersites* (nach Lieder 1950).
Unten rechts: Morphologie des Rädertiers *Keratella quadrata* im Mai (M) und August (A) (nach Hartmann 1920)

Die auffälligsten Zyklomorphosen betreffen die Ausbildung von Körperfortsätzen und Dornen oder die Ausbildung eines Nakkenkamms. Cladoceren der Gattung *Bosmina* können ein langes Rostrum und einen hohen „Buckel" bekommen (Abb. 6.**27**). Manchmal sind die Merkmale aber auch sehr klein und schwierig zu erkennen, z. B. winzige „Nackenzähne" bei *Daphnia pulex* oder verlängerte Antennenborsten bei *Daphnia galeata mendotae* (Zusammenstellung bei Jacobs 1987).

Rotatorien und Cladoceren pflanzen sich in der Regel durch Parthenogenese fort, wodurch der Artbegriff verschwommen wird. Eine Population besteht aus vielen Klonen, die jeweils Nachkommen einer Mutter und genetisch identisch sind. Die Klone können morphologisch verschieden sein, so daß innerhalb einer Population eine große Variabilität entsteht. In diesem Fall kann man sich zwei Möglichkeiten vorstellen, wie ein jahreszeitlicher Formwechsel statt-

Abb. 6.**28** Zyklomorphose
von *Daphnia cucullata*; rundköpfiges (April) und gehelmtes (Juli) Tier
(Aufnahme R. Tollrian)

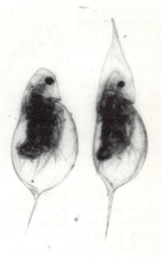

findet: es kann sich um eine phänotypische oder eine genotypische Reaktion handeln.

Im ersten Fall würden sich die Nachkommen aller Tiere als Reaktion auf die Veränderung der Umweltbedingungen verändern. Im zweiten Fall würden sich Klone, die an die jeweiligen Umweltbedingungen am besten angepaßt und morphologisch verschieden sind, gegenseitig ablösen; ihr relativer Anteil an der Population würde sich ändern. Wenn zum Beispiel im Sommer die Bedingungen für Daphnien mit Helmen günstiger wären als für rundköpfige, so könnte ein an sich seltener Klon mit Helm mehr überlebende Nachkommen haben als ein häufiger Klon ohne Helm. Er würde sich anreichern, und die Population würde im Durchschnitt höhere Helme bekommen.

Im Fall von Daphnien spricht einiges für eine phänotypische Reaktion:

1. Man kann die Helmbildung bei Tieren eines isolierten Klons im Labor auslösen, wenn man auch im Labor selten so hohe Helme erhält wie sie im Freiland gefunden werden.
2. Man kann im Freiland gehelmte Nachkommen im Brutraum einer rundköpfigen Mutter finden.
3. Elektrophoretische Allozymanalysen (vgl. 5.3) haben keine Anhaltspunkte für eine Verschiebung der klonalen Struktur einer

Population von *D. cucullata* während der Helmbildungsphase ergeben (Lampert u. Wolf 1986).

Das schließt aber nicht aus, daß bei anderen Zooplanktern, z. B. bei *Bosmina* (Black 1980), auch klonale Verschiebungen eine Rolle spielen können. Auch eine Kombination von phänotypischer und genotypischer Reaktion ist denkbar, wenn sich im Sommer Klone anreichern, die eine stärkere phänotypische Reaktion auf die veränderten Bedingungen zeigen als andere.

Um die Zyklomorphose zu verstehen, können wir in zwei Richtungen fragen:

1. *Wie wird die Formveränderung ausgelöst? Welche Faktoren steuern die Zyklomorphose und machen sie voraussagbar?* Das ist die Frage nach den **Proximatfaktoren.**

Im Laborexperiment mit *Daphnia galeata mendotae* zeigte sich, daß hohe Temperatur, reichliches Futter, aber auch Turbulenz die Helmbildung auslösen (Jacobs 1967). Bis jetzt ist es aber noch nicht gelungen, einen Proximatfaktor allein für die Zyklomorphose verantwortlich zu machen. In den letzten Jahren sind viele Fälle bekannt geworden, in denen die morphologischen Veränderungen, die die Zyklomorphose ausmachen, durch Stoffe, die von räuberischen Invertebraten (*Chaoborus*, Notonectiden) in das Wasser abgegeben werden, chemisch induziert wurden (vgl. 6.5.5). Bei *Daphnia cucullata* ist die relative Größe der Helme der Neugeborenen im Freiland mit der Wassertemperatur korreliert. Je höher die Temperatur, desto höher der Helm. Bringt man die Tiere ins Labor, so bleiben die Helme allerdings auch bei hohen Temperaturen und reichlich Futter relativ klein. Höhere Helme lassen sich dadurch stimulieren, daß man die Tiere in Wasser kultiviert, in dem vorher *Chaoborus*-Larven gelebt haben. Da das auch funktioniert, wenn man das Wasser partikelfrei filtriert, muß es sich um eine Induktion durch eine gelöste chemische Substanz handeln.

Auch wenn man zeigen kann, daß Zooplankter mit Formveränderungen reagieren, wenn ihnen durch chemische, im Wasser gelöste Stoffe die Anwesenheit eines Räubers signalisiert wird (Dodson 1989; vgl. 6.5.5), ist die Rolle solcher chemischer Interaktionen bei der Zyklomorphose aber noch nicht endgültig geklärt.

2. *Warum verändern sich die Plankter? Was ist der Adaptivwert der Zyklomorphose?* Damit fragen wir nach den **Ultimatfaktoren.**

Über die Funktion der Zyklomorphose hat es viele Spekulationen gegeben (s. Zusammenfassung bei Jacobs 1987). Ursprünglich wurden Dornen und Helme der Zooplankter als „Schwebefortsätze" interpretiert, die im Sommer, wenn die Viskosität des Wassers durch die höhere Temperatur niedriger ist, das Absinken

6.8 Zusammenwirken von Konkurrenz und Prädation

verhindern sollten. Diese Hypothese hat sich jedoch nicht halten lassen. Wahrscheinlich ist, daß es sich um Verteidigungsmechanismen gegen Räuber handelt (vgl. 6.5.5).

Wenn Fischen eine Mischung aus gehelmten und ungehelmten *Daphnia galeata mendotae* angeboten wurde, überlebten mehr gehelmte Tiere (Jacobs 1967). Ähnliches wurde für die afrikanische *D. lumholtzi* beobachtet. Offenbar konnten die gehelmten Tiere besser entfliehen. Es ist nicht klar, ob sie ihrer Form wegen weniger Wasserwiderstand haben oder ob der Helm bessere Ansatzmöglichkeiten für die Antennenmuskeln bietet.

Andererseits sind Dornen und Helme eine wirksame Verteidigung gegen invertebrate Räuber. Experimente zur Beutewahl von *Chaoborus*-Larven, räuberischen Copepoden und Notonectiden haben gezeigt, daß Plankter mit ausgeprägten Merkmalen der Zyklomorphose eine größere Überlebenschance hatten. Da invertebrate Räuber durch die Größe ihrer Beute limitiert sind, haben sie Schwierigkeiten, große Beutetiere zu überwältigen (vgl. 6.5.4). Es zeigte sich allerdings auch, daß Daphnien mit „Nackenzähnen" oder Helmen von *Chaoborus*-Larven erst gar nicht so häufig gefangen wurden, daß der Schutzeffekt also nicht nur durch größere Schwierigkeiten beim Handhaben der Beute erreicht wurde.

Eine Hypothese (Dodson 1974) nimmt an, daß die Bildung eines durchsichtigen Helmes und eines langen Schwanzstachels Daphnien für invertebrate Räuber schlechter angreifbar macht, ohne sie für Fische attraktiver zu machen. Bei der Zyklomorphose werden die sichtbaren Teile einer Daphnie, Auge, Darm und Eier, nicht vergrößert. Nur durchsichtige Strukturen vergrößern sich, und deshalb werden die Zooplankter für Fische, die visuell jagen, nicht besser sichtbar.

Die Rolle aller dieser Faktoren im Freiland ist nicht bewiesen. Es fällt aber auf, daß die stärksten morphologischen Veränderungen zu Zeiten des höchsten Räuberdrucks auftreten. Die Reaktion der Beute auf ein chemisches Signal des Räubers ist der schlüssigste Hinweis auf den Vorteil der Zyklomorphose, denn in diesem Fall sind Proximat- und Ultimatfaktor identisch (Räuber). Aber auch ohne chemische Induktion könnte die Zyklomorphose zuverlässig gesteuert werden. Die Temperatur ist ein guter Zeitgeber, denn das Auftreten von Jungfischen und Insektenlarven ist mit der Temperatur korreliert und gut voraussagbar.

Es bleibt noch die Frage, warum die Zooplankter die schützenden Strukturen nicht immer tragen. Warum bilden sie sie nur, wenn Räuber zu erwarten sind? Die „Kosten" der Verteidigung, die eingespart werden können, wenn es keine Gefahr gibt, sind nicht leicht zu schätzen. Eine Hypothese, aufgestellt für die zyklomorphe *Daphnia catawba*, besagt, daß gehelmte Tiere insgesamt schlanker sind und deshalb einen kleineren Brutraum haben (Riessen 1994). Die Eizahl, d. h. die Reproduktionskapazität, ist abhängig von der verfügbaren Menge an gutem Futter. Das höchste Futterangebot ist zur Zeit des Frühjahrsmaximums der kleinen Algen, also bevor Jungfische den See bevölkern. Um dieses hohe Futterangebot auszunutzen, muß der Brutraum groß sein, d. h. die Daphnien müssen gedrungen und rundlich sein. Später, wenn die Eizahl wegen Futtermangels limitiert ist, lohnt es nicht, einen großen Brutraum zu haben, der halb leer ist. Es ist besser, in die Verteidigung zu investieren. Zyklomorphose wäre in diesem Sinne die Optimierung der Fitneß durch Maximierung der Reproduktion und Minimierung der Mortalität zu den optimalen Zeiten des Jahres.

Für andere Daphnien, *D. galeata mendotae* (Jacobs 1987) und *D. cucullata* (Tollrian 1990), läßt sich diese These allerdings nicht halten. Wenn man gehelmte und rundköpfige Tiere unter optimale Futterbedingungen brachte, unterschieden sich ihre Eizahlen nicht. Die Kosten der Zyklomorphose haben deshalb vermutlich keine morphologische Basis (kleinerer Brutraum), sondern eine energetische (Mehrkosten für Schwimmen, Verlangsamung der Entwicklung).

Die Vielzahl der auftretenden morphologischen Veränderungen und auslösenden Faktoren und die Tatsache, daß nahe verwandte Formen sich in bezug auf die Zyklomorphose stark unterscheiden können, sprechen dafür, daß das Phänomen in vielen Gruppen unabhängig entstanden ist. Vermutlich wird es deshalb keinen generellen Proximat- oder Ultimatfaktor für alle Fälle geben. Daß eine so ausgeprägte Formveränderung „neutral" ist, d. h. keinen Adaptivwert hat, ist eher unwahrscheinlich (Jacobs 1987). Einen repräsentativen Fall, in dem der Fitneßgewinn der Zyklomorphose im Freiland eindeutig belegt wäre, gibt es aber noch nicht.

6.8.4 Vertikalwanderung

Sowohl im Meer als auch in Binnengewässern zeigen Zooplankter aus vielen Taxa ein interessantes tagesperiodisches Wanderverhalten. Meistens befinden sie sich tagsüber in der Tiefe und kommen nachts in das Oberflächenwasser (Abb. 6.**29**). Es sind aber auch Fälle beschrieben, die eine „umgekehrte" Wanderung zeigen, d. h., die Tiere gehen nachts in die Tiefe und kommen tagsüber an die Oberfläche. Eine Fülle solcher tagesperiodischen Vertikalwanderungen, die von wenigen Zentimetern bis zu über 100 m reichen können, ist in der Literatur beschrieben worden (Hutchinson 1957).

Die Amplitude der Wanderung und die Form der Tiefenverteilungskurve der Population können sich von Art zu Art und zwischen

6.8 Zusammenwirken von Konkurrenz und Prädation

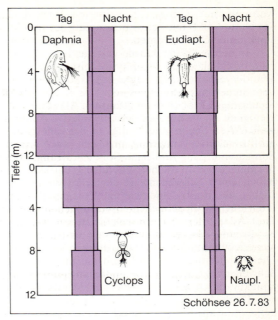

Abb. 6.**29** Relative Verteilung einiger Zooplankter in Stufenfängen bei Tag und Nacht im Schöhsee (Holstein) am 26. Juli 1983

den Entwicklungsstadien einer Art sehr unterscheiden. Sie können auch von der Durchsichtigkeit des Wassers und von den Futterbedingungen beeinflußt werden. Manche Zooplankter wandern wie ein enges Band zusammen auf und ab, andere verteilen sich bei Nacht über die ganze Wassersäule.

Zooplanktonfänge geben uns allerdings kein exaktes Bild von den Wanderungen der Individuen. Wir beobachten nur Veränderungen in der Dichte der Organismen in bestimmten Tiefen, wenn wir vertikale Serien von Zooplanktonfängen durchführen. Aus den Veränderungen der Verteilungen schließen wir dann auf vertikale Bewegungen der Population, und die Tag-Nacht-Unterschiede in der mittleren Tiefe oder im Median der Population dienen uns als Maß für die Wanderungsamplitude. Eine solche Betrachtung des mittleren Verhaltens der Population kann zu Fehlschlüssen über das Verhalten der Individuen führen. Der Abstand zwischen den Mittelwerten der Verteilungen gibt uns nur dann die tatsächlichen Wanderstrecken an, wenn alle Tiere synchron wandern. Das muß aber nicht sein. Es können ständig einige Tiere aufwärts wandern, während andere abwärts schwimmen. Was wir dann sehen, ist nur der Nettoeffekt. Die Schwimmleistung der Individuen kann dadurch stark unterschätzt werden.

In den sechziger Jahren galt das Interesse der Untersuchungen hauptsächlich der neurophysiologischen Basis des rhythmischen Wanderverhaltens. Es zeigte sich, daß Phototaxis and Geotaxis an der Steuerung beteiligt sind. Das Licht ist der entscheidende Steuerungsfaktor (**Proximatfaktor**). Allerdings ist nicht die absolute Helligkeit (I) wichtig, sondern die relative Änderung der Lichtintensität ($\Delta I/I$). Die größte Helligkeit herrscht zwar gegen Mittag, die größte relative Änderung pro Zeit aber ereignet sich kurz vor Sonnenuntergang und nach Sonnenaufgang. Die Zooplankter sind normalerweise an die herrschenden Lichtbedingungen adaptiert; sie haben einen Schwellenwert der relativen Intensitätsänderung des Lichts, unterhalb dessen sie nicht reagieren. Ändert sich die Lichtintensität jedoch schneller, so versuchen sie die Abweichungen von ihrer Adaptations-Lichtintensität zu korrigieren. Nimmt das Licht zu, so geht das nur dadurch, daß sie in die dunklere Wassertiefe ausweichen, nimmt es ab, schwimmen sie der Oberfläche entgegen. Die Wanderung hört auf, wenn die Intensitätsänderung unter den Schwellenwert fällt, d. h., wenn sie langsamer ist als die Adaptationsfähigkeit des Auges (Ringelberg u. Mitarb. 1967).

Da die Vertikalwanderung in vielen verschiedenen Taxa auftritt, kann man annehmen, daß sie einen Adaptivwert hat. Welches ist dann der **Ultimatfaktor,** der wandernden Tieren einen Fitneßvorteil bringt? Zwar gibt es a priori keinen Grund anzunehmen, daß der Ultimatfaktor für alle Taxa gleich ist, die Konsequenzen der Vertikalwanderung sind aber für alle filtrierenden Zooplankter ähnlich. Wandernde Tiere verbringen die Nacht im warmen, nahrungsreichen Oberflächenwasser und den Tag im kalten Tiefenwasser, wo Quantität und Qualität der Nahrung gering sind (die Primärproduktion spielt sich ja nur in der euphotischen Zone ab). Für die Reproduktion der Zooplankter kann der Aufenthalt im Tiefenwasser nur nachteilig sein. Schlechte Futterverhältnisse bedeuten, daß wenig Energie für die Reproduktion zur Verfügung steht, daß also weniger Eier produziert werden können. Das Auf- und Abschwimmen kostet außerdem Energie, die nicht mehr zur Reproduktion genutzt werden kann. Da die meisten Zooplankter ihre Eier bei sich tragen, sind diese in der Tiefe niedrigeren Temperaturen ausgesetzt. Das bedeutet, daß sich die Eier langsamer entwickeln. Weniger Eier mit längeren Entwicklungszeiten bedeuten aber eine reduzierte Vermehrungsrate. Deshalb besteht ein starker Selektionsdruck für das Verbleiben im warmen, nahrungsreichen Oberflächenwasser. Wandernde Genotypen sollten schnell von nicht-wandernden verdrängt werden. Tatsächlich ist das aber nicht der Fall.

6.8 Zusammenwirken von Konkurrenz und Prädation

Deshalb muß es doch einen Selektionsvorteil für das Wandern geben.
Es gibt eine Reihe von Hypothesen, die versuchen, diesen Widerspruch zu lösen. Sie lassen sich in zwei Gruppen einteilen:

1. Die Nachteile durch das Wandern werden überschätzt. Tatsächlich führen die Wechselbedingungen zur besseren Ausnutzung der Energie oder zu einer günstigeren Populationsentwicklung (höhere Fitneß durch Erhöhung der Nachkommenzahl).
2. Die Vermeidung des Oberflächenwassers während des Tages reduziert eine Quelle der Mortalität, die vom Licht abhängig ist (höhere Fitneß durch Verringerung der Mortalität).

In die erste Gruppe gehören verschiedene Hypothesen, die annehmen, daß der Wechsel vom Fressen bei hohen Temperaturen zum Rasten bei niedrigen Temperaturen einen kleinen Stoffwechselvorteil bringen könnte oder daß Tiere, die bei niedrigeren Temperaturen aufwachsen, größer werden und deshalb mehr Nachkommen produzieren können. Ein interessanter Aspekt dabei ist, daß die Algen an der Oberfläche am Abend eine höhere Qualität aufweisen. Am Ende der Lichtperiode enthalten sie viele Reservestoffe, die im Laufe der Nacht wieder veratmet werden. Wenn die Tiere nach einer Hungerperiode an die Oberfläche kommen, könnten sie um so mehr von den energetisch wertvolleren Algen fressen und dadurch eventuell mehr Energie aufnehmen, als wenn sie ständig oben bleiben. Alle experimentellen Überprüfungen dieser Hypothesen, die einen Energiebonus postulieren, haben jedoch gezeigt, daß es energetisch besser für die Tiere wäre, an der Oberfläche zu bleiben (s. Zusammenfassung bei Lampert 1989). Selbst wenn es einen kleinen Energiebonus des Wanderns gäbe, könnte dieser den negativen Effekt, der durch die Verlängerung der Eientwicklungszeit entsteht, nicht wettmachen (Kerfoot 1985).

Die Hypothesen, die von einer Erhöhung der Reproduktionsrate ausgehen, führen also zu keiner befriedigenden Erklärung, so daß die zweite Möglichkeit der Fitneßerhöhung, Vermeidung von Mortalität, wahrscheinlicher wird. Die Problematik läßt sich sehr schön an einem Beispiel zeigen:

Im Bodensee koexistieren zwei sehr nahe verwandte *Daphnia*-Arten, *D. galeata* und *D. hyalina*. Sie sind sich sehr ähnlich, bilden sogar gelegentlich interspezifische Hybride, unterscheiden sich aber in ihrem Wanderverhalten. Im Sommer führt *D. hyalina* sehr ausgeprägte Vertikalwanderungen durch, während *D. galeata* kaum wandert und im Oberflächenwasser bleibt (Abb. 6.**30**). In diesem Fall kann man die Auswirkungen der beiden unterschiedlichen Strategien direkt beobachten (Tab. 6.1).

298 6 Interaktionen

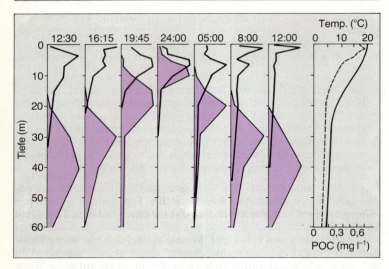

Abb. 6.**30** Unterschiedliches Vertikalwanderungsverhalten von *D. galeata* (weiß) und *D. hyalina* (schattiert) im Bodensee (August). Am rechten Rand sind die Tiefenprofile der Temperatur (durchgezogen) und des partikulären Kohlenstoffs (Partikel <35 µm als Nahrung der Daphnien) dargestellt (nach Stich u. Lampert 1981)

Tabelle 6.**1** Tagesmittel der Umweltbedingungen und populationsdynamische Parameter für die wandernde *Daphnia hyalina* und die nichtwandernde *D. galeata* im Bodensee im August 1977 (vgl. Abb. 6.**30**)

	D. galeata	D. hyalina
mittlere Konzentration des partikulären Kohlenstoffs <30 µm (mg/l)	0,34	0,16
mittlere Temperatur (°C)	14,0	7,1
Eier/adulte Daphnie	7,1	3,7
Eientwicklungszeit (Tage)	8,8	14,5
Abundanz (Individuen/m²)		
im August	38 200	91 500
im September	154 800	272 000
Geburtenrate (b) (d^{-1})	0,14	0,055
Populationswachstumsrate (r) (d^{-1})	0,047	0,036
Sterberate (d) (d^{-1})	0,100	0,019

6.8 Zusammenwirken von Konkurrenz und Prädation

Daphnia hyalina lebt im Tagesdurchschnitt unter schlechteren Futterbedingungen und hat deshalb auch entsprechend weniger Eier. Sie lebt auch bei niedrigeren Temperaturen, wodurch sich die Entwicklungszeit der Eier verlängert. Beides führt dazu, daß die wandernde *D. hyalina* eine erheblich geringere Geburtenrate hat als die nicht-wandernde *D. galeata*. Der Unterschied in der Geburtenrate bewirkt, daß eine *D. galeata*, wenn es keine Verluste gäbe, nach 30 Tagen 86 Nachkommen hätte, während es bei *D. hyalina* nur 5 wären. Das müßte dazu führen, daß *D. galeata* die *D. hyalina* sehr schnell verdrängt hätte. Tatsächlich sind aber die Populationsdichten von *D. hyalina* während der Zeit des Jahres, in der sie wandert, höher als die von *D. galeata*. Auf die nichtwandernde Art muß also eine beträchtliche Mortalität wirken, die die hohe Geburtenrate kompensiert. Die Tatsache, daß die wandernden Zooplankter in der Regel die Oberfläche bei Tag meiden, gibt einen Hinweis darauf, daß der Mortalitätsfaktor etwas mit dem Tageslicht zu tun hat.

Licht, vor allem UV-Licht, könnte tatsächlich ein Mortalitätsfaktor sein. Da es aber nicht sehr tief ins Wasser eindringt, läßt sich die große Wanderamplitude vieler Zooplankter auf diese Weise nicht erklären. Die einleuchtendste Hypothese besagt, daß die Vertikalwanderung eine Strategie zur Vermeidung von Räubern ist, die sich optisch orientieren; das sind vor allem Fische (vgl. 6.5.3). Fische können zwar noch bei sehr geringen Lichtintensitäten sehen, dennoch ist die Wahrscheinlichkeit, entdeckt zu werden, für einen Zooplankter nachts oder in größerer Tiefe geringer. Die Räubervermeidungs-Hypothese besagt deshalb, daß die Zooplankter sich bei Tag in die lichtlosen Tiefen zurückziehen und nur im Schutze der Nacht zum Fressen an die Oberfläche kommen.

Aus dieser Hypothese lassen sich einige Voraussagen ableiten:

1. *Die Zooplankter müssen am Abend abwärts und am Morgen aufwärts wandern.*
   Das ist tatsächlich das „normale" Verhalten. „Umgekehrte" Wanderungen kann man eventuell durch indirekte Effekte erklären (s. unten).
2. *Vertikalwanderung sollte vor allem bei Zooplanktern auftreten, die für die Fische besonders gut sichtbar sind.*
   Es ist in der Tat oft beobachtet worden, daß große, adulte Zooplankter, vor allem aber Weibchen mit Eiern, tiefer wandern als Juvenile.
3. *Die Wanderamplitude sollte mit der Abundanz und der Aktivität der Fische variieren.*
   D. hyalina im Bodensee wandert nur im Sommer, wenn planktivore Fische im See häufig und sehr aktiv sind. Inzwischen gibt

es mehrere Berichte, daß Zooplankter nach einer Verminderung des Fischbestandes (z. B. durch „Biomanipulation") ihre Wanderungen einstellten oder daß die Wanderamplitude mit der Jahrgangsstärke der planktivoren Fische korreliert war (Frost 1988).

Diese Beispiele zeigen, daß sich das Muster der Vertikalwanderung relativ schnell ändern kann, wenn sich der Räuberdruck ändert. Dabei ergibt sich die Frage, ob die Zooplankter die Räuber wahrnehmen und mit Vertikalwanderung reagieren können oder ob es sich um einen akuten Selektionsprozeß handelt. Letzteres würde bedeuten, daß die Population eine große Variabilität aufweist, so daß einige Tiere wandern und andere nicht. Wenn jetzt Fische ins Pelagial kommen, fressen sie die nichtwandernden Tiere, und nur die wandernden bleiben übrig. Selektionsexperimente haben gezeigt, daß es offenbar eine genetische Komponente bei der phototaktischen Reaktion gibt (DeMeester u. Dumont 1988). Es wäre also möglich, daß im See zu bestimmten Zeiten nichtwandernde Genotypen eliminiert werden.

Neue Experimente stellen diese Hypothese aber in Frage. Zwei davon wurden in großen Plastiksäcken durchgeführt. Bollens u. Frost (1989) studierten das Wanderverhalten des marinen Copepoden *Acartia hudsonica* in der Dabob Bay (Seattle, Washington). In Plastiksäcken ohne Fische blieben die Copepoden bei Tag und Nacht nahe der Oberfläche. Wurden jedoch Fische dazugesetzt, begannen sie sofort mit einer normalen Wanderung. Die Wanderung setzte so schnell ein, daß eine Selektion eher unwahrscheinlich ist. Die Autoren vermuten, daß die Zooplankter die Fische durch einen mechanischen Reiz wahrnahmen. Andere Experimente (Ringelberg 1991, Dawidowicz u. Mitarb. 1990) zeigen aber, daß auch ein chemischer Stimulus, der vom Fisch ausgeht, einen Effekt auf das Wanderverhalten haben kann. Die Zooplankter reagieren zwar auf die Änderung der Lichtintensität, wie oben beschrieben, sie werden aber durch den „Geruch" der Fische zu dieser Reaktion motiviert.

Ein anderes Plastiksackexperiment (Neill 1990) kann auch eine „umgekehrte" Wanderung erklären. Im Gwendolyne Lake (British Columbia, Canada) gab es viele Jahre keine Fische. Der Copepode *Diaptomus* war in diesem See tagsüber im Oberflächenwasser und wanderte nachts in die Tiefe. Er wich damit offenbar den räuberischen *Chaoborus*-Larven aus, die eine „normale" Wanderung (tagsüber in die Tiefe) machten. Als dann aus einer Fischzuchtanlage einige Forellen in den See gelangten, rotteten sie die *Chaoborus*-Larven, ihre bevorzugten Futtertiere, schnell aus. Zwei Jahre später, bei der nächsten Untersuchung, hatten die Copepoden aufgehört zu wandern. Sie blieben stets im Oberflächenwasser. Die wenigen Fische waren zwar in der Lage, die großen *Chaoborus*-Larven zu

6.8 Zusammenwirken von Konkurrenz und Prädation

eliminieren, reichten aber offenbar nicht aus, eine normale Wanderung der Copepoden zu induzieren. Neill brachte die Copepoden daraufhin in großen Plastiksäcken wieder in Kontakt mit *Chaoborus*-Larven aus einem anderen See. Die Copepoden begannen sofort wieder mit ihrer umgekehrten Wanderung. Der Stimulus war sicher chemischer Natur, denn es genügte, Wasser, in dem vorher *Chaoborus*-Larven gewesen waren, in die Enclosures zu geben. Die Copepoden reagierten innerhalb von 4 Stunden nach Zugabe des *Chaoborus*-Wassers. Die chemische Induktion und die Schnelligkeit der Reaktion zeigen, daß es sich nicht um die akute Auslese bestimmter Genotypen handelte, sondern daß alle Tiere bereits das Programm für eine Reaktionsänderung hatten.

Die Vertikalwanderung ist ein gutes Beispiel für die Optimierung des Verhaltens durch natürliche Auslese. Sie ist aber auch ein Beispiel dafür, daß die Optimierung der Fitneß des Individuums Konsequenzen für das Ökosystem hat. Wenn sich die Zooplankter tagsüber in der Tiefe aufhalten, wird der Grazingdruck auf das Phytoplankton wesentlich reduziert; tagsüber können die Algen ungehindert wachsen. Das bedeutet nicht nur allgemein eine Erhöhung der Primärproduktion, sondern auch eine Verschiebung der Konkurrenzverhältnisse zwischen verschiedenen Algenarten. Zooplankter können auf verschiedene Algenarten spezialisiert sein. Wenn verschiedene Zooplanktonarten unterschiedlich wandern (vgl. Abb. 6.**29**), bedeutet das auch, daß einzelne Algenarten unterschiedlich von der Vertikalwanderung profitieren (Lampert 1991). Hier gibt es einen „Kaskadeneffekt" (vgl. 7.3.4), Fisch → Zooplankton → Algen, der sowohl quantitativ als auch qualitativ wirkt.

7 Lebensgemeinschaften

7.1 Abgrenzung von Lebensgemeinschaften

Die Summe der in einem Lebensraum interagierenden Populationen wird als „Lebensgemeinschaft" (**Biocoenose**) bezeichnet. Diese Definition ist in fast allen modernen Lehrbüchern der Ökologie anzutreffen. Sie ist jedoch weniger eindeutig, als es auf den ersten Blick scheint, da strenggenommen auch Interaktionen zwischen weit entfernten Populationen nicht auszuschließen sind. Das Sauerstoffatom, das von einem Fisch in einem Fluß veratmet wird, könnte durch die Photosynthese von einer Alge in einem weit entfernten See freigesetzt, dann an die Atmosphäre abgegeben und im Lebensraum des Fisches wieder gelöst worden sein. Dennoch wird niemand auf die Idee kommen, beide Organismen derselben Lebensgemeinschaft zuzuordnen. Es ist daher besser, eine Lebensgemeinschaft als ein System von Populationen zu betrachten, die untereinander durch **starke Interaktionen** verbunden sind, während sie gemeinsam von einer Oberfläche schwacher Interaktionen zu Populationen außerhalb der Lebensgemeinschaft umgeben sind.

Auch damit ist die Abgrenzung von Lebensgemeinschaften keineswegs eindeutig, weder was ihre räumliche Begrenzung noch was die Zugehörigkeit von Arten betrifft. Die Kenntnis über die Stärke von Interaktionen kann nur durch umfangreiche Forschungsprogramme erworben werden. In der Praxis werden Lebensgemeinschaften jedoch a priori abgegrenzt, ohne daß die Stärke der Interaktionen tatsächlich gemessen wird. Wenn wir zum Beispiel innerhalb eines Sees eine planktische und eine benthische Lebensgemeinschaft unterscheiden, unterstellen wir, daß innerhalb dieser Gemeinschaften starke Interaktionen herrschen, daß jedoch die Beschattung des Seebodens durch das Plankton und die Auswirkungen der Bodenorganismen auf den Stofffluß zwischen Sediment und Freiwasser den Charakter „schwacher Interaktionen" haben.

Häufig werden Lebensgemeinschaften durch gemeinsame funktionelle Eigenschaften definiert und nicht durch die Vermutung starker Interaktionen. Ein Beispiel ist die Unterscheidung zwischen den Freiwassergemeinschaften „Plankton" und „Nekton" aufgrund der unterschiedlichen Fähigkeit zur Fortbewegung. Dabei ist es durchaus möglich, daß zwischen einzelnen Zooplankton- und Fischpopulationen stärkere Interaktionen bestehen als zwischen manchen planktischen Populationen.

7.2 „Superorganismus" oder „Sieb"

Stärke und Charakter der Interaktionen zwischen den Populationen und der Grad an Integration der Lebensgemeinschaften sind umstritten. Eine der extremen Positionen ist das auf den terrestrischen Pflanzenökologen Clements zurückgehende und von Thienemann in die Limnologie eingeführte Konzept des „Superorganismus". Lebensgemeinschaften und Ökosysteme (Kapitel 8) werden als hochgradig integrierte, natürliche Einheiten, als „Organismen höherer Ordnung" betrachtet. Dabei werden dem Ganzen (Lebensgemeinschaften, Ökosysteme) Eigenschaften zugeschrieben, die nicht durch Aggregation oder Interaktion der Teilkomponenten (Populationen) erklärt werden können (**„emergierende Eigenschaften"**). Man nimmt an, daß „das Ganze mehr ist als die Summe der Teile".

Bei der Diskussion des Superorganismuskonzepts ist es wichtig, „emergierende" Eigenschaften von „kollektiven" Eigenschaften zu unterscheiden. Die Existenz kollektiver Eigenschaften kann problemlos anerkannt werden, während emergierende Eigenschaften hochgradig umstritten sind.

Ein klassisches Beispiel einer kollektiven Eigenschaft ist der statistische Zusammenhang zwischen der Konzentration eines limitierenden Nährstoffes und der potentiell erreichbaren Biomasse des Phytoplanktons. Dieser Zusammenhang kann damit erklärt werden, daß die Variabilität der Stöchiometrie der Biomasse zwischen Arten begrenzt ist und daß nicht mehr Nährstoffe zur Biomassenbildung verbraucht werden können, als vorhanden sind. Die Tatsache, daß verschiedene Arten miteinander interagieren, schafft nicht mehr Biomasse. Deshalb kann man das Phänomen als Summe aller Teilprozesse erklären. Es ist nicht nötig, sich auf Eigenschaften des „Systems" zu berufen, die über die Leistungen der Einzelorganismen hinausgehen.

Eine typische emergierende Eigenschaft wäre hingegen die von den Anhängern des Superorganismuskonzepts unterstellte Fähigkeit zur **„Selbstregulation"** von Lebensgemeinschaften. Sie bedeutet, daß die Lebensgemeinschaft als Ganzes bestimmte Eigenschaften (z. B. den gesamten Energiefluß) bei externen Störungen konstant halten kann, etwa analog zur Fähigkeit homöothermer Organismen, ihre Körpertemperatur konstant zu halten.

Die größte Schwierigkeit des Superorganismuskonzepts liegt darin, daß Lebensgemeinschaften kein zentralisiertes Genom besitzen. Damit verfügen sie aber auch über keine ihre Identität und die Fortpflanzung ihrer Identität gewährleistende Instanz. Sie können daher auch nicht als Ganzes der Selektion unterworfen werden und sich als Ganzes einem evolutionären Anpassungsprozeß unterziehen.

Die extreme Gegenposition zum Superorganismuskonzept ist das auf Gleason (1926) zurückgehende **„individualistische Konzept"**, nach dem Populationen völlig unabhängig voneinander nur auf eine externe Umwelt reagieren (Harris 1986). Man kann sich dieses Konzept bildlich so vorstellen, daß die lokalen Umweltbedingungen bei der Bestimmung der Artenzusammensetzung lokaler Gemeinschaften wie ein Sieb wirken. Aus dem durch Transportprozesse (aktive Wanderung, passiver Transport) definierten Angebot an Organismen werden die geeigneten zugelassen und die ungeeigneten ausgeschlossen. Die Verteilung der Arten resultiert also aus weitgehend stochastischen Transportprozessen und autökologischen Ansprüchen. In seiner extremsten Ausformung negiert das individualistische Konzept die Bedeutung von Interaktionen zwischen Populationen. Das Fehlen von Interaktionen trifft jedoch nur für die Erstbesiedlung eines weitgehend leeren Lebensraums oder für stark gestörte Lebensräume zu, deren Besiedlung durch externe Störungen stets weit unterhalb der Kapazitätsgrenze gehalten wird.

Für die meisten anderen Lebensräume muß ein drittes Konzept entworfen werden, das wir in Anlehnung an Harper (1967) **„darwinistisch"** nennen wollen. Dieses Konzept bestreitet, daß Lebensgemeinschaften und Ökosysteme als Ganzes einer aus Selektion und Fortpflanzung der selektierten Eigenschaften bestehenden Evolution unterliegen und daß Eigenschaften der Lebensgemeinschaft zu Lasten der einzelnen Populationen optimiert werden können. Anerkannt wird jedoch die Tatsache, daß die Organismen ihre Umwelt modifizieren und füreinander „Umwelt" werden. Zwischen den Populationen, die das „Sieb" der letalen Grenzen passiert haben, kommt es deshalb zu Interaktionen, die die Selektionsfaktoren für evolutionäre Adaptionen der einzelnen biologischen Komponenten an die Lebensgemeinschaft darstellen. Auch wenn eine Lebensgemeinschaft nicht als ein Superorganismus aufgefaßt werden kann, so ist sie dennoch nicht eine zufällige Ansammlung von Individuen.

7.3 Innere Struktur von Lebensgemeinschaften

7.3.1 Nahrungsketten und Nahrungsnetze

Die Populationen innerhalb einer Lebensgemeinschaft sind durch ein Netzwerk von Interaktionen miteinander verbunden. Die wichtigsten Interaktionen sind dabei trophischer Natur, d. h. „Fressen" und „Gefressenwerden". In der graphischen Darstellung der Interaktionen werden Räuber-Beute-Beziehungen meist vertikal und Konkurrenzbeziehungen horizontal dargestellt. In bezug auf die vertikalen Verbindungen innerhalb einer Lebensgemeinschaft dominierte zunächst die einfache Vorstellung der **Nahrungskette.** Pflanzen werden von pflanzenfressenden Tieren (**„Primärkonsumenten"** oder **„Sekundärproduzenten"**) gefressen. Diese werden wiederum von „fleischfressenden" Tieren gefressen („**Sekundärkonsumenten**"). In diesem Konzept kam den Bakterien die Rolle der **„Destruenten"** zu, d. h. der Remineralisierung („Zerstörung") der toten organischen Substanz. Den einzelnen Gliedern der Nahrungskette entsprachen in einer an Energie und Stofftransporten orientierten Betrachtungsweise „trophische Ebenen" (s. Kapitel 8). Terrestrische Nahrungsketten galten traditionell als dreigliedrig (Gras → Zebra → Löwe oder auch Gras → Rind → Mensch); aquatische Nahrungsketten meist als viergliedrig (Phytoplankton → Zooplankton → planktivore Fische → Raubfische oder Mikrophytobenthon → benthische Invertebraten → benthivore Fische → Raubfische).

Abgesehen von extrem artenarmen Lebensräumen ist das Bild der Nahrungskette jedoch zu einfach. Vor allem filtrierende Organismen (z. B. viele „herbivore" Zooplankter) selektieren ihr Futter viel stärker nach der Größe als nach der trophischen Rolle. Dadurch ist aber die Zuordnung zu einer bestimmten Stufe in der Nahrungskette nicht mehr eindeutig. Wenn *Daphnia* einen Phytoplankter frißt, nimmt sie die Stellung eines „Primärkonsumenten" ein; frißt sie jedoch einen phytoplanktonfressenden Zooflagellaten oder Ciliaten, ist sie ein „Sekundärkonsument". Planktivore Fische fressen sowohl „herbivore" als auch „carnivore" Zooplankter; sie können also, je nachdem was ihr Futter vorher gefressen hat, drittes, viertes oder fünftes Glied einer Nahrungskette sein. An die Stelle der einfachen Nahrungskette tritt also das komplexere Bild eines **Nahrungsnetzes.** Das in Abb. 7.1 dargestellte pelagische Nahrungsnetz ist stark vereinfacht. Eine wesentliche Vereinfachung besteht darin, daß nicht einzelne Populationen ausgewiesen, sondern verschiedene Populationen in **funktionelle Kategorien** zusammengefaßt sind (z. B. „herbivores" Zooplankton). Solche nach ihrer Position im Nahrungsnetz definierte funktionellen Kategorien werden am besten mit dem Begriff **„Gilde"** bezeichnet.

Eine weitere Vereinfachung von Abb. 7.1 besteht darin, daß Veränderungen der trophischen Position im Verlauf der Ontogenese eines Organismus nicht berücksichtigt sind. So sind die frühen Copepodid-Stadien der „carnivoren" Copepoden meist „herbivor" und die Jugendstadien piscivorer Fische meist planktivor.

Von allen Komponenten des Nahrungsnetzes in Abb. 7.1 fließt organische Substanz zu den Bakterien. Dabei handelt es sich aber

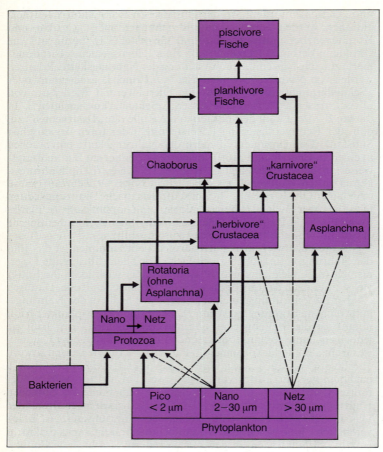

Abb. 7.1 Vereinfachtes Nahrungsnetz im Pelagial. Nur das Fressen lebender Organismen ist dargestellt.
Volle Linien: alle oder die meisten Arten der Räuber- und der Beutekategorien sind beteiligt; *unterbrochene Linien*: nur einige der Arten der Räuber- und/oder der Beutekategorie sind beteiligt

nicht um Fressen und Töten lebender Organismen, sondern um die Verwertung von Exkreten und von abgestorbenem Material (Detritus). Die Ernährung der heterotrophen Bakterien aus Exkreten und Überresten der anderen Organismen bringt eine zirkuläre Komponente in das Nahrungsnetz, da die Bakterien selbst wieder den Protozoen und teilweise auch herbivoren Zooplanktern als Nahrung dienen. Dieser Stoff- und Energietransfer ist erst in den letzten Jahren unter dem Namen **„Microbial loop"** (mikrobieller Umweg; vgl. 8.2.5) zu einem wichtigen Thema marinbiologischer und limnologischer Forschung geworden (Azam u. Mitarb. 1983).

Eine quantitative Betrachtungsweise auf der Basis von Stoff- und Energieflüssen, wie sie in Kapitel 8 dargestellt wird, kann das Bild des komplexen Nahrungsnetzes wieder stark vereinfachen, da nur wenige der vielen Stränge wichtig sind. Ausreichend detaillierte Untersuchungen, die alle potentiellen Komponenten eines Nahrungsnetzes berücksichtigen, fehlen noch. Es scheint jedoch so zu sein, daß im Pelagial vieler Seen nur zwei Stränge von wirklicher Bedeutung sind: Die viergliedrige Kette Nano-Phytoplankton → „herbivore" Crustaceen → planktivore Fische → piscivore Fische und die fünfgliedrige Kette Pico-Phytoplankton → Nano-Protozoen (Zooflagellaten) → „herbivore" Crustaceen → planktivore Fische → piscivore Fische. Aufgrund dieser Vereinfachung hat der Begriff der Nahrungskette und der damit zusammenhängende Begriff der **trophischen Ebenen** immer noch seine Berechtigung.

7.3.2 Aggregationsprobleme

Lebensgemeinschaften bestehen aus Populationen, deshalb müßte die korrekteste Form der Analyse und Beschreibung der Struktur einer Lebensgemeinschaft alle Populationen getrennt erfassen. In der Praxis ist man jedoch meistens gezwungen, Populationen in Sammelkategorien zusammenzufassen **(„Aggregation")**. Das hat folgende Gründe:

1. Bei Organismen mit fehlender oder nur selten auftretender Sexualität (fast alle Phytoplankter, viele Rotatorien und Cladoceren) ist die Abgrenzung von Populationen keineswegs eindeutig (vgl. 5.1).
2. Die genaue Artbestimmung erfordert in vielen Fällen so viel Aufwand (z. B. Anlegen von Kulturen bei einigen Algenarten), daß dieser mit der für die Untersuchung einer Lebensgemeinschaft geforderten räumlichen und zeitlichen Dichte der Probenahmen nicht vereinbar ist.
3. Am wichtigsten aber ist, daß durch kluge Aggregation ein erheblicher Zugewinn an Vorhersagbarkeit und Verallgemeinerungsfähigkeit erzielt werden kann. Oft sind verschiedene Arten in ihren Ansprüchen und Fähigkeiten so ähnlich, daß nur geringfügige und für den Beobachter nicht ausreichend erfaßbare Unterschiede in den Bedingungen entweder zur Dominanz der

einen oder der anderen Art führen. Werden diese Arten getrennt betrachtet, müßte ihr Auftreten dem „Zufall" zugeschrieben werden, werden sie in einer Sammelkategorie zusammengefaßt, ist ihr Auftreten vorhersagbar. Ein bekanntes Beispiel dafür ist das über 3 Jahrzehnte hinweg untersuchte Frühjahrsmaximum des Phytoplanktons im englischen Lake Windermere (Reynolds 1984). Die Aussage, *Asterionella formosa* ist die dominante Art während des Frühjahresmaximums, trifft nur in ca. 80% aller Jahre zu; die Aussage, Kieselalgen sind während des Frühjahrsmaximum dominant, trifft hingegen in allen Jahren zu. Ebenso ist die Gesamtbiomasse aller Kieselalgen am Höhepunkt der Frühjahrsmaximums von Jahr zu Jahr ziemlich konstant, während die Biomassen der einzelnen Arten variabel sein können.

Die Aggregation von Populationen kann entweder taxonomisch oder nach funktionellen Kriterien erfolgen. **Taxonomische Aggregation** (Taxa oberhalb Artniveau) hat den Vorteil, daß sie vom persönlichen Urteil des Ökologen unabhängig ist; sie produziert aber nicht immer sinnvolle Aggregate. Ein Extrembeispiel für irreführende Aggregation ist die planktische Dinoflagellaten-Gattung *Gymnodinium*. Sie umfaßt Arten die autotroph sind, solche, die gelösten organischen Kohlenstoff (DOC) konsumieren, und andere, die Organismen fressen. Eine funktionell sinnvolle taxonomische Aggregation ist dagegen die Gattung *Daphnia*, innerhalb derer Artunterschiede eine geringere funktionelle Bedeutung haben als Größenunterschiede. Ebenso ist die Blaualgenfamilie der Nostocaceae eine funktionell sinnvolle Einheit: Alle Vertreter können N_2 fixieren, bilden große Kolonien, sind schlecht freßbar für das Zooplankton und sind aufgrund ihrer Gasvakuolen zur Vertikalwanderung befähigt.

Eine **funktionelle Aggregation** ist im allgemeinen sinnvoller als eine taxonomische. Als Einheiten bieten sich zunächst einmal die nach ihrer Stellung im Nahrungsnetz definierten Gilden an. Innerhalb der Gilden kann zum Beispiel nach der Größe weiter differenziert werden. Ebenso können Anforderungen an die abiotische Umwelt (Temperatur, Wasserchemie etc.) oder Ähnlichkeiten in der Konkurrenzfähigkeit als Kriterium einer weiteren Unterteilung gewählt werden. So bieten sich innerhalb des Netzphytoplanktons die großen Kieselalgen als Einheit an, die gemeinsam durch hohe Sinkgeschwindigkeiten, hohe *Si*-Ansprüche, geringe Lichtansprüche und hohe Konkurrenzfähigkeit um Phosphat charakterisiert sind. Man muß sich jedoch dessen bewußt bleiben, daß eine funktionelle Aggregation stets vom subjektiven Urteil des Wissenschaftlers beeinflußt bleibt und immer nur vorläufigen Charakter haben kann.

7.3.3 Schlußsteinarten

Wenn Populationen in einem Nahrungsnetz durch Interaktionen verbunden sind, dann beeinflussen sie nicht nur ihre direkten „Nachbarn", sondern indirekt auch die anderen Populationen, die mit diesen interagieren. Das bedeutet, daß sich Effekte von Interaktionen im Nahrungsnetz mehr oder weniger stark gedämpft weiter fortpflanzen können. Arten, deren Einflüsse sich besonders weit fortpflanzen, werden als Schlußsteinarten (**Keystone predators**; Paine 1969) bezeichnet. So wie der Schlußstein in einem Gewölbe nicht entfernt werden kann, ohne daß es einstürzt, kann man eine Schlußsteinart nicht entfernen, ohne daß es zu einer drastischen Veränderung der Lebensgemeinschaft kommt.

Solche Schlußsteinarten müssen selbst nicht unbedingt einen hohen Anteil am Stoff- und Energiefluß durch ein Nahrungsnetz haben. So kann ein Krankheitserreger, der eine dominante Population innerhalb einer wichtigen Gilde ausrottet und damit anderen Arten eine Existenzmöglichkeit schafft, starken Einfluß auf die Gesamtstruktur einer Gemeinschaft haben, obwohl sein Anteil am Energiefluß vernachlässigbar klein ist.

In pelagischen Gemeinschaften der Binnengewässer werden häufig Raubfische als Schlußsteinarten angesehen. Diese jagen planktivore Fische, die wiederum große Zooplankter fressen (vgl. 6.5.3). Fallen die Raubfische aus (z. B. wegen starker Befischung), vermehren sich die planktivoren Fische. Diese eliminieren das große herbivore Zooplankton und invertebrate Räuber, so daß kleine Zooplankter dominant werden (vgl. Abb. 6.**23**). Die verringerte Biomasse des Zooplanktons und die Verschiebung zu kleinen Zooplanktern führen zu verringertem Grazing, damit zur Vermehrung kleiner Algen und zu trüberem Wasser. Da sich dadurch die Lichtbedingungen verschlechtern, kann sich auch die Makrophytenflora verändern und damit die Fauna, die wieder davon abhängig ist. In diesem Fall ist also die gesamte Struktur der Lebensgemeinschaften von einer Gilde (manchmal einer Art) abhängig, deren Biomasse sehr gering ist.

Von den Norfolk Broads, kleinen Flachseen in England, wird berichtet, daß Kormorane die Rolle der Schlußsteinart übernommen haben (Leah u. Mitarb. 1980). Von zwei benachbarten Seen hatte einer eine Verbindung zum nahegelegenen Fluß, der andere nicht. In dem isolierten See konnten die Kormorane den Bestand an planktivoren Fischen drastisch reduzieren, während die Fische in dem verbundenen See immer wieder aus dem Fluß zuwanderten. Die beiden Seen unterschieden sich nicht in ihrem Nährstoffgehalt. Dennoch wurde das Wasser im isolierten See klar, nachdem sich großes Zooplankton entwickelt hatte. Als Folge der größeren

Transparenz wuchsen Makrophyten, und damit nahm die Diversität der Bodenfauna zu.

Auch in benthischen Nahrungsketten können Raubfische das entscheidende Glied sein. Ein auffallendes Beispiel ist aus kleinen Prärieflüssen in Oklahoma beschrieben (Power u. Mitarb. 1985). Diese Flüsse haben eine sehr variable Wasserführung. Im Sommer kann der Wasserstand so weit fallen, daß der Fluß nur noch aus einzelnen Tümpeln besteht, die miteinander durch ein kleines Rinnsal verbunden sind. Bei starken Gewitterregen kann der Bach aber zum reißenden Fluß anschwellen.

Nähert man sich dem Fluß während einer Trockenperiode, so kann man bereits von weitem erkennen, welcher der Flußtümpel einen Raubfisch (Bass, *Micropterus*) beherbergt. Der Boden dieses Tümpels ist von einer braunen Algenschicht überzogen, nur am Rand gibt es manchmal einen schmalen Streifen, wo blanke Kiesel liegen. Ein Tümpel ohne Bass dagegen ist sauber und nur im ganz flachen Wasser mit Algen bewachsen. Der Grund dafür sind kleine Fische *(Campostoma)*, die unseren Elritzen ähneln. Sie leben von Algen, die sie von den Steinen abweiden. Normalerweise leben viele von diesen Fischen in einem Tümpel, die die Aufwuchsalgen unter Kontrolle halten. Deshalb sieht der Tümpel sauber aus. Befindet sich jedoch ein Bass in dem Tümpel, so jagt er die Elritzen. Einige werden gefressen, andere flüchten durch das die Tümpel verbindende Rinnsal. Die Elritzen, die im Tümpel verbleiben, ziehen sich in das ganz flache Wasser zurück, wohin ihnen der große Raubfisch nicht folgen kann. Dort erzeugen sie einen sauberen „Randstreifen". Es ist klar, daß die Veränderung des Algenaufwuchses auch die Lebensbedingungen für benthische Tiere (z. B. Insektenlarven) ändert. Auch in diesem Fall kann man deshalb den Raubfisch als Schlußsteinart ansehen.

Die Idee, daß sich der Fischeffekt auf das Zooplankton und weiter auf das Phytoplankton fortpflanzen kann, hat zu einer praktischen Anwendung, der **Biomanipulation** eutrophierter Seen, geführt. Sie beruht darauf, daß eine Reduktion des Bestandes an planktivoren Fischen zu mehr und größerem Zooplankton, stärkerem Grazing und klarem Wasser führen sollte.

Ursprünglich war aufgefallen, daß es zwar einen generellen Zusammenhang gibt, wenn man Phosphor und Algenbiomasse in verschiedenen Seen vergleicht (vgl. Abb. 8.**11**), daß aber die Streuung um die Regressionsgerade erheblich ist (die Achsen sind logarithmisch). Seen, die unter der Regressionsgeraden lagen, also weniger Chlorophyll enthielten als ihrem Phosphorgehalt entsprach, waren häufig solche, die einen sehr geringen Bestand an planktivoren Fischen hatten. J. Shapiro zog daraus die Schlußfolgerung, daß sich die Wasserqualität eines eutrophen Sees durch

Manipulation des Fischbestandes verbessern lassen müßte. Er nannte das Verfahren „Biomanipulation" („**Nahrungsketten-Manipulation**" wäre besser). Bei den ersten Versuchen benutzte man das Fischgift Rotenon, um den gesamten Fischbestand zu eliminieren. Rotenon tötet auch die meisten Zooplankter, diese besiedeln den See jedoch sehr schnell wieder, weil das Gift schnell abgebaut wird. Innerhalb kurzer Zeit änderte sich die Artenzusammensetzung des Zooplanktons. Wie erwartet traten große filtrierende Zooplankter auf, die die Algen unterdrückten (Abb. 7.**2**).

Auf die Elimination der Fische mit Rotenon reagieren Seen stets sehr schnell. Die Vergiftung ganzer Seen ist aber nicht nur eine fragwürdige Methode, der Effekt hält auch nicht lange vor. Meistens wandern planktivore Fische wieder ein, so daß wieder kleine Zooplankter vorherrschen. Außerdem verschiebt sich die Algenzusammensetzung zu fraßresistenten Formen, die dann wieder eine hohe Biomasse aufbauen. Beide Effekte sind in Abb. 7.**2** sichtbar. Deshalb bemüht man sich, „sanfte" Methoden zu entwickeln, die einen langfristig stabilen Effekt herbeiführen. Zu diesem Zweck werden die Populationen von planktivoren Fischen zunächst mit Netzen stark befischt. Anschließend wird der See intensiv mit Raubfischen besetzt. In unseren Seen eignen sich dafür vor allem Zander und Hecht. Wenn es gelingt, die Raubfische zur natürlichen Fortpflanzung zu bringen, kann die Nahrungsnetzstruktur nach einer Phase kontinuierlicher Raubfisch-Besatzmaßnahmen langfristig auf einer anderen Ebene stabil werden. Wenn auch die gesamte Algenbiomasse nicht geringer wird, so liegen die Algen doch häufig als große Kolonien vor (Benndorf u. Mitarb. 1988). Da diese das Licht weniger streuen als kleine Algen, erscheint der See klarer.

Die Raubfische sind Schlußsteinarten, denn ihr Effekt wirkt über mehrere trophische Ebenen, so daß sich langfristig der ganze See verändert, nicht nur das Plankton. Das wird besonders deutlich bei der Biomanipulation eutropher Flachseen in den Niederlanden. In einem Fall wurden die Fische hier zunächst durch Ablassen des Sees entfernt. Trotz sehr hoher Nährstoffkonzentrationen blieb das Wasser im darauffolgenden Jahr klar, da große Daphnien die Algen unter Kontrolle hielten. Während die Sichttiefe in den vorausgehenden Jahren nur wenige Zentimeter betragen hatte, konnte man jetzt den Grund sehen. Infolge des erhöhten Lichtgenusses wuchsen sofort große Mengen aquatischer Makrophyten. Diese stabilisierten das Sediment und banden Nährstoffe. Im nächsten Jahr blieb der See klar, obwohl die Biomasse des Zooplanktons wieder zurückging. Jetzt konnten auch wieder Fische eingesetzt werden, denn es war möglich, eine hohe Raubfischpopulation zu erhalten, da vor allem die Hechte in den Makrophyten gute Unterstandsmöglichkeiten hatten. Probleme gab es jetzt allerdings mit der Nutzung des Sees

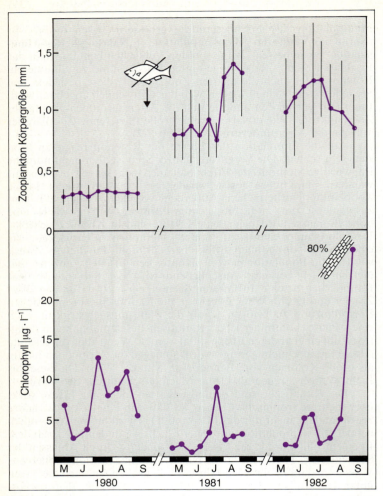

Abb. 7.2 Biomanipulation im Round Lake (Michigan) durch Vergiftung des gesamten Fischbestandes mit Rotenon.
Oben: Körpergröße (Mittelwert und Standardabweichung) des Zooplanktons im Sommer vor (1980) und in den Sommern nach der Biomanipulation (1981, 1982).
Unten: Biomasse des Phytoplanktons (gemessen als Chlorophyll) vor und nach der Biomanipulation. Der Maximalwert nach der Biomanipulation (September 1982) wurde durch eine Massenentwicklung der weitgehend fraßresistenten Blaualge *Aphanizomenon flos-aquae* gebildet (Daten aus Shapiro u. Wright 1984)

als Badegewässer. Das Wasser war zwar schön sauber, dafür störten aber die Makrophyten bei Schwimmen. Es zeigte sich aber, daß man mit mechanischer Entfernung der Pflanzen an den Badestellen genügend Freiraum schaffen konnte, ohne den See zu beeinträchtigen.

Die bisherigen Erfahrungen mit der Biomanipulation sind widersprüchlich. Auch dort, wo die Manipulation Erfolg hatte, kann eine Theorie, die nur auf Fraßeffekten aufbaut, nicht alle Fragen beantworten. Es gibt koloniebildende Algenarten (vor allem Blaualgen), die im Laborversuch selbst für die größten Zooplankter (z. B. *Daphnia magna*) unfreßbar sind. Wenn es in einem biomanipuliertem See zu keiner Reduktion der Algenbiomasse kommt, sind meistens diese Arten verantwortlich. Dennoch treten sie in manchen Seen nach erfolgreicher Biomanipulation nicht auf. Ein Grund dafür könnte darin liegen, daß diese großen Kolonien als kleine, besser freßbare Aggregate aus wenigen Zellen beginnen. Dann kann der Erfolg der Biomanipulation davon abhängen, daß die kleinen Kolonien zeitlich mit hohen Zooplanktondichten zusammentreffen. Wenn das Zooplankton zuspätkommt, kann es die inzwischen gewachsenen Kolonien nicht mehr unter Kontrolle bringen. Eine andere Möglichkeit wäre, daß durch die erhöhte CO_2-Freisetzung höherer Zooplanktonbiomassen der pH-Wert in einen für die Blaualgen ungünstigen Bereich abgesenkt wird.

7.3.4 „Bottom-up/Top-down"-Kontroverse

Das Konzept der Schlußsteinart, die Size-Efficiency-Hypothese und die Erfahrungen mit der Biomanipulation führten zur Annahme, daß der steuernde Einfluß („Kontrolle") in Lebensgemeinschaften im Gegensatz zum Fluß von Energie und Materie von oben nach unten fließt (**„top-down"**). Dieser nach unten gerichtete Fluß der Kontrolle wird als **„trophische Kaskade"** bezeichnet (Carpenter u. Mitarb. 1985). Die Biomasse und die Artzusammensetzung einer jeden Gilde würde demnach dadurch bestimmt werden, was von den Freßfeinden übriggelassen wird. Während die traditionelle Vorstellung (**„bottom-up"**) behauptet, „viel Beute kann viele Räuber ernähren", behauptet die Top-down-Hypothese, „wo viele Räuber sind, bleibt wenig Beute übrig". Nach der Bottom-up-Hypothese müssen die Biomassen aller trophischen Ebenen untereinander positiv korreliert sein und von der Fruchtbarkeit (limitierende Ressourcen) des Habitats abhängen: mehr freie Nährstoffe → mehr Algen → mehr Zooplankton → mehr planktivore Fische → mehr Raubfische. Die Top-down-Hypothese aber sagt voraus, daß die Biomassen aneinandergrenzender trophischer Ebenen negativ korreliert sind: mehr Raubfische → weniger planktivore Fische → mehr Zooplankton → weniger Algen → mehr freie Nährstoffe.

Ein für die Vertreter der Top-down-Hypothese charakteristischer experimenteller Ansatz sind in Seen exponierte Mesokosmen („Enclosures", „Limnocorrals", vgl. Abb. 2.1b). Darin werden die pelagischen Lebensgemeinschaften durch Zugabe von Fischen, Zugabe oder Reduktion des Zooplanktonbestandes und Nährstoffzugabe manipuliert. Bei Besatz mit planktovoren Fischen kommt es in den Mesokosmen meistens zu den von der Top-down-Hypothese vorausgesagten Effekten: Verminderung der Zooplanktonbiomasse, Verschiebung zu kleineren Zooplanktonarten, Zunahme des Phytoplanktons. Umgekehrt kann die Zunahme des Phytoplanktons aber auch durch Düngung, also einen Bottom-up-Eingriff erreicht werden. Die Fortpflanzung dieses Effekts auf die höheren trophischen Ebenen bis zu den Fischen läßt sich wegen der zeitlichen und räumlichen Begrenzung der Experimente nicht verfolgen. Abb. 7.3 gibt die Resultate eines typischen Enclosure-Experiments, in dem Fische und Nährstoffe manipuliert wurden, wieder. Es zeigt, daß der größere Zooplankter, die Cladocere *Diaphanosoma birgei* durch die Anwesenheit eines Sonnenbarsches (7 cm Länge) pro Enclosure unterdrückt wurde, aber nur wenn nicht zusätzlich gedüngt wurde. Die kleine Cladocere *Bosmina longirostris* zeigte keine Reaktion auf den Fisch. Beide Zooplankter reagierten aber positiv auf die erhöhte Algendichte infolge der Düngung. Größere Zooplankter, wie Daphnien, waren in diesem See nicht vertreten, wahrscheinlich wegen der hohen Fischdichte. Aus anderen Experimenten kann man aber schließen, daß sie aus den Enclosures mit Fischen schnell völlig verschwunden wären.

Bisher wurde die Frage nach der relativen Bedeutung von „bottom-up oder top-down" meist als „Entweder-oder"-Frage gestellt. Ein quantitativer Vergleich beider Effekte ist selten. Dazu müssen die Auswirkungen von Nährstoffmanipulation und Fischmanipulation auf allen trophischen Ebenen auf der Basis von Dosis-Effekt-Kurven verglichen werden. Die Frage wäre: „Wieviel Fisch bedingt wie viele Algen?" Derartige Untersuchungen scheitern daran, daß wegen des technischen Aufwandes innerhalb eines Versuchs nur wenige Enclosures betrieben werden können, so daß meist nur Alles-oder-nichts- bzw. Viel-oder-wenig-Manipulationen verglichen werden können. Beobachtungen an ganzen Seen erbringen ähnlich widersprüchliche Resultate. Einerseits sprechen viele Erfahrungen mit der Biomanipulation und mit Veränderungen von Planktongemeinschaften nach Fischsterben oder der Einwanderung von Fischen für die Top-down-Hypothese, andererseits zeigen vergleichende Untersuchungen von Seen mit sehr unterschiedlichem Trophiegrad eine positive Korrelation des Phosphors nicht nur mit

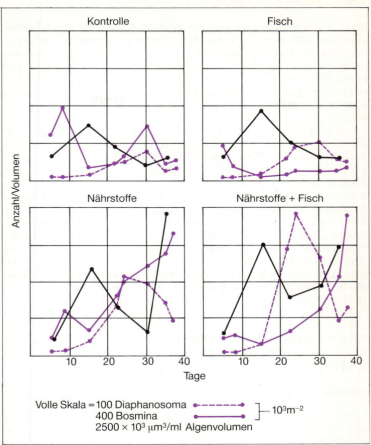

Abb. 7.**3** Beispiel eines typischen Enclosure-Experiments zur Manipulation von Plankton-Lebensgemeinschaften. Vier Gruppen von je drei Plastiksäcken (1 m³ Inhalt) wurden unterschiedlich behandelt: Die Kontrollen blieben unbehandelt; eine Gruppe erhielt einen Sonnenbarsch (7 cm) pro Sack; die dritte Gruppe wurde mit Nährstoffen (N und P) angereichert; die vierte Gruppe erhielt Nährstoffe und einen Fisch. Dargestellt ist der zeitliche Verlauf der drei wichtigsten Komponenten des Planktons.
Rote Linie: die mittelgroße Cladocere *Diaphanosoma birgei* (volle Skala = 10^5 Individuen/m²);
Schwarze Linie: die kleine Cladocere *Bosmina longirostris* (volle Skala = 4×10^5 Individuen/m²);
gestrichelte Linie: Volumen des „freßbaren" Phytoplanktons (volle Skala = $2,5 \times 10^6$ µm³/ml) (nach Vanni 1987)

der Phytoplanktonbiomasse, sondern auch mit der Biomasse des Gesamtzooplanktons, dem Crustaceen-Zooplankton, den Fischbeständen und den Fischerträgen (vgl. 8.5.3). Sie stützen also die Bottom-up-Hypothese. Vergleiche zwischen verschiedenen Jahren innerhalb eines Sees bei mehr oder weniger unveränderten Nährstoffbedingungen sprechen meistens für die Top-down-Hypothese, während Vergleiche zwischen verschiedenen Seen die Bottom-up-Hypothese stützen.

Ebenso wie auf der Ebene der Biomassen findet man auch auf der Ebene der Artenzusammensetzung Beispiele für eine Kontrolle von unten (z. B. Abhängigkeit der Phytoplankton-Zusammensetzung vom Si : P-Verhältnis, vgl. Abb. 6.**8**) oder eine Kontrolle von oben (z. B. Verschiebung zu schlecht freßbaren Phytoplanktonarten bei zunehmendem Zooplanktoneinfluß). Auch wenn man die beiden Steuerungsmechanismen als Alternativen ansieht, muß man aber klar sehen, daß sie sich nicht gegenseitig ausschließen. Artspezifisch unterschiedliche Mortalitätsraten können problemlos in das mechanistische Konkurrenzmodell (vgl. 6.1.3) eingefügt werden. Sie wirken sich durch eine Verschiebung des Parameters R^* auf den Konkurrenzerfolg aus. Fraßdruck hebt also nicht notwendigerweise die Konkurrenz um Ressourcen auf, er verschiebt oft nur die Bedingungen, unter denen sie stattfindet.

7.3.5 Versuche einer Synthese in der „Bottom-up/Top-down"-Kontroverse

Dämpfung der Effekte

Unter der Bezeichnung Bottom-up/Top-down-Theorie schlagen McQueen u. Mitarb. (1989) ein synthetisches Konzept vor, daß darauf beruht, daß sowohl Nährstoff- als auch Fischeinflüsse zunehmend gedämpft werden, wenn sie sich durch das Nahrungsnetz fortpflanzen. Das führt dazu, daß sich auf den unteren Ebenen (Phytoplankton) in erster Linie Bottom-up-Effekte auswirken, wäh-

---

Abb. 7.**4** Fallstudie Lake St. George. Anzahl der piscivoren Fische und der planktivoren Fische (Bestandsaufnahme im Herbst); Zooplankton: Gesamtbiomasse (Säulendiagramm) und durchschnittliche Biomasse des Individuums (dicke Linie), Monatsmittel von April bis Oktober (1986 nur bis August); Phytoplankton: Chlorophyllkonzentration, Monatsmittel von April/Mai bis September; Gesamtphosphor: Monatsmittel von Mai bis August/September. Korrelationskoeffizienten zwischen den einzelnen trophischen Ebenen am rechten Rand (nach McQueen u. Mitarb. 1989)

7.3 Innere Struktur von Lebensgemeinschaften

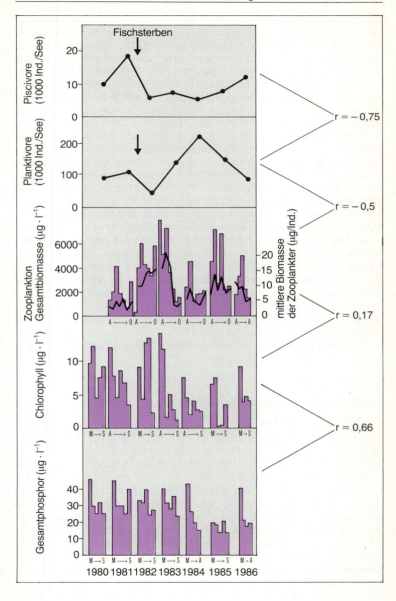

rend auf den höheren Ebenen (vom Zooplankton an aufwärts) in erster Linie Top-down-Effekte wichtig sind. Dieses Konzept wurde mit einer siebenjährigen Fallstudie am Lake St. George (Kanada) illustriert (Abb. 7.**4**). Dieser See hatte zunächst (1980/81) hohe Bestände piscivorer Fische und mittlere Bestände planktivorer Fische. Im Winter 1981/82 führte ein Fischsterben durch Sauerstoffmangel unter dem Eis zur Reduktion beider Fischgilden. Unter geringem Räuberdruck konnten sich die planktivoren Fische schnell erholen und erreichten 1984 ein Maximum. Mit der langsamen Erholung der Raubfische kam es wieder zu einer Abnahme der planktivoren Fische. Das Zooplankton erreichte während des Minimums der planktivoren Fische sowohl ein Maximum der Gesamtbiomassen als auch der durchschnittlichen Masse der Individuen. Dieser Effekt pflanzte sich nicht auf das Phytoplankton fort, das während der zooplanktonreichen Jahre auch verhältnismäßig große Biomassen (gemessen als Chlorophyll) erreichte. Die über den gesamten Zeitraum hinweg relativ kontinuierliche Abnahme des Phytoplanktons kann besser mit dem gleichzeitig abnehmenden Nährstoffangebot (gemessen als Gesamtphosphor) erklärt werden. Der Vergleich zwischen den verschiedenen Jahren zeigt eine starke und negative Korrelation zwischen den piscivoren und den planktivoren Fischen (top-down), eine schwächere, aber ebenfalls negative Korrelation zwischen dem Bestand planktivorer Fische und der Zooplanktonbiomasse (top-down), keine signifikante Korrelation zwischen Zooplanktonbiomasse und Phytoplanktonbiomasse und eine signifikante positive Korrelation zwischen Phytoplanktonbiomasse und Gesamtphosphor (bottom-up).

Vertikal alternierende Kontrolle

In einem theoretischen, bis jetzt noch nicht durch empirische Daten erhärteten Modell versuchen Persson u. Mitarb. (1988) einen Wechsel zwischen Kontrolle von oben und Kontrolle von unten mit der Zahl der trophischen Ebenen in einem Nahrungsnetz zu begründen (die Originalversion dieses Modells wurde außerhalb der Limnologie entwickelt und stammt von Oksanen u. Mitarb. 1981). Daß es beim Transfer von Energie und Stoffen zwischen den trophischen Ebenen zu großen Verlusten (>80%) kommt, hängt die Zahl der in einem bestimmten Lebensraum möglichen trophischen Ebenen von der Verfügbarkeit der Ressourcen ab (bottom up). In extrem unfruchtbaren Lebensräumen, die nur eine trophische Ebene (Primärproduzenten) haben, besteht ein linearer Zusammenhang zwischen der potentiellen Primärproduktion und der Biomasse der Pflanzen (bottom-up). Wird die potentielle Primärproduktion

7.3 Innere Struktur von Lebensgemeinschaften

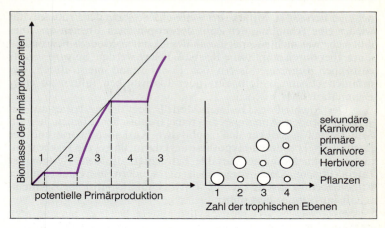

Abb. 7.5 Schema des Oksanen-Modells vertikal alternierender Kontrolle;
Links: Abhängigkeit der pflanzlichen Biomasse von der potentiellen Primärproduktion und von der Zahl der trophischen Ebenen.
Rechts: Kontrolle der einzelnen trophischen Ebenen (große Kreise: bottom-up; kleine Kreise: top-down) in Abhängigkeit von der Zahl der trophischen Ebenen

hoch genug, um eine zweite trophische Ebene unterhalten zu können, führt ein weiterer Anstieg der potentiellen Produktion zu einer Zunahme der herbivoren Biomasse (bottom-up), aber zu keiner Zunahme der pflanzlichen Biomasse, da diese von den Herbivoren kontrolliert wird (top-down). Bei einer weiteren Zunahme kann eine dritte trophische Ebene (primäre Karnivore) unterhalten werden. Diese beuten die Herbivoren aus (top-down). Dadurch werden die Pflanzen von der Kontrolle durch die Herbivoren entlastet, ihre Biomasse nimmt wieder mit zunehmender Produktivität zu (bottom-up). Nimmt die Produktivität weiter zu, kann eine vierte trophische Ebene existieren (sekundäre Karnivore). Damit kommen die primären Karnivoren unter Räuberdruck (top-down), die Herbivoren werden vom Räuberdruck entlastet und wieder bottom-up kontrolliert, und die Pflanzen kommen damit wieder unter Kontrolle der Herbivoren (top down). Zusammenfassend kann man sagen: Die Zahl der trophischen Ebenen ist bottom-up-kontrolliert; die jeweils höchste trophische Ebene ebenfalls; die Ebene darunter ist top-down-kontrolliert; zwischen den trophischen Ebenen wechseln sich Bottom-up-Kontrolle und Top-down-Kontrolle alternierend ab (Abb. 7.5). In Abwandlung des urspünglichen Oksanen-Modells nehmen Persson u. Mitarb. bei weiterer Zunahme der Produktivität wieder eine Abnahme der Zahl der trophischen Ebenen an. Dies läßt sich zwar nicht aus der Logik des Oksanen-Modells begründen, kann aber durch empirische Beispiele belegt werden. So wird in sehr eutrophen Binnengewässern der Fischbestand meist durch Cypriniden (Ebene 3) dominiert oder Fischsterben führen zu einer Elimination aller Fische.

Der Nachteil des Oksanen-Modells liegt darin, daß es auf der vereinfachenden Annahme diskreter trophischer Ebenen beruht. Sein Vorteil gegenüber der trophischen Kaskadentheorie und der Bottom-up/Top-down-Hypothese liegt darin, daß es die Fische nicht mehr als unabhängige Variable betrachtet, die dem System der Interaktionen extern vorgegeben ist, sondern als Funktion der Rahmenbedingungen, die die Entwicklung einer Lebensgemeinschaft im Habitat bestimmen.

Bottom-up/Top-down-Kontroverse als Skalierungsproblem

Ein Vergleich vieler Seen mit stark unterschiedlichem Nährstoffgehalt führt meist zur Unterstützung der Bottom-up-Hypothese. Vergleichen wir aber Seen mit ähnlichem Nährstoffgehalt (oder verschiedene Jahre im selben See) und unterschiedlicher fischereilicher Bewirtschaftung, finden wir oft die Top-down-Hypothese bestätigt. Dennoch wäre es voreilig zu behaupten, daß eine „großräumige" Betrachtungsweise (Seenvergleich, Eutrophierungsmodelle) meist die Bottom-up-Hypothese und eine „kleinräumige" Betrachtungsweise (Untersuchungen an einzelnen Seen, Mesokosmos-Experimente) meist die Top-down-Hypothese bestätigt.

Auch bei „kleinräumiger" Betrachtungsweise kann es zu einem schnellen Wechsel zwischen Kontrolle von oben und Kontrolle von unten kommen, je nachdem welcher Zeitabschnitt betrachtet wird. Ein Beispiel ist die Frühjahrs-Sukzession in nährstoffreichen Seen (vgl. 6.4, Abb. 6.**10**), wenn Algenmaximum, Zooplanktonmaximum und Klarwasserstadium aufeinander folgen. Zu Beginn der Saison hängt die Wachstumsrate des Zooplanktons vom Algenangebot ab (bottom-up). Schließlich wird die Grazingrate so groß, daß es zum Klarwasserstadium kommt (top-down).

Der scheinbare Wechsel zwischen Kontrolle von unten und Kontrolle von oben hängt mit den unterschiedlichen Verzögerungszeiten bei Bottom-up- und Top-down-Mechanismen zusammen. Gefressene Individuen werden sofort eliminiert; ein verbesserter Ernährungszustand setzt sich aber erst langsam in vergrößerte Populationsdichten um. Diese Verzögerung ist um so länger, je größer die beteiligten Organismen sind. Die übliche Dauer von Mesokosmos-Experimenten reicht meistens aus, um die Fortpflanzung der Effekte von Fischmanipulationen auf die tieferen trophischen Ebenen zu erkennen, sie reicht aber nie aus, um die Auswirkungen von Düngung auf den Fischbestand zu beobachten. Die erkennen wir nur durch Langzeitbeobachtungen oder Vergleich zwischen den Seen.

7.4 Artenzahl und Diversität

7.4.1. Messung der Diversität

Zu den sowohl in der theoretischen Ökologie als auch im Naturschutz am intensivsten diskutierten Begriffen zählen **Artenzahl und Diversität**. Beide Begriffe können sowohl auf ganze Lebensgemeinschaften als auch auf Teilkomponenten (trophische Ebenen, Gilden, taxonomische Aggregate) angewandt werden. Die Artenzahl ist zwar das leichter zu verstehende Maß, aber in der Praxis schwierig zu bestimmen. Die Entdeckung seltener Arten hängt stark davon ab, wie groß die Stichprobe ist und wie intensiv man sucht, so daß die wahre Artenzahl einer Lebensgemeinschaft oder einer Untereinheit kaum genau bestimmt werden kann. Andererseits stabilisieren sich die meisten gebräuchlichen Diversitätsindizes bereits nach verhältnismäßig wenigen, häufigen Arten und sind gegen das Finden oder Nichtfinden seltener Arten ziemlich unempfindlich.

Die Diversität enthält zwei Komponenten: die Artenzahl und die **Äquitabilität**, d. h. die Geichmäßigkeit der Verteilung der Individuen auf die vorhandenen Arten. Wenn bei einer gleichen Zahl von Arten eine Art dominant und alle anderen selten sind, ist die Diversität (Vielfalt) der Lebensgemeinschaft, Gilde etc. geringer, als wenn alle Arten gleich häufig auftreten. Von den vielen vorgeschlagenen **Diversitätsindizes** (Washington 1984) ist **Hurlberts PIE** „probability of interspecific encounters" das biologisch einleuchtendste Konzept. Es bezeichnet die Wahrscheinlichkeit, daß zwei zufällig aufeinandertreffende Individuen verschiedenen Arten angehören:

$$PIE = N/(N + 1)(1 - \Sigma p_i^2).$$

(N: Gesamtzahl der Individuen; p_i: Anteil der Art i an der Gesamtzahl [N_i/N]).

Bei hohen Werten von N nähert sich PIE der vereinfachten Version des **Simpson-Index** (D) an:

$$D = 1 - \Sigma\, p_i^2\,.$$

Beide Indizes sind extrem unempfindlich gegen den Einfluß seltener Arten und geben der Äquitabilität zwischen den häufigen Arten entsprechend starkes Gewicht. Etwas empfindlicher gegenüber seltenen Arten, wenn auch immer noch hauptsächlich von den dominanten Arten bestimmt, sind die informationstheoretischen Indizes, die den „**Informationsgehalt**" eines Individuums angeben. Obwohl die ökologische Relevanz des Konzepts „Information" umstritten ist, sind sie die am meisten verwendeten Indizes, insbesondere der **Index H'** nach Shannon und Weaver:

$$H' = -\Sigma\,(p_i \cdot \log p_i)\,.$$

Die Berechnung von Diversitätsindizes auf der Basis von Individuenzahlen macht Schwierigkeiten, wenn Individuen schlecht abgrenzbar sind, z. B. bei koloniebildenden Protisten. Ebenso treten Probleme innerhalb von Lebensgemeinschaften oder deren Untereinheiten auf, in denen extreme Größenunterschiede bestehen und die kleinsten, oft nicht genau bestimmbaren Organismen über die bei weitem größte Individuenzahl, aber nur über geringe Biomasseanteile verfügen. Dies gilt zum Beispiel für die unter 2 μm großen „Pico-Plankter", die in den meisten Fällen nur als Sammelkategorie gezählt werden. In diesen Fällen empfiehlt es sich, den Diversitätsindex auf der Basis von Biomassen anstatt von Zahlen zu berechnen.

7.4.2 Ursachen und Erhaltung der Diversität

Ein früher Versuch, die Unterschiede in der Diversität verschiedener Lebensgemeinschaften zu erklären, sind **Thienemanns „biozönotische Grundgesetze":**

1. Je vielseitiger die Umweltbedingungen sind, d. h. je mehr Arten in der Nähe ihres Optimums leben können, desto höher ist die Zahl der vorkommenden Arten; von jeder Art aber gibt es nur wenige Individuen.
2. Je einseitiger die Umweltbedingungen sind, d. h. je weiter sie von den Optima der meisten Arten entfernt sind, um so mehr beherrschen wenige Arten das Gesamtbild. Diese sind aber in sehr hohen Individuenzahlen vertreten.

Beispiele dafür gibt es aus vielen Extrembiotopen, besonders häufig als Folge anthropogener Veränderungen. Im hoch belasteten Schlick des Hamburger Hafens wurden zum Beispiel weit über 100 Tubificiden (Schlammröhrenwürmer) pro cm^2 gefunden, das sind mehr als ein Tier auf jedem mm^2.

Daneben wurden schon frühzeitig großräumige Trends in der Diversität postuliert: Zunahme der Diversität von den Polen zu den Tropen; niedrigere Diversität auf Inseln als auf Kontinenten; niedrigere Diversität auf kleineren und weiter von den Kontinenten entfernten Inseln. Diese globalen Trends wurden allerdings in erster Linie für makroskopische Organismen in terrestrischen und in litoralen, marinen Lebensgemeinschaften gefunden. Für Phyto- und Zooplankter der Binnengewässer wird der latitudinale Trend der Diversität bestritten (Lewis 1987); auf Fische könnte er zutreffen, wenngleich es noch keine systematischen Untersuchungen gibt. Noch weniger ist über benthische Invertebraten bekannt. Die extrem hohe Artenvielfalt im Tanganjika-See kann nicht als repräsentativ für die Tropen angesehen werden, da dieser See zu der kleinen Gruppe der tertiären Seen gehört und damit viel älter ist als die große Mehrheit der aus der letzten Eiszeit stammenden Seen.

Wenn Speziation und Einwanderung diejenigen Prozesse sind, die zum Aufbau und zur Erhaltung der Diversität in einer Lebensgemeinschaft beitragen, so ist der Ausschluß unterlegener Konkurrenten (vgl. 6.1.1 und 6.1.3) eine gegen die Diversität gerichtete Kraft. Diversitätsmindernd wirken auch verschiedene Formen von abiotischem Streß, gegen die nur wenige Arten resistent sind (z. B. toxische Belastungen, extreme Temperaturen, Sauerstoffmangel). Diese Feststellung entspricht Thienemanns zweitem biozönotischen Grundgesetz. Dabei ist aber zu beachten, daß Extrembedingungen für eine Gruppe von Organismen nicht notwendigerweise auch Extrembedingungen für andere Gruppen sind. So nimmt zweifellos die Diversität der Tiere bei Sauerstoffmangel ab, während die Diversität mikroaerophiler und anaerober Mikroorganismen zunimmt.

Die Auswirkungen von Fraßdruck auf die Diversität sind weniger eindeutig. Zeitlich konstanter und unselektiver Fraßdruck wirkt auf die Gilde der Beuteorganismen wie das Beschleunigen der Durchflußrate in einem Chemostaten. Es mögen andere Arten selektiert werden, aber die Zahl der zur Koexistenz befähigten Arten bleibt unverändert. Das kann sich ändern, wenn der Räuber sein Fraßverhalten der Beute anpassen kann. Konzentriert er sich zum Beispiel auf die häufigste Beute, so wirkt das direkt der kompetitiven Exklusion entgegen und erhöht tendenziell die Diversität. Zeitliche Änderungen im Fraßdruck (z. B. durch Räuber-Beute-Oszillationen) tragen auch unabhängig von der Selektivität zur Erhöhung der Diversität unter den Futterorganismen bei, da sie zu einem Wechsel in den Bedingungen der Konkurrenz führen.

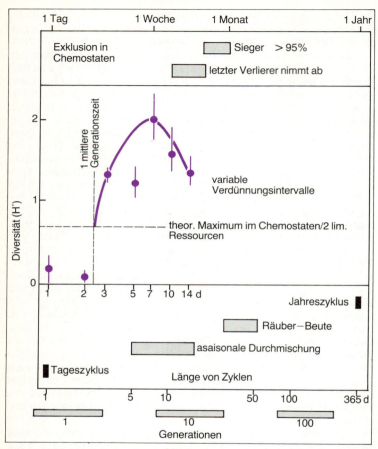

Abb. 7.6 Diversität des Phytoplanktons und Zeitskala potentieller Veränderungen in den Konkurrenzbedingungen.
Oben: Zeitlicher Verlauf der Exklusion in Chemostatexperimenten.
Mitte: Diversität des Phytoplanktons (H', auf ln-Basis berechnet) in Konkurrenzexperimenten mit periodischer Verdünnung und variablem Intervall (nach Gaedeke u. Sommer 1986).
Unten: Zeitskala natürlich auftretender Veränderungen in den Konkurrenzbedingungen

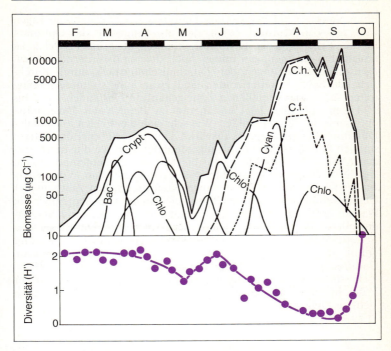

Abb. 7.**7** Phytoplanktonentwicklung im Plußsee 1989.
Oben: Gesamtbiomasse und Biomasse einzelner Taxa (C. h. = *Ceratium hirundinella*, C. f. = *Ceratium furcoides*, Bac = Bacillariophyceae, Crypt = Cryptophyceae, Chlo = Chlorophyceae, Cyan = Cyanophyceae).
Unten: Diversitätsindex (H', berechnet auf ln-Basis) des Phytoplanktons

Neben der Rekrutierung neuer Arten ist der zeitliche und räumliche Wechsel in den Konkurrenzbedingungen der wesentlichste Mechanismus, der die Diversität gegen den Druck der kompetitiven Exklusion aufrecht erhält. Wie schon in Abschnitt 6.1.4 anhand der „Intermediate Disturbance Hypothesis" dargestellt, führen mittlere Frequenzen zur Erhaltung der höchsten Diversität. Bei Experimenten mit Phytoplanktern wurde ein Diversitätsmaximum bei einer Intervallänge von ca. 3 Generationszeiten zwischen den Störungen gefunden (Gaedeke u. Sommer 1986). In einem See treten Zyklen sehr unterschiedlicher Länge auf (Abb. 7.**6**).

Der Tageszyklus ist zu kurz und der Jahreszyklus zu lang, um entscheidenden Einfluß auf die Diversität des Phytoplanktons zu haben. Räuber-Beute-Zyklen zwischen Daphnien und freßbaren

Phytoplanktern haben meist eine Periodenlänge von 30 bis 50 Tagen (McCauley u. Murdoch 1987), sind also länger als das Optimum für die Erhaltung der Diversität, könnten aber im Vergleich zu konstanten Bedingungen immer noch diversitätsfördernd wirken. Asaisonale Erhöhungen der Durchmischungstiefe durch durchziehende Schlechtwetterfronten sind zwar äußerst unregelmäßig, treten aber in der gemäßigten Zone gehäuft in Abständen von 5 bis 15 Tagen auf. Dies liegt annähernd im Bereich des Diversitätsoptimums der Phytoplankter. Wie sehr sich das Fehlen asaisonaler Durchmischungsereignisse auswirkt, kann am Beispiel des extrem stabilen Sommers 1989 im windgeschützten Plußsee illustriert werden (Abb. 7.7). Von Mitte Mai bis weit in den September hinein lag die Sprungschicht konstant zwischen 4 und 6 m. Vom Klarwasserstadium an kam es zu einem kontinuierlichen Zuwachs der Gesamtbiomasse, die in den Monaten August und September ein Plateau erreichte. Während der gesamten Zuwachs- und Stagnationsphase der Biomasse nahm der Anteil des Dinoflagellaten *Ceratium hirundinella* stetig zu. Schließlich erreichte er eine absolut unübliche, einseitige Dominanz von 98% der Gesamtbiomasse. Dadurch ergab sich ein Minimum des Diversitätsindex von $H' = 0{,}11$ (auf ln-Basis), eine gegenüber Werten von ca. 2 während der Frühjahrsblüte und kurz nach dem Klarwasserstadium extrem niedrige Diversität.

7.5 Stabilität

Der Begriff der „Stabilität" wird in der Ökologie häufig sehr unkritisch gebraucht, insbesondere in Form der **„Diversität-Stabilität-Hypothese"**. Diese besagt, daß die Stabilität einer Lebensgemeinschaft mit ihrer Diversität (Komplexität) zunimmt. Die Diskussion über diese Hypothese stammt überwiegend aus dem terrestrischen Bereich, wegen ihrer Bedeutung in der Populärökologie und als Beispiel für **Mythenbildung** in der Wissenschaft soll sie hier aber behandelt werden. Zur Unterstützung der Diversität-Stabilität-Hypothese werden folgende Argumente herangezogen:

1. Artenarme Inselgemeinschaften reagieren empfindlicher auf das Eindringen neuer Arten als artenreiche Festlandsgemeinschaften.
2. Einfache experimentelle Systeme und mathematische Modelle (ein Räuber — eine Beute) zeigen starke Oszillationen und werden oft schnell ausgelöscht.
3. Landwirtschaftliche Monokulturen sind empfindlich gegen Schädlinge.

4. In den relativ artenarmen arktischen und borealen Lebensgemeinschaften sind drastische Populationsfluktuationen häufiger als in den artenreichen tropischen Lebensgemeinschaften.

Mit Ausnahme des ersten erwies sich keines dieser Argumente als haltbar (zusammengefaßt in Goodman 1976). Auch komplexe Modellsysteme sind oft unstabil, oft sogar noch unstabiler als einfachere. Im Gegensatz zu landwirtschaftlichen zeigen natürliche Monokulturen (z. B. Schilfröhrichte) keine besondere Empfindlichkeit gegen Schädlinge. Landwirtschaftliche Kulturen leiden nicht an mangelnder Diversität, sondern eher an einer mangelnden Evolution der Kulturpflanzen in Richtung Resistenz gegen Parasiten und daran, daß sie — verglichen mit der natürlichen Vegetation — die falsche Pflanze am falschen Platz sind. Schließlich wird die Konstanz des tropischen Regenwaldes überschätzt. Ausreichend langfristige Beobachtungen zeigten auch in den Tropen starke Fluktuationen. Gerade der für seine Diversität berühmte tropische Regenwald ist besonders empfindlich gegenüber landwirtschaftlich motivierten, menschlichen Eingriffen. Nach Aufgabe der Bewirtschaftung erholt sich die Vegetation der gemäßigten Zone im allgemeinen wesentlich schneller als der tropische Regenwald. Möglicherweise ist die unterschiedliche Konstanz von Lebensgemeinschaften einfach eine Folge unterschiedlicher Konstanz in den klimatischen Bedingungen.

Der Begriff „Stabilität" in der Diversität-Stabilität-Hypothese ist offenbar unzureichend definiert. Wir müssen mindestens drei Klassen von Stabilität unterscheiden (Abb. 7.**8**):

1. **Konstanz:** Damit ist meistens die Unveränderlichkeit der Individuenzahlen, Biomassen, Artenzahl etc. gemeint. Konstanz muß sich nicht unbedingt auf einen festen Zustand beziehen; man kann auch von konstanten Zyklen oder konstanten Trends sprechen. Die Beobachtung, daß keine unvorhersehbaren Änderungen auftreten, sagt alleine noch nichts darüber aus, ob die Ursache in der Konstanz der äußeren Bedingungen (Fehlen von Störungen) oder in der Resistenz gegenüber Störungen liegt.
2. **Resistenz (Trägheit):** Damit ist die Fähigkeit gemeint, einen stationären Zustand, einen Zyklus oder einen Trend bei Störungen beizubehalten. Resistenz führt zur Konstanz, ist aber nicht ihre einzig mögliche Ursache.
3. **Elastizität:** Elastizität ist die Fähigkeit, nach einer Abweichung vom Normalzustand wieder zum ursprünglichen stationären Zustand, Zyklus oder Trend zurückzukehren. Elastizität führt nur langfristig zur Konstanz.

Untersuchungen zum Zusammenhang zwischen Stabilität und Diversität müssen zunächst die Frage klären, welche Art von

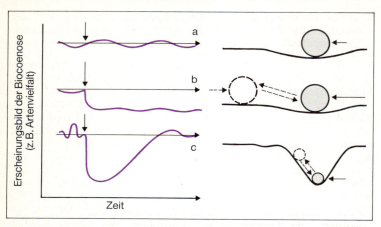

Abb. 7.8 Anschauliche Darstellung der verschiedenen Formen von „Stabilität" einer Lebensgemeinschaft. Der Zustand des Systems wird durch eine Kugel in einem Tal symbolisiert; daneben ist ein meßbarer Parameter, z. B. die Diversität, dargestellt.
a: Das System hat eine hohe Trägheit (Resistenz). Eine kleine Störung (Pfeil) kann es nicht auslenken. Das Erscheinungsbild der Lebensgemeinschaft ändert sich nicht oder nur im Rahmen der normalen jahreszeitlichen Schwankungen.
b: Eine stärkere Störung kann das System auslenken und auf ein neues stabiles Niveau heben. Dort bleibt es, bis es durch eine neue Störung wieder in den alten Zustand zurückversetzt wird.
c: Die kleine Kugel symbolisiert ein System mit geringer Trägheit, aber hoher Elastizität. Schon eine kleine Störung erzeugt starke Veränderungen, das System kehrt aber schnell wieder zum Ausgangszustand zurück (nach Lampert 1978)

Stabilität gemeint ist. Die Diversität-Stabilität-Hypothese wird häufig im Zusammenhang mit Resistenz vertreten. Das ist nach den bisherigen korrelativen und experimentellen Untersuchungen (s. Goodman 1976) nicht gerechtfertigt.

Seen der gemäßigten Breiten, vor allem aber Fließgewässer, zeigen oft ein hohes Maß an Elastizität (vgl. 5.7). Die Organismen in diesen Systemen sind an starke Fluktuationen und Katastrophen angepaßt und haben Überdauerungsstadien oder spezielle Besiedlungsstrategien. Deshalb regenerieren die Systeme sich nach einer kurzen Störung sehr schnell, auch wenn sie stark war. Problematischer ist eine Störung, die lange anhält und so das System langsam in einen anderen Zustand versetzt. Ein gutes Beispiel dafür ist die Eutrophierung unserer Seen durch Eintrag von Phosphor. Eine einmalige Phosphorgabe (z. B. als Düngung) hat keinen bleibenden Effekt auf das Gewässer. Der Phosphor wird schnell in Biomasse inkorporiert und sedimentiert. Solange im Tiefenwasser Sauerstoff vorhanden ist, so daß unlösliche Eisen-III-Komplexe den Phosphor binden können, bleibt er dem System entzogen (vgl. 8.3.4). Diese Störung ist zu kurz, als daß sich die Struktur des Nahrungsnetzes ändern würde.

Das Problem der Gewässereutrophierung besteht darin, daß die Störung kontinuierlich über lange Zeiträume einwirkt. Phosphor wird mit Abwässern, Abschwemmungen vom Land und durch die Luft laufend eingetragen und erlaubt deshalb eine ständig erhöhte Produktion und die langsame Veränderung der Nahrungsnetze. Die Kugel in Abb. 7.8b wird langsam auf ein anderes Niveau gerollt. Stellt man dann die Störung ab (z. B. durch Umleitung der Abwässer), so „verbessert" sich der See nicht sofort. Inzwischen ist das Abstellen der Nährstoffzufuhr zur Störung für das neue System geworden. Die Rücklösung des Phosphors aus dem anaeroben Sediment und der interne Phosphorkreislauf bestimmen die Produktivität. Langlebige Schlußsteinarten haben gewechselt, z. B. gibt es mehr planktivore, karpfenartige Fische (Cypriniden). Filamentöse Blaualgen behindern das Aufkommen großer filtrierender Zooplankter. Diese Mechanismen sorgen dafür, daß der See seinen eutrophen Zustand zunächst beibehält. Das macht sich bei Sanierungsmaßnahmen unangenehm bemerkbar. Zur Beschleunigung des Oligotrophierungsvorgangs muß man gelegentlich künstliche Maßnahmen ergreifen. Im Analogiebild: Man muß der Kugel einen Stoß geben, damit sie zurück in den alten Zustand rollt.

7.6 Lebensgemeinschaften der Seen

7.6.1 Lebensgemeinschaften des Pelagials

Der Begriff **Pelagial** bezeichnet die Freiwasserzone der Seen und Meere. Traditionellerweise werden ihm zwei Lebensgemeinschaften zugeschrieben: das **Plankton** und das **Nekton.** Die Unterscheidung beruht auf ihrer unterschiedlichen Schwimmfähigkeit. Plankter sind im Wasser suspendiert, die Organismen des Nektons schwimmen aktiv. Zwar sind auch viele Plankter zu aktiven Schwimmbewegungen befähigt (Vertikalwanderungen des Zooplanktons und der Flagellaten), ihre Schwimmgeschwindigkeit reicht jedoch nicht aus, sie gegen Wasserströmungen zu bewegen. Die in Abschnitt 7.3

diskutierten Interaktionen zwischen Fischen und Zooplankton lassen es allerdings nicht mehr als gerechtfertigt erscheinen, Plankton und Nekton als getrennte Lebensgemeinschaften zu betrachten. Es ist besser, von einer einheitlichen Lebensgemeinschaft des Pelagials zu sprechen.

Das Phytoplankton als Ebene der Primärproduzenten enthält Blaualgen (Cyanobakterien) und Algen in einem Größenbereich von ca. 0,5 µm bis 1 mm (Kolonien auch noch bis 1 cm). Höhere Pflanzen, Rotalgen und Braunalgen sind im Phytoplankton nicht vertreten. Konventionell werden drei Größenkategorien unterschieden: **Picoplankton** (<2 µm), **Nanoplankton** (2−30 µm) und **Netzplankton** (>30 µm). Kürzlich wurden auch noch kleinere photosynthetisierende Partikel entdeckt (<0,5 µm), die **Femtoplankton** genannt wurden.

Das Zooplankton der Binnengewässer enthält in erster Linie Protozoen (Flagellaten und Ciliaten; einige µm bis einige 100 µm), Rotatorien (30 µm bis 1 mm) und Crustaceen (Copepoden und Cladoceren; einige 100 µm bis 1 cm). Außerdem gehören noch einige Insektenlarven *(Chaoborus)*, die Larven der Wandermuschel *(Dreissena)*, Wassermilben und Fischlarven dazu. Das Zooplankton ist auf mehrere trophische Ebenen verteilt: Zooplankter können herbivor, bacterivor oder zooplanktivor sein. Das Nekton der Binnengewässer wird fast nur durch Fische gebildet; Robben kommen nur in sehr wenigen, großen Seen (z. B. Baikalsee) vor. Fische können planktivor (meist zooplanktivor) oder piscivor („Raubfische") sein.

Das **Bakterioplankton** (meist unter 1 µm; autotrophe Bakterien können auch größer sein) nimmt die vielfältigsten trophischen Rollen ein (s. Tab. 4.1). In der aeroben Zone überwiegen die heterotrophen Bakterien als Destruenten, daneben gibt es jedoch auch chemolithoautotrophe Primärproduzenten, in der anaeroben Zone gibt es auch photolithoautotrophe Primärproduzenten. Der Abbau von organischer Substanz wird auch von planktischen Pilzen übernommen; teilweise wirken sie als Parasiten. Neue Untersuchungen fanden erstaunlich hohe Zahlen (10^8/ml) von Viren im Seenplankton, die man in dieser Zahl nicht erwartet hatte (Bergh u. Mitarb. 1989). Deren funktionelle Bedeutung ist jedoch noch nicht erforscht.

Pelagische Lebensgemeinschaften weisen eine Besonderheit auf, die in keiner anderen Lebensgemeinschaft zu finden ist: Mit fortschreitender Position in der Nahrungskette nimmt die Körpergröße laufend zu. Im Pelagial sind die wichtigsten Primärproduzenten mikroskopisch klein, während in terrestrischen Lebensgemeinschaften häufig die großen, langlebigen Bäume dominieren. Das hat einige interessante Konsequenzen für das Funktionieren pelagischer Lebensgemeinschaften:

1. Die Pflanzen sind zwar in der Lage, in ihrem Lebensraum einen Lichtgradienten und chemische Gradienten aufzubauen, aber aufgrund ihrer Kleinheit sind sie nicht in der Lage, den Lebensraum physikalisch zu strukturieren.
2. Herbivorie besteht fast immer im vollständigen Auffressen der Pflanzen, nicht nur im „Anknabbern". Sie bedeutet daher für die betroffene Pflanzenpopulation unmittelbare Mortalität und nicht nur herabgesetzte Vitalität.
3. Reproduktionsraten nehmen mit zunehmender Körpergröße ab, während Generationszeiten und Verzögerungszeiten in den demographischen Reaktionen zunehmen.

Eine Resistenz pelagischer Lebensgemeinschaften gegen Störungen kann deshalb nur in den Top-down-Einflüssen der Fische begründet sein. Die Resistenz von Wäldern beruht dagegen in erster Linie auf den Bottom-up-Einflüssen der langlebigen Bäume.

Als einen Sonderfall kann man die Lebensgemeinschaft betrachten, die das Oberflächenhäutchen stehender Gewässer (Grenzfläche Luft/Wasser) besiedelt. Sie wird **Neuston** genannt (vgl. 4.2.7). Zahlreiche Algen und Bakterien nutzen die Oberflächenspannung des Wassers, um sich anzuheften. Einige spezialisierte tierische Besiedler nutzen diese Nahrungsquelle. Sie können sich sowohl von unten an das Oberflächenhäutchen hängen wie der Kahnfahrer *(Scapholeberis mucronata)*, eine Cladocere, oder auf dem Wasser laufen, wie die Wasserläufer (Gerriden). Die Tragfähigkeit des Oberflächenhäutchens wird auch von Insektenlarven und Schnecken ausgenutzt, die zeitweise an die Oberfläche kommen, um zu atmen.

7.6.2 Benthon

Die Lebensgemeinschaft des Gewässerbodens wird mit dem Begriff **Benthon** bezeichnet. Benthische Organismen können im Substrat leben (bei Schlamm und Sand), sich auf dem Substrat bewegen oder dort festgewachsen sein oder sich frei beweglich in der Nähe des Substrats aufhalten (z. B. benthische Fische). Die Beschaffenheit des Substrats ist dabei ein wichtiger Habitatfaktor bei der Ausbildung von Lebensgemeinschaften. An der Oberfläche des Substrats unterscheidet man zwischen **Epipelon** (auf Schlamm), **Epipsammon** (auf Sand), **Epilithon** (auf Steinen) und **Epiphyton** (auf submersen Pflanzen). Für die Lebensgemeinschaften im Substrat werden analoge Begriffe mit der Vorsilbe „Endo-" verwendet **(Endopelon, Endopsammon)**. Der benthische Lebensraum oberhalb der Kompensationsebene (vgl. 4.3.5) wird als **Litoral**, der Lebensraum unterhalb der Kompensationsebene als **Profundal** bezeichnet.

Auf der Primärproduzentenebene sind Blaualgen, alle höheren Taxa der eukaryotischen Algen sowie Sproßpflanzen mit Ausnahme der Gymnospermen beteiligt. Nach der Größe der Pflanzen unterscheidet man Makrophyten und das Periphyton (Aufwuchs, Mikrophytobenthon). Höhere Pflanzen und Armleuchteralgen (Characeen) sind **Makrophyten.**

Makrophyten sind in der Regel größer als ihre Freßfeinde und werden deshalb selten ganz aufgefressen; die Herbivorie an Makrophyten gleicht eher dem Parasitismus. Vor allem emergente Makrophyten sind durch eine starke Verkieselung ihrer Epidermis oft weitgehend fraßresistent (Schilf, Binsen). Für Makrophyten ist das Absterben am Ende der Vegetationsperiode und die nachfolgende Dekomposition des Detritus ein wichtigerer Verlustprozeß als die Herbivorie. Die funktionelle Bedeutung der Makrophyten für litorale Lebensgemeinschaften geht jedoch weit über ihre trophische Rolle hinaus: Sie sind Substrat für den Aufwuchs, Anheftungsplatz für Fisch- und Amphibienlaich, Versteck für Fische und andere Tiere und Lichtkonkurrenten für den Aufwuchs und das litorale Plankton (Beschattung). Sie vermindern die Strömungsgeschwindigkeit des Wassers, erhöhen damit die Sedimentation und behindern den chemischen Austausch zwischen Litoral und Pelagial.

Die Organismen des Periphytons sind meistens kleiner als ihre Freßfeinde und werden vollständig gefressen. Dementsprechend spielt die Herbivorie eine wesentlich größere demographische Rolle als bei den Makrophyten. Vom Periphyton gehen zwei verschiedene Nahrungsketten aus. Einerseits werden die Aufwuchsalgen durch Protozooen und kleine (maximal wenige Millimeter) Metazooen gefressen, die selbst zum Aufwuchs auf submersen Oberflächen gehören. Andererseits wird der Aufwuchs in seiner Gesamtheit (Algen, Tiere, Bakterien, Pilze) von einer Reihe von größeren und beweglicheren Tieren abgeweidet (Schnecken, Insektenlarven etc.) (vgl. 6.4.5).

Die reich gegliederte Litoralregion bietet viele verschiedene **Mikrohabitate.** Deshalb ist auch die Diversität des tierischen Benthons hoch. In diesem Übergangsbereich zwischen Wasser und Land leben viele Tiere, die entweder atmosphärische Luft atmen müssen, wie Insekten und einige Schnecken, oder einen Teil ihres Entwicklungszyklus außerhalb des Wassers verbringen.

Mit Ausnahme von einigen chemoautotrophen Bakterien beherbergt das lichtlose **Profundal** eine reine Konsumentengesellschaft. Dort lebende Tiere müssen den Regen von organischer Substanz nutzen, der aus dem Epilimnion herabrieselt oder aus dem Litoral verfrachtet wird. Dieses Material ist meistens bereits teilweise abgebaut und hat deshalb keinen hohen Nährwert. Die Biomasse der Konsumenten ist von der Menge an organischem Material abhängig, das den Seeboden erreicht. Die organische Substanz kann auch aus allochthonen Quellen stammen. So gibt es zum Beispiel im Bodensee eine deutliche Beziehung zwischen der Zahl der Schlammröhrenwürmer (Tubificiden) am Seeboden im Mündungsgebiet der Zuflüsse und deren Schmutzfracht. In eutrophen Seen ist das Profundal während der Sommerstagnation auch durch die Streßfaktoren Sauerstoffmangel und H_2S geprägt. Während dieser Phasen verarmt die Tiefenfauna.

7.6.3 Kopplung der Lebensräume

Benthische und pelagische Lebensräume sind nicht streng voneinander getrennt. Es gibt zahlreiche Verbindungen zwischen ihren Komponenten. Die Abhängigkeit der Tiefenfauna von der Produktion in der euphotischen Zone wurde bereits erwähnt. Tiere können den vertikalen Transport organischer Substanz erheblich beschleunigen. So sind zum Beispiel die Fäzes (fecal pellets) der Zooplankter, vor allem der Copepoden, eine wichtige Nahrungskomponente des Benthos. Sie enthalten häufig erhebliche Mengen nur teilweise verdauter Algen. Da sie wesentlich größer sind als individuelle Algen, sinken sie schnell ab und erreichen den Seeboden, ehe die organische Substanz abgebaut ist.

Vor allem in kleineren Gewässern gibt es zahlreiche Vernetzungen zwischen Litoral und Pelagial. Da das Phytoplankton auch in den Litoralbereich getrieben wird, dient es dort Filtrierern (Muscheln, Cladoceren) als Nahrung. Manche Tiere gehören in einem Teil ihres Lebenszyklus zum Plankton, in einem andern zum Benthon. Ein gutes Beispiel ist die Dreikantmuschel *(Dreissena polymorpha)*. Die Adulten leben im Litoral von Seen, in großen Flüssen und in Schiffahrtskanälen. Sie spinnen sich mit Byssusfäden auf einer Unterlage fest. Ihre Veliger-Larven aber sind freischwimmend und ein häufiger Bestandteil des Sommerplanktons eutropher Seen. Einige cyclopoide Copepoden leben als Juvenilstadien und Adulte im Plankton, verbringen aber einen Teil ihrer Entwicklung als Ruhestadien im Sediment.

Fische wechseln den Lebensraum mit dem Wechsel in ihrer Nahrung während der ontogenetischen Entwicklung. So fressen viele Cypriniden als Jugendstadien Plankton und halten sich im Pelagial auf. Wenn sie größer werden, gehen sie zu Bodennahrung über und leben dann im Litoral. Wechsel von Lebensräumen kommen auch im tagesperiodischen Rhythmus vor. Planktivore Fische können den Tag in Schwärmen im Litoral verbringen und nachts im Pelagial Plankton fressen. Die Larven der Büschelmücke *Chaoborus* können tagsüber im Sediment eingegraben sein, wo sie unter anaeroben

334   7 Lebensgemeinschaften

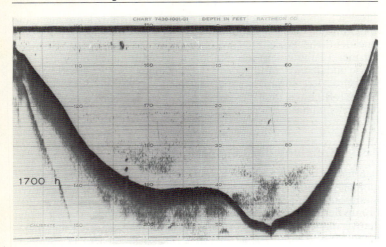

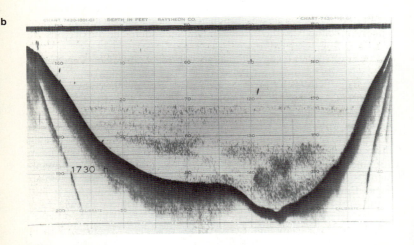

Abb. 7.**9a – e** Echographenaufzeichnung der Verteilung von *Chaoborus*-Larven in einem See in New Hampshire (USA). Die Tiere verbringen den Tag im Sediment. Am Abend verlassen sie dieses und steigen zum Fressen in das Epilimnion auf. Um 17 Uhr sind nur wenige Larven im Tiefenwasser sichtbar; um 19 Uhr sind sie alle im Epilimnion. Die Untergrenze der Verteilung markiert die Oxicline (mit Genehmigung von J. F. Haney)

7.6 Lebensgemeinschaften der Seen

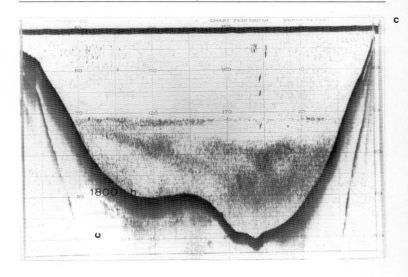

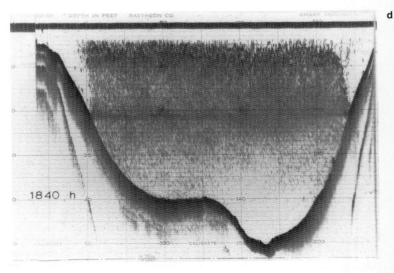

Abb. 7.9

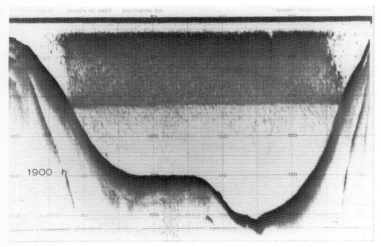

Abb. 7.9e

Verhältnissen leben können, und kommen nachts ins Pelagial, um Zooplankton zu fressen (Abb. 7.9a−e). Tagsüber würde man sie zum Benthon rechnen, nachts zum Plankton.

7.7 Lebensgemeinschaften des Fließwassers

7.7.1 Gliederung der Fließgewässer

Im Fließwasser wirken andere Selektionsfaktoren als in Seen (vgl. 3.4). Die bestimmende Kraft ist die gerichtete Strömung. Um nicht weggeschwemmt zu werden, müssen die Organismen festsitzen oder sehr gute Schwimmer sein, die gelegentlich Toträume ausnutzen, um zu rasten. Deshalb sind Fließgewässer weitestgehend von benthischen Lebensgemeinschaften geprägt. Ein **Flußplankton** gibt es nur in großen Flüssen. Für seine Existenz sind stille Wasserräume im Oberlauf erforderlich, z. B. zwischengeschaltete Seen, in denen

7.7 Lebensgemeinschaften des Fließwassers

planktische Arten wachsen können. Von dort aus muß Fluß mit Plankton „angeimpft" werden, da sonst alle Plankter ausgewaschen würden.

Fließgewässer sind wesentlich stärker als Seen von ihrem Einzugsgebiet abhängig. Das betrifft auch den allochthonen Eintrag von Energie. Der Eintrag von außen ist häufig größer als die eigene Primärproduktion; deshalb sind Fließgewässer-Lebensgemeinschaften von Konsumenten und Destruenten geprägt. Da es keine klare Trennung in produzierende und abbauende Zonen gibt, wie sie in Seen durch das Licht vorgegeben ist, ist eine vertikale Gliederung im Fließgewässer nicht sinnvoll. Man kann Fließgewässer in einem Querschnitt höchstens in den eigentlichen Wasserkörper (die „**fließende Welle**"), das Bett (**Benthal**) und den Bereich des im Untergrund mitfließenden Wassers (das **Hyporheal**) gliedern. Alle diese Bereiche stehen aber, vor allem in kleinen Fließgewässern, in enger Beziehung zueinander. Allerdings verändern sich die Rahmenbedingungen, Strömung und alle damit zusammenhängenden abiotischen Parameter und die Abhängigkeit vom Einzugsgebiet, im Laufe der Fließstrecke eines Gewässers. Im Zusammenhang damit ändern sich die Lebensgemeinschaften. Deshalb bietet sich eine horizontale Gliederung in Richtung des Wasserlaufes an.

Der Freiburger Forstzoologe Robert Lauterborn entwickelte anhand des Rheins eine Einteilung der Fließgewässer in **Fischregionen**, die auch heute noch gelegentlich benutzt wird. Sie basiert auf Leitformen unter den Fischen, die wegen ihrer spezifischen Umweltansprüche bestimmte Abschnitte eines Flusses besiedeln. Die wichtigsten Faktoren, die die Verteilung dieser Fische steuern, sind Temperatur, Sauerstoffbedarf und geeignete Laichgründe. Lauterborn unterscheidet fünf Regionen:

1. Die **Forellenregion** mit der Bachforelle *(Salmo trutta)* als Leitform. Charakteristisch ist, daß die Temperatur im Sommer selten über 10 °C steigt und daß das Wasser stets mit Sauerstoff gesättigt ist. Wegen der hohen Strömung besteht der Boden aus Fels, groben Steinen und grobem Kies. Entsprechend den Strömungsbedingungen kann man eine obere und eine untere Forellenregion unterscheiden. Eine typische Begleitform ist die Groppe *(Cottus gobio)*.
2. Die **Äschenregion**, deren Leitform die Äsche *(Thymallus thymallus)* ist. Sie bezeichnet den nächsten Abschnitt, wo die Fließgeschwindigkeit nicht mehr ganz so hoch und der Fluß schon breiter ist. Im Tiefland sind die Ufer mit Pflanzen bewachsen. Die Temperatur übersteigt aber im Sommer selten 15 °C, das Wasser ist stets sauerstoffgesättigt und der Boden noch kiesig.

Da die beiden ersten Fischregionen als Leitform lachsartige Fische (Salmoniden) haben, faßt man sie auch als **Salmonidenregion** zusammen. Charakteristisch ist der kiesige Untergrund, da Salmoniden Kieslaicher sind, deren Eier im Kieslückensystem liegen. Da die Eier viel Sauerstoff zur Entwicklung brauchen, muß eine gute Durchströmung des Lückensystems gewährleistet sein. Die beiden folgenden Zonen haben als Leitformen karpfenartige Fische (Cypriniden), werden deshalb auch als **Cyprinidenregion** zusammengefaßt.

3. Die **Barbenregion** ist nach der Barbe *(Barbus barbus)* benannt. Sie wird meistens vom schnellfließenden Mittellauf großer Flüsse (z. B. Oberrhein) eingenommen. Auch die Barbe ist ein Kieslaicher, stellt jedoch keine so hohen Ansprüche an den Sauerstoffgehalt. Sie toleriert Temperaturen über 15 °C und leichte Sauerstoffuntersättigung. Als Begleitfische treten die Nase *(Chondrostoma nasus)*, die bis in die Äschenregion aufsteigt, die Rotfeder *(Scardinius erythrophthalmus)* und der Barsch *(Perca fluviatilis)* auf.
4. Die **Brachsenregion,** benannt nach dem Brachsen *(Abramis brama)*, bezeichnet den breiten und langsam fließenden Unterlauf des Flusses. Dort gibt es Wasserpflanzen, an denen der Brachsen seine klebrigen Eier anheftet. Der Boden ist sandig, und an ruhigen Stellen gibt es Schlammablagerungen. Die Temperatur kann im Sommer 20 °C und mehr betragen. Höchstens an der Oberfläche ist das Wasser mit Sauerstoff gesättigt, in Bodennähe kommt es zu Sauerstoffmangel. Typische Begleitfische sind Rotauge *(Rutilus rutilus)*, Karpfen *(Cyprinus carpio)*, Schleie *(Tinca tinca)*, Zander *(Stizostedion lucioperca)*, Hecht *(Esox lucius)* und Aal *(Anguilla anguilla)*.
5. Die **Kaulbarschregion** ist das Übergangsgebiet mit Gezeiteneinfluß an der Mündung. Leitform ist der Kaulbarsch *(Acerina cernua)*. Hier gibt es bereits Brackwasser und Schlickablagerungen. Als Begleitform tritt die Flunder *(Pleuronectes platessa)* auf.

Die Fischregionen sind nicht unmittelbar an eine geographische Höhe gebunden. Die Bachforelle kommt in 2000 m Höhe vor, aber auch in der Quellenregion von Tieflandbächen, wenn die Bedingungen (kühles Wasser, Kies) gegeben sind. Durch anthropogenen Einfluß kann es erhebliche regionale Unterschiede geben. So ist zum Beispiel der Hochrhein durch 10 Staustufen zur Elektrizitätsgewinnung unterbrochen. Der Abstand zwischen zwei Dämmen beträgt ca. 10 km. Innerhalb eines solchen Stauabschnittes gibt es alle Fischregionen von der Äschen- bis zur Brachsenregion. Am Fuße eines Wehrs strömt das Wasser schnell und ist mit Sauerstoff gesättigt. Dort findet sich eine typische Äschenregion. Dann geht der

Fluß nach wenigen Kilometern in die Barbenregion und schließlich vor dem nächsten Damm in die Brachsenregion über, um direkt hinter dem Damm wieder mit der Äschenregion zu beginnen.

Ein Nachteil der Gliederung von Fließgewässern nach Leitformen und der Grund dafür, daß das Lauterbornsche System nicht weltweit benutzt wird, ist die Tatsache, daß es nur auf Europa anwendbar ist. Biogeographisch gibt es große Unterschiede zwischen den Fischformen. Deshalb hat Illies (1961) versucht, eine Gliederung aufzustellen, die weltweit gültig ist. Auch die Basis dieses Systems sind Temperaturamplitude und Struktur des Untergrundes. Als Leitformen benutzte er Plecopteren (Steinfliegen). Der Grundgedanke dabei ist, daß sich überall auf der Welt konvergent sehr ähnliche Formen von Fließwasserorganismen herausgebildet haben. Selbst wenn man nicht überall die gleichen Arten findet, so gibt es dennoch sehr ähnliche Typen, die für bestimmte Umweltbedingungen charakteristisch sind. Die grobe Einteilung des Systems von Illies ist ähnlich wie die der Fischregionen. Die einzelnen Lebensräume werden mit der Endsilbe „al" bezeichnet. Es ergibt sich folgende Einteilung:

1. **Krenal** — Quellzone.
2. **Rhithral** — Zone des Gebirgsbaches (Salmonidenregion):
   Epirhithral — obere Z. d. G. (obere Forellenregion),
   Metarhithral — mittlere Z. d. G. (untere Forellenregion),
   Hyporhithral — untere Z. d. G. (Äschenregion).
3. **Potamal** — Zone des Tieflandflusses:
   Epipotamal — obere Z. d. T. (Barbenregion),
   Metapotamal — mittlere Z. d. T. (Brachsenregion),
   Hypopotamal — untere Z. d. T. (Brackwasserregion).

Das System läßt sich auf Fließgewässer in allen geographischen Breiten anwenden, jedoch verschieben sich die relativen Anteile von Rhithral und Potamal. In der Nähe des Äquators ist das Rhithral auf große Höhen beschränkt, während es in Richtung der Polargebiete kaum noch ein Potamal gibt.

7.7.2 River-Continuum-Konzept

Die Einteilung der Fließgewässer nach Leitorganismen bietet eine Klassifizierung, aber keine Erklärung der Abfolge der einzelnen Lebensgemeinschaften. Einen Schritt weiter geht das River-Continuum-Konzept (Vannote u. Mitarb. 1980). Es bietet einen Denkrahmen für die Integration von geomorphologischen Gegebenheiten sowie voraussagbaren und beobachteten biologischen Eigenschaften eines Fließgewässers.

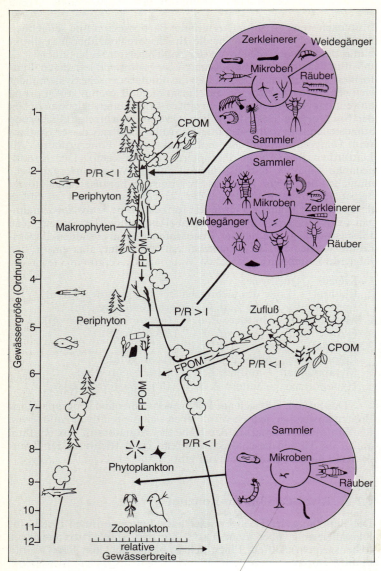

Abb. 7.**10** Schematische Darstellung eines Flusses als Kontinuum von abiotischen Faktoren und Lebensgemeinschaften. In den Kreisen sind die relativen Anteile der einzelnen Ernährungstypen an den Lebensgemeinschaften dargestellt (nach Vannote u. Mitarb. 1980)

7.7 Lebensgemeinschaften des Fließwassers

Geomorphologisch sind Fließgewässer offene Systeme. Von der Quelle zur Mündung verändern sich die physikalischen Faktoren, z. B. Breite, Tiefe, Fließgeschwindigkeit, Wassermenge, Temperatur und Entropiegewinn, kontinuierlich. Sie repräsentieren einen Gradienten. Die Hypothese ist, daß die biologische Organisation im Fluß diesem Gradienten angepaßt ist und damit auch ein **Kontinuum** bildet. Produzenten- und Konsumenten-Gesellschaften erreichen ein Fließgleichgewicht; deshalb stellen sich über längere Flußabschnitte Lebensgemeinschaften ein, die im Gleichgewicht mit den physikalischen Gegebenheiten des Bettes stehen.

Nach der Größe der Fließgewässer kann man deren Lebensgemeinschaften grob drei Gruppen zuordnen: Bäche (1.−3. Ordnung), mittlere Flüsse (4.−6. Ordnung) und große Flüsse (>6. Ordnung) (Abb. 7.**10**).

Entlang des Flußlaufs verändert sich das Verhältnis von aufbauenden (Produktion) und abbauenden (Respiration) Prozessen. Viele Bäche sind im Oberlauf mit Vegetation gesäumt. Diese reduziert das Licht und vermindert die Photosynthese, liefert aber eine große Menge allochthonen organischen Materials. Das ergibt im Gewässer ein Verhältnis von Produktion zur Respiration $(P:R) < 1$. Wenn der Fluß größer wird, spielt die direkte Einleitung von organischem Material eine geringere Rolle, und autochthone Produktion und Transport flußabwärts werden wichtiger. Deshalb ändert sich das $P:R$-Verhältnis $(P:R > 1)$. Im Unterlauf spielt die Ufervegetation kaum noch eine Rolle. Wohl aber gibt es eine große Menge feiner partikulärer, organischer Substanz, die mit dem Flußwasser transportiert wird. Die Primärproduktion wird wieder durch Licht limitiert, da das Wasser trüb ist und die suspendierten Primärproduzenten durch die starke Durchmischung einen großen Teil der Zeit in der dunklen Tiefe verbringen. Deshalb verschiebt sich das $P:R$-Verhältnis wieder $(P:R < 1)$.

Die größte Diversität an gelösten organischen Substanzen findet sich im Oberlauf. Die Bäche sind am meisten vernetzt mit der Landschaft; sie dienen deshalb als Sammelbecken, Umsatzorte und Transportsysteme für eine Vielzahl organischer Substanzen. Die leicht abbaubaren davon werden sehr schnell durch Mikroorganismen aufgenommen und abgebaut oder physikalisch absorbiert. Die schwer abbaubaren bleiben übrig und werden flußabwärts transportiert. Die relative Bedeutung des Grobdetritus für den Energiefluß im System nimmt in ähnlicher Weise flußabwärts ab wie die Diversität der gelösten Substanzen, kann aber weiter hinabreichen, da die partikuläre organische Substanz resistenter ist als die gelöste.

Das Flußsystem von der Quelle zur Mündung läßt sich also als ein Gradient auffassen, von einem stark heterotroph bestimmten

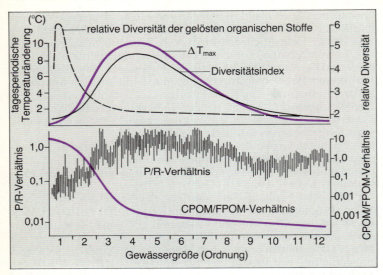

Abb. 7.**11** Gradienten entlang des Flußlaufs. CPOM = grobpartikuläres organisches Material; FPOM = feinpartikuläres organisches Material (nach Vannote u. Mitarb. 1980)

Energiefluß über ein System mit vorwiegend autotropher Aktivität, das tages- und jahreszeitlich variiert, wieder zu einem im wesentlichen durch heterotrophe Aktivitäten geprägten System (Abb. 7.**11**). Dieses Kontinuum wird nur durch Zuflüsse geringerer Ordnung gestört.

Die Größe der organischen Partikel nimmt flußabwärts ab, und damit erhalten Organismen, die feine Partikel am effektivsten nutzen können, eine immer stärkere Bedeutung. Die Anpassungen in Morphologie und Verhalten der Fließwasser-Invertebraten spiegeln diese Verhältnisse wider. Wir unterscheiden vier **Ernährungstypen:** Zerkleinerer, Sammler, Weidegänger (Grazer) und Räuber. Zerkleinerer nutzen grobpartikuläres organisches Material (>1 mm) wie Blätter und deren mikrobiellen Aufwuchs (z. B. Pilze). Sammler filtern feine oder ultrafeine partikuläre organische Substanz (FPOM, 50 µm – 1 mm; UPOM, 0,5 – 50 µm) oder nehmen sie vom Sediment auf. Auch sie sind vom mikrobiellen Aufwuchs auf diesen Partikeln abhängig. Weidegänger grasen Aufwuchsalgen ab. Da im Oberlauf grobes organisches Material vorherrscht, ergibt sich ein Übergewicht von Zerkleinerern und Sammlern; Weidegänger sind nur schwach vertreten. Diese werden, zusammen mit Sammlern, im Mittellauf

7.7 Lebensgemeinschaften des Fließwassers

wichtig, wo die Zerkleinerer verschwinden. Im Unterlauf schließlich herrschen die Sammler vor, da dort bereits alle Partikel zerkleinert sind. Räuber machen überall den gleichen Anteil aus, da sie ihre Beute unter den Primärkonsumenten überall finden, Fischpopulationen zeigen einen Übergang von artenarmen Lebensgemeinschaften von Kaltwasserformen zu artenreichen Warmwassergemeinschaften.

An jedem Punkt des Fließgewässers herrscht ein biologisches Fließgleichgewicht. Es wird Energie eingetragen, genutzt, gespeichert und als teilgenutztes oder ungenutzes Material abwärts transportiert. Dann dient es dem nächsten Abschnitt als Input. Wenn die Organismen in einem System durch Ressourcen limitiert sind, muß man annehmen, daß dieses dahin tendiert, daß die Ressourcen in jedem Punkt möglichst effizient genutzt werden, d. h., daß möglichst keine Ressourcen verlorengehen. Sobald freie Ressourcen vorhanden sind, können ja zusätzliche Organismen den Lebensraum besiedeln. Wenn eine dominante Art wegen der Umweltbedingungen (z. B. Temperatur) verschwindet, wird sie durch eine andere ersetzt; so wechseln sich die Arten zum Beispiel im Jahreslauf ab. Auch wenn eine Art nur einen Teil der vorhandenen Energie nutzt, weil sie nahrungsspezialisiert ist, kann der Rest von anderen genutzt werden. Das gilt in Prinzip für alle Ökosysteme, im Fließwasser kommt jedoch hinzu, daß Ressourcen an jedem Punkt sofort genutzt werden müssen, da sie sonst wegtransportiert werden. Vannote u. Mitarb. postulieren deshalb, daß besonders Lebensgemeinschaften im Fließwasser zu maximaler Ausnutzung der Ressourcen und einer zeitlich gleichförmigen Intensität der Energieausnutzung tendieren.

Das gilt auch für voraussagbare kurzzeitige Änderungen der abiotischen Faktoren (z. B. Temperatur, Licht). Nehmen wir an, eine Art sei tagsüber durch Fischfraß gefährdet und müsse sich verstecken. Wäre nur diese Art im Gewässer vorhanden, so wäre die Energie, die tagsüber eingeschwemmt würde, verloren, denn sie würde das System ja sofort wieder verlassen. Das würde tagsüber freie Ressourcen bedeuten und damit einer anderen Art, die klein oder getarnt und deshalb nicht durch Fische gefährdet ist, ermöglichen sich zu etablieren. Das gleiche Szenario läßt sich entwickeln, wenn man annimmt, daß bestimmte Arten die Energie in einem bestimmten Temperaturbereich während des Tageszyklus am besten nutzen können. Die größten tagesperiodischen Änderungen der Temperatur sind im Mittellauf zu finden (vgl. 3.4.2); dort findet sich auch die größte Artenvielfalt.

Egal, welche Bedingungen einen tages- oder jahreszeitlichen Rhythmus der Aktivität setzen, der Prozeß führt zur Erhöhung der Artenzahl und zu einer Reduktion in den Schwankungen in der Energienutzung, d. h. zu einer gewissen Stabilität (Konstanz). Dieses ist aber keine „Systemeigenschaft" (vgl. 7.2), auch wenn die Ressourcennutzung „im System" maximiert wird. Es ist einfach eine Folge der optimalen Ressourcennutzung durch jede einzelne Population. Wenn ein Fließgleichgewicht existiert, gibt es, im Gegensatz zum geschlossenen System, keine ökologische Sukzession (vgl. 8.7.1). Das Schicksal eines Sees ist vorprogrammiert; er wird je nach Größe früher oder später verlanden, weil das eingetragene anorganische und organische Material sich akkumuliert. Veränderungen in einem Fließgleichgewicht können aber nur in evolutionären Zeiträumen auftreten, nicht in ökologischen. Das heißt natürlich nicht, daß Fließgewässer sich nicht ändern. Geologische Ereignisse können den Flußlauf modifizieren, und Änderungen im Einzugsgebiet können den Input verändern. Entsprechend den veränderten Bedingungen wird sich aber sehr schnell wieder ein neues Fließgleichgewicht einstellen. Das ist die Voraussetzung für die schnelle Regenerationsfähigkeit von Fließgewässern nach Störungen (vgl. 5.7).

8 Gewässer als Ökosysteme

8.1 Ökosysteme als Aggregate

Durch ihre Aktivitäten setzen Organismen Energie- und Stoffumsetzungen in Gang, die einen entscheidenden Einfluß auf die Qualität ihrer abiotischen Umwelt haben. Auf geologischer Zeitskala sind die eindruckvollsten Beispiele dafür die Umstellung von der anaeroben Atmosphäre der frühen Erde zur heutigen aeroben Atmosphäre durch die Photosynthese der grünen Pflanzen und die Bildung der Kalke, die überwiegend aus dem Skelettmaterial mariner Organismen bestehen. Wir haben bereits Mechanismen behandelt, an denen man die Veränderung der Umwelt durch Organismen in wesentlich kürzeren Zeiträumen darstellen kann, etwa die Zehrung gelöster Nährstoffe durch planktische Algen im Verlauf der Vegetationsperiode. Die Organismen interagieren also nicht nur untereinander, sondern auch mit ihrer abiotischen Umwelt. Lebensgemeinschaften bestehen aus interagierenden Populationen. Die umfassendere Einheit aus Lebensgemeinschaften und den damit interagierenden Komponenten der abiotischen Umwelt nennen wir ein **Ökosystem.** Dabei ergeben sich ähnliche Abgrenzungsprobleme wie bei Lebensgemeinschaften (vgl. 7.1).

In einigen Standardwerken der Ökologie (z. B. Odum 1959) steht die Analyse der Ökosysteme am Anfang, nicht am Ende des Buches wie hier. Dieser Unterschied in der Anordnung ist nicht nur didaktisch begründet, sondern spiegelt die unterschiedlichen Einstellungen der Autoren wider. Autoren wie Odum gehen von einem expliziten oder impliziten „Superorganismus"-Konzept aus (vgl. 7.2). Da Ökosysteme von Energie durchflossen werden und innerhalb von Ökosystemen Substanzen zirkulieren, liegt die Analogie mit Organismen nahe. Nach der Vorstellung **„holistischer"** Ökologen ordnen sich die Populationen und Organismen in diese Flüsse von Energie und Stoffen ein, suchen sozusagen ihren Platz im Ökosystem. Nach der Vorstellung **mechanistisch** orientierter Ökologen (z. B. die Autoren dieses Buchs) sind Energie- und Stoffflüsse in Ökosystemen keine real existierenden Ströme, sondern Abstraktionen, die durch Aggregation der Aktivitäten einzelner Organismen zustandekommen. Es ist der Wissenschaftler, der durch die Zusammenfassung in Gilden, trophischen Ebenen etc. definiert, welcher Energie- und Stofftransfer mit welchem aggregiert wird, um das Bild eines von Energie- und Stoffströmen durchflossenen Ökosystems zu erhalten. Natürlich gelten auch für die Funktion von

Ökosystemen die allgemeinen Gesetze der Physik und der Chemie, insbesondere sind die beiden Hauptsätze der Thermodynamik, das Gesetz von der Erhaltung der Masse, das Prinzip der Elektroneutralität und die Grenzen der Variabilität in der Stöchiometrie der Biomasse von Bedeutung. Diese allgemeinen Gesetze lassen jedoch eine große Vielfalt der Konfiguration von Energie- und Stoffströmen zu.

Es hängt von der Aktivität der einzelnen Organismen, die dem Prinzip der Fitneß unterliegen, ab, wie die konkrete Ausgestaltung der aggregierten Ströme von Stoffen und Energie aussieht. So ist zum Beispiel die Richtung, in die vom Phytoplankton fixierte Energie und Substanzen fließen, davon abhängig, wie gut die Algen gefressen werden können und wie schnell sie sinken (Abb. 8.1). Ähnliche Beispiele kann man für andere Verzweigungsstellen der Energie- und Stoffströme finden. Die Verteilung der Flüsse ist also eine Folge der Selektionsbedingungen innerhalb der Ausgangsgilde.

8.2 Energiefluß

8.2.1 Energiequellen und Energieträger

Aus thermodynamischer Sicht sind sowohl Organismen als auch Ökosysteme offene Systeme. Sie können nur durch einen ständigen Durchfluß von Energie aufrechterhalten werden. Als Energiequelle kann entweder das Licht oder die Energie exergonischer chemischer Reaktionen dienen (vgl. 4.3.1). Chemoorganotrophe Organismen, denen organische Substanzen als Energiequelle dienen, sind darauf angewiesen, was andere Organismen vorher aufgebaut haben; nur phototrophe und chemolithotrophe Organismen sind unabhängig von der Syntheseleistung anderer. Als externe Energiequelle ganzer Ökosysteme kommen das Sonnenlicht, allochthoner Input organischer Substanzen und reduzierte, anorganische Verbindungen in Frage. Chemolithotrophie ist allerdings nur in wenigen Ökosystemen der dominante Ausgangsprozeß des Energieflusses, z. B. in den H_2S-liefernden, heißen unterseeischen Quellen der mittelozeanischen Rücken (hydrothermal vents). Ökosysteme, deren Energiefluß von allochthonen organischen Substanzen ausgeht, sind von anderen Ökosystemen abhängig. Global gesehen ist das Sonnenlicht die mit Abstand wichtigste externe Energiequelle und die aerobe Photosynthese der mit Abstand wichtigste Ausgangsprozeß biologischer Energieflüsse.

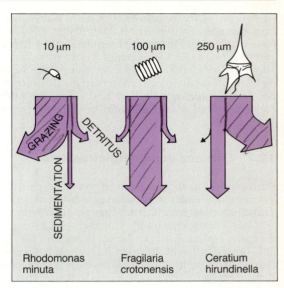

Abb. 8.1 Verteilung der in Phytoplanktern fixierten und nicht von ihnen selbst veratmeten Energie und Substanzen auf Grazing durch Zooplankter (linker Pfeil), Sedimentation (mittlerer Pfeil) und Detritusbildung im Epilimnion (rechter Pfeil): Der kleine Flagellat *Rhodomonas* wird effizient gefressen; fast nichts sinkt aus dem Epilimnion; Zelltod und epilimnische Detritusbildung spielen eine geringe Rolle. Die koloniebildende Kieselalge *Fragilaria* ist kaum freßbar und hat hohe Sinkgeschwindigkeiten. Da abgestorbene Kolonien ebenfalls schnell sinken, hat die epilimnische Detritusbildung keine große Bedeutung. Der große Flagellat *Ceratium* ist fast unfreßbar für die meisten Zooplankter, nur Cysten und physiologisch geschädigte Zellen sinken aus dem Epilimnion, Detritusbildung ist die wichtigste Senke

Organische Substanz ist damit der universelle Träger von potentieller Energie innerhalb von Ökosystemen. Sie verteilt sich auf lebende Organismen (Biomasse), abgestorbenes, partikuläres Material (Detritus) und gelöste organische Substanzen. Trotz ihres Energiegehaltes sind manche organischen Substanzen nur schlecht nutzbar, da sie für die meisten Organismen nicht oder nur schwer angreifbar sind (vgl. 4.3.11). Solche Substanzen werden als **„refraktär"** bezeichnet.

Bei der Beschreibung von **Energietransfers** müssen wir zwischen **Poolgrößen** und Flüssen **(Transferraten)** unterscheiden. Poolgrößen

(Biomasse, Detritus, gelöste organische Substanz) haben die Dimension Energie (= Arbeit, Kraft × Weg, $1\,N \cdot m = 1\,J = 1\,W \cdot s$), Flüsse haben die Dimension Energie/Zeit (= Leistung, $1\,N \cdot m \cdot s^{-1} = 1\,W$). Wird die Größe eines Pools entweder durch die Summe aller einströmenden Flüsse oder durch die Summe aller ausströmenden Flüsse dividiert, erhält man die theoretische Aufenthaltszeit der Energie in einem Pool, d. h. die Zeit, die nötig wäre, um einen entleerten Pool wieder aufzufüllen (Turnoverzeit).

8.2.2 Effizienz des Energietransfers

Prinzipiell können alle Formen von Energie (mit Ausnahme von Wärme) ineinander umgewandelt werden. Allerdings geht bei allen **Transformationen** ein Teil der Energie als Wärme verloren (2. Hauptsatz der Thermodynamik). Daneben gibt es noch andere Verluste, die einen Teil der Energie, die ein Produzent als Biomasse assimiliert hat, für einen nachfolgenden Konsumenten unbrauchbar machen. Betriebsstoffwechsel und Lokomotion verbrauchen Energie, die im Energiebudget des Organismus als Respiration zu Buche schlägt (vgl. 4.4.3). Außerdem werden unvollständig oxidierte organische Substanzen ausgeschieden. Diese können zwar detritivoren Organismen als Energiequelle dienen, nicht aber Räubern.

Die **Effizienz (Wirkungsgrad)** des Energietransfers wird durch Quotienten hintereinandergeschalteter Energieflüsse ausgedrückt. In Abschnitt 4.4.3 wurden bereits die Effizienzen behandelt, die sich aus der individuellen Energiebilanz ableiten lassen: die **Assimilationseffizienz** als der Quotient Assimilation/Ingestion, die **Netto-Produktionseffizienz** (K_2) als der Quotient Produktion/Assimilation und die **Brutto-Produktionseffizienz** (K_1), der Quotient Produktion/Ingestion. Daneben gibt es noch Effizienzen, die auf der Populationsebene definiert werden. In einer Räuber-Beute-Beziehung bezeichnet die **Ausbeutungseffizienz** den Quotienten aus Ingestionsrate des Räubers und Produktionsrate der Beute, d. h. den Anteil der Beuteproduktion, der vom Räuber gefressen wird. Die **ökologische Effizienz** gibt den Quotienten aus Räuberproduktion und Beuteproduktion an. Sie ist ein Maß dafür, wieviel Energie beim Transfer von einem Glied der Nahrungskette zum anderen weitergegeben wird. Ökologische Effizienten liegen meistens zwischen 0,05 und 0,2, d. h. 80 bis 95% der Energie gehen bei einem Weitergabeschritt in der Nahrungskette verloren. Daraus folgt, daß es im Gegensatz zu Stoffflüssen keinen auch nur halbwegs geschlossenen Kreislauf von Energie in Ökosystemen geben kann, sondern nur einen Durchfluß in einer Richtung.

8.2.3 Trophische Ebenen und Pyramiden

Das Konzept der „trophischen Ebene" ist eng mit dem Konzept der Nahrungskette (vgl. 7.3.1) verknüpft. Organismen, die innerhalb der Nahrungskette dieselbe Position einnehmen, können zu trophischen Ebenen zusammengefaßt werden. Da in der Realität eher Nahrungsnetze als Nahrungsketten anzutreffen sind, ist auch das Konzept der trophischen Ebenen eine mehr oder weniger starke Vereinfachung, die sich allerdings in vielen Studien als nützlich erwiesen hat.

Da die ökologische Effizienz immer klein ist, muß die Produktion aufeinanderfolgender trophischer Ebenen stark abnehmen. Bei einer ökologischen Effizienz von 0,1 beträgt die Produktion der zweiten Ebene 10%, die der dritten Ebene 1%, die der vierten Ebene 0,1% der Primärproduktion usw. Deshalb ist die Zahl der in einem Ökosystem möglichen trophischen Ebenen auch von der Höhe der Primärproduktion abhängig. Das ist auch die Grundlage des Oksanen-Modells der vertikal alternierenden Kontrolle in Lebensgemeinschaften (vgl. 7.3.5). Allerdings ist die Begrenzung der Zahl der trophischen Ebenen durch die Primärproduktion nicht absolut. Eine niedrige Primärproduktion kann in großen Lebensräumen dadurch kompensiert werden, daß Räuber höchster Ordnung ein großes Jagdrevier haben. Ein Beispiel dafür ist das Vorkommen von Haien in den extrem oligotrophen tropischen Ozeanen.

Die abnehmende Produktion mit der zunehmenden Höhe trophischer Ebenen kann man durch **„trophische Pyramiden"** visualisieren. In einer Blockdarstellung werden die Produktionsraten nach oben (höhere trophische Ebenen) immer kleiner, so daß der Eindruck einer Pyramide entsteht. Da aber die Zuordnung der Populationen zu trophischen Ebenen wegen der Nahrungsnetzstruktur schwierig ist und da die Schätzungen der Primärproduktion (Box **4.3**) und der Sekundärproduktion (Box **4.4**) problematisch sind, haben diese Darstellungen nicht viel mehr als heuristischen Wert. Ursprünglich wurde angenommen, daß der Pyramide der Produktion auch Pyramiden der Biomassen und der Individuenzahlen entsprechen müßten. Dies wird zwar oft gefunden, ist aber nicht zwingend, wenn die Organismen einer niedrigeren trophischen Ebene wesentlich kleiner sind als die der nächsthöheren und deshalb eine hohe spezifische Produktionsrate haben (vgl. 4.5). Auch geringe Biomassen können dann genug produzieren, um eine höhere Biomasse auf der nächsten Ebene zu ernähren.

8.2.4 Detritusnahrungskette und Microbial loop

Je größer die Resistenz der Primärproduzenten gegen die Herbivorie ist, desto größer wird der Anteil der **Detritusnahrungskette** am

Energiefluß durch Ökosystem (vgl. Abb. 8.1). Unter den aquatischen Systemen wird dieser Typus am extremsten durch Schilfröhrichte vertreten. Da Detritus einen hohen Anteil refraktärer Substanzen enthält, ist die ökologische Effizienz bei Detritivorie geringer als in der direkten Nahrungskette. Ein großer Teil des Detrituskonsums wird durch heterotrophe Mikroorganismen (Bakterien und Pilze) geleistet. In welchem Ausmaß sich „detritivore Tiere" tatsächlich direkt vom Detritus oder nur von den angehefteten, detritivoren Mikroorganismen ernähren, ist noch umstritten und dürfte sich auch zwischen verschiedenen Taxa unterscheiden. Wenn der Hauptanteil der Energie der Detritusnahrungskette zunächst durch die Mikroorganismen fließt, bedeutet das eine höhere Zahl von Gliedern in der Nahrungskette. Das führt zu weiteren Effizienzverlusten.

Ein Sonderfall der Detrituskette ist der erst in den letzten Jahren in seiner Bedeutung erkannte **„Microbial loop"** (mikrobielle Umweg) des Pelagials. Er nimmt seinen Ausgangspunkt von gelösten, organischen Exkreten der pelagischen Organismen (überwiegend der Phytoplankter). Diese sind zum Teil nicht refraktär und werden effizient von Bakterien verwertet, die ihrerseits von heterotrophen Protozoen gefressen werden (s. Nahrungsnetz in Abb. 7.1). Da diese Protozoen auch Phytoplankter der Pico-Größenkategorie fressen, wird auch dieser Transferschritt meistens in den Microbial loop mit einbezogen, obwohl es sich dabei um Herbivorie im klassischen Sinn handelt. Die heterotrophen Protozoen (meist Flagellaten) werden ihrerseits von metazoischen Zooplanktern gefressen. Damit wird die Energie des Microbial loop wieder in die „klassische" Nahrungskette eingeschleust. Gegenwärtig wird heftig diskutiert, ob es sich beim Microbial loop um ein **„Link"** (Verbindungsglied) oder **„Sink"** (Senke) im Energiefluß des pelagischen Ökosystems handelt. Die Antwort hängt überwiegend davon ab, ob man die Basis (Produktion der Bakterien und des Picoplanktons) oder die Spitze (Transfer zum Metazooplankton) des Microbial loop betrachtet. Die gemeinsame Produktion der Bakterien und der Picophytoplankter kann durchaus (besonders in oligotrophen Seen und in Seen mit starker allochthoner Zufuhr gelöster organischer Substanzen) größer sein als die Produktion der Nanophytoplankter. Wegen der extremen Kleinheit wären diese Partikel für die meisten Zooplankter nicht direkt verwertbar und damit für die Nahrungskette verloren. Werden die kleinen Partikel aber zunächst von Flagellaten (5 – 20 µm) konsumiert, so stehen diese anschließend den Filtrierern zur Verfügung. Bei einer ökologischen Effizienz von 0,1 gehen allerdings auf der Flagellatenstufe 90% der Energie als Wärme verloren. Deshalb müßte die Produktion der Bakterien und Picoplankter zehnmal so hoch sein wie die des Nanoplanktons, damit über den Microbial loop dem Metazooplankton und der weiteren Nahrungskette die gleiche Energiemenge zur Verfügung stünde. Ein Teil der Bakterien kann aber vom Metazooplankton auch direkt gefressen werden. Deshalb kann man auch argumentieren, daß die Einschaltung einer Flagellatenstufe nur dann zu einem Energiegewinn führt, wenn die Ausbeutungseffizienz des Zooplanktons für die kleinen Partikel geringer als 10% ist. Die ökologische Bedeutung des Microbial loop besteht wohl eher in der Funktion als Mortalitätsfaktor für Bakterien und Picoplankter und in der Regeneration der in kleinen Partikeln gebundenen Nährstoffe als in einer Verstärkung des Energieflusses durch die Nahrungskette.

8.2.5 Energieflußdiagramm

Besonders während des Internationalen Biologischen Programmes (IBP) in den 70er Jahren wurden zahlreiche Freilanduntersuchungen gestartet, um den Gesamtfluß der Energie oder von Substanzen durch ein Ökosystem zu erfassen. Als Endziel dieser Ökosystemstudien galt die Erstellung eines Diagramms des Energieflusses oder des Kohlenstoffkreislaufes durch ein Ökosystem. Dadurch wurde viel Information zusammengetragen. In den meisten Fällen konnte aber nur ein kleiner Teil der Flußraten wirklich bestimmt werden, und auch diese Bestimmungen sind mit starken Unsicherheiten behaftet. Die numerischen Werte der einzelnen Flußraten sollten deshalb nicht als präzise Angaben gesehen werden, sondern nur als erste Orientierung für die Größenordnung des Energieflusses in Ökosystemen dienen. Angesichts der Ungenauigkeiten bei der Abschätzung der Produktionsraten im Feld ist es nicht sinnvoll, Transfereffizienzen mit Kommastellen anzugeben, wie man das gelegentlich sieht. Da die Bedeutung des Microbial loop erst in den letzten Jahren erkannt wurde, sind die publizierten Energieflußdiagramme auch qualitativ unvollständig.

Aus historischen Gründen und da es nach wie vor eines der instruktivsten und vollständigsten Diagramme ist, soll hier das klassische Energieflußschema des Ökosystems **Silver Springs** als Beispiel präsentiert werden (Abb. 8.2). Es ist das Ergebnis einer sehr ausführlichen Ökosystemstudie (Odum 1957). Silver Springs ist eine große Quelle in Florida mit sehr klarem Wasser. Sie ist ein beliebtes Ziel für Touristen. Die wesentlichen Primärproduzenten sind Wasserpflanzen *(Vallisneria)* und das darauf wachsende Periphyton. Unter den Herbivoren dominieren Schnecken und Schildkröten. Die Karnivoren sind Fische. Wie bei allen anderen vergleichbaren Diagrammen zeigt sich auch hier, wie klein der Energiefluß durch

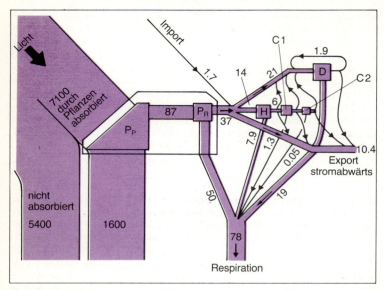

Abb. 8.2 Energiefluß im Ökosystem von Silver Springs (nach Odum 1957). Flußraten in 10^6 J m^{-2} Jahr^{-1}:
P_P = photosynthetische Biomasse der Pflanzen,
P_R = respiratorische Biomasse der Pflanzen (z. B. Wurzeln),
H = Herbivore,
C1 = Carnivore erster Ordnung,
C2 = Carnivore zweiter Ordnung,
D = Detritivore

die höheren trophischen Ebenen im Vergleich zur Primärproduktion ist. Diese quantitative Bedeutungslosigkeit der Tiere steht in einem eigentümlichen Kontrast zu ihrem steuernden Einfluß, den wir im Zusammenhang mit dem Konzept der „Schlußsteinarten" (vgl. 7.3.3) besprochen haben.

Für die Bewertung von Energieflußdiagrammen ist wichtig, daß sie singulär sind, d. h. nur für eine bestimmte Situation in einem bestimmten Gewässer gelten. Auch die explosive Zunahme des Datenmaterials während des IBP hat nicht zur Formulierung allgemeiner Gesetze geführt, außer von groben Faustregeln wie der, daß die ökologische Effizienz normalerweise $0{,}05 - 0{,}2$ beträgt. Es ist auch fraglich, ob die möglichst umfassende Messung von aggregierten Energieflüssen eine kausale Erklärung für deren Richtung im Ökosystem bieten kann, während wichtige Steuerungselemente wie Schlußsteinarten als „quantitativ vernachlässigbar" unberücksichtigt bleiben.

8.3 Stoffkreisläufe

8.3.1 Allgemeine Merkmale

Der Transfer von Energie in Ökosystemen ist stets mit dem Transfer von Stoffen gekoppelt. Dennoch unterscheidet sich der Transport von Stoffen in Ökosystemen in einigen wichtigen Merkmalen vom Transport der Energie. Der wesentlichste Unterschied besteht darin, daß **Stoffe in Ökosystemen zirkulieren können, während die Energie nur durchfließt.** Das liegt daran, daß selbst die vollständig remineralisierten Abbauprodukte (z. B. CO_2) wieder als Ressource genutzt werden können. Außerdem gilt für biologische und chemische Stofftransfers und Reaktionen nur ein Erhaltungsgesetz, aber kein Verfallsgesetz wie der zweite Hauptsatz der Thermodynamik.

Im Gegensatz zu der in der populären Literatur weit verbreiteten Vorstellung vom **„Gleichgewicht der Natur"** sind die Stoffkreisläufe in natürlichen Ökosystemen keineswegs vollständig geschlossen. Durch physikalische Transportprozesse (Abfluß, Erosion, Ausgasen gelöster Gase) werden jedem Ökosystem laufend Stoffe entzogen. Ein Teil der produzierten organischen Substanz wird auch weder remineralisiert noch exportiert, sondern an Ort und Stelle deponiert. Da der anaerobe Abbau organischer Substanzen wesentlich langsamer ist als der aerobe Abbau, wirkt in vielen Gewässern das **Sediment als Deponie.** Substanzen, die entweder aufgrund ihrer chemischen Struktur schwer abbaubar sind oder die durch Verschüttung im Sediment und anaerobe Verhältnisse dem Abbau entzogen sind, können sich so über lange Zeiträume akkumulieren. Darauf beruht die **Paläolimnologie,** die anhand von im Sediment erhaltenen Organismenresten und organischen Molekülen (z. B. Chlorophyllderivaten) die Geschichte eines Gewässers zu rekonstruieren versucht. Die langfristige Ablagerung nicht abgebauter organischer Substanzen hat zur Akkumulation der fossilen Energieträger Kohle, Erdöl und Erdgas geführt.

Der Kreislauf der Stoffe besteht nur zum Teil aus biologischen Umsetzungen. Abiotische Reaktionen wie Fällung, Lösung, Dissoziation und Redox-Reaktionen spielen eine wesentliche Rolle. Alle Reaktionen, die als Grundlage der chemolithotrophen Produktion (vgl. 4.3.8) dienen, können auch spontan, ohne Beteiligung von

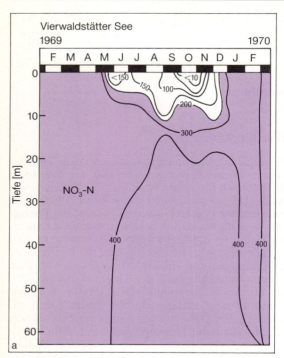

Abb. 8.3a u. b Komplementäre raum-zeitliche Verteilung des Nitratstickstoffs und des partikulären, organischen Stickstoffs (PON) im Vierwaldstätter See. Konzentrationsangaben in µg N/l; Konzentrationen über 200 µg N/l hellrot (nach Stadelmann 1971)

Organismen ablaufen. Es gibt jedoch auch anorganische Reaktionen, die durch die Aktivität von Organismen verursacht werden, z. B. die biogene Entkalkung. Wegen des engen Zusammenwirkens biologischer und geochemischer Prozesse sprechen wir daher von **biogeochemischen Kreisläufen.**

Ein entscheidender Schritt in allen biogeochemischen Kreisläufen ist die Transformation eines Stoffes von der gelösten in die partikuläre Phase. Im allgemeinen ist die Inkorporation in die Biomasse der Primärproduzenten der wichtigste Mechanismus dieses Phasenüberganges. Der gelöste (verfügbare) und der in die Biomasse inkorporierte Pool eines Elements innerhalb eines Ökosystems zeigen oft ein gegenläufiges Muster ihrer raum-zeitlichen Verteilung, d. h. Maxima der gelösten Konzentration fallen mit

Abb. 8.3

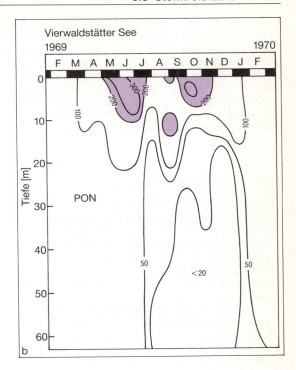

Minima der partikulären Konzentration zusammen und umgekehrt (Abb.8.3a u. b). Allerdings können starke und unregelmäßige allochthone Einträge ein derartiges Muster überlagern.

Die biogeochemischen Kreisläufe der einzelnen Elemente sind untereinander gekoppelt, da die Biomasse aller Organismen im wesentlichen aus denselben Elementen besteht und die stöchiometrische Zusammensetzung der Biomasse nur innerhalb gewisser Grenzen schwanken kann. Eine Ausnahme ist das Silizium der Kieselalgen (vgl. 6.4.4). Dennoch kann man keine Durchschnittsformel benutzen, um den Kreislauf eines Elements aus dem eines anderen zu berechnen. Dazu ist die Stöchiometrie einzelner potentiell limitierender Elemente (insbesondere des Phosphors) in der Biomasse der Primärproduzenten zu variabel (s. Droop-Gleichung, 4.3.3). Außerdem erfolgt die Rücklösung der einzelnen Elemente aus abgestorbenen Organismen und aus den Fäzes der Tiere unterschiedlich schnell. Phosphor geht schneller in die gelöste Phase über als Stickstoff und Kohlenstoff, diese wiederum schneller als Silizium.

Mobile Elemente wie Phosphor zirkulieren daher mehrfach im Epilimnion zwischen der gelösten und der partikulären Phase (**„kurzgeschlossener Kreislauf"**), bevor sie sedimentieren, während immobile Elemente wie Silizium bereits nach einmaliger Inkorporation in die Biomasse aus dem Epilimnion aussinken und sich allenfalls im Sediment wieder lösen. Die im folgenden dargestellten Kreisläufe des Kohlenstoffs, Stickstoffs, Phosphors und Silikats sind nur als Beispiel gedacht. Man könnte sie mit Beispielen aller anderen biologisch relevanten Elemente ergänzen.

8.3.2 Kohlenstoffkreislauf

Die wesentlichsten Pools des Kohlenstoffs in aquatischen Ökosystemen sind der **DIC** („dissolved inorganic carbon", gelöster anorganischer Kohlenstoff), der **DOC** („dissolved organic carbon", gelöster organischer Kohlenstoff) und der **POC** („particulate organic carbon", partikulärer organischer Kohlenstoff). Für die Poolgrößen gilt meistens die Beziehung DIC > DOC > POC. Häufig ist der größere Teil des POC im Detritus gebunden und der kleinere in den Organismen.

Abb. 8.4 zeigt das Schema des Kohlenstoffkreislaufs in einem amerikanischen Hartwassersee (Lawrence Lake). Es soll als Beispiel für die Komplexität der Prozesse dienen, läßt sich jedoch nicht ohne weiteres auf andere Seesysteme übertragen. Die pflanzlichen, mikrobiellen und Detrituskomponenten sind verhältnismäßig detailliert aufgeschlüsselt, während den tierischen Komponenten relativ wenig Aufmerksamkeit gewidmet wurde, da ihre Rolle unter dem Gesichtspunkt des Massenflusses vernachlässigbar klein erscheint.

Der DIC-Pool besteht aus CO_2, HCO_3^-, und CO_3^{2-}. Die Verschiebungen zwischen diesen drei Komponenten unterliegen den Gesetzen des Kalk-Kohlensäure-Gleichgewichts (vgl. 3.1.6) und sind indirekt über den pH-Wert von der photosynthetischen und respiratorischen Aktivität der Organismen abhängig. Der wichtigste abiotische Input des DIC ist die Lösung von atmosphärischem CO_2, die wichtigsten abiotischen Outputs sind die Ausgasung von gelöstem CO_2 und die Kalkfällung. Der biologische Input ist die Respiration der Organismen, während Photosynthese und Chemosynthese die biologischen Outputs darstellen.

Der DOC-Pool besteht aus einem Gemisch verschiedenster Substanzen, die biologisch leicht verfügbaren, niedrigmolekularen Substanzen haben einen wesentlich geringeren Anteil als die refraktären, hochmolekularen Humussubstanzen (vgl. 4.3.10). Neben allochthonen Inputs sind Sekretion und Exkretion durch Orga-

8.3 Stoffkreisläufe 357

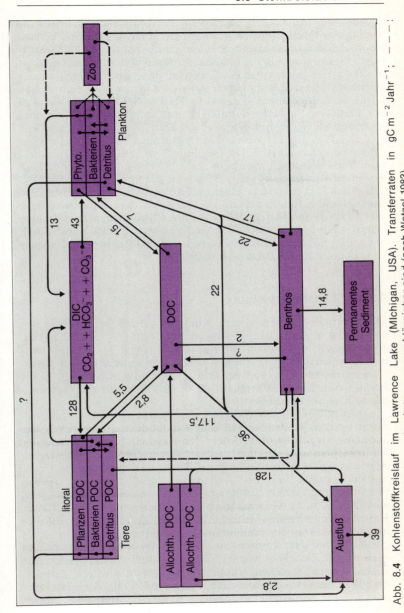

Abb. 8.4 Kohlenstoffkreislauf im Lawrence Lake (Michigan, USA). Transferraten in gC m^{-2} Jahr^{-1}; — — —: Transferraten, die nach Meinung der Autoren vernachlässigbar sind (nach Wetzel 1983)

nismen aller trophischen Ebenen sowie Autolyse des Detritus die wichtigsten Quellen des DOC, während Aufnahme durch heterotrophe Mikroorganismen, vor allem durch Bakterien, die wesentlichste Senke sind. Da die Exkretionsprodukte der Organismen gut für Bakterien verwertbar sind, werden diese auch schnell wieder verbraucht, so daß es zu keiner Anreicherung im Vergleich zu den refraktären Substanzen kommt. In Hartwasserseen kann ein Teil der humosen Substanzen durch Kopräzipitation mit Kalk und nachfolgende Sedimentation aus dem DOC-Pool entfernt werden.

Der POC besteht aus dem in Organismen und dem in Detritus gebundenen Kohlenstoff. Die Quelle des POC ist die Primärproduktion. Verschiebungen innerhalb des POC-Pools finden durch Tod, Fraß und Parasitismus statt. POC wird durch Respiration in DIC und durch Sekretion, Exkretion und Autolyse in DOC übergeführt. Sedimentation führt zu POC-Verlusten aus dem Pelagial und zu einem POC-Import in das Benthal. Durch Strömungen (bei starkem Wind) und Resuspension von sedimentiertem POC und durch zeitweilige Benthivorie ansonsten pelagischer Tiere wird POC wieder vom Benthal in das Pelagial transportiert.

8.3.3 Stickstoffkreislauf

Die quantitativ vorherrschende Komponente des Stickstoffs in den Gewässern ist der gelöste elementare Stickstoff (N_2; Löslichkeit ca. 15–20 mg/l), der jedoch nur für verhältnismäßig wenige Organismen verfügbar ist. Fixierung von N_2 ist an das Enzym Nitrogenase gebunden, das nur bei Prokaryoten auftritt (vgl. 4.3.7). Ihr Beitrag zum Stickstoffkreislauf ist in der Mehrheit der Gewässer nur von saisonaler Bedeutung.

Für autotrophe Organismen, die über keine Nitrogenase verfügen, sind das gelöste Nitrat, Nitrit und Ammonium die wichtigsten anorganischen Stickstoffquellen. Sie werden durch oberirdische Zuflüsse, Grundwasser und Niederschläge in Gewässer eingetragen. Alle drei Stickstoffverbindungen können von autotrophen Organismen verwertet werden. Andererseits wird durch den Abbau N-haltiger organischer Substanz nur Ammonium freigesetzt (**„Ammonifikation"**). Im Gegensatz zu Wirbeltieren, die Harnstoff oder Harnsäure ausscheiden, scheiden Zooplankter Ammonium aus. Es hat sich daher in der Meeresbiologie eingebürgert, das Nitrat als „neuen" und das Ammonium als „regenerierten" Stickstoff zu bezeichnen. Zwischen Nitrat, Nitrit und Ammonium findet eine Reihe von mikrobiellen Umsetzungen statt, die wegen der Änderungen des Oxidationszustandes (Abb. 8.**5**) vom Vorhandensein oder Fehlen von Sauerstoff abhängen. Die im anaeroben Milieu

8.3 Stoffkreisläufe

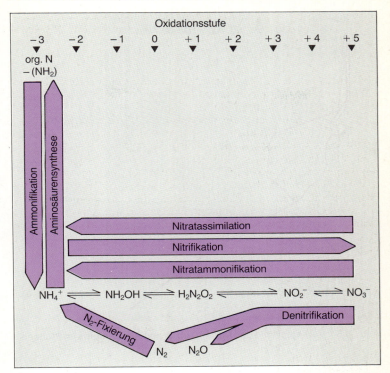

Abb. 8.5 Biochemische Transformationen der Oxidationsstufen des Stickstoffs (nach Wetzel 1983)

stattfindende Nitratatmung (vgl. 4.3.9) transformiert Nitrat entweder zu Ammonium (**„Nitratammonifikation"**) oder Stickstoff (**„Denitrifikation").** Die im aeroben Milieu stattfindende **Nitrifikation** (vgl. 4.3.8) verwandelt Ammonium über die Zwischenstufe Nitrit in Nitrat. Wegen der Abhängigkeit vom Sauerstoff führt dies vor allem in eutrophen Seen zu charakteristischen Tiefenprofilen (Abb. 8.**6**): Alle drei Verbindungen haben wegen der Zehrung durch das Phytoplankton ein Konzentrationsminimum in der Optimaltiefe der Photosynthese (0–6 m). Das Nitrat nimmt dann plötzlich stark mit der Tiefe zu, bis im anaeroben Milieu die Nitratatmung zu einer Zehrung führt. Das Ammonium nimmt ab 7 m mit der Tiefe kontinuierlich zu, während Nitrit, als relativ schnell durchlaufenes

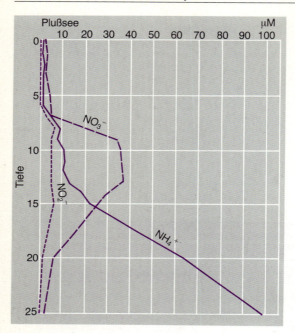

Abb. 8.6 Vertikalprofile des Nitrats, Nitrits und Ammoniums im Plußsee

Zwischenstadium der Nitrifikation, ein lokales Maximum in der Nähe des unteren Randes der oxidierten Zone hat.

Der gelöste organische Stickstoff (**DON**, „dissolved organic nitrogen") stammt aus der Exkretion durch Organismen und aus dem Zerfall von Detritus. Er besteht zum größten Teil aus Aminoverbindungen, von denen Polypeptide und andere komplexe Verbindungen den Hauptteil ausmachen. Einfache Aminosäuren werden schnell von Bakterien aufgenommen und sind deshalb nur in niedrigen Konzentrationen vorhanden. Mikroorganismen können aber Peptidasen (**Exoenzyme**) ausscheiden, mit denen Peptide in kleinere Einheiten gespalten werden können.

Die wichtigsten Komponenten des Stickstoffkreislaufes in einem See mit anaerobem Hypolimnion sind in Abb. 8.7 schematisch dargestellt. Wenn im Hypolimnion Sauerstoff vorhanden ist, finden die an anaerobe Bedingungen gebundenen Umsetzungen nur im Sediment statt.

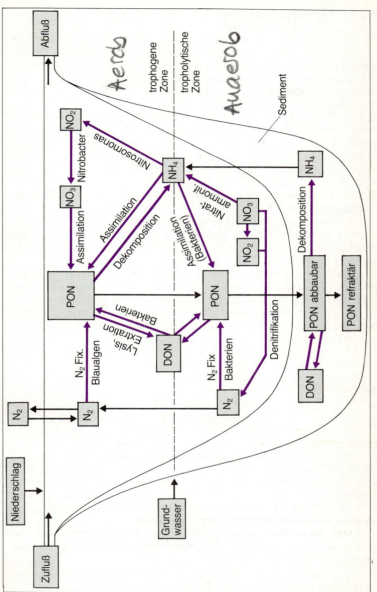

Abb. 8.7 Stickstoffkreislauf in einem See mit anaerobem Hypolimnion. Die Umsetzungen innerhalb des PON-pools (Fraß) sind nicht ausgewiesen. Schwarze Pfeile: Transportprozesse; rote Pfeile: biologische und chemische Umsetzungen

8.3.4 Phosphorkreislauf

Im Gegensatz zum Stickstoff tritt Phosphor in Ökosystemen fast nur in einer Form auf, als Phosphorsäurerest (PO_4^{3-}, **Orthophosphat**). Auch organische Phosphorverbindungen sind Esterbindungen zwischen Phosphorsäureresten und Kohlenstoffgerüsten. Da das Orthophosphation mit einigen Kationen (Al^{3+}, Fe^{3+}, Ca^{2+}) sehr niedrige Löslichkeitsprodukte hat und außerdem zur Adsorption an Tonmineralen neigt, ist es im Boden weniger mobil als die Stickstoffionen und wird auch leichter aus wäßrigen Lösungen gefällt. Wenn die Phosphatfracht nicht durch anthropogene Einflüsse (Abwässer, Detergentien) künstlich erhöht ist, erhalten Seen darum in der Regel durch Oberflächen- und Grundwässer eine wesentlich niedrigere P-Fracht als N-Fracht. In unbelasteten Gewässern ist daher der Phosphor öfter der limitierende Faktor des Pflanzenwachstums als der Stickstoff.

In limnologischen Untersuchungen zum Phosphorkreislauf werden meist methodisch bedingte Fraktionen unterschieden, die nicht exakt mit chemischen Spezies übereinstimmen (Strickland u. Parsons 1968):

Gelöster reaktiver Phosphor (**SRP**, „soluble reactive phosphorus") passiert Filter mit 0,1 oder 0,2 µm Porenweite und kann ohne Aufschluß mit der Molybdänblaumethode gemessen werden. In der älteren Literatur wird diese Fraktion oft als Orthophosphat bezeichnet, sie enthält aber nicht nur das freie Ion, sondern auch eine Reihe labiler anderer Phosphorverbindungen. Obwohl nur das freie Ion durch biologische Membranen transportiert wird, stimmt die SRP-Fraktion annähernd mit dem für Phytoplankter verfügbaren Phosphor überein, weil die anderen Verbindungen schnell zerfallen.

Der **„gelöste" Gesamtphosphor** (**TDP**, „total dissolved phosphorus") passiert Filter mit 0,1 oder 0,2 µm Porenweite und kann nach einem sauren, oxidativen Aufschluß mit der Molybdänblaumethode gemessen werden. Der ohne Aufschluß unreaktive Anteil enthält neben tatsächlich gelösten organischen Phosphaten relativ niedrigen Molekulargewichts (ca. 250) auch kolloidalen Phosphor. Von beiden Fraktionen findet eine ständige Nachlieferung in den SRP-Pool statt.

Der **Gesamtphosphor** (P_{tot} oder **TP**) wird nach einem sauren, oxidativen Aufschluß der unfiltrierten Probe gemessen, und enthält auch die partikulären Komponenten (P_{part} oder PP). Diese werden entweder aus der Differenz von filtrierten und unfiltrierten Proben oder durch Extraktion der Filter bestimmt.

Die wichtigste interne Senke des gelösten, reaktiven Phosphors ist die Aufnahme durch Algen und Bakterien. Dabei ist zu beachten, daß C-heterotrophe Bakterien P-autotroph sein können, d. h., sie können anorganisches Phosphat aufnehmen und dadurch zu Konkurrenten der Phytoplankter um SRP werden. Obwohl Phosphor häufig der wachstumslimitierende Faktor ist, verlieren Algen- und Bakterienzellen SRP und, in geringerem Maß, niedrigmolekulare, nicht-reaktive Phosphate (Lean u. Nalewajko 1976). Dieser **Hin- und Rückfluß** des Phosphors ist der schnellste der im Gewässer stattfindenden, ineinandergeschachtelten Kreisläufe. Die Turnoverzeit des SRP-Pools, die man aus der Brutto-Aufnahmerate von radioaktivem Phosphat (^{32}P) berechnet, kann unter P-limitierten Bedingungen auf ca. 10 Minuten absinken. Diese schnelle Zirkulation hat zwar die Aufmerksamkeit vieler Forscher erregt, sie ist aber ökologisch irrelevant, da nur die Nettoaufnahme des Phosphors für das Wachstum und für die Weitergabe in der Nahrungskette nutzbar ist. Wichtig ist jedoch die Nachlieferung von Phosphor durch die Exkretion der Tiere und durch den Zerfall nicht-reaktiver Komponenten, an dem mikrobielle Exoenzyme (Phosphatasen) beteiligt sind.

Der SRP im Epilimnion wird während der Vegetationsperiode des Phytoplanktons oft bis unter die Nachweisgrenze (0,03 µM, ca. 1 µg/l) aufgezehrt. Perioden, in denen das Grazing die Phytoplanktonproduktion überwiegt (Klarwasserstadien), sind meist an einem Wiederanstieg der SRP-Konzentration erkennbar. SRP und partikulärer Phosphor zeigen einen annähernd komplementären saisonalen Verlauf; allerdings nimmt der Gesamtphosphor während der geschichteten Phase im Epilimnion wegen der Sedimentation meist ab, falls es nicht eine erhebliche externe Zufuhr gibt. Wenn sich im Herbst die Sprungschicht in größere Tiefe verlagert, wird P-reiches Wasser ins Epilimnion eingemischt, so daß es zu einem Wiederanstieg der P_{tot}-Konzentration im Epilimnion kommt (Abb. 8.**8**).

Abb. 8.**9** zeigt ein Schema des P-Kreislaufes in einem geschichteten See. Durch Sedimentation der Organismen und durch Adsorption an sedimentierende Tonminerale und Kalkpartikel gelangt der Phosphor ins Sediment. Für das weitere Schicksal des im Sediment deponierten Phosphors sind die Redoxbedingungen an der Sediment-Wasser-Grenze von ausschlaggebender Bedeutung. Die Konzentration des gelösten Phosphors im anaeroben Interstitialwasser des Sediments ist stets um mehrere Größenordnungen höher als im Freiwasser. Dem Konzentrationsgradienten folgend müßte eine stetige P-Diffusion in das freie Wasser erfolgen. Ist das Tiefenwasser und somit die Sediment-Wasser-Grenzschicht oxidiert, liegt Eisen als oxidiertes Fe^{3+} vor. Der aus dem Sediment nachdiffundierende Phosphor bildet dann mit $Fe(OH)_3$ einen unlöslichen Komplex und wird ausgefällt. Wird das Fe^{3+} zu Fe^{2+} reduziert, löst sich der

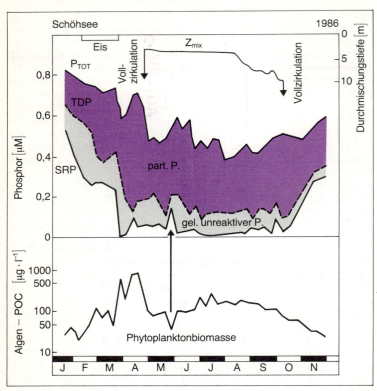

Abb. 8.**8** Jahresgang der verschiedenen P-Fraktionen (P_{tot}, TDP, SRP; Konzentrationen in µM) im Schöhsee im Vergleich zur Durchmischungstiefe und zur Entwicklung der Biomasse des Phytoplanktons. Der Pfeil bezeichnet das Klarwasserstadium

Komplex, und der Phoshor kann in Lösung übergehen. Die Reduktion des Eisens findet bei einem Redoxpotential von $0{,}2-0{,}3$ mV statt. Das tritt im Hypolimnion eines Sees bei einer Sauerstoffkonzentration von ca. 0,1 mg/l auf. Seen mit hoher Algenproduktion erreichen im Sommer häufig so niedrige Sauerstoffwerte (vgl. 3.3.1). Da es im anaeroben Hypolimnion zu keiner Fällung des Phosphors mit Eisen kommt, reichert sich dort gelöster Phosphor an. Er kann durch Turbulenzen an der Sprungschicht teilweise wieder in das Epilimnion eingemischt werden und so die Algenproduktion weiter ankurbeln. Das führt zu wiederum stärkerer Sauerstoffzehrung und damit erneut zur Phosphorfreisetzung **(rasante Eutrophierung).**

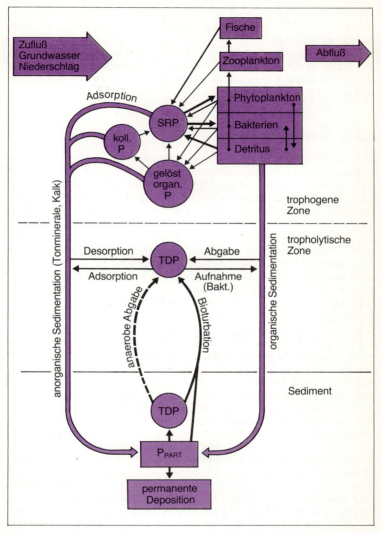

Abb. 8.9 Schema des P-Kreislaufs in einem geschichteten See. Graue Pfeile: physikalischer Transport; schwarze Pfeile: biologische Umsetzungen

Das Sediment wirkt also als P-Falle, solange seine Oberfläche oxidiert ist, aber als P-Quelle, wenn sie reduziert ist. Allerdings kommt es auch bei oxidierter Sedimentoberfläche zu einer gewissen P-Freisetzung, da Bodentiere durch ihre Exkretion und durch mechanische Umlagerung der obersten Zentimeter des Sediments die Abgabe von Phosphor in das freie Wasser fördern (Bioturbation).

8.3.5 Siliziumkreislauf

Das Silizium nimmt insofern eine Sonderstellung ein, als es im Süßwasser nur von einer Organismengruppe, den Kieselalgen, in nennenswerten Mengen benötigt wird. Der Beitrag von Chrysophyceen mit Kieselschuppen zum Si-Kreislauf kann im allgemeinen vernachlässigt werden. Kieselalgen benötigen allerdings große Mengen Silikat.

Das gelöste Silikat liegt als Orthokieselsäure vor, die bei pH-Werten < 9 nicht dissoziiert. Ihre ursprüngliche Quelle ist die Verwitterung von Silikatmineralien. Die einzige signifikante Senke im Gewässer ist die Aufnahme durch Kieselalgen. Kieselalgenschalen sind im Wasser zwar löslich, der Lösungsprozeß ist aber sehr langsam. Im Durchschnitt dauert es etwa 50 Tage, bis die Hälfte des partikulären Siliziums toter Kieselalgen gelöst ist. Auch während der Darmpassage durch herbivore Zooplankter geht das Silikat nicht in Lösung; im Gegensatz zu anderen Algennährstoffen wird also nicht die gelöste Form, sondern die partikuläre Form ausgeschieden. Bei Sinkgeschwindigkeiten von einigen Metern pro Tag für tote Kieselalgen und ihren Detritus bedeutet das, daß es praktisch zu keinem kurzgeschlossenen Kreislauf des Silikats im Epilimnion kommt (Sommer 1988b). Das sieht man auch daran, daß es nach dem Zusammenbruch von Kieselalgenmaxima nicht wieder zu einem schnellen Ansteigen der gelösten Si-Konzentrationen im Epilimnion kommt (Abb. 8.10). Erst Einmischung von Si-reicherem Tiefenwasser und allochthoner Eintrag führen zu einer Erhöhung der epilimnischen Konzentrationen. Das im Sediment deponierte partikuläre Silizium wird dort zum Teil wieder gelöst und kann durch Diffusion und Bioturbation ins Freiwasser gelangen. Die auf Dauer deponierten Kieselalgenschalen sind sehr erhaltungsfähig und zählen zu den wichtigsten Mikrofossilien der Paläolimnologie.

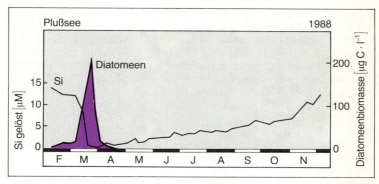

Abb. 8.10 Konzentration des gelösten Si (µM) und Biomasse der Diatomeen (µg C/l) im Epilimnion des Plußsees

8.4 Sind Fließgewässer Ökosysteme?

Die Definition eines Ökosystems, egal ob man es als einen „Mikrokosmos" betrachtet, der Eigenschaften hat, die sich nicht aus der Summe der Eigenschaften der Individuen erklären lassen oder einfach als Aggregat aus interagierenden Lebensgemeinschaften und abiotischen Faktoren (vgl. 8.1), beinhaltet eine gewisse Abgrenzung gegenüber anderen Systemen. Zwei hervorstechende Eigenschaften sind, daß Energie durch das System fließt, während Stoffe darin kreisen. Normalerweise wird stillschweigend vorausgesetzt, daß die von außen kommende Energie im System fixiert wird (z. B. Lichtenergie durch grüne Pflanzen) und dort auch wieder durch heterotrophe Organismen in Wärme umgesetzt wird. Gleichzeitig werden die bei der Energiefixierung benötigten Stoffe (z. B. oxidierter Kohlenstoff) wieder frei und stehen erneut zur Energiefixierung zur Verfügung.

Gelegentlich wird der Begriff Ökosystem im aquatischen Bereich nicht nur auf Seen, sondern auf Bäche und Flüsse angewandt; man spricht von Fließwasser-Ökosystemen. Zumindest die Anwendung des holistischen Ökosystemkonzeptes („Superorganismus") auf Fließgewässer bereitet aber große Schwierigkeiten.

Zunächst sind Fließgewässer überwiegend heterotroph funktionierende Systeme. Die Energiefixierung findet nicht im Gewässer selbst statt, sondern in den terrestrischen Systemen seines Einzugsgebietes. Die Energie wird bereits als allochthone organische Substanz ins Gewässer transportiert und dort nur verbraucht. Energiefixierung und Abbau sind deshalb getrennt. Ohne sein Tal, das Einzugsgebiet, das die Energie liefert, könnte ein Fließgewässer nicht existieren; es ist energetisch vom Einzugsgebiet abhängig. Umgekehrt wäre der Abbau der organischen Substanz außerhalb des Gewässers aber sehr wohl möglich; die Abhängigkeit ist also einseitig. Eine solche einseitig abhängige Struktur aber als ein eigenständiges System zu betrachten, ist kaum sinnvoll. Deshalb läßt sich ein Fließgewässer nicht als getrenntes System, sondern nur als ein Teil eines größeren Systems, des Tals, verstehen (Hynes 1975).

Ähnlich ist die Situation beim Kreislauf der Stoffe. Beim Abbau organischer Substanz freigesetzte Stoffe stehen nicht wieder den Produzenten zur Verfügung. Sie werden mit der fließenden Welle weggetragen und können bestenfalls den unterhalb gelegenen Organismen zugute kommen. Die Stoffe kreisen nicht, sondern „spiralen" abwärts. Verglichen mit der großen Menge an anorganischen Stoffen, die aus dem Einzugsgebiet in das Gewässer transportiert werden, ist die Regeneration im Gewässer selbst verschwindend klein. Auch mit Bezug auf die anorganischen Stoffe reguliert sich das System nicht selbst, sondern wird im wesentlichen von außen bestimmt. Zwar gibt es Situationen, wo auch Stoffe aus dem Gewässer in das Einzugsgebiet transportiert werden, wenn ein Fluß über die Ufer tritt (vgl. die Bedeutung des Nil-Wassers für die Fruchtbarkeit der ägyptischen Felder), dabei handelt es sich aber eigentlich nur um eine Verlagerung der Nährstoffe vom Land (Oberlauf) durch den Fluß (Transportmittel) auf das Land (Unterlauf).

Ein Fließgewässer ist deshalb nicht nur energetisch, sondern auch mit Bezug auf die Stoffflüsse vom Einzugsgebiet abhängig und kann nur als dessen Teil angesehen werden. Das erklärt die große Elastizität und Regenerationsfähigkeit von Fließgewässern nach Störungen (vgl. 5.7). Auch wenn erhebliche Fließstrecken von einer Störung betroffen sind, kann man das nur als lokalen Effekt ansehen. Das riesige Einzugsgebiet ist von einem Giftunfall im Bach zum Beispiel nicht betroffen. Der Puffer ist das Einzugsgebiet, das noch intakt ist. Umgekehrt können aber Eingriffe im Einzugsgebiet (z. B. Abholzung) erhebliche Effekte auf das Fließgewässer haben. Das ist in dem berühmten Großexperiment von Hubbard Brook im Nordosten der USA, bei dem ein Bach mit seinem gesamten Einzugsgebiet erfaßt wurde, genau untersucht worden (Likens u. Mitarb. 1977).

Versteht man unter einem Ökosystem im Sinne des holistischen Ansatzes ein sich selbst regulierendes System, dann ist diese Bezeichnung für ein Fließgewässer sicher nicht korrekt. Man sollte den Begriff Fließwasser-Ökosystem deshalb nur benutzen, wenn man unter System nichts weiter versteht als ein Beziehungsgefüge biologischer und abiotischer Faktoren. In diesem Fall hat das Wort einen gewissen heuristischen Wert, denn es macht die Rolle der abiotischen Faktoren, die gerade in einem Fließgewässer wichtig sind, deutlich.

Es mag erstaunlich klingen, daß eine der klassischen Ökosystemstudien, die als erste den Energiefluß durch alle trophischen Ebenen quantifizierte, an einem Fließgewässer, den Silver Springs in Florida, durchgeführt wurde (Abb. 8.2). Bei genauem Hinsehen zeigt sich allerdings, daß die Silver Springs ein sehr untypisches Fließgewässer sind. Der Energieeintrag kommt nämlich zum überwiegenden Teil aus der Photosynthese der Makrophyten und des Periphytons. Allochtoner Energieeintrag beschränkt sich auf das Füttern der Fische durch Touristen. Einen Kreislauf von Stoffen gibt es auch hier nicht, da das Gewässer ausschließlich durch Quellwasser gespeist wird, das alle notwendigen Stoffe im Überfluß mitbringt. Der fehlende Kreislauf der Stoffe ist in diesem Fall aber nicht wichtig, da sich die Studie ausschließlich auf den Fluß der Energie beschränkt. Silver Springs ist energetisch unabhängig vom Einzugsgebiet, stofflich aber völlig vom Quellwasser abhängig. Es ist als ein System im Fließgleichgewicht anzusehen und nimmt deshalb eine Sonderstellung ein. Gerade die Tatsache, daß es sich im Fließgleichgewicht befindet, macht es aber für die Untersuchung des Energieflusses so geeignet.

8.5 Produktivität im Ökosystemvergleich

8.5.1 „Empirische Modelle"

Der Begriff „**Produktivität eines Ökosystems**" hat eine ähnliche Bedeutung wie der Begriff „Fruchtbarkeit" in der Landwirtschaft. Er bezeichnet die Fähigkeit, Biomasse einer beliebigen trophischen Ebene zu bilden. Da niedrigere trophische Ebenen die Nahrungsgrundlage höherer trophischer Ebenen sind, wird meist eine positive Korrelation zwischen den Produktivitäten auf den einzelnen trophischen Ebenen vorausgesetzt. In Ökosystemen mit geringfügigem allochthonen Eintrag organischer Substanzen kann die Primärproduktion mit der Produktivität des gesamten Ökosystems gleichgesetzt werden.

Eines der Hauptziele der vergleichenden Ökosystemforschung nach der Art des Internationalen Biologischen Programmes der 70er Jahre ist die Messung der Produktivität verschiedener Ökosysteme und die Aufdeckung globaler Trends in der Abhängigkeit der Produktivität von den klimatischen und geochemischen Rahmenbedingungen. Dazu wurde nach statistischen Zusammenhängen zwischen Inputparametern und den Produktivitäten und Biomassen einzelner trophischer Ebenen gesucht. Auf der Basis vergleichender Untersuchungen kann man „**empirische Modelle**" erstellen, die eine Wahrscheinlichkeitsprognose für den Zusammenhang von aggregierten Parametern wie Produktion oder Biomasse auf einzelnen trophischen Ebenen erlauben. Solche empirischen Modelle sind nichts anderes als **Regressionsanalysen** zwischen Input- und Outputparametern, z. B. Primärproduktion und Sekundärproduktion. Als Inputparameter muß dabei nicht unbedingt die Produktion oder Biomasse der nächstunteren trophischen Ebene dienen, es können auch mehrere Schritte übersprungen werden; z. B. ist es möglich, den statistischen Zusammenhang zwischen Fischproduktion (Output) und Primärproduktion (Input) zu untersuchen. In vielen Fällen verwenden empirische Modelle auch **Surrogatparameter,** z. B. die geographische Breite, als Ersatz für die Einstrahlung von Lichtenergie oder das Chlorophyll für die Biomasse des Phytoplanktons. Je variabler der Zusammenhang des Surrogatparameters mit dem tatsächlich interessierenden Parameter ist, desto mehr wird die ohnehin schon vorhandene Streuung vergrößert.

Regressionsmodelle entdecken signifikante Zusammenhänge nur dann, wenn die Unterschiede der einzelnen Gewässer in den abhängigen und unabhängigen Variablen möglichst groß sind. Wegen dieser großskaligen Betrachtungsweise stehen sie fast durchwegs auf dem Boden der „Bottom-up"-Hypothese, d. h., die Korrelation zwischen den Produktions- und den Biomasseparametern der einzelnen trophischen Ebenen sind durchwegs positiv. „Top-down"-Effekte erscheinen hingegen als Streuung zwischen einzelnen Seen, die sich in der unabhängigen Variablen nur wenig voneinander unterscheiden (vgl. 7.3.5).

8.5.2 Primärproduktion und Biomasse des Phytoplanktons

Die vergleichenden Untersuchungen des IBP haben gezeigt, daß die Höhe der Jahres-Primärproduktion in Seen von den Tropen zu den Polen hin abnimmt. Das gilt insbesondere für die produktivsten Seen der verschiedenen Zonen, aber nicht so sehr für die jeweils unproduktivsten. Für diesen Trend gibt es mehrere potentielle Ursachen, die auch additiv wirken können. Die absolute Höhe der Lichtenergie in den Tropen ist höher. Die längere Vegetationsperiode in den Tropen wirkt sich offenbar stärker aus als die größere sommerliche Tageslänge hoher Breitengrade. Die höheren Wassertemperaturen führen dazu, daß Nährstoffe schneller remineralisiert

8.5 Produktivität im Ökosystemvergleich

werden und daher öfter in der euphotischen Zone für neue Primärproduktion zur Verfügung stehen, bevor sie endgültig sedimentieren. Durch das polymiktische Durchmischungsregime wird die räumliche Trennung zwischen Lichtangebot und Nährstoffangebot immer wieder aufgehoben.

Mit der geographischen Breite ergibt sich ein allgemeiner Trend. Die Unterschiede in der Primärproduktion der einzelnen Seen innerhalb der einzelnen Breitengrade können aber dennoch extrem groß sein. Dabei spielt die Verfügbarkeit der limitierenden Nährstoffe eine große Rolle. So zeigte ein Vergleich verschiedener Seen innerhalb der gemäßigten Zone Nordamerikas und Europas eine starke Abhängigkeit der durchschnittlichen Tages-Primärproduktion in der Vegetationsperiode (mg C m^{-3} d^{-1}) von der Konzentration des Gesamtphosphors ($\mu g/l$):

$$PPR = 10{,}4 \cdot P_{tot} - 79 \, ; \qquad r^2 = 0{,}94 \quad (\text{Smith 1979})\,.$$

Dieses empirische Modell läßt sich benutzen, um die Primärproduktion aus dem Gesamtphosphor mit hoher statistischer Wahrscheinlichkeit vorauszusagen.

Wegen des praktischen Interesses im Zusammenhang mit der Eutrophierung der Gewässer wurde eine große Zahl empirischer Modelle entwickelt, die die Biomasse des Phytoplanktons aus dem Nährstoffangebot prognostizieren. Die Biomasse wird meist durch den Surrogatparameter Chlorophyll ersetzt, gelegentlich dienen aber auch das mikroskopisch bestimmte Biovolumen oder der POC (Detritus wird miterfaßt) als abhängige Variable. Die konzeptionelle Basis dieser Modelle ist die Annahme, daß aus einer bestimmten Menge eines limitierenden Nährstoffes nur eine bestimmte Biomasse gebildet werden kann. Beim Vergleich der verschiedenen Phosphor-Biomasse-Modelle muß man darauf achten, wie die zeitlichen und räumlichen Mittelwerte gebildet wurden. Zeitlich gibt es Modelle für Jahresmittel, Mittel der Vegetationsperiode und Maximalwerte; räumlich werden Mittelwerte der euphotischen Zone, des Epilimnions, des gesamten Wasservolumens oder auf die Seeoberfläche bezogene vertikale Integralwerte benutzt.

Das bekannteste empirische Modell ist die vergleichende Eutrophierungsstudie der OECD (Vollenweider u. Kerekes 1982). Wir können daran die Probleme aller Phosphor-Biomasse- und aller vergleichbaren Regressionsmodelle diskutieren. Das OECD-Modell umfaßt zwei Schritte: Der erste Schritt beschreibt den Zusammenhang zwischen der Phosphorfracht in ein Gewässer und der Phosphorkonzentration im Gewässer (vgl. 8.5.4). Der zweite Schritt ermittelt den Zusammenhang zwischen Phosphorkonzentration und Phytoplanktonbiomasse. Verwendet man Chlorophyll als Surro-

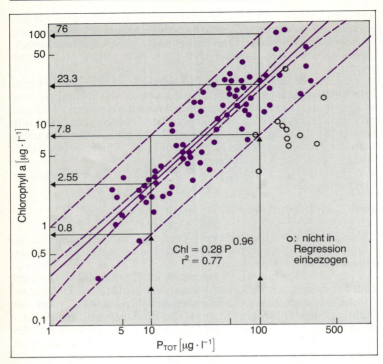

Abb. 8.11 Das Phosphor-Chlorophyll-Modell der OECD Eutrophierungsstudie (nach Vollenweider u. Kerekes 1982). Jeder Punkt repräsentiert einen See. Log-log-Regression Chlorophyll (Jahresmittel der euphotischen Zone) gegen Gesamtphosphor (Jahresmittel des gesamten Sees). Unterbrochene Linie innen: 95% Vertrauensbereich der Regressionsgeraden; unterbrochene Linie außen: 95-%-Vertrauensbereich der abhängigen Variablen; dünne Linien mit Pfeilen: Chlorophyllprognose für Seen mit 10 bzw. 100 µg P_{tot}/l

gatparameter der Biomasse, erhält man die Regressionsgleichung:

Chl a $= 0{,}28 \cdot P_{tot}^{0,96}$; $r^2 = 0{,}77$; $n = 77$

(Chl a: Jahresmittel der euphotischen Zone, µg/l; P_{tot}: Jahresmittel des Sees, µg/l)

Obwohl die Regressionsgleichung signifikant ist, ist die Streuung der individuellen Datenpunkte sehr breit (Abb. 8.11). Der 95-%-Vertrauensbereich der abhängigen Variablen umfaßt fast eine Zehnerpotenz. Bei einen P_{tot}-Gehalt von 10 µg/l liegt die Chlorophyllkonzentration mit 95% Wahrscheinlichkeit zwischen 0,8 und 7,8 µg/l, bei einem P_{tot}-Gehalt von 100 µg/l zwischen 7,8 und 76 µg/l. Daraus folgt, daß sich Seen in ihrem P_{tot}-Gehalt um mindestens eine Zehnerpotenz unterscheiden müssen, damit sich die 95-%-Vertrauensbereiche nicht mehr überlappen. Für die meisten anderen auf doppeltlogarithmischer Regression beruhenden empirischen Modelle gelten ähnlich breite Vertrauensbereiche. In keinem Fall kann man diese Modelle als „Eichgeraden" verwenden, bei denen die Messung der einen Variablen die Messung der anderen Variablen erspart.

8.5.3 Sekundärproduktion, Fischertrag und tierische Biomasse

Bei konstanter ökologischer Effizienz sind die Sekundärproduktion und die Primärproduktion direkt proportional. Da die Primärproduktion sich zwischen verschiedenen Seen um ca. drei Zehnerpotenzen unterscheiden kann (Brylinsky 1980), bleibt auch bei einer gewissen Variabilität der ökologischen Effizienz (0,05 – 0,2) der statistische Zusammenhang zwischen Primärproduktion und Sekundärproduktion erhalten. Aus dem Datenmaterial des IBP ergab sich eine lineare Beziehung zwischen der Jahres-Bruttoprimärproduktion (PP) und der Jahres-Nettosekundärproduktion (SP) (beide in kJ m^{-2} Jahr^{-1}):

$$SP = -36{,}05 + 0{,}128 PP; \qquad r^2 = 0{,}82; \qquad n = 17.$$

Ein aus wirtschaftlichen Gesichtspunkten wichtiger Produktionsparameter ist der Fischertrag, d. h. der flächenspezifische Fang von Fischen. Obwohl er von Fischereiwirtschaftlern oft auch als „Fischproduktion" bezeichnet wird, ist er kein echter Produktionswert im Sinne der Ökosystemforschung, da der Fang nicht nur von der Produktivität des Ökosystems, sondern auch von der Intensität der Befischung abhängt. Dieser Fehler entfällt allerdings, wenn bei der Befischung strikt das Nachhaltigkeitsprinzip eingehalten wird, d. h. jährlich nur soviel gefangen wird wie nachwächst. In diesem Fall ist der Fischertrag geringer als die tatsächliche Fischproduktion, da nicht alle Fischarten gefangen werden. Da die Fische mehreren trophischen Ebenen angehören, kann die Fischproduktion auch keiner bestimmten trophischen Ebene zugeordnet werden. Dennoch wurden statistische Zusammenhänge zwischen der Produktivität eines Gewässers und seinem Fischertrag festgestellt:

$Y_N = 7{,}1 \cdot P_{tot}^{1,0}$; $\quad r^2 = 0{,}87$; $\quad n = 21$,
$Y_T = 0{,}012 \cdot Chl^{1,17}$; $\quad r^2 = 0{,}87$; $\quad n = 19$;
$Y_T = 10^{-6} \cdot PP^{2,0}$; $\quad r^2 = 0{,}74$; $\quad n = 15$.

Y_N = Fischertrag in g Frischgewicht m^{-2} Jahr^{-1},
Y_T = Fischertrag in g Trockengewicht m^{-2} Jahr^{-1},
P_{tot} = Gesamtphosphor in µg/l (Jahresmittel),
Chl = Chlorophyll a in µg/l (Sommermittel),
PP = Primärproduktion in g C m^{-2} Jahr^{-1}.

Die Gleichungen in Abschnitt 8.5.3 sind zitiert nach Peters (1986). Dort ist eine große Zahl „empirischer" Zusammenhänge für Produktion und Biomasse verschiedenster trophischer Ebenen zusammengestellt.

8.5.4 Trophiesystem

Schon früh in der Geschichte der Limnologie wurde festgestellt, daß große und tiefe Seen meistens weniger produktiv sind als kleine und flache Seen. Dieser Zusammenhang zwischen Größe und Produktivität hat mehrere Gründe:
Ein See erhält seine Nährstoffe aus dem Einzugsgebiet (Erosion). Vorausgesetzt, daß der Nährstoffaustrag pro Fläche gleich ist, hängt die Nährstofffracht pro Seevolumen vom Verhältnis Seevolumen: Einzugsgebiet ab. Seen, die im Verhältnis zu ihrem Einzugsgebiet groß sind, werden weniger mit Nährstoffen belastet.
In größeren und tieferen Seen steht während des Sommers ein kleinerer Anteil des Epilimnions in Kontakt mit dem Sediment, so daß relativ weniger Nährstoffe rückgelöst werden können.
Größere Seen haben meist eine höhere Aufenthaltszeit des Wassers. Während des längeren Aufenthalts kann ein größerer Teil der Nährstoffe durch Sedimentation dem Wasser entzogen werden. In der OECD-Eutrophierungsstudie wurde für den Zusammenhang zwischen der P_{tot}-Konzentration im See (P_L), der P_{tot}-Konzentration in den Zuflüssen (P_{in}) und der theoretischen Wassererneuerungszeit (τ_w; in Jahren) folgende empirische Beziehung gefunden (Vollenweider u. Kerekes 1982):

$P_L = 1{,}55(P_{in}/(1 - \sqrt{\tau_w}))^{0,82}$; $\quad r^2 = 0{,}86$; $\quad n = 87$.

Aus dieser Formel ergibt sich, daß die P-Konzentration im See um so weiter hinter der Konzentration in den Zuflüssen zurückbleibt, je größer τ_w ist.

8.5 Produktivität im Ökosystemvergleich

Die auffälligen Unterschiede zwischen sehr produktiven und sehr unproduktiven Seen inspirierten Einar Naumann und August Thienemann zu einer „**Seentypenlehre**". Seen mit geringer Produktivität und klarem Wasser wurden als **oligotroph** bezeichnet, Seen mit großer Produktivität und durch Phytoplankton gefärbtem Wasser als **eutroph**. Daneben wurde noch ein **dystropher** Typ unterschieden, dessen Wasser durch gelöste Humussubstanzen braun gefärbt ist und der sich nur bei elektrolytarmen Wässern ausbildet. Ursprünglich erfolgte die Zuordnung der Seen zu einem bestimmten Typ nach qualitativen Kriterien: Oligotrophe Seen haben im Sommer ein orthogrades Sauerstoffprofil, eutrophe Seen ein clinograges (vgl. 3.3.1). Ein weiteres Unterscheidungskriterium war der entweder oxidierte (oligotrophe Seen) oder reduzierte (eutrophe Seen) Zustand der Sedimentoberfläche. Eng damit zusammen hängt die Besiedlung des Sediments mit verschiedenen Indikatororganismen. Unter den Chironomidenlarven des Profundals dominieren zum Beispiel in oligotrophen Seen *Tanytarsus* spp. und in eutrophen Seen *Chironomus* spp. Letztere können längere Zeiten des Sommers im anaeroben Hypolimnion eutropher Seen ausdauern und sind zur Anoxibiose fähig.

Im Zuge der OECD-Studie hat man versucht, die qualitative Typenlehre zunehmend durch eine quantitative Betrachtungsweise zu ersetzen. „Oligotroph" und „eutroph" sind demnach bestimmte Abschnitte auf einem Trophiekontinuum, die durch konventionell festgesetzte Grenzwerte voneinander abgetrennt werden, z. B. durch die P_{tot}-Konzentration während der Frühjahrszirkulation:

ultra-oligotroph $P_{tot} < 5$ µg/l,
oligotroph P_{tot} 5 – 10 µg/l,
mesotroph P_{tot} 10 – 30 µg/l,
eutroph P_{tot} 30 – 100 µg/l,
hypereutroph $P_{tot} > 100$ µg/l.

Mit den in 8.5.2 und 8.5.3 angegebenen empirischen Formeln lassen sich diese Grenzwerte auch in Produktions- oder Biomassewerte übertragen. Sie sind damit auch dann anwendbar, wenn Phosphor nicht der limitierende Faktor der Produktivität ist.

Die quantitative Einteilung aufgrund chemischer Daten ist zwar einfacher in technische Maßnahmen umsetzbar, es ist jedoch zu bedenken, daß Trophie im Grunde ein biologisches Phänomen ist. Nach einem einzelnen Faktor läßt sich die Trophie im traditionellen Sinn nicht bestimmen. Das wird deutlich, wenn man den Schöhsee in Holstein (mittlere Tiefe 13 m) und den Bodensee vergleicht. Der nach OECD-Kriterien mesotrophe Schöhsee (P_{tot} ca. 20 µg/l) hat im Spätsommer ein sauerstofffreies Hypolimnion, ist also im traditionellen Sinn eutroph. Obwohl der Bodensee eine erheblich höhere

Box 8.1 Einige Charakteristika oligotropher und eutropher Seen

(* = Ausnahmen möglich)

	Oligotroph	Eutroph
Morphometrie	tief*	flach*
Volumenverhältnis Epi-/Hypolimnion	<1*	>1*
Primärproduktion	gering 50–300 mg C m^{-2} d^{-1}	hoch 1000 mg C m^{-2} d^{-1}
Algenbiomasse	gering 0,02–0,1 mg C/l 0,3–3 µg Chl-a/l	hoch >0,3 mg C/l 10–500 µg Chl-a/l
Nährstoffe	gering P_{tot} nach Vollzirkulation <10 µg/l	reichlich P_{tot} nach Vollzirkulation >30 µg/l
Massenentwicklungen von Blaualgen	fehlen	vorhanden
O_2-Zehrung im Hypolimnion	gering, <50%	stark, bis auf Null
O_2-Profil	orthograd	clinograd
Tiefenfauna	divers, O_2-bedürftig	artenarm, tolerant gegen O_2-Mangel
Chironomiden-Larven	*Tanytarsus*-Gruppe	*Chironomus* (rot)
Fischfauna	Tiefenwasser-Salmoniden, Coregonen (kaltstenotherm)	keine kaltstenothermen Fische (Cypriniden)

Phosphorkonzentration aufweist (1980: P_{tot} = 100 µg/l; nach OECD-Kriterien eutroph), beträgt die O_2-Sättigung über dem Boden im Sommer noch ca. 50%; er ist also im traditionellen Sinn mesotroph. Der Unterschied läßt sich sehr einfach mit der Morphometrie erklären: der Bodensee (mittlere Tiefe ca. 100 m) hat ein riesiges Hypolimnion und bringt damit von der Frühjahrszirkulation einen großen Sauerstoffvorrat mit, der zum Abbau der aus der trophogenen Schicht absinkenden organischen Substanz zur Verfügung steht. Im Gegensatz dazu hat der Schöhsee mit einer mittleren Tiefe von ca. 13 m ein kleines Hypolimnion mit einem entsprechend kleinen Sauerstoffvorrat. Schon Thienemann hat die Bedeutung der Morphometrie für die Trophie erkannt. Er beschrieb, daß Seen mit einem Volumenverhältnis von Epilimnion:Hypolimnion von <1 zur Eutrophie tendieren, während solche mit einem Verhältnis >1 eher oligotroph sind. Zur Beurteilung der Trophie benötigt man deshalb mehrere Kriterien (Box **8.1**).

8.6 Anthropogene Störungen von Ökosystemen

8.6.1 Eutrophierung: Ursachen und Folgen

Die Zunahme des Trophiegrades eines Gewässers wird als Eutrophierung bezeichnet. In der geologischen Geschichte eines Sees ist dies ein langsamer, natürlicher Prozeß. Durch die Auffüllung des Seebeckens mit Sediment vermindert sich zunehmend sein Volumen (Verlandung). Das führt zu einer Zunahme des Trophiegrades, auch wenn der Nährstoffeintrag gleich bleibt. Während der letzten Jahrzehnte erlebten jedoch zahlreiche Binnengewässer einen rasanten Anstieg ihres Trophiegrades. Die Eutrophierung der Seen erwies sich dabei als eine der am weitesten verbreiteten und gravierendsten anthropogenen Störungen aquatischer Ökosysteme. Heute besteht weitgehend Einigkeit darüber, daß die zunehmende Fracht von Nährstoffen, insbesondere Phosphor, die Ursache der Eutrophierung ist. Inzwischen hat die **anthropogene Zunahme der Nährstoffeinträge** auch zur Eutrophierung sehr großer Seen geführt, z. B. Lake Erie (25800 km^2) und Lake Ontario (24500 km^2). Die anthropogene Zunahme der Nährstoffeinträge beruht in erster Linie auf einer Erhöhung der **Abwasserfrachten,** der Einführung **phosphathaltiger Waschmittel,** der Zunahme der **Düngung** in der Landwirtschaft und der Zunahme der Erosion im Einzugsgebiet. Bei der Zunahme der Stickstoffeinträge spielt auch die zunehmende Belastung der **Atmosphäre** mit Stickstoffoxiden und deren Lösung im Niederschlag eine wesentliche Rolle. Die Düngung von Ackerland führt in erster Linie zu einer Erhöhung der N-Frachten, da Phosphor im Boden verhältnismäßig immobil ist. Bei Starkregen, z. B. während Gewittern, kommt es jedoch zur flächenhaften Abschwemmung von Boden und aufgebrachtem Dünger (Gülle), wobei auch große Mengen Phosphor in die Gewässer eingetragen werden können. **Häusliche Abwässer** führen in erster Linie zu einer Erhöhung der P-Frachten. Sie

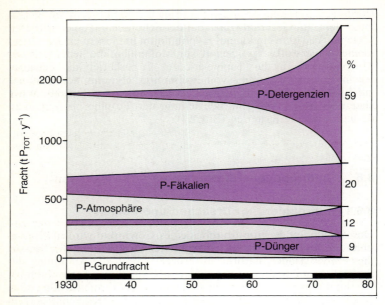

Abb. 8.12 Jährliche Phosphatfrachten in den Bodensee vor dem Erfolg der Sanierungsmaßnahmen (nach einer Modellrechnung von Wagner 1976)

enthalten im Schnitt ein N : P-Verhältnis von 4 : 1 und können damit zu einem Übergang von Phosphor- zu Stickstofflimitation führen (vgl. 4.3.7). Eine Schätzung der verschiedenen Komponenten der Phosphorfracht in den Bodensee für das Jahr 1976 zeigt, wie wichtig der Anteil des durch die Abwässer transportierten Waschmittelphosphors und des fäkalen Phosphors vor dem Bau moderner Kläranlagen war (Abb. 8.12). Seit der Einführung von Phosphat-Ersatzstoffen in Detergentien ist dieser Anteil rückläufig.

Eine besonders unerwünschte Eutrophierungsfolge ist die **massenhafte Entfaltung von Blaualgen** (Cyanobakterien). Diese tendieren dazu, massive „Oberflächenblüten" zu bilden. Manche Stämme sind toxisch oder erzeugen Allergien. Die Ausscheidung geruchs- und geschmacksstörender organischer Substanzen stört bei der Trinkwassererzeugung. Klassische „Problemalgen" sind die N_2-Fixierer *Anabaena* und *Aphanizomenon* sowie die nicht N_2-fixierenden Gattungen *Microcystis*, *Limnothrix* und *Planktothrix*. Während die meisten massenbildenden Blaualgen erst in einem weit fortgeschrittenen Stadium der Eutrophierung auftreten, nehmen die rot pigmentierten *Planktothrix* spp., die ihre vertikale Position in der Wassersäule regulieren können, eine Sonderstellung ein. Sie treten in einem frühen Eutrophierungsstadium (oft schon bei ca. 20 µg P_{tot}/l) in tiefen Seen mit einem stabilen Metalimnion auf. Während der Zirkulationsphasen besiedeln sie die gesamte Wassersäule, während sie sich im Sommer im Metalimnion einschichten. Wird dieses bei weiter fortschreitender Eutrophierung zu dunkel, verschwinden sie wieder (z. B. im Zürichsee; vgl. 4.3.5).

Im Litoral wirkt sich die Eutrophierung durch eine zunehmende Verschlechterung des Lichtklimas für submerse Makrophyten aus. Makrophyten, die ihre Nährstoffe aus dem Sediment beziehen, sind unter oligotrophen Bedingungen gegenüber dem Aufwuchs im Vorteil, der seine Nährstoffe aus dem Wasser bezieht. Erhöht sich das Nährstoffangebot im Wasser, werden die Makrophyten zunehmend von Aufwuchsalgen und Watten fädiger Formen wie *Cladophora* und *Spirogyra* überwachsen. Gemeinsam mit der zunehmenden Beschattung durch das Phytoplankton führt dies zu einer Zurückdrängung der Makrophyten und indirekt der an sie gebundenen Tiere.

Im Hypolimnion und Sediment wirkt sich die Eutrophierung in erster Linie durch zunehmende Sauerstoffzehrung aus. Anaerobe Verhältnisse an der Sedimentoberfläche und im Hypolimnion führen zu einer entsprechenden Verarmung der Fauna. Auch pelagische Fische, die in der Seemitte laichen (z. B. Felchen und Renken) können sich in einem See mit anaerober Sedimentoberfläche nicht mehr natürlich vermehren. Daneben führt Anaerobie zu einer Reihe von chemischen und mikrobiellen Prozessen, die andernfalls nicht stattfinden würden: Nitratammonifikation, Denitrifikation, Desulfurikation (4.3.9) und Methanbildung (4.3.10). Die aus den anaeroben Reaktionen stammenden reduzierten Endprodukte können dann an der anaerob/aeroben Grenzzone wieder als Ausgangsprodukte chemolithotropher Prozesse (Abschnitt 4.3.8) dienen. Für den weiteren Eutrophierungsprozeß ist vor allem die Phosphatfreisetzung aus dem anaeroben Sediment („internal loading") von entscheidender Bedeutung, da damit eine **Selbstbeschleunigung der Eutrophierung** in Gang gesetzt wird (vgl. 8.3.4).

Bei extrem fortgeschrittener Eutrophierung können spektakuläre **Fischsterben** auftreten. Winter-Fischsterben werden beobachtet, wenn es unter der Eisdecke zu einer zu starken Sauerstoffzehrung kommt. Sommer-Fischsterben werden durch pH-Steigerungen aufgrund starker Photosynthese (vgl. 4.3.6) in Gewässern mit hohen Gesamt-Ammoniumkonzentrationen ausgelöst. Durch die pH-Steigerung kommt es zu einer Verschiebung vom ungiftigen Ammoniumion zum giftigen Ammoniak (vgl. 4.2.3).

8.6.2 Eutrophierung: Sanierung und Restaurierung

In der Zeit zwischen den Weltkriegen bedauerte man die Oligotrophie großer Seen noch, vor allem aus fischereiwirtschaftlicher Sicht; es gab sogar Bestrebungen, solche Seen zu düngen. Mit der rasanten Seeneutrophierung der letzten Jahrzehnte hat sich der Bewertungsmaßstab verschoben. Da eine Reihe anderer Nutzungen wichtiger geworden sind als die Fischerei (Trinkwassergewinnung, Badebetrieb, Fremdenverkehr), wurden Strategien entwickelt, um eutrophierte Seen wieder in Richtung ihres ursprünglichen Zustandes zu verändern. Im deutschen Sprachraum bürgerte es sich dabei ein, zwischen **„Sanierung"** und **„Restaurierung"** zu unterscheiden. Mit Sanierung wird der Versuch bezeichnet, die Nährstofffracht in einen See zu vermindern, während Restaurierung bedeutet, die Folgen der Nährstofffracht im See abzumildern.

Die beste Methode, die Eutrophierung zu bekämpfen, ist, die anthropogene Zufuhr von Nährstoffen zu verhindern. Als erste Stufe kann durch moderne Techniken der Anfall von Abwasser verringert werden. Dazu gehören die Kompostierung von Fäkalien statt ihrer Einleitung in das Kanalnetz. Die Reduzierung des Phosphatgehalts oder der vollständige Ersatz des Phosphats in Waschmitteln ist bereits im großen Stil eingeführt. Bei der Düngung in der Landwirtschaft gibt es Einschränkungen. Da solche Maßnahmen nur langsam greifen und nur begrenzt wirksam sind, konzentriert sich das praktische Wassermanagement auf **Abwasserfernhaltung** und **Abwasserreinigung**.

Abwasserfernhaltung heißt, möglichst viele der Abwässer aus dem Einzugsgebiet eines Sees in einem Ringkanal zusammenzufassen und erst in den Abfluß des Sees zu entlassen. Die Überlegung dabei ist, daß die autochthone Produktion in einem Fließgewässer weniger wichtig ist als in einem See (vgl. 7.7.2), so daß die Zufuhr eines produktionsfördernden Stoffes weniger Folgen hat.

Für die Abwasserreinigung werden **Kläranlagen** betrieben, die im Prinzip eine technisch intensivierte Form der auch in natürlichen Gewässern ablaufenden Prozesse darstellen. Die häufigste Form besteht aus drei Reinigungsstufen. In der mechanischen Stufe werden grobe Partikel entfernt, in der biologischen Stufe (Belebtschlammbecken) werden organische Verbindungen mikrobiell veratmet und in der chemischen Stufe wird Phosphor ausgefällt. Durch einen Wechsel zwischen aeroben und anaeroben Bedingungen kann man Ammonium nitrifizieren und dann das Nitrat denitrifizieren und so den Stickstoff entfernen (Box **8.2**).

Bei der Anwendung von Sanierungsmaßnahmen kam es häufig zu verzögerten Reaktionen. Zunächst dauerte es trotz verminderter Fracht von außen einige Jahre, bis die Phosphorkonzentration im

See zurückging (Abb. 8.13; oben). Das liegt daran, daß erstens der Wasseraustausch entsprechend dem Seetyp eine mehr oder weniger lange Zeit benötigt. Zweitens kann es noch einige Jahre zur Freisetzung von Phosphor aus dem Sediment kommen, der während der maximalen Belastung deponiert worden ist. Wenn durch Verminderung der Konzentration im überstehenden Wasser der Diffusionsgradient steiler wird, kann es sogar zu einer vorübergehenden Beschleunigung des internen Loadings kommen. Wenn einmal die Phosphorkonzentrationen im See absinken, kann es abermals einige Jahre dauern, bis die Biomasse des Phytoplanktons entsprechend abnimmt (Abb. 8.13; unten). Zu dieser Verzögerung kommt es, wenn die Biomasseakkumulation des Phytoplanktons am Höhepunkt der Eutrophierung gar nicht P-, sondern zum Beispiel N- oder lichtlimitiert war. Dann muß natürlich das Phosphatangebot entsprechend weit absinken, um wieder limitierend zu sein. Außerdem können Verzögerungen in der Reaktion der Algenbiomasse auch durch einen Top-down-Effekt erklärt werden. Die in der Phase der stärksten Eutrophierung gebildeten Populationen planktivorer Fische leben noch einige Jahre weiter, üben dabei während der beginnenden Oligotrophierung einen übermäßig starken Fraßdruck auf das Zooplankton aus und entlasten damit das Phytoplankton vom Grazingdruck.

Wenn diffuse Nährstoffquellen (Grundwasser, Niederschläge) den Nährstoffeintrag dominieren, können Abwasserfernhaltung und -reinigung nicht wirksam werden. In diesem Fall oder, wenn bei der Reaktion auf Sanierungsmaßnahmen zu lange Verzögerungen auftreten, greift man zu Restaurierungsmaßnahmen. Diese laufen darauf hinaus, den Nährstoffexport aus dem See zu erhöhen, die Immobilisierung von Nährstoffen im Sediment zu verstärken oder die Umwandlung von Nährstoffen in Algenbiomasse zu bekämpfen.

Zur Erhöhung des Nährstoffexports macht man sich die Tatsache zunutze, daß im geschichteten See im Hypolimnion erhöhte Nährstoffkonzentrationen herrschen. Normalerweise fließt relativ nährstoffarmes, epilimnisches Wasser aus dem See. Wenn dieser Abfluß ganz oder teilweise abgesperrt und durch ein nach dem Prinzip des Winkelhebers arbeitendes **Olszewski-Rohr** ersetzt wird, dessen Ansaugöffnung im Hypolimnion liegt, kann nährstoffreicheres Wasser aus dem Hypolimnion abfließen und damit der Nährstoffexport aus dem See erhöht werden. Dabei kann es allerdings zu Problemen kommen, wenn Geruchsbelästigungen durch das im anoxischen Tiefenwasser vorhandene H_2S auftreten. Bei starker Ableitung kann die Sprungschicht nach unten verlagert werden, wodurch es zu einer Erhöhung der Temperatur und verstärkter Sauerstoffzehrung im Hypolimnion kommt.

Box 8.2 Schema einer Kläranlage

Bei der Klärung des Abwassers macht man sich die gleichen Prozesse zunutze, die auch in einem Gewässer unter natürlichen Bedingungen ablaufen. Durch technische Maßnahmen und Energieeintrag werden diese Prozesse jedoch sehr stark intensiviert und beschleunigt. Die wichtigsten davon sind hier zusammengestellt. Was sich in der Kläranlage in verschiedenen Becken abspielt, geschieht in einem See in der vertikalen Zonierung, in einem Fließgewässer im Verlauf der Fließstrecke. Die Prozesse oberhalb der gestrichelten Linie finden im aeroben Bereich (Epilimnion) statt, diejenigen unterhalb der Linie im anaeroben Sediment oder Hypolimnion.

Klärprozeß	Bedingungen	Äquivalenter Prozeß im Gewässer
mechanische Reinigung Absetzbecken	reduzierte Turbulenz	Sedimentation
biologische Stufe: oxidativer Abbau organischer Substanz	Belüftung Turbulenz	heterotropher mikrobieller Abbau
Simultanfällung von Phosphor	Zugabe von Aluminium- oder Eisensalzen	Ausfällung von Phosphor mit Eisenhydroxid
Nitrifizierung	starke Belüftung	Nitrifizierung
Denitrifizierung	anaerobe Verhältnisse, niedermolekulare C-Quelle	Denitrifizierung in anaerobem Sediment
Methanbildung im Faulturm	anaerobe Bedingungen, niedermolekulare C-Quelle	Methanogenese im Sediment

8.6 Anthropogene Störungen von Ökosystemen

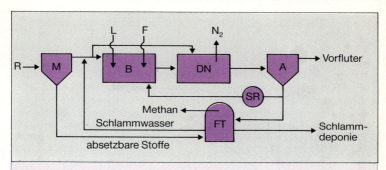

Schema einer Kläranlage mit Phosphorfällung und Stickstoffelimination. R = Rohabwasser, M = mechanische Vorklärung, B = Belebtschlammbecken (aerob), DN = Denitrifikationsbekken (anaerob), A = Absetzbecken, FT = Faulturm, L = Luft, F = Fällungsmittel für Phosphor, SR = Schlammrückführung

Mit einer Verbesserung der Redox-Verhältnisse im Sediment und/oder im Hypolimnion versucht man, den Phosphor im Sediment festzulegen (Elimination). Dazu kann man entweder direkt oxidierende Substanzen einbringen (**Belüftung des Hypolimnions, Injektion von Nitrat** ins Sediment) oder durch Pumpen die Einmischung von sauerstoffreichem Oberflächenwasser in das Hypolimnion erzwingen. Zwangsdurchmischung während der Stagnationsphase ist aber insofern riskant, als sie nicht nur das Hypolimnion mit Sauerstoff anreichert, sondern auch dem Epilimnion zusätzliche Nährstoffe zuführt. **Intermittierende Durchmischung** hat sich oft als erfolgreich erwiesen, da der häufige Wechsel in den Wachstumsbedingungen den langsam wachsenden Blaualgen keinen massiven Populationsaufbau erlaubt und die Artenzusammensetzung zu schnellwüchsigen und gut freßbaren Nanoplanktern oder schnell absinkenden Kieselalgen verschiebt (Reynolds u. Mitarb. 1984).

Die bereits in Abschnitt 7.3.3 vorgestellte **Biomanipulation** (Shapiro u. Wright 1984) läuft darauf hinaus, durch Verminderung oder Vernichtung der zooplanktivoren Fische das Zooplankton vom Fraßdruck zu entlasten und damit den Fraßdruck auf das Phytoplankton zu verschärfen. Im Erfolgsfall führt das nicht nur zur Verminderung der Biomasse des Phytoplanktons, sondern auch zu einer Abnahme der Sedimentation von Algen und algenbürtigem Detritus in das Hypolimnion, damit zu einer Verminderung der Sauerstoffzehrung und einer Verbesserung der Redox-Bedingungen

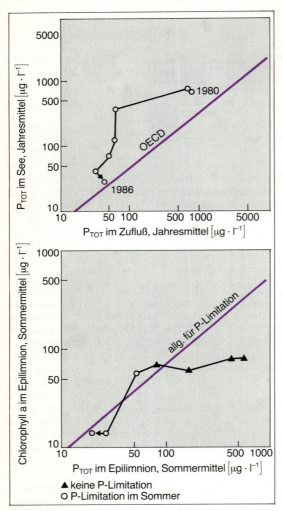

Abb. 8.**13** Verzögerte Reaktion des Schlachtensees (Berlin) auf die Reduktion der externen Phosphorbelastung.
Oben: Gesamtphosphor im See als Funktion des Gesamtphosphors im Zufluß im Vergleich zum OECD-Modell (vgl. 8.5.4).
Unten: Sommermittel des Chlorophylls im Epilimnion als Funktion des Sommermittels des Gesamtphosphors im Epilimnion. Vergleichslinie: Regression für die Jahre mit P-Limitation in einer vergleichenden Sanierungsstudie über 18 europäische Seen (nach Sas 1989)

im Hypolimnion und weiter zu einer Erhöhung der Immobilisierung von Phosphor im Gewässer. In Flachgewässern wird durch die erhöhte Transparenz auch wieder Makrophytenwachstum möglich.

8.6.3 Versauerung

Die zweite großflächig wirksame anthropogene Veränderung von Seen und Fließgewässern ist die **Versauerung**. Reines Wasser mit einem CO_2-Gehalt im Gleichgewicht mit der Atmosphäre hat einen pH-Wert von 5,6. Heute liegt der pH-Wert des Niederschlages in weiten Teilen Europas deutlich unter 4,7 (**„saurer Regen"**). Die Ursache davon sind SO_2 und Stickoxide (NO_x), die aus der Verbrennung fossiler Energieträger stammen, und durch Photooxidation zu Schwefelsäure (ca. 70%) und Salpetersäure (ca. 30%) umgewandelt werden. Die Auswirkung dieser Säurefracht auf die Gewässer hängt von der **Pufferkapazität** des Wassers und der Böden im Einzugsbereich ab. Gewässer in kalkreichen Regionen reagieren wegen der Pufferwirkung des Kalk-Kohlensäure-Systems (vgl. 3.1.6) praktisch überhaupt nicht auf den sauren Regen. In kristallinen Gebieten (Granit, Gneis) haben die Gewässer jedoch eine wesentlich geringere Pufferkapazität (Alkalinität < 0,1 mval/l). Wie bei einer Titration wirkt sich Säureeintrag zunächst als Zehrung der Alkalinität aus. Erst wenn diese aufgezehrt ist, nimmt der pH-Wert ab. In Gebieten mit überwiegend kristallinen Gesteinen (z. B. Skandinavien, Bayerischer Wald) ist es in vielen Seen und Bächen bereits zu deutlichen pH-Abnahmen (bis unter pH 4,5) gekommen.

Neben den direkten physiologischen Auswirkungen des pH-Wertes ist die veränderte Löslichkeit und Speziation vieler Metalle (vgl. 4.2.3) von ausschlaggebender Bedeutung für die biologischen Auswirkungen der Versauerung. Aluminium, Eisen, Kupfer, Zink, Nickel, Blei und Cadmium werden zum Beispiel löslicher, während die Löslichkeit von Quecksilber und Vanadium abnimmt. Die negativen Auswirkungen der Versauerung auf viele Organismen wird in erster Linie der zunehmenden Löslichkeit von Aluminium und der Verschiebung zu seiner giftigsten Spezies Al^{3+} zugeschrieben. Die zunehmende Mobilisierung von Aluminium führt außerdem zu einer Fällung von Phosphat und damit zu einer tendenziellen Oligotrophierung versauernder Seen. Da durch das Aluminium auch noch Humusstoffe ausgefällt werden, wird das Wasser versauernder Seen meist transparenter.

Mit der Oligotrophierung des freien Wassers und der Zunahme der Transparenz verlagert sich die Primärproduktion in das Benthal. Vor allem kommt es zu einer reichen Entfaltung von Matten fädiger Algen, meist *Mougeotia*. Neben den verbesserten Lichtverhältnissen

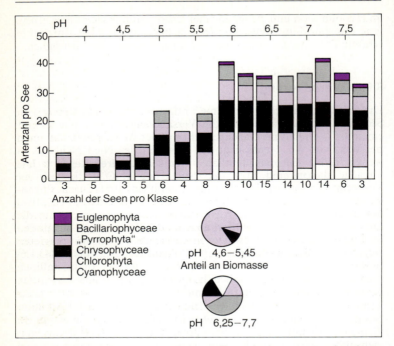

Abb. 8.14 Artenzahl der verschiedenen Phytoplanktongruppen in schwedischen Seen mit verschiedenem pH-Wert. Darunter: Durchschnittliche Verteilung der Biomassen auf die verschiedenen Taxa bei sauren und circumneutralen Seen (nach Almer u. Mitarb. 1974)

dürfte auch die Verminderung des Fraßdrucks durch den Ausfall zahlreicher benthischer Invertebraten von großer Bedeutung für die Entfaltung von Algenmatten sein. Unter den Makrophyten werden Blütenpflanzen häufig durch das Torfmoos *Sphagnum* verdrängt. Dieses ist ein effizienter Austauscher von Kationen. Es entzieht dem Wasser Kationen und gibt dafür Protonen ab, was zu einer weiteren Beschleunigung der Versauerung führt. Unter den Phytoplanktern kommt es zu einer Abnahme der Artenzahl und zur Zurückdrängung bestimmter Gruppen, z. B. Kieselalgen (Abb. 8.14).

Innerhalb der Kieselalgen gibt es deutliche pH-Präferenzen. Man versucht deshalb, die pH-Geschichte von Seen zu rekonstruieren, indem man die Kieselalgenschalen in Sedimentkernen bestimmt. Den verschiedenen Arten wird ein Indikatorwert zugeordnet, der aus dem heutigen Vorkommen der Arten abgeleitet wird.

Kennt man das Alter der verschiedenen Sedimentschichten, kann man aus den dort gefundenen Resten auf den damaligen pH-Wert schließen.

Ähnliche Indikatoren gibt es auch für das Zooplankton. Die meisten Arten von *Daphnia* fallen zum Beispiel bei pH-Werten unter 6 aus, während *Eubosmina longirostris* noch bei pH-Werten von 4,1 gefunden wird. Für die meisten Fische liegt die untere Verbreitungsgrenze im Bereich von pH 5,0 – 5,5; der Bachsaibling kommt bis pH 4,5 vor. Manche Fische können zwar bei niedrigen pH-Werten als Adulte noch leben, ihre Eier können sich jedoch nicht mehr entwickeln.

Die Versauerung von Seen ist in erster Linie die Veränderung eines abiotischen Faktors. Es ist aber noch nicht klar, ob die beobachteten Veränderungen in den Lebensgemeinschaften versauernder Seen im wesentlichen auf direkte pH-Effekte (Toleranz) oder auf kleine Veränderungen biotischer Interaktionen zurückzuführen sind. Dabei könnte es sich zum Beispiel um die Verschiebung der Konkurrenzverhältnisse zwischen Algen oder um den Ausfall einer Schlußsteinart (vgl. 7.3.3) handeln (Eriksson u. Mitarb. 1980).

Die Sanierung versauerter Seen ist im wesentlichen eine Standortfrage. Langfristig kann sie nur über eine Verminderung der versauernden Emissionen aus Industrie, Autos und Heizungen erfolgen. Kurzfristig versucht man, vor allem in Skandinavien, des Problems durch Kalkung oder Einbringung von NaOH in Seen Herr zu werden.

8.7 Sukzession

8.7.1 Langzeitsukzessionen und das Klimaxproblem

Organismen verändern durch ihre vielfältigen Aktivitäten ihre eigene Umwelt. Dadurch verändern sie aber auch die Selektionsbedingungen, denen sie unterworfen sind. Ursprünglich gut angepaßte Arten können in einer sich derartig ändernden Umwelt an relativer Fitneß verlieren, während andere Arten an die veränderten Bedingungen besser angepaßt sind. Diese verdrängen zunehmend die ursprünglich vorhandenen Arten, um später selbst auf eine ähnliche Art und Weise verdrängt zu werden. Dieser Prozeß wird als Sukzession bezeichnet. Er umfaßt sowohl die zeitliche Veränderung der Lebensgemeinschaft als auch die zeitliche Veränderung des Ökosystems.

Sukzessionen, die ausschließlich durch die von den Organismen selbst hervorgerufenen Veränderungen entstehen, nennen wir **„auto-**

gen". Langfristige Änderungen als Folge von veränderten externen Faktoren (z. B. Klima) heißen „**allogene** Sukzessionen". Eine plötzliche Störung führt zum Zurückfallen auf einen früheren Zustand **(Reversion)**, von dem aus die autogene Sukzession in der ursprünglichen Richtung wieder beginnt. Nehmen wir an, daß eine Sukzession aus den Stadien $A \to B \to C \to D \to E$ besteht. Dann kann es durch eine Störung zum Beispiel zum Verlauf $A \to B \to C \to D \to$ Störung $\to C \to D \to E$ kommen, nicht aber etwa zu $A \to B \to C \to D \to$ Störung $\to C \to B \to A$ (Reynolds 1984).

Die auf Clements (1936) zurückgehende **Monoklimaxtheorie** behauptet, daß alle Sukzessionen innerhalb einer großklimatischen Zone sich auf dasselbe Endstadium (**„Klimax"**) hinbewegen, dessen Arten dann keiner weiteren Verdrängung mehr unterliegen. Das Klimaxstadium wird dann als homöostatisches System gesehen, bei dem für alle Populationen und für alle chemischen Substanzen ein annäherndes Fließgleichgewicht zwischen Verlusten und Zuwächsen herrscht. Nach der Vorstellung der Monoklimaxtheorie ist die floristische und faunistische Zusammensetzung des Klimaxstadiums unabhängig vom Ausgangspunkt der Sukzession und selbst vom geologischen Untergrund. Selbst Sukzessionen, die von nacktem Gestein („Xerosere") oder von einem See („Hydrosere") ausgehen, würden langfristig zum selben Endpunkt finden. In niedrigen und mittleren Höhenlagen Mitteleuropas würde diesem Endpunkt ein Rotbuchenwald entsprechen.

Die geologische Grundlage der Hydrosere ist die Verlandung der Seen. Mit zunehmender Auffüllung des Seebeckens durch Sedimente kommt es zu einer Verminderung des Volumens und bei konstanter Gesamtfracht von Nährstoffen zu einer zunehmenden Eutrophierung (vgl. 8.6.1). Diese Eutrophierung erhöht die Sedimentation im Seebecken. Gleichzeitig wächst vom Ufer her der See zu. An flachen Ufern wachsen emerse Makrophyten (Schilf, Binsen), und diese Röhrichte akkumulieren Nährstoffe, die weiter zur Eutrophierung beitragen. Sie verwandeln sich allmählich in **Niederungsmoore**, in die feuchtigkeitstolerante Bäume (Weiden, Erlen) eindringen und schließlich einen Wald bilden. Mit zunehmender Bodenbildung folgen Bäume mit mittleren Feuchtigkeitsansprüchen. Bei steilen Ufern wächst zunächst vom Rand her ein aus Torfmoosen *(Sphagnum)* und Seggen gebildeter **Schwingrasen** vor. Unter diesem Schwingrasen kommt es durch die Akkumulation schwer abbaubarer organischer Substanz zur Torfbildung. Mit dem Verfestigen des Schwingrasens dringen erst Zwergsträucher (meist Ericaceae) und Sträucher und später Bäume vor, bis sich der verlandende See in einen Wald verwandelt.

Da Sukzessionen dieser Art Jahrhunderte oder Jahrtausende dauern (bei besonders großen Seen kann die Verlandung sogar

Jahrmillionen dauern), kann es keine direkte Beobachtung geben. Es wird vielmehr unterstellt, daß Ökosysteme und Lebensgemeinschaften an verschiedenen Orten verschiedenen zeitlichen Stadien der Sukzession entsprechen (**„Raum-für-Zeit-Substitution"**). In der Raum-für-Zeit-Substitution stecken viele Unsicherheiten und Annahmen, die es praktisch unmöglich machen, nachzuweisen, ob tatsächlich alle Sukzessionen innerhalb einer großklimatischen Zone in die Richtung desselben Klimaxstadiums konvergieren (Monoklimaxtheorie), oder ob es innerhalb einer Zone aufgrund verschiedener Startbedingungen und/oder geologischer Verhältnisse verschiedene Klimaxstadien gibt **(Polyklimaxtheorie)**. Darüber hinaus dauert die Sukzession bis zu einem Klimaxstadium so lange, daß es in der Zwischenzeit zu langfristigen klimatischen Veränderungen kommen kann. Führt eine Klimaänderung zu einem veränderten Verlauf der Sukzession, läßt sich nicht mehr entscheiden, ob dem neuen Klima ein neues Monoklimaxstadium entspricht oder ob die Sukzession nicht von vornherein anders verlaufen wäre. Die Monoklimax-Polyklimax-Kontroverse muß daher als eine prinzipiell unlösbare Frage angesehen werden (nicht falsifizierbar).

8.7.2 Allgemeine Trends

Unabhängig von der Frage, ob es tatsächlich ein Klimaxstadium gibt, lassen sich doch einige typische Unterschiede zwischen früheren und späteren („reiferen") Sukzessionsstadien aufstellen, besonders, wenn es sich um **„primäre"** Sukzessionen handelt. Darunter versteht man diejenigen Sukzessionen, die von der Erstbesiedlung eines zunächst unbesiedelten Lebensraumes ausgehen. Die ihm folgenden Trends (Odum 1959) sind in erster Linie eine Deduktion, die von der Überlegung ausgeht, welche Leistungen die Organismen bei zunehmender Besiedlung des Lebensraumes erbringen müssen. Empirische Überprüfungen sind bisher selten und unvollständig, da wir bei Langzeitsukzessionen wieder auf das Problem der Raum-für-Zeit-Substitution stoßen.

Zunächst einmal bedeutet die zunehmende Besiedlung eines leeren Lebensraumes eine **Akkumulation von Biomasse.** Dieser Akkumulation von Biomasse entspricht eine zunehmende **Zehrung von abiotischen Ressourcen.** Im allgemeinen gilt für aquatische Lebensräume, daß am Beginn einer Sukzession der größte Teil der Nährelemente im Wasser gelöst vorhanden ist, während er sich in fortgeschrittenen Stadien in der Biomasse befindet.

Beginnt eine Sukzession in einem Lebensraum ohne nennenswerten Eintrag von allochthonen organischen Substanzen, muß die Erstbesiedlung von autotrophen Organismen durchgeführt werden („**autotrophe Sukzession**"). Zunächst kommt es also zu einem Übergewicht der Primärproduktion über die Respiration. Erst wenn Primärproduzenten-Biomasse vorhanden ist, kann es zu einer Besiedlung durch Konsumenten und Detritivore kommen. Damit erhöht sich die Respiration, und es kommt allmählich zu einer Annäherung an ein Gleichgewicht zwischen Photosynthese und Respiration.

Umgekehrt überwiegen in einem stark organisch belasteten Lebensraum (z. B. in einem Abwasser) zunächst heterotrophe Erstbesiedler (**„heterotrophe Sukzession"**), erst mit fortschreitender Mineralisierung der organischen Substanz nimmt die Bedeutung der Primärproduzenten zu. In einer heterotrophen Sukzession steht also ein Übergewicht der Respiration über die Primärproduktion am Anfang. Für die heterotrophe und autotrophe Sukzession gemeinsam gilt aber die **Konvergenz des Verhältnisses Primärproduktion : Respiration** in Richtung 1 : 1.

Wenn die abiotischen Ressourcen aufgezehrt werden, kommt es zu **zunehmender Konkurrenz** und Limitation. Deshalb werden sich in der Sukzession Arten durchsetzen, die freiwerdende Ressourcen schnell aufnehmen und gut festhalten können. Bei knappen Ressourcen können Populationen, die starker Mortalität unterliegen, keine ausreichende Reproduktionsrate erzielen, um ihre Verluste auszugleichen. Deshalb werden sich außerdem Arten durchsetzen, die mortalitätsresistent sind, vor allem, wenn durch das Hinzukommen höherer trophischer Ebenen noch stärkere Mortalität entsteht. Die Verschiebung zu konkurrenzstarken und mortalitätsresistenten Arten führt zu einer **zunehmenden Geschlossenheit der Nährstoffkreisläufe**.

Die zunehmende Fraßresistenz der Primärproduzenten führt zu einer **Abnahme der Bedeutung der Herbivorie** und einer **Zunahme der Bedeutung der Detritivorie**. Da Fraßresistenz zum Teil durch die Ausbildung von mechanischen Strukturen aus schwer abbaubaren Substanzen (Zellulose, Lignin, Chitin) erreicht wird, kommt es auch zu einer **Anreicherung refraktärer organischer Substanzen**.

Wenn die Ressourcenlimitation zunimmt und gleichzeitig mehr in unproduktive Abwehrstrukturen und zunehmende Körpergröße investiert wird, sinken die relativen Stoffwechselraten (z. B. das P : B-Verhältnis) und die spezifischen Wachstumsraten. Die Veränderungen während der Sukzession entsprechen einem **Übergang von r- zu K-Selektion** (vgl. 5.6).

Dieses Konzept hat Margalef (1968) die **„Reifung"** von Ökosystemen genannt. Es ist für terrestrische Systeme entworfen worden, in denen große, langlebige Primärproduzenten ein wichtiges Element darstellen. Wir haben oben bereits ausgeführt, daß Gewässer als solche kein Klimaxstadium erreichen können, sondern schließlich zu terrestrischen Systemen werden. Sie sind nur Anfangsstadien einer Sukzession. Deshalb kann man nicht erwarten, daß man beim Vergleich verschiedener Seen im Wasserkörper Anzeichen für „reifere" oder „weniger reife" Systeme findet. Das Pelagial von Seen kann keinen „reifen" Zustand erreichen, da es durch äußere Einflüsse ständig auf frühere Sukzessionsniveaus zurückgesetzt wird (vgl. 8.7.2). Diese Störungen werden in den gemäßigten Breiten durch die Jahreszeiten und die damit verbundenen Zirkulationen des Wasserkörpers ausgelöst. Die Sukzession läuft immer nur während eines Jahreszyklus ab, und eine gewisse „Reifung" des Systems wiederholt sich regelmäßig jedes Jahr.

8.7.3 Saisonale Sukzession des Planktons

Anhand der jahreszeitlichen Veränderungen in Biomasse und Artenzusammensetzung des Planktons und der damit zusammenhängenden Umweltbedingungen läßt sich der Ablauf einer Sukzession in kurzer Zeit untersuchen. Ein Vorteil der kurzen Zeit ist, daß keine Probleme mit der Raum-für-Zeit-Substitution auftreten. Obwohl die Zeit so kurz ist, kann man diese Sukzession mit einer terrestrischen vergleichen, denn sie umfaßt auf der Ebene der Primärproduzenten ca. 30 bis 100 Generationen der beteiligten Organismen und eine Reihe distinkter floristischer Stadien.

Da sich außerdem viele Plankter für Experimente eignen, gehört die saisonale Sukzession des Planktons zu den am besten untersuchten und kausal am besten verstandenen Sukzessionen. Allerdings macht es die zeitliche Überlagerung der autogenen Sukzession mit dem jahreszeitlichen Wechsel der physikalischen Bedingungen schwierig, autogene und allogene Komponenten voneinander zu unterscheiden. Ursprünglich wurde vor allem die jahreszeitliche Periodizität des Phytoplanktons fast ausschließlich mit allogenen Gründen (Temperatur, Schichtung, Licht) erklärt. Inzwischen haben wir jedoch durch künstliche Manipulationen der physikalischen Bedingungen (z. B. Zwangsdurchmischung; Reynolds u. Mitarb. 1984), durch die Aufschlüsselung der einzelnen Komponenten der Populationsdynamik wichtiger Arten (Reynolds 1984, Sommer 1987) und durch den Vergleich experimenteller Untersuchungen der Wachstums- und Verlustprozesse mit den jahreszeitlichen Verschiebungen der Artenzusammensetzung ein verhältnismäßig klares Bild der kausalen Mechanismen der Planktonsukzession erhalten (Sommer 1989).

Von allen externen Faktoren hat die Schichtung des Wassers die größte Bedeutung für die saisonale Sukzession des Planktons. Der Beginn der Schichtung, der Eisbruch oder das Transparent-

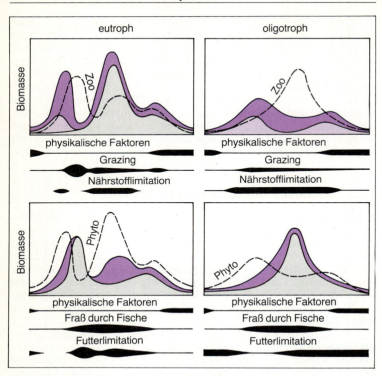

Abb. 8.15 Graphische Darstellung des PEG-Modells der jahreszeitlichen Sukzession. Saisonale Entwicklung des Phytoplanktons (oben) und des Zooplanktons (unten) in eutrophen (links) und oligotrophen (rechts) Seen. Phytoplankton: rot, kleine Arten; grau, große unverkieselte Arten; hellrot, große Kieselalgen. Zooplankton: rot, kleine Arten; grau, große Arten. Die schwarzen, horizontalen Symbole charakterisieren die relative Wichtigkeit der Selektionsfaktoren (nach Sommer u. Mitarb. 1986)

werden des Eises setzen den Startpunkt der Sukzession. Wenn die vorangegangene Winterperiode lang genug war, um zu einer sehr weitgehenden Verminderung der Planktonbestände zu führen, hat sie fast den Charakter einer primären Sukzession, die mit einer „Erstbesiedlung" beginnt. Konstante oder zunehmende Stabilität der Schichtung ermöglichen die Entfaltung einer autogenen Sukzession. Kurzfristige Ausweitungen der Durchmischungstiefe (z. B. durch Schlechtwetterfronten) führen zu Reversionen. Schließlich beginnen im Herbst mit der Erosion der Thermokline allogene Verschiebungen.

Abb. 8.**16** Schema der jahreszeitlichen Phytoplanktonsukzession und der relevanten Umweltfaktoren im Bodensee (nach Sommer 1987)

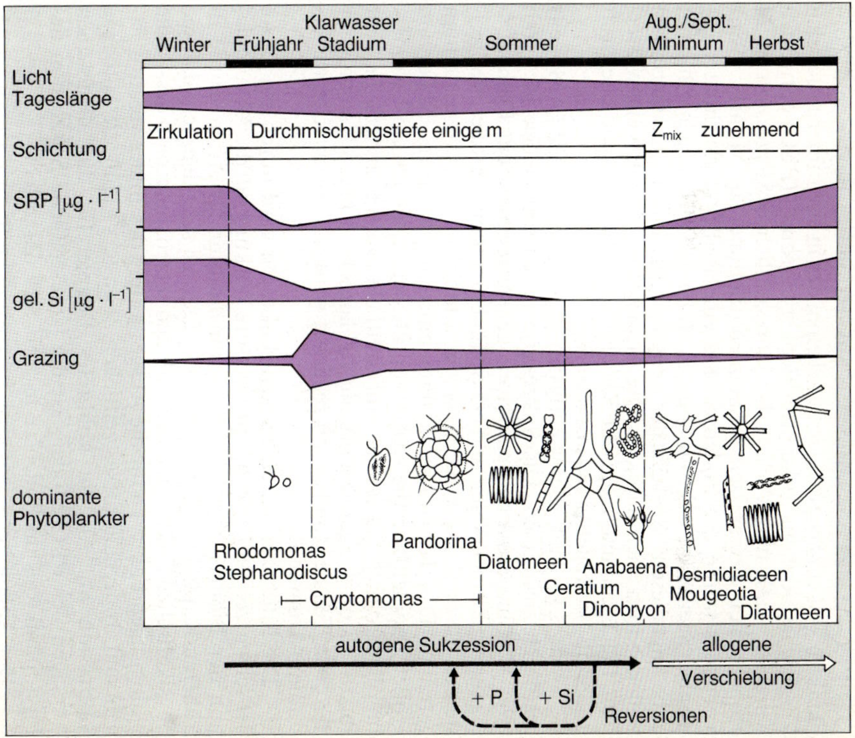

Das **PEG-Modell** der saisonalen Sukzession des Phyto- und Zooplanktons ist ein generalisiertes Schema, das in einer internationalen Vergleichsstudie der „Plankton Ecology Group" (PEG) entworfen wurde. Es faßt den Verlauf der jahreszeitlichen Sukzession in 24 sequentiellen Ereignissen zusammen (Sommer u. Mitarb. 1986). Vorbilder waren der Bodensee und eine Reihe vergleichbarer eutropher Seen. Für Seen mit anderen Rahmenbedingungen gilt nicht unbedingt dieselbe Sequenz der Ereignisse, die kausalen Erklärungen treffen jedoch auch dafür zu. Die Anwendbarkeit auf Weichwasserseen, Flachseen und tropische Seen ist noch unzureichend überprüft und muß bezweifelt werden.

Abb. 8.15 faßt die wichtigsten Aussagen des PEG-Modells graphisch zusammen. Die Sukzession im eutrophen See ist durch zwei Maxima des Phytoplanktons gekennzeichnet, ein Frühjahrsmaximum kleiner Algen und ein Sommermaximum großer, fraßresistenter Formen. Diese Maxima sind durch ein Klarwasserstadium getrennt. Das Klarwasserstadium entsteht durch ein Maximum großer Zooplankter, die später von kleinen Arten abgelöst werden. Im oligotrophen See ist das jahreszeitliche Muster anders. Es sieht so aus, als ob der ganze Vorgang viel langsamer abläuft, so daß nur der erste Teil der Sukzession realisiert wird. Zu einem Klarwasserstadium kommt es nicht.

Die Intensität der steuernden Faktoren wird durch die Dicke der schwarzen Balken symbolisiert. Ihre Wirkung auf die Akkumulation der Biomasse und die Selektion bestimmter Arten wurde in früheren Kapiteln (vgl. 6) behandelt. Es wird sehr deutlich, daß die physikalischen Faktoren einen Rahmen setzen, innerhalb dessen die biologischen Faktoren für die Ausgestaltung des Bildes verantwortlich sind. Innerhalb dieses zeitlichen „Fensters" läuft die autogene Sukzession ab. Als ein konkretes Beispiel für die allgemeinen Aussagen des PEG-Modells ist die jahreszeitliche Sukzession des Phytoplanktons im Bodensee in Abb. 8.16 dargestellt.

Der Ablauf der saisonalen Sukzession kann zwar durch klimatische Bedingungen beeinflußt werden, das Grundmuster bleibt aber erhalten. Es zeigt sich, daß sich im Laufe einer Saison wesentliche Trends bei der „Reifung" eines Ökosystems, wie sie in Abschnitt 8.7.2 beschrieben wurden, auch im Plankton finden lassen:

Akkumulation von Biomasse: Eutrophe Seen haben ihr saisonales Biomassemaximum während des Sommers, nicht jedoch oligotrophe Seen (Abb. 8.15). Dabei ist jedoch zu berücksichtigen, daß es durch die Sedimentation zu ständigen Verlusten von Nährstoffen und Material aus dem Epilimnion kommt.

Abnahme der relativen metabolischen Raten: Das Verhältnis von Produktion zu Biomasse des Phytoplanktons nimmt im Verlauf der autogenen Sukzession ab. Allerdings kommt es auch hier zu einer

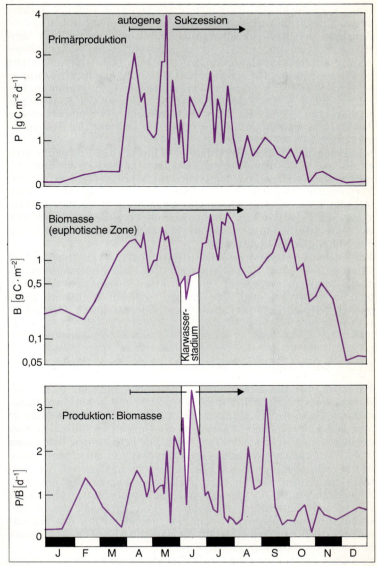

Abb. 8.17 Primärproduktion (gC m^{-2} d^{-1}), Biomasse (gC/m²) in der euphotischen Zone und Produktion-Biomasse-Verhältnis des Phytoplanktons im Bodensee 1981 (nach Tilzer 1984)

Unterbrechung durch das Klarwasserstadium, in dem die Jahresmaxima des P:B-Verhältnisses erreicht werden (Abb. 8.17).

Zunahme der Ressourcenlimitation und Konkurrenz: Nach dem Klarwasserstadium kommt es zu einer zunehmenden Nährstofflimitierung und einer zunehmenden Bedeutung der Nährstoffkonkurrenz im Phytoplankton. Bei zunehmender Biomasse nimmt die Transparenz des Wassers ab, und die Konkurrenz um Licht nimmt zu. Die Futterlimitation des Zooplanktons ist während des Klarwasserstadiums am intensivsten, aber auch während des Sommers wegen des Mangels an freßbaren Algen stärker als während des Frühjahrsmaximums.

Schließung der Nährstoffkreisläufe: Während des Frühjahrsmaximums und nach dem Klarwasserstadium kommt es zu einer zunehmenden Verlagerung der Nährstoffe vom gelösten in den inkorporierten Pool. Mit dem Verschwinden der Kieselalgen bleiben in erster Linie vertikal bewegliche Arten übrig (Flagellaten, Blaualgen mit Gasvakuolen). Damit kommt es zu einer drastischen Reduktion der Sedimentation und einer zunehmenden Rückhaltung der Nährstoffe im Epilimnion.

Verschiebung Herbivorie → Detritivorie: Die Verschiebung zu schlecht freßbaren Algenarten nach dem Klarwasserstadium bedeutet, daß ein geringerer Teil der Primärproduktion von Herbivoren verwertet wird. Die großen, schlecht freßbaren Algen werden teils durch Parasiten (Pilze) und teils durch Detritivore verwertet.

8.7.5 Selbstreinigung als heterotrophe Sukzession

Wird ein Puls von allochthoner organischer Substanz in ein Gewässer eingebracht, wird diese abgebaut und schließlich mineralisiert. Da sich die organische Substanz dabei laufend verändert und da die abbauenden Organismen die Umwelt verändern, kommt es auch hier zu einer Sukzession. Solch eine **heterotrophe Sukzession** findet zwar auch in stehenden Gewässern statt, die einzelnen Stadien lassen sich aber besser an Fließgewässern analysieren, wo verschiedene Zonen entlang einer „Selbstreinigungsstrecke" den verschiedenen Stadien der heterotrophen Sukzession entsprechen. Eine zunehmende Entfernung stromabwärts von der Quelle der organischen Substanz entspricht einem zunehmenden Alter des Wasserkörpers **(fließende Welle),** so daß der zeitliche Ablauf der Sukzession in einen räumlichen umgesetzt wird.

Ohne allochthone organische Belastung eines Gewässers kann die Remineralisierung organischer Substanz langfristig nur ihrer Produktion entsprechen. Die Summe der Abbauprozesse steht in einem Gleichgewicht mit der Summe der Aufbauprozesse. Bei späten Sukzessionsstadien stellt sich ein Primärproduktion-Respiration-Quotient von ca. 1 ein. Werden einem Gewässer von außen abbaubare organische Substanzen zugeführt, sinkt dieser Quotient weit unter 1. Die Wiederherstellung des Gleichgewichts durch den Abbau dieser Substanzen wird als **Selbstreinigung** bezeichnet. Im Gegensatz zur **Trophie**, die die Intensität der Aufbauprozesse bezeichnet (vgl. 8.5.4), wird die Intensität der Abbauprozesse **Saprobie** genannt.

Der allochthone Eintrag von organischer Substanz ist auch bei unbeeinflußten Fließgewässern die Regel (vgl. 8.4). Der Begriff „Selbstreinigung" wird aber normalerweise für den Abbau anthropogen bedingter Störungen (z. B. Abwasser) benutzt. In der angewandten Limnologie versucht man die „**Wasserqualität**" von Fließgewässern anhand der Sukzessionsstadien zu beschreiben. Die Stadien der Selbstreinigung dienen zur Definition von **Gewässergüteklassen**. Die Einstufung von Gewässerabschnitten erfolgt dabei entweder nach chemischen Kriterien oder nach Indikatororganismen. Das bekannteste Klassifikationssystem ist das „**Saprobiensystem**" (Abb. 8.**18** und 8.**19**), in dem vier Saprobienstufen unterschieden werden (vgl. Box 8.**3**). Es beruht auf Listen von Indikatorarten, die empirisch zusammengestellt sind. Nur für wenige Arten gibt es experimentelle Erklärungen dafür, warum sie in einer bestimmten Kategorie sind. Dennoch ist eine Charakterisierung von Fließgewässern möglich, da es einen deutlichen Trend im Auftreten verschiedener Organismengruppen in einer Selbstreinigungsstrecke gibt (Abb. 8.**18**).

Man muß jedoch einige kritische Punkte im Auge behalten. Die Einordnung von Blaualgen, Algen und höheren Pflanzen in das Saprobiensystem ist umstritten, da sie als photolithoautotrophe Organismen eher auf die Trophie als auf die Saprobie eines Gewässers reagieren sollten. Bei der Benutzung von Tieren als Indikatororganismen ist eine genaue Artbestimmung unerläßlich, da die Brauchbarkeit verschiedener Arten als Indikatororganismen von der Spezifität ihrer Umweltansprüche abhängt. Deshalb sind gelegentlich zu findende Sammelgruppen wie „Köcherfliegenlarven" nicht aussagekräftig. Es ist auch zu berücksichtigen, daß die limitierenden Umweltfaktoren manchmal nur indirekt mit der Belastungsquelle zusammenhängen. Das trifft zum Beispiel auf den Sauerstoff zu. Durch den hohen physikalischen Eintrag aus der Luft hat ein Hochgebirgsbach mit starker Strömung bei gleicher Abwasserbelastung mehr Sauerstoff als ein Tieflandbach. Organismen, die durch eine kritische Sauerstoffkonzentration limitiert werden, können deshalb in den beiden Bachtypen einen sehr unterschiedlichen Indikatorwert haben.

398 8 Gewässer als Ökosystem

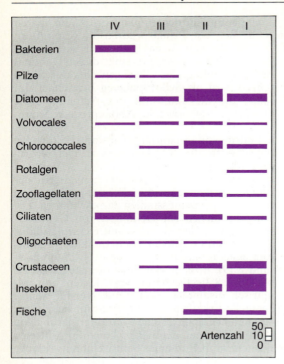

Abb. 8.**18** Verteilung der Indikatorarten des Saprobiensystems auf die verschiedenen Güteklassen (nach Uhlmann 1975)

Die Veränderungen der Umweltbedingungen im Verlauf einer Selbstreinigungsstrecke sind in Abb. 8.**19** schematisch dargestellt. Die am stärksten belastete Zone wird im Saprobiensystem als „**polysaprobe** Stufe" (Gewässergüteklasse IV) bezeichnet. Nach der Einleitung organischer Substanzen kommt es zunächst zur Verdünnung und zu physikalischen Reinigungsprozessen (z. B. Ausflockung organischer Substanz). Es setzt sofort eine schnelle Zehrung des Sauerstoffs durch den aeroben Abbau organischer Substanzen ein. Die Sauerstoffzehrung führt zur Ausbildung einer anaeroben Zone kurz nach der Einleitung, die von anaeroben Bakterien besiedelt wird. Der anaerobe Abbau organischer Substanzen führt zu CO_2 als oxidiertem Endprodukt sowie Alkoholen, organischen Säuren, H_2, CH_4, NH_4^+ und H_2S als reduzierten Endprodukten (vgl. 4.3.10). Die anaerobe Atmung (vgl. 4.3.9) führt zur Zehrung von Nitrat (Nitratammonifikation und Denitrifikation) sowie von Sulfat (De-

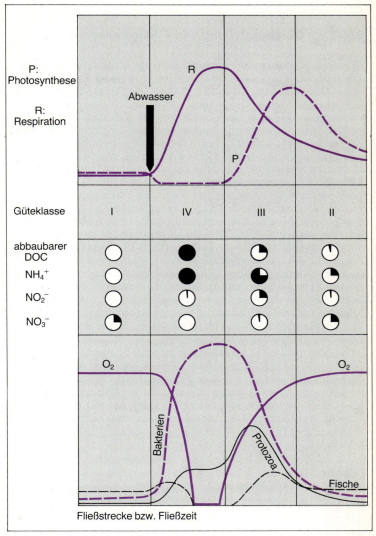

Abb. 8.**19** Schematischer Längsschnitt durch eine Selbstreinigungsstrecke (nach Uhlmann 1975)

Box 8.3 Gütebeurteilung von Fließgewässern

Mit der „Gewässergüte" versucht man ein Maß dafür zu finden, wie weit ein Fließgewässer durch anthropogene Einflüsse von seinem natürlichen Zustand entfernt ist. Von verschiedenen Bewertungssystemen hat sich die vierstufige Skala (von 1 = unverschmutzt bis 4 = stark verschmutzt) am stärksten durchgesetzt. Auf Gewässergütekarten werden die Stufen mit den Farben blau (1), grün (2), gelb (3) und rot (4) symbolisiert.

Die Bestimmung der Gewässergüte ist nicht einfach. Eine chemische Analyse würde sicher die präzisesten Meßwerte liefern. Abwasserbelastungen sind aber in der Regel nicht konstant; sie variieren zum Beispiel mit der Tageszeit. Wenn man Wasserproben für die chemische Analyse zur falschen Zeit nimmt, kann eine grobe Fehlbeurteilung erfolgen. Sammelt man aber Stichproben über einen längeren Zeitraum als Mischprobe, so unterschätzt man kurzfristig auftretende katastrophale Ereignisse, z. B. giftige Pulse. Da die im Gewässer lebenden Organismen ständig dort sind, integrieren sie über längere Zeiträume. Deshalb versucht man Indikatororganismen zu finden, die einen bestimmten mittleren Zustand des Gewässers anzeigen. Aus dem Vorkommen solcher Organismen berechnet man dann einen Index.

Das gebräuchlichste Verfahren ist der „Saprobienindex" (S). Zu seiner Bestimmung wird zunächst eine möglichst repräsentative Stichprobe der Organismen an einer Stelle des Gewässers genommen. Diese Organismen werden so gut wie möglich bestimmt und gezählt. Für jede gefundene Art ermittelt man den Saprobiegrad (s) aus einem Katalog (z. B. Zelinka u. Marvan 1961). Dann wird die Häufigkeit (h) jeder Art mit dem Saprobiegrad multipliziert. Der Saprobienindex errechnet sich nach:

$$S = \frac{\sum s \cdot h}{\sum h}.$$

Beispiel:

	Häufigkeit (h)	Saprobiegrad (s)	$s \cdot h$
Art A	7	2	14
Art B	28	3	84
Art C	3	4	12
$\sum$	38		110

$S = 110/38 = 3{,}2$

> Wegen der Unsicherheit bei der Probennahme, der Schwierigkeiten bei der exakten Artbestimmung und wegen der begrenzten Sicherheit des Indikatorwerts vieler Arten ist es nicht sinnvoll, den Saprobienindex mit Dezimalstellen anzugeben. Im Übergangsbereich kann man aber Zwischenstufen angeben (z. B. Güteklasse 2−3).
>
> Wegen der Schwierigkeiten bei der biologischen Güteanalyse benutzen moderne Methoden eine Kombination aus chemischer und biologischer Analyse. Die chemischen Werte werden dabei aber nicht als Durchschnittskonzentrationen bewertet, sondern als Wahrscheinlichkeiten, mit denen bestimmten Grenzwerte überschritten werden.
>
> **Achtung:** Das Saprobiensystem beruht ausschließlich auf heterotrophen Prozessen. Es kann deshalb an Fließgewässern angewendet werden, wo im Zuge der Selbstreinigung der Ablauf dieser Prozesse räumlich getrennt ist. In einem See laufen die Selbstreinigungsprozesse aber am gleichen Ort simultan ab. Deshalb kann es keine Indikatororganismen geben, die die Saprobie eines Sees anzeigen. Bei Seen kann es nur Indikatoren geben, die den Trophiezustand, der von autotrophen Prozessen abhängt, beschreiben. Es ist deshalb nicht möglich, die „Gewässergüte" eines Sees mit dem Saprobiensystem zu beschreiben.

sulfurikation). Die Verfügbarkeit von H_2S ermöglicht bei ausreichendem Licht die anaerobe Photosynthese der Schwefelbakterien. An aerob-anaeroben Grenzzonen können wegen der ständigen Nachlieferung reduzierter Substrate chemolithotrophe Mikroorganismen auftreten (vgl. 4.3.8). Wenn die Nachlieferung von Sauerstoff aus der Atmosphäre ausreicht, daß trotz der großen Zehrung Sauerstoffkonzentrationen von ca. 3 mg/l erhalten bleiben, kommt es häufig zu Massenvorkommen des als „Abwasserpilz" bezeichneten Bakteriums *Sphaerotilus natans*. Mit einer gewissen Verzögerung folgen auf die Bakterien bakterienfressende Tiere. Wegen des fehlenden oder nur geringen Sauerstoffangebots ist das Artspektrum stark eingeschränkt. Es überwiegen bakterienfressende Protozoen, während nur wenige Metazoen, die an Sauerstoffmangel angepaßt sind (z. B. *Tubifex*, *Chironomus*), auftreten.

Die Freisetzung mineralischer Nährstoffe durch die Bakterienfresser ermöglicht stromabwärts eine Zunahme der Photosynthese. Damit kommt es zusätzlich zum atmosphärischen Eintrag zu einer weiteren Zufuhr von O_2. Außerdem ist inzwischen die Sauerstoffzehrung geringer, da ein Teil der organischen Substanz bereits abgebaut ist. Das verbesserte Angebot von Sauerstoff ermöglicht die chemosynthetische Oxidation reduzierter Substanzen, insbesondere die Nitrifikation von Ammonium. Unter den verbesserten Sauerstoffbedingungen und mit dem zusätzlichen Futterangebot durch autotrophe Blaualgen und Algen nimmt die Artenzahl der Tiere zu. Wegen des reichen Futterangebots kann es auch zu Massenentfaltungen einzelner Tiere kommen. Diese Zone entspricht der „α-mesosaproben Stufe" (Güteklasse III). In der „β-mesosaproben Stufe" (Güteklasse II) treten auch Fische wieder in großer Zahl auf. Eine Wiederherstellung des **„oligosaproben"** Zustandes (Güteklasse I) ist selten, da organische Belastungen meist auch zusätzlich eutrophierend wirken und es nach der Freisetzung der mineralischen Nährstoffe durch die Bakterien zu einer erhöhten Primärproduktion und damit zu einer sekundären Belastung durch organische Substanzen kommt. Erst nach einer langen Fließstrecke werden auch die mineralischen Nährstoffe festgelegt, so daß sie der „Spirale" (vgl. 8.4) entzogen werden. Bevor das geschieht, wird aber in unserer anthropogen beeinflußten Landschaft die heterotrophe Sukzession normalerweise durch die nächste Einleitungsquelle bereits wieder neu in Gang gesetzt (Reversion).

9 Schlußbemerkungen

Die Stellung der Ökologie innerhalb der Biowissenschaften

Am Anfang dieses Buches haben wir Ökologie nach Krebs (1965) definiert: Ökologie ist die wissenschaftliche Untersuchung der Interaktionen, die die Verbreitung und Häufigkeit der Organismen bestimmen. Diese Definition ist etwas zu eng; sie umfaßt die Analyse der Umweltansprüche von Individuen, von Wachstum und Verbreitung der Populationen, der Interaktionen zwischen Populationen und der Funktion von Lebensgemeinschaften. Sie schließt jedoch nicht die Analyse der Funktion von Ökosystemen ein, was der historisch gewachsenen Wirklichkeit der Ökologie widerspricht.

Obwohl wir keine eigene Definition der Ökologie angeboten haben, verlassen wir uns darauf, daß Umfang und Abgrenzung des Gegenstandes der ökologischen Forschung aus dem Inhalt des Buches klar werden. Wir haben uns auf die Ökologie der Binnengewässer beschränkt, die terrestrische und die marine Ökologie haben aber die gleichen Fragestellungen und Probleme. Eine Ausnahme ist die Analyse der biogeochemischen Kreisläufe auf räumlichen Skalen, die über das einzelne Ökosystem hinausgehen, von Landschaften über Regionen bis hin zur gesamten Biosphäre. Aufgrund des geringen Anteils der Binnengewässer an der Erdoberfläche ist der Anteil der limnischen Ökosysteme an den globalen Stoffflüssen vernachlässigbar klein. Es ist daher sinnvoll, ein Lehrbuch der Limnoökologie mit einem Abschnitt über Ökosysteme zu beenden, während in einem Lehrbuch über terrestrische oder marine Ökologie auch ein Abschnitt über globale Stofftransporte enthalten sein sollte.

Wir haben uns auf Ökosysteme oder kleinere Einheiten beschränkt, aber auch auf kurze Zeiträume. Wir sind nämlich davon ausgegangen, daß Interaktionen wie Konkurrenz oder Räuber-Beute-Beziehungen zwischen existierenden Arten bzw. Genotypen stattfinden, d. h. daß während des ökologischen Prozesses keine evolutionäre Neubildung von Genotypen stattfindet. Andernfalls wäre es unmöglich, aus den physiologischen Eigenschaften der Organismen eine Vorhersage des Verlaufs ihrer ökologischen Interaktion abzuleiten. Die Entstehung neuer Genotypen gehört in die Genetik und nicht in die Ökologie. Evolution benötigt aber auch Selektion, und die Untersuchung der Selektionsfaktoren ist Aufgabe der Ökologie (vgl. 1.1).

In seiner berühmten Schrift „The ecological theater and the evolutionary play" hat Hutchinson (1965) die Evolution als Theaterstück charakterisiert, das innerhalb des Theaters „Ökologie" gespielt wird. Man kann dieses Bild modifizieren, um die Abgrenzung der Ökologie von benachbarten Wissensgebieten zu verdeutlichen. Betrachtet man die Wechselbeziehungen zwischen Organismen und ihrer Umwelt als Theaterstück, dann kann man sich in dreifacher Weise damit wissenschaftlich auseinandersetzen: Man kann die Akteure des Stücks analysieren, die Bühne oder das Stück selbst. Für die Analyse der Akteure ist dabei eine Reihe biologischer Disziplinen zuständig, z. B. Taxonomie, Funktionsmorphologie, Physiologie, Genetik. Die Analyse der Bühne läßt sich als „Standortkunde" im weitesten Sinn bezeichnen und umfaßt eine Reihe von nichtbiologischen Wissenschaften, z. B. Geologie, Hydrologie, Seenphysik, Wasserchemie etc. Nur die Analyse des Stückes selbst ist die Ökologie, und auch hier muß man die Einschränkung machen, daß sich evolutionäre und geologische Zeiträume dem Zugriff ihrer Methoden entziehen.

Aus dem gesamten Inhalt unseres Buches wird erkennbar, daß wir die Ökologie als eine Naturwissenschaft betrachten. An einigen Stellen haben wir betont, daß innerhalb der Ökologie nach wie vor Konzepte existieren, die nicht den rigorosen Prinzipien der wissenschaftlichen Methode, insbesondere nicht dem Falsifikationsprinzip genügen. Teilweise führen sogar falsifizierte Hypothesen wie die Diversitäts-Stabilitäts-Hypothese ein ausgesprochen zähes Leben sowohl in der akademischen Lehre als auch in der populären Darstellung der Ökologie. Wir halten derartige Phänomene für ein Zeichen der Unreife der Ökologie als Naturwissenschaft, aber keineswegs für ein Zeichen, daß die Ökologie anderen als naturwissenschaftlichen Regeln unterliegt.

Die Stellung der Ökologie in der Gesellschaft

Die Betonung des naturwissenschaftlichen Charakters der Ökologie widerspricht einer Erwartungshaltung, die in weiten Teilen unserer Gesellschaft verbreitet ist. Es herrscht vielfach die Meinung, die Ökologie könne der Grundlegung einer neuen Ethik oder einer neuen politischen Doktrin dienen. Derartige Erwartungen stecken in Formulierungen wie „Ökologie und Ökonomie versöhnen", „ökosoziale Marktwirtschaft", „Ökosozialismus" etc. Solche Forderungen an eine Naturwissenschaft widersprechen sowohl deren Wesen als auch dem Wesen einer demokratischen Gesellschaft.

Naturwissenschaften können Theorien darüber anbieten, wie die Natur fuktioniert. Sie können jedoch nicht angeben, welcher

Zustand der Natur ein erhaltenswürdiger Wert oder ein erstrebenswertes Ziel menschlichen Handelns ist. Die Festsetzung solcher Werte und Ziele ist keine Aufgabe der Wissenschaft, sondern eine Aufgabe des demokratischen Entscheidungsprozesses. Weder Ökologen noch irgendwelche anderen Experten haben in diesem Entscheidungsprozeß größere Rechte als andere Menschen. Die Aufgabe des Experten besteht allenfalls darin, Wege zum Erreichen von Zielen aufzuzeigen und Konflikte zwischen verschiedenen, für sich genommen durchaus berechtigten Zielen frühzeitig zu erkennen.

Selbst dann, wenn ein gesellschaftlicher Konsens bestünde, daß die „Gesundheit von Ökosystemen" als schutzwürdiger Wert höchste Priorität genießt, könnte die Ökologie nichts zur näheren Definition dieses Wertes beitragen. Wenn man den vorwissenschaftlichen Charakter des „Gleichgewichts der Natur" und des Superorganismus-Konzepts eingesehen hat, gibt es kein wissenschaftliches Kriterium, die Gesundheit von Ökosystemen zu bewerten. Es gibt keinen innerhalb der Wissenschaft liegenden Grund, einen bestimmten historischen Zustand eines Ökosystems oder der gesamten Biosphäre als „Sollzustand" festzusetzen. Auch die anerkanntesten und konsensfähigsten Ziele der Umweltpolitik folgen nicht zwingend aus den Erkenntnissen der Ökologie. Neben der Reduktion gesundheitsschädlicher Emissionen dienen die meisten Bestrebungen des Umwelt- und Naturschutzes zwei übergeordneten Zielen: der Erhaltung der Diversität und der Wiederherstellung bzw. Erhaltung einer möglichst großen Geschlossenheit der biogeochemischen Kreisläufe. Beides sind Ziele, die mittlerweile vielen Menschen einleuchten; sie sind jedoch in menschlichen Werturteilen begründet und nicht in wissenschaftlichen Lehrsätzen. Die Ökologie kann zwar aufzeigen, daß eine anthropogene Öffnung von Stoffkreisläufen unerwünschte Auswirkungen hat (mehr Nährstoffaustrag aus dem Boden → mehr Bedarf an Düngung → mehr Eutrophierung der Gewässer); es entzieht sich jedoch ihrer Kompetenz, zu bewerten, wie unerwünscht diese Auswirkungen sind.

Ökologie und Umwelt

Dieses Buch enthält wenig Hinweise auf die sogenannte „Angewandte Ökologie". Im angelsächsischen Sprachraum gibt es eine klare Unterscheidung zwischen „ecology" und „environmental science", die bei uns fehlt. Das Fehlen einer solchen Trennung hat dazu geführt, daß das Wort „Ökologie" vielfach eine Worthülse geworden ist, in die man beliebige Inhalte füllen kann, wenn es opportun ist. Ohne Zweifel sind der Schutz unseres Lebensraumes und die Schonung der Ressourcen bei steigender Weltbevölkerung die größte Herausforderung unserer Zeit. Die Ökologie hat dadurch, daß sie das Denken in vernetzten Systemen eingeführt hat, wesentlichen Anteil daran gehabt, daß die Umweltproblematik vielen Menschen bewußt geworden ist. Sie wird auch weiterhin gefordert sein, Voraussagen über die Konsequenzen der Aktivitäten des Menschen zu machen. Solche Voraussagen werden aber nur auf der Basis einer soliden naturwissenschaftlichen Theorie möglich sein.

Die ungeheure Popularität, die Umweltfragen inzwischen erreicht haben, ist sehr positiv zu bewerten, hat aber zu einer starken Verschiebung der Gewichte zur angewandten Ökologie geführt. Deren Zielsetzung ist nicht der Aufbau einer generellen Theorie, sondern die Optimierung der Lebensbedingungen des Menschen, und diese ist nicht immer mit wissenschaftlichen Kriterien zu begründen. Fenchel (1987) hat sich mit diesem Problem kritisch auseinander gesetzt. Das Verhältis zwischen Ökologie und Umweltwissenschaft kann man vielleicht mit dem Verhältnis zwischen Physik und Ingenieurwissenschaften vergleichen. Die Physik liefert die Grundlagen, die Ingenieure machen daraus Produkte, die dem Menschen nutzen sollen. Während aber Physik und Ingenieurwissenschaften relativ klar abgegrenzt sind, ist das bei Ökologie und Umweltwissenschaft nicht der Fall. Nur ein Bruchteil der Fördermittel, die für „Ökologische Forschung" aufgewendet werden, geht in die ökologische Grundlagenforschung. Der größte Teil wird für die Bewältigung akuter Probleme und für „Monitoring" aufgewendet. Solche Programme sind dringend notwendig und sollten eher noch verstärkt werden, sie bringen aber wenig wissenschaftlichen Fortschritt, da sie in der Regel darin bestehen, bekannte Konzepte und Methoden anzuwenden. Die verstärkten Aufwendungen haben deshalb bisher leider nicht zu einem entsprechenden Zuwachs an ökologischer Theorie geführt.

Es dürfte klar geworden sein, daß es uns mit diesem Buch darum ging, die derzeitigen Möglichkeiten und Grenzen ökologischer Theorien im aquatischen Bereich deutlich zu machen. Es wäre wünschenswert, den Begriff „Ökologie" wieder für das zu verwenden, was er ursprünglich bezeichnete, eine Teildisziplin der Biologie mit eigenen Methoden und einem eigenen Theoriengebäude, das anderen Teildisziplinen gleichwertig ist, weder eine „integrierende" Wissenschaft noch eine Heilslehre.

Glossar

Äquitabilität: Maß für die Gleichverteilung der Individuenzahlen verschiedener Arten in einer Lebensgemeinschaft. Maximale Ä. bedeutet, daß alle Arten in etwa gleichen Anteilen vertreten sind, minimale Ä., daß eine Art dominant ist

Akineten: Dauerstadien der Cyanobakterien

Alkalinität: Pufferkapazität des Wassers gegenüber Säuren

Allel: Eine der verschiedenen Formen eines Gens am gleichen → Locus

Allelopathie: Hemmung konkurrierender Organismen durch Ausscheidung chemischer Substanzen

allochthon: von außen in ein System eingetragen

Allokation: Aufteilung des vorhandenen Materials für einander ausschließende Zwecke, z. B. Wachstum und Reproduktion

Allozym: eins von verschiedenen → Allelen eines Enzyms, die die gleiche Funktion haben, sich aber in ihrer Struktur etwas unterscheiden, so daß sie in der → Elektrophorese unterschiedlich wandern. Wird benutzt als genetische Markierung zur Identifikation eines Genotyps

Anabolismus: aufbauender Stoffwechsel, bei dem unter Energieverbrauch einfache Moleküle zu komplexeren umgewandelt werden

anaerob: ohne Sauerstoff

Anoxibiose: Leben ohne Sauerstoff, z. B. mit einem Gärungsstoffwechsel

Assimilation: Einbau von Substanzen in die eigene Biomasse eines Organismus

autochthon: innerhalb eines Systems gebildet

Autotrophie: Verwertung anorganischer Kohlenstoffquellen (CO_2, HCO_3) für den Aufbau eigener Körpersubstanz

Bakterivorie: Ernährung durch Bakterien

Batch-Kultur: Kultur (Algen, Bakterien) in einem abgeschlossenen Volumen. Charakteristisch für eine B. ist die sigmoide (→logistische) Wachstumskurve

Benthon: Lebensgemeinschaft des Gewässerbodens

Biocoenose: Lebensgemeinschaft

Biomanipulation: Nahrungskettenmanipulation. Verfahren zur Seesanierung durch → Top-down-Kontrolle der Nahrungskette. Entfernung der → planktivoren Fische führt zu höherem → Grazing und zu geringeren Algendichten

Biomasse: Masse der lebenden Organismen in einem bestimmten Volumen oder auf einer bestimmten Fläche. Kann für eine Population, eine Lebensgemeinschaft oder funktionelle Teile davon angegeben werden

Bioturbation: Umschichtung der obersten Sedimentschichten durch Organismen

„Bottom-up"-Kontrolle: Steuerung von Struktur und Dynamik einer Lebensgemeinschaft durch das Angebot von → Ressourcen

Bruttoproduktion: potentielle Produktion unter Ausschluß katabolischer Verluste

Carrying capacity: → Kapazität

Chemokline: Zone starker vertikaler Änderung in der Chemie eines Wasserkörpers, meist in Verbindung mit dem Übergang von aeroben zu anaeroben Bedingungen

Chemostat: Kultureinrichtung (Algen, Bakterien) mit kontinuierlichem Austausch des Mediums. Im → Steady state entspricht die Wachstumsrate der Durchflußrate

Chemotrophie: Verwendung exergonischer, chemischer Reaktionen als Energiequelle für den Aufbau der Körpersubstanz

Denitrifikation: Umwandlung von Nitrat in N_2 durch Verwendung als Oxidationsmittel in der → Nitratatmung

Desulfurikation: mikrobielle Reduktion von Sulfat zu Schwefelwasserstoff

Detritus: abgestorbenes, organismisches Material

Diapause: Unterbrechung der ontogenetischen Entwicklung durch eine Ruheperiode

dimiktischer See: See mit zwei Vollzirkulationen pro Jahr

DIN (dissolved inorganic nitrogen): gelöster, anorganischer Stickstoff. Summe aus Nitrat-, Nitrit-, und Ammonium-Stickstoff

DOC (dissolved organic carbon): gelöster, organischer Kohlenstoff

DOM (dissolved organic matter): gelöste, organische Substanz

Elektrophorese: Methode zur Trennung von Molekülen mit unterschiedlicher elektrischer Ladung. Beruht auf der unterschiedlichen Wanderungsgeschwindigkeit solcher Moleküle in einem Gel, wenn ein elektrisches Feld angelegt wird

Epilimnion: warme Oberflächenschicht in geschichteten Seen

epilithisch: auf Steinen wachsend

epipelisch: auf Schlamm wachsend

epiphytisch: auf Pflanzen wachsend

eurytherm: tolerant gegenüber einem weiten Bereich von Temperaturen

eutroph: nährstoffreich, mit hoher Produktion

Fitneß: Maß für den Beitrag eines Genotyps zur folgenden Generation, relativ zu anderen Genotypen

Functional response: Änderung der Konsumrate einer → Ressource als Funktion der Ressourcendichte

Grazing: Abweidung ganzer Pflanzen. Im Süßwasser gebraucht für die Elimination von Phytoplanktern durch → herbivore Zooplankter oder für das Abweiden von → Periphyton durch benthische Tiere

Habitat: charakteristischer Standort einer Art

Herbivorie: strenggenommen: Ernährung durch Kräuter. Im Süßwasser angewandt auf alle Formen der Ernährung durch lebende Pflanzen und Cyanobakterien (z. B. Algen)

Heterocysten: auf N_2-Fixierung spezialisierte Zellen von Blaualgen

Heterotrophie: Verwertung organischer Kohlenstoffquellen für den Aufbau der eigenen Körpersubstanz

holomiktischer See: See, der mindestens einmal jährlich bis zum Grund durchmischt wird

Hypertonie: Aufrechterhaltung eines höheren osmotischen Druckes in der Zelle als im Umgebungswasser

Hypolimnion: kalte Tiefenschicht in geschichteten Gewässern

Hyporheal (hyporheisches Interstitial): Lebensraum im Lückensystem unter der Sohle eines Fließgewässers, der noch durchströmt ist

Hypotonie: Aufrechterhaltung eines niedrigeren osmotischen Druckes in der Zelle als im Umgebungswasser

k_s-Wert: Ressourcenkonzentration, bei der die halbmaximale Wachstumsrate erreicht wird

Kapazität: maximal erreichbare Populationsdichte (Biomasse) in einem gegebenen Ökosystem

Katabolismus: abbauender Stoffwechsel, bei dem unter Energiegewinnung komplexe Moleküle in einfachere (letztes Produkt: CO_2) umgewandelt werden

Klimax: Endstadium einer → Sukzession

Kohorte: Gruppe von Individuen gleichen Alters, die sich innerhalb einer Population erkennen läßt

Kopräzipitation: Ausfällung im Komplex mit einem unlöslichen Salz (z. B. Phosphor mit Eisenhydroxid)

laminare Strömung: Strömung mit parallelen Stromlinien

Limitation: Begrenzung von physiologischen Raten oder Wachstumsraten durch → Ressourcen

Lithotrophie: Verwendung anorganischer Substanzen als Elektronendonator

Litoral: Uferzone

Locus: Position eines Gens auf dem Chromosom (DNS-Strang)

logistisches Wachstum: Populationswachstum, das durch eine → „Kapazität" nach oben begrenzt ist

Makrophyten: höhere Wasserpflanzen, einschließlich der Armleuchteralgen (Characeen)

meromiktischer See: See, dessen Tiefenzone (Monimolimnion) nie durchmischt wird

Metalimnion: Zone stärkster Temperaturänderung (Sprungschicht) in geschichteten Gewässern

Methanogenese: anaerober Abbau organischer Substanz mit Methan als Endprodukt

Methylotrophie: Heterotrophie, bei der C_1-Moleküle (Methan, Methanol, Formaldehyd etc.) als C-Quelle dienen

Microbial loop: → mikrobieller Umweg

mikrobieller Umweg (=mikrobielle Schleife): Verbindungsweg im pelagischen Stoffkreislauf, der von der DOC-Abgabe durch Phytoplankter über DOC-Aufnahme durch Bakterien und bakterivore Protozoen zu den metazoischen Planktern läuft

Mixolimnion: Teil eines → meromiktischen Gewässers, der von der Durchmischung erfaßt wird

Mixotrophie: Ernährung sowohl durch → autotrophe als auch durch → heterotrophe Prozesse

Monimolimnion: von der Durchmischung ausgeschlossene Tiefenzone → meromiktischer Gewässer

monomiktischer See: See mit einer Vollzirkulation pro Jahr

Nanoplankton: Plankton mit einer Körpergröße von 2 (3) bis 20 (30) μm

Nekton: Lebensgemeinschaft der aktiv schwimmfähigen Organismen

Nettoproduktion: Produktion nach Abzug von Stoffwechselverlusten

Neuston: Lebensgemeinschaft des Oberflächenfilms

Nitratatmung: Nutzung des im Nitrat enthaltenen Sauerstoffs durch Bakterien unter aneroben Bedingungen. → Denitrifikation

Nitrifikation: chemotrophe Oxidation des Ammoniums zu Nitrit und Nitrat

Numerical response: Abhängigkeit der Wachstumsrate einer Konsumentenpopulation von der Ressourcendichte

oligomiktischer See: See, in dem nicht in jedem Jahr eine Vollzirkulation auftritt

oligotroph: nährstoffarm, mit geringer Produktion

Optimal foraging: Suche und Auswahl der Nahrung in einer Weise, die den Netto-Energiegewinn pro Zeit optimiert

Organotrophie: Verwendung organischer Substanzen als Elektronendonator

PAR (photosynthetically active radiation): für die Photosynthese nutzbare Strahlung (400 – 700 nm)

P/B-Quotient: Verhältnis aus Produktion und Biomasse

Pelagial: Freiwasserzone

Periphyton: Aufwuchs von Mikroalgen an submersen Oberflächen

Phagotrophie: Aufnahme von Partikeln durch Einzeller durch die Zelloberfläche

Phototrophie: Verwendung des Lichts als Energiequelle für den Aufbau von Körpersubstanzen

Phytoplankton: pflanzliches Plankton

Picoplankton: Plankton mit <2 (3) µm Körpergröße

planktivore Fische: Fische, die → Zooplankton fressen

Plankton: Gemeinschaft der im Wasser suspendierten Organismen

Plastron: inkompressible Luftschicht zwischen feinen Haaren, die Wasserinsekten als permanente „physikalische Kieme" dienen kann

POC (particulate organic carbon): partikulärer, organischer Kohlenstoff

polymiktischer See: See, der häufiger als zweimal pro Jahr zirkuliert; in den Tropen eventuell täglich

Polymorphismus: Auftreten getrennter Formen in einer Population, die genetisch bestimmt sind, deren Erhaltung aber nicht allein durch Mutation erfolgt. Kann morphologische Eigenschaften, Verhalten oder → Allozyme betreffen

Primärproduktion: Aufbau organischer Substanz aus anorganischen Bestandteilen (durch Photosynthese oder Chemosynthese)

Produktion: neugebildete Biomasse einer Population oder → trophischen Ebene einschließlich der im Beobachtungszeitraum eliminierten organischen Substanz (E). $P = \Delta B + E$

Q_{10}: Faktor, um den sich eine chemische oder biologische Reaktionsrate bei einer Temperaturerhöhung um 10 °C vervielfacht

r: mathematisches Symbol für die Wachstumsrate einer Population

Ressourcen: konsumierbare Faktoren (Energie, Substanzen, Beute, Platz), die für Aufrechterhaltung, Wachstum und Vermehrung von Organismen benötigt werden

Reynolds-Zahl (Abk.: Re): dimensionslose Zahl, die die Kräfte beschreibt, die auf einen Körper wirken, der sich relativ zu einer Flüssigkeit bewegt (z. B. sinkende Alge). Re gibt das Verhältnis von Trägheitskräften zu viskösen Kräften an

Rheotaxis: gerichtete Reaktion eines Organismus zur Strömung

Sekundärproduktion: → Produktion der → heterotrophen Organismen

Selektion: a) evolutionsbiologisch: „natürliche Auslese" der besser angepaßten Genotypen; b) physiologisch: Auswahl zwischen verschiedenen Nahrungsarten (aktiv durch gezielte Auswahl oder passiv durch unterschiedliches Rückhaltevermögen, z. B. bei Filtrierern)

Steady state: Fließgleichgewicht in einem → Chemostaten

stenotherm: in der Toleranz auf einen engen Temperaturbereich beschränkt

Sukzession: zeitliche Artenfolge innerhalb eines Lebensraumes, langfristig gerichtet (z. B. Verlandung eines Sees) oder in regelmäßiger Wiederholung nach Störungen (z. B. jahreszeitliche S. des Planktons). Zu unterscheiden sind die *allogene S.*, die durch externe Faktoren (z. B. Klimaänderungen) getrieben wird, und die *autogene S.*, bei der das Auftreten einer Art durch die Aktivität der Vorgängerart (z. B. Nährstoffverbrauch) bedingt wird

Thermokline: Sprungschicht. Bereich der stärksten vertikalen Temperaturänderung in einem geschichteten Wasserkörper

„Top-down"-Kontrolle: Kontrolle der Struktur und Dynamik einer Lebensgemeinschaft durch Räuber, d. h. aus der Richtung der höheren → trophischen Ebenen

trophische Ebene: Position in der Nahrungskette, definiert durch die Zahl der Energie-Transferschritte bis zu dieser Position

turbulente Strömung: Strömung mit wirbelförmigen Stromlinien

ZNGI-Linie (zero net growth isocline): Linie in einem graphischen Konkurrenzmodell, die alle Punkte verbindet, an denen das Wachstum Null ist

Zooplankton: tierisches Plankton

Zyklomorphose: jahreszeitliche morphologische Veränderung innerhalb einer Population

Literatur

Kapitel 1
Zitierte Literatur
Darwin, C. R.: Die Entstehung der Arten durch natürliche Zuchtwahl. Philipp Reclam jun., Stuttgart 1963 (1859)
Krebs, C. J.: Ecology, 2nd ed. Harper & Row, New York 1985
Spindler, K. D.: Untersuchungen über den Einfluß äußerer Faktoren auf die Dauer der Embryonalentwicklung und den Häutungsrhythmus von *Cyclops vicinus*. Oecologia (Berl.) 7 (1971) 342

Weiterführende Literatur
Begon, M., J. L. Harper, C. R. Townsend: Ecology. Individuals, populations and communities. Blackwell, Oxford 1986
Brewer, R.: The Science of Ecology. Saunders, New York 1988
Cockburn, A.: An Introduction to Evolutionary Ecology. Blackwell, Oxford 1991
Colinvaux, P.: Ecology. Wiley, New York 1986
Futuyma, D. J.: Evolutionsbiologie. Birkhäuser, Basel 1990
Remmert, H.: Ökologie, 4. Aufl. Springer, Berlin 1989
Ricklefs, R. E.: Ecology. Chiron Press, New York 1973
Smith, J. M.: Evolutionary Genetics. Oxford University Press, Oxford 1986

Kapitel 2
Zitierte Literatur
Lampert, W.: Planktontürme — neue experimentelle Möglichkeiten für die aquatische Ökologie. Spektrum der Wissenschaft 6 (1990) 20

May, R. M.: Biological populations obeying difference equations: Stable points, stable cycles and chaos. Science 186 (1975) 645

Weiterführende Literatur
Hairston, N. G. sr.: Ecological Experiments. Cambridge University Press, Cambridge 1989
Pielou, E. C.: The Interpretation of Ecological Data. Wiley, New York 1984
Popper, K. R.: Realism and the Aim of Science. Rowman & Littlefield, Totowa 1983
Schwoerbel, J.: Methoden der Hydrobiologie Süßwasserbiologie, 3. Aufl. Fischer, Stuttgart 1986
Wetzel, R. G., G. E. Likens: Limnological Analyses. Saunders, Philadelphia 1979

Kapitel 3
Zitierte Literatur
Hutchinson, G. E.: A treatise on limnology, Vol. 1. Geography, physics, and chemistry. Wiley, New York 1957
Hynes, H. B. N.: The Ecology of Running Waters. Univ. Toronto Press, Toronto 1970
Siebeck, O.: Der Königssee. Eine limnologische Projektstudie. Nationalpark Berchtesgaden, Forschungsberichte 5 (1982) 131 S.
Tilzer, M. M., C. R. Goldman, E. de Amezaga: The efficiency of photosynthetic light energy utilization by lake phytoplankton. Verh. Int. Verein. Limnol. 19 (1975) 800

Tilzer, M. M., W. Geller, U. Sommer, H. H. Stabel: Kohlenstoffkreislauf und Nahrungsketten in der Freiwasserzone des Bodensees. Konstanzer Blätter für Hochschulfragen 73 (1982) 51

Tschumi, P.-A.: Eutrophierung, Primärproduktion und Sauerstoffverhältnisse im Bielersee. Gas-Wasser-Abwasser 57 (1977) 245

Vareschi, E.: The ecology of Lake Nakuru (Kenya). III. Abiotic factors and primary production. Oecologia 55 (1982) 81

Weiterführende Literatur

Cole, G. A.: Textbook of Limnology, 3. Aufl. Waveland Press, Prospect Heights 1988

Goldman, C. R., A. J. Horne: Limnology. McGraw-Hill, New York 1983

Schwoerbel, J.: Einführung in die Limnologie, 6. Aufl. Fischer Stuttgart 1987

Stumm, W.: Chemical Processes in Lakes. Wiley, New York 1985

Stumm, W., J. J. Morgan: Aquatic Chemistry. Wiley, New York 1970

Uhlmann, D.: Hydrobiologie, 3. Aufl. Fischer, Stuttgart 1988

Wetzel, R. G.: Limnology, 2. Aufl. Saunders, Philadelphia 1983

Kapitel 4

Zitierte Literatur

Ahlgren, G.: Growth of *Oscillatoria agardhii* in chemostat culture. II. Dependence of growth constants on temperature. Mitt. Int. Ver. Limnol. 21 (1978) 88

Alcaraz, M., J. R. Strickler: Locomotion in copepods: pattern of movements and energetics of *Cyclops*. Hydrobiologia 167/168 (1988) 409

Ambühl, H.: Die Bedeutung der Strömung als ökologischer Faktor. Schweiz. Z. Hydrol. 21 (1959) 133

Arens, W.: Comparative functional morphology of the mouth parts of stream animals feeding on epilithic algae. Arch. Hydrobiol. Suppl. 83 (1989) 253

Bailey, P. C. E.: The feeding behaviour of a sit-and-wait predator, *Ranatra dispar* (Heteroptera: Nepidae): optimal foraging and feeding dynamics. Oecologia 68 (1986) 291

Beadle, L. C.: Osmotic regulation and the faunas of inland waters. Biol. Rev. 18 (1943) 172

Borgström, R., G. R. Hendrey: pH tolerance of the first larval stages of *Lepidurus arcticus* and of adult *Gammarus lacustris*. SNSF-Project, IR 22/76 (1976)

Bottrell, H. H.: The relationship between temperature and duration of egg development in some epiphytic Cladocera and Copepoda from the river Thames, Reading, with a discussion of temperature functions. Oecologia 18 (1975) 63

Bowers, G.: Aquatic plant photosynthesis: strategies that enhance carbon gain. In Crawford, R. M.: Plant Life in Aquatic and Amphibian Habitats. Blackwell, Oxford 1987 (p. 79)

Coleman, J. R., B. Coleman: Inorganic carbon accumulation and photosynthesis in a blue-green alga as a function of external pH. Plant Physiol. 67 (1981) 917

Cowgill, U. M., D. P. Milazzo: The sensitivity of two cladocerans to water-quality variables: salinity and hardness. Arch. Hydrobiol. 120 (1990) 185

Dejours, P.: Principles of Comparative Respiratory Physiology. North-Holland Publ., Amsterdam 1975

DeMott, W. R.: Discrimination between algae and artificial particles by freshwater and marine copepodes. Limnol. Oceanogr. 33 (1988) 397

Downing, J. A., F. H. Rigler: A Manual on Methods for the Assessment of Secondary Production in Fresh Waters. IBP-Handbook 17, 2. ed. Blackwell, Oxford 1984

Droop, M. R.: 25 years of algal growth kinetics. Bot. Mar. 26 (1983) 99

Edmondson, W. T., G. G. Winberg: A Manual on Methods of the Assessment of Secondary Production in Fresh Waters. IBP-Handbook 17. Blackwell, Oxford 1971

Findenegg, I.: Untersuchungen über die Ökologie und die Produktionsverhältnisse des Planktons im Kärntner Seengebiet. Int. Rev. ges. Hydrobiol. 43 (1943) 368

Fuhrman, J. A., F. Azam: Thymidine incorporation as a measure of heterotrophic bacterioplankton production in marine surface waters: evaluation and field results. Mar. Biol. 66 (1982) 1085

Gaedke, U., R. Berberovic, C. Braunwarth, R. Eckmann, W. Geller, A. Giani, U. Haake, U. Kenter, H. Müller, H.-R. Pauli, A. Schweizer, M. Simon. D. Springmann, M. Tilzer, T. Weisse, S. Wölfl: Biomassegrößenspektren im Pelagial des Bodensee (Erw. Zusammenf.). In: Deutsche Gesellschaft für Limnologie, Essen 1990 (S. 32)

Geller, A.: Degradation and formation of refractory DOM by bacteria during simultaneous growth on labile substrates and persistent lake water constituents. Schweiz. Z. Hydrol. 47 (1985) 27

Geller, W.: Die Nahrungsaufnahme von *Daphnia pulex* in Abhängigkeit von der Futterkonzentration, der Temperatur, der Körpergröße und dem Hungerzustand der Tiere. Arch. Hydrobiol. Suppl. 48 (1975) 47

Gliwicz, Z. M.: Filtering rates, food size selection, and feeding rates in cladocerans — another aspect of interspecific competition in filter-feeding zooplankton. In Keerfoot, W. C.: Evolution and Ecology of Zooplankton Communities. University Press of New England, Hanover, N. H. 1980 (p. 282)

Goldman, J. C., J. J. McCarthy, D. G. Peavey: Growth rate influence on the chemical composition of phytoplankton in oceanic waters. Nature 279 (1979) 210

Grinnell, J.: The niche-relationships of the California trasher. Auk 34 (1917) 427

Grodzinski, W., R. Z. Klekowski, A. Duncan: Methods for Ecological Bioenergetics. IBP-Handbook 24. Blackwell, Oxford 1975

Güde, H.: Loss processes influencing growth of bacterial populations in Lake Constance. J. Plankton Res. 8 (1986) 795

Haney, J. F., T. R. Beaulieu, R. P. Berry, D. P. Mason, C. R. Miner, E. S. McLean, K. L. Price, M. A. Trout, R. A. Vinton, S. J. Weiss: Light intensity and relative light change as factors regulating stream drift. Arch. Hydrobiol. 97 (1983) 73

Hargrave, B. T.: An energy budget for a deposit-feeding amphipod. Limnol. Oceanogr. 16 (1971) 99

Harris, G. P.: Photosynthesis, productivity and growth: the physiological ecology of phytoplankton. Arch. Hydrobiol. Beih. Ergebn. Limnol. 10 (1978)

Healey, F. P.: Characteristics of phosphorus deficiency in *Anabaena*. J. Phycol. 9 (1973) 383

Holling, C. S.: The components of predation as revealed by a study of small-mammal predation of the European pine sawfly. Can. Entomol. 91 (1959) 293

Hutchinson, G. E.: Homage to Santa Rosalia, or Why are there so many kinds of animals. Amer. Nat. 93 (1958) 145

Hutchinson, G. E.: A Treatise on Limnology, Vol. 3. Limnological Botany. Wiley, New York 1975

Ivlev, V. S.: Experimental Ecology of the Feeding of Fishes (1955, Übersetzung durch Yale Univ. Press 1961)

Jörgensen, E. G.: The adaptation of plankton algae. IV. Light adaptation in different algal species. Physiol. Plant. 19 (1969) 1307

Kausch, H.: Stoffwechsel und Ernährung der Fische. In: Handbuch der Tierernährung, Bd. II. Parey, Hamburg 1972 (S. 690)

Klekowski, R. Z.: Neue Ergebnisse auf dem Gebiet der Bioenergetik und der physiologischen Ökologie der Tiere. Verh. Int. Verein. Limnol. 18 (1973) 1594

Klekowski, R. Z., A. Duncan: Physiological approach to ecological energetics. In Grodzinski, W., R. Z. Klekowski, A. Duncan,: Methods for Ecological Bioenergetics. IBP-Handbook 24. Blackwell, Oxford 1975 (p. 15)

Koch, F., W. Wieser: Partitioning of energy in fish: Can reduction of swimming activity compensate for the cost of production? J. exp. Biol. 107 (1983) 141

Kohl, J. G., A. Nicklisch: Ökophysiologie der Algen, Akademie-Verlag, Berlin 1988

Lampert, W.: The measurement of respiration. In Downing, J. A., F. H. Rigler: A Manual on Methods for the Assessment of Secondary Production in Fresh Water. IBP Handbook 17. Blackwell, Oxford 1984 (p. 413)

Lampert, W.: Laboratory studies on zooplankton cyanobacteria interactions. N.Z. J. Mar. Freshw. Res. 21 (1987) 483

Lampert, W., P. Muck: Multiple aspects of food limitation in zooplankton communities: the *Daphnia-Eudiaptomus* example. Arch. Hydrobiol. Beih. 21 (1985) 311

Mann, H., U. Pieplow: Der Kalkhaushalt bei der Häutung der Krebse. Sitzber. Ges. naturforsch. Freunde (1938)

Meulemans, J. T., F. Heinis: Biomass and production of periphyton attached to dead read stems in Lake Maarseveen. In Wetzel, R. G.: Periphyton of Freshwater Ecosystems. Junk, Den Haag 1983 (p. 169)

Monod, J.: La technique de culture continue: théorie et applications. Ann. Inst. Pasteur Lille 79 (1950) 390

Morel, F.: Principles of Aquatic Chemistry. Wiley, New York 1983

Muck, P., W. Lampert: Feeding of freshwater filter-feeders at very low food concentrations: Poor evidence for "threshold feeding" and "optimal foraging" in *Daphnia longispina* and *Eudiaptomus gracilis*. J. Plankton Res. 2 (1980) 367

Mur, L., R. O. Bejsdorf: A model of the succession from green to blue-green algae based on light limitation. Verh. Internat. Verein Limnol. 20 (1978) 2314

Overbeck, J.: Distribution pattern of uptake kinetic response in a stratified eutrophic lake. Verh. Internat. Verein. Limnol. 19 (1975) 2600

Overrein, N. L., H. M. Seip, A. Tollan: Acid Precipitation — Effects on Forest and Fish. Final report of the SNSF-project 1972 to 1980. Norwegian Institute of Water Analysis, Oslo 1980

Parent, S., R. D. Cheetham: Effects of acid precipitation on *Daphnia magna*. Bull. Environm. Toxicol. 25 (1980) 298

Peters, R. H.: The Ecological Implications of Body Size. Cambridge University Press, Cambridge 1983

Peters, R. H.: Methods for the study of feeding, grazing and assimilation by zooplankton. In Downing, J. A., F. H. Rigler: A Manual on Methods for the Assessment of Secondary Production in Fresh Waters. IBP Handbook 17. Blackwell, Oxford 1984 (p. 336)

Pfennig, N.: General physiology and ecology of photosynthetic bacteria. In Clayton, R. K., W. R. Sistrom: The Photosynthetic Bacteria, Plenum, New York 1978 (p. 3)

Prosser, C. L.: Adaptational Biology: Molecules to Organisms. Wiley, New York 1986

Prus, T.: The assimilation efficiency of *Asellus aquaticus* L. (Crustacea, Isopoda). Freshwat. Biol. 1 (1971) 287

Pütter, A.: Die Ernährung der Wassertiere durch gelöste organische Verbindungen. Pflügers Arch. Physiol. 137 (1911)

Pyke, G. H., H. R. Pulliam, E. L. Charnov: Optimal foraging: a selective review of theory and tests. Quart. Rev. Biol. 52 (1977) 137

Reynolds, C. S.: The ecology of Freshwater Phytoplankton. Cambridge University Press, Cambridge 1984

Reynolds, C. S.: Physical determinants of seasonal change in the species composition of phytoplankton. In Sommer, U.: Succession in Plankton Communities. Springer, Berlin 1989 (p. 9)

Reynolds, C. S., A. E. Walsby, R. L. Oliver: The role of buoyancy in the distribution of *Anabaena* sp. in Lake Rotongaio. NZ J. Mar. Freshw. Res. 21 (1987) 525

Reynoldson, T. B.: The population biology of Turbellaria with special reference to the triclads of the British Isles. Adv. Ecol. Res. 13 (1983) 235

Riemann, B., R. T. Bell: Advances in estimating bacterial biomass and growth in aquatic systems. Arch. Hydrobiol. 118 (1990) 385

Rubenstein, D. I., M. A. R. Koehl: The mechanisms of filter feeding: some theoretical considerations. Am. Nat. 111 (1977) 981

Sanders, R. W., K. G. Porter: Phagotrophic phytoflagellates. Adv. Microb. Ecol. 10 (1988) 167

Sand-Jensen, K.: Environmental control of bicarbonate use among freshwater and marine macrophytes. In Crawford, R. M.: Plant Life in Aquatic and Amphibious Habitats. Blackwell, Oxford 1987 (p. 99)

Schober, U.: Kausalanalytische Untersuchungen der Abundanzschwankungen des Crustaceen-Planktons im Bodensee. Diss. Universität Freiburg 1980

Sheldon, R. W., A. Prakash, W. H. Sutcliffe: The size distribution of particles in the ocean. Limnol. Oceanogr. 17 (1972) 329.

Simon, M.: Untersuchungen über die Bedeutung und den Beitrag von frei suspendierten und partikel-assoziierten Bakterien für den Stoffumsatz im Bodensee. Diss. Universität Freiburg 1985

Simpson, F. B., Neilands, J. B.: Siderochromes in cyanophyceae: isolation and characterization of schizokinen from *Anabaena* sp. J. Phycol. 12 (1976) 44

Sommer, U.: Vertical niche separation between two closely related planktonic flagellate species (*Rhodomonas lens* and *Rhodomonas minuta* v. *nannoplanctica*). J. Plankton Res. 4 (1982) 137

Sommer, U.: Phytoplankton competition along a gradient of dilution rates. Oecologia 68 (1986) 503

Sommer, U.: Does nutrient competition among phytoplankton occur in situ? Verh. Int. Verein Limnol. 23 (1988) 707

Sommer, U.: Phytoplankton nutrient competition — from laboratory to lake. In Grace, J. B., D. Tilman: Perspectives on Plant Competition. Academic Press, San Diego 1990 (p. 193)

Sommer, U., Z. M. Gliwicz.: Long range vertical migration of *Volvox* in tropical lake Cahora Bassa (Mozambique). Limnol. Oceanogr. 31 (1986) 650

Sorokin, Y. I., H. Kadota: Microbial Production and Decomposition in Fresh Waters. IBP Handbook No. 23. Blackwell, Oxford 1972

Spence, D. H. N., J. Chrystal: Photosynthesis and zonation of freshwater macrophytes. New Phytol. 69 (1970) 205

Statzner, B., T. F. Holm: Morphological adaptation of shape to flow: Microcurrents around lotic macroinvertebrates with known Reynolds numbers at quasi-natural flow conditions. Oecologia (Berl.) 78 (1989) 147

Talling, J. F.: The phytoplankton population as a compound photosynthetic system. New Phytol. 56 (1957) 133

Tilman, D.: Resource Competition and Community Structure. Princeton University Press, Princeton 1982

Tilman, D., S. S. Kilham, P. Kilham: Phytoplankton community ecology: the role of limiting nutrients. Ann. Rev. Ecol. Syst. 13 (1982) 349

Tilzer, M. M.: The importance of fractional light absorption by photosynthetic pigments for phytoplankton productivity in Lake Constance. Limnol. Oceanogr. 28 (1983) 833

Tilzer, M. M.: The quantum yield as a fundamental parameter controlling vertical photosynthetic profiles of phytoplankton in Lake Constance. Arch. Hydrobiol. Suppl. 69 (1984) 169

Vogel, S.: Life in Moving Fluids. Princeton University Press, Princeton 1981

Werner, E. E., D. J. Hall: Optimal foraging and the size selection of prey by the bluegill sunfish (*Lepomis macrochirus*). Ecology 55 (1974) 1042

Wetzel, R. G.: Limnology, 2. ed. Saunders, Philadelphia 1983

Wetzel, R. G., G. E. Likens: Limnological Analyses. Saunders, Philadelphia 1979

Winberg, G. G.: Methods for the Estimation of Production in Aquatic Animals. Academic Press, London 1971

Wright, R. T., J. E. Hobbie: Use of glucose and acetate by algae and bacteria in aquatic systems. Ecology 47 (1966) 447

Zaika, V. E.: Specific Production of Aquatic Invertebrates. Wiley, New York 1973

Zevenboom, W.: Growth and nutrient uptake kinetics of *Oscillatoria agardhii*. Acad. Proefschrift, University Amsterdam 1980

Weiterführende Literatur

Barnes, R. S. K., K. H. Mann: Fundamentals of Aquatic ecology. 2. ed. Blackwell, Oxford 1991

Hochachka, P. W., G. N. Somero: Biochemical Adaptation. Princeton University Press, Princeton 1984

Rheinheimer, G.: Mikrobiologie der Gewässer, 3. Aufl. Fischer, Stuttgart 1991

Schlegel, H. G.: Allgemeine Mikrobiologie, 6. Aufl. Thieme, Stuttgart 1985

Sibly, R. M., P. Calow: Physiological Ecology of Animals. Blackwell, Oxford 1986

Townsend, C. R., P. Calow: Physiological Ecology. Blackwell, Oxford 1981

Kapitel 5

Zitierte Literatur

Apperson, C. S., D. Yows, L. Madison.: Resistance to methyl parathion in *Chaoborus astictopus* from Clear Lake California. J. Econ. Entomol. 71 (1978) 772

Braunwarth, C.: Populationsdynamik natürlicher Phytoplanktonpopulationen: Analyse der in situ Wachstums- und Verlustraten. Biol. Diss. Universität Konstanz 1988

Braunwarth, C., U. Sommer: Analyses of the in situ growth rates of Cryptophyceae by use of the mitotic index technique. Limnol. Oceanogr. 30 (1985) 893

Burton, R. S., S. G. Swisher: Population structures of the intertidal copepod *Tigriopus californicus* as revealed by field manipulation of allele frequencies. Oecologia 65 (1985) 108

Edmondson, W. T.: Instantaneous birth rates of zooplankton. Limnol. Oceanogr. 17 (1972) 792

Edmondson, W. T.: The Uses of Ecology. Lake Washington and beyond. University Washington Press, Seattle 1991

Halbach, U.: Das Zusammenwirken von Konkurrenz und Räuber-Beute-Beziehungen bei Rädertieren. Zool. Anz. Suppl. 33 (1969) 72

Hildrew, A. G., C. R. Townsend: Predators and prey in a patchy environment. A freshwater study. J. Anim. Ecol. 51 (1982) 797

Hutchinson, G. E.: An Introduction to Population Ecology. Yale University Press, New Haven 1978

Jacobs, J.: Microevolution in predominantly clonal populations of pelagic *Daphnia* (Crustacea, Phyllopoda) — selection, exchange, and sex. J. Evol. Biol. 3 (1990) 257

Jakobsen, P. J., G. H. Johnsen: The influence of predation on horizontal distribution of zooplankton species. Freshw. Biol. 17 (1987) 501

Kozhov, M.: Lake Baikal and its Life. Junk, Den Haag 1963

Lampert, W.: Untersuchungen zur Biologie und Populationsdynamik der Coregonen im Schluchsee. Arch. Hydrobiol. Suppl. 38 (1971) 257

Lampert, W.: The relative importance of food limitation and predation in the seasonal cycle of two *Daphnia* species. Verh. Internat. Verein. Limnol. 23 (1988) 713

Larsson, P.: The life cycle dynamics and production of zooplankton in Øvre Heimdalsvatn. Holarctic Ecol. 1 (1978) 162

MacArthur, R. H., E. O. Wilson: The Theory of Island Biogeography. Princeton University Press, Princeton 1967

Maltby, L.: Pollution as a probe of life-history adaptation in *Asellus aquaticus* (Isopoda). Oikos 61 (1991) 11

Milinski, M.: Do all members of a swarm suffer the same predation? Z. Tierpsychol. 45 (1977) 373

Mort, M. A., H. G. Wolf: The genetic structure of large-lake *Daphnia* populations. Evolution 40 (1986) 756

Paloheimo, J. E.: Calculation of instantaneous birth rate. Limnol. Oceanogr. 19 (1974) 692

Richman, S.: The transformation of energy by *Daphnia pulex*. Ecol. Monogr. 28 (1958) 273

Sommer, U.: Sedimentation of principal phytoplankton species in Lake Constance. J. Plankton Res. 6 (1984) 1

Thomasson, K.: Araucanian lakes. Acta Phytogeographica Suecica 47 (1963) 1

Weider, L. J., P. D. Hebert: Ecological and physiological differentiation among low-arctic clones of *Daphnia pulex*. Ecology 68 (1987) 188

Williams, D. D., H. B. N. Hynes: Benthic community development in a new stream. Can. J. Zool. 55 (1977) 1071

Weiterführende Literatur

Begon, M., M. Mortimer: Population Ecology. Sinauer, Sunderland 1981

Crow, J. F.: Basic Concepts in Population, Quantitative and Evolutionary Genetics. Freeman, New York 1986

Ginzburg, L. R., E. M. Golenberg: Lectures in Theoretical Population Biology. Prentice-Hall, Englewood Cliffs 1985

Hazen, W.: Readings in Population and Community Ecology. Saunders, Philadelphia 1975

Hedrick, P. W.: Genetics of Populations. Bartlett, Boston 1985

Roughgarden, J.: Theory of Population Genetics and Evolutionary Ecology: An introduction. MacMillan, New York 1979

Kapitel 6
Zitierte Literatur

Allan, J. D., A. S. Flecker, N. L. McClintock: Prey preference of stoneflies: sedentary vs mobile prey. Oikos 49 (1987) 323

Black, R. W.: The genetic component of cyclomorphosis in *Bosmina*. In Keerfoot, W. C.: Evolution and Ecology of Zooplankton Communities. University Press of New England, Hanover/N.H. 1980 (p. 456)

Bohl, E.: Diel pattern of pelagic distribution and feeding in planktivorous fish. Oecologia 44 (1980) 368

Bollens, S. M., B. W. Frost: Predator-induced diel vertical migration in a planktonic copepod. J. Plankton Res. 11 (1989) 1047

Brönmark, C., B. Malmqvist: Interactions between the leech *Glossiphonia complanata* and its gastropod prey. Oecologia 69 (1986) 268

Brooks, J. L.: The effects of prey size selection by lake planktivores. Syst. Zool. 17 (1968) 272

Brooks, J. L., S. I. Dodson: Predation, body-size and composition of plankton. Science 150 (1965) 28

Bruning, K., J. Ringelberg: The influence of phosphorus limitation of the diatom *Asterionella formosa* on the zoospore production of its fungal parasite *Rhizophydium planktonicum*. Hydrobiol. Bull. 21 (1987) 49

Byron, E. R.: The adaptive significance of calanoid copepod pigmentation: A comparative and experimental analysis. Ecology 63 (1982) 1871

Cattaneo, A.: Grazing on epiphytes. Limnol. Oceanogr. 28 (1983) 124

Chesson, P.: Predator-prey theory and variability. Ann. Rev. Ecol. Syst. 9 (1978) 923

Connell, J. H.: Diversity in tropical rainforests and coral reefs. Science 109 (1978) 1304

Connell, J. H.: Diversity and coevolution of competitors, or the ghost of competition past. Oikos 35 (1980) 131

Crowl, T. A., A. P. Covich: Predator-induced life history shifts in a freshwater snail. Science 247 (1990) 949

Dawidowicz, P., J. Pijanowska, K. Ciechomski: Vertical migration of *Chaoborus* larvae is induced by the presence of fish. Limnol. Oceanogr. 35 (1990) 1631

DeMeester, L., H. J. Dumont: The genetics of phototaxis in *Daphnia magna*: Existence of three phenotypes for vertical migration among parthenogenetic females. Hydrobiologia 162 (1988) 47

DeMott, W. R.: Discrimination between algae and artificial particles by freshwater and marine copepods. Limnol. Oceanogr. 33 (1988) 397

Dodds, W. K.: Community interactions between the filamentous alga *Cladophora glomerata* (L) Kuetzing, its epiphytes, and epiphyte grazers. Oecologia 85 (1991) 572

Dodson, S. I.: Adaptive change in plankton morphology in response to size-selective predation: A new hypothesis of cyclomorphosis. Limnol. Oceanogr. 19 (1974) 721

Dodson, S. I.: The ecological role of chemical stimuli for the zooplankton: predator-induced morphology in *Daphnia*. Oecologia 78 (1989) 361

Drenner, R. W., J. R. Strickler, W. J. O'Brien: Capture probability: the role of zooplankter escape in the selective feeding of planktivorous fish. J. Fish. Res. Board. Can. 35 (1978) 1370

Elser, J. J., N. C. Goff, N. A. MacKay, A. L. St. Amand, M. M. Elser, S. R. Carpenter: Species-specific algal responses to zooplankton: experimental and field observations in three nutrient limited lakes. J. Plankton Res. 9 (1988) 699

Feminella, J. W., M. E. Power, V. H. Resh: Periphyton responses to invertebrate grazing and riparian canopy in three Northern California coastal streams. Freshw. Biol. 22 (1989) 445

Frost, B. W.: Variability and possible adaptive significance of diel vertical migration in *Calanus pacificus*, a planktonic marine copepod. Bull. Mar. Sci. 43 (1988) 675

Gabriel, W.: Modelling reproductive strategies of Daphnia. Arch. Hydrobiol. 95 (1982) 69

Gaedeke, A., U. Sommer: The influence of the frequency of periodic disturbances on the maintenance of phytoplankton diversity. Oecologia 71 (1986) 25

Galbraith, M. G. jr.: Size-selective predation on *Daphnia* by rainbow trout and yellow perch. Trans. Amer. Fish. Soc. 96 (1967) 1

Gause, G. J.: The Struggle for Existence. Williams & Wilkins, Baltimore 1934

Geller, W., H. Müller: The filtration apparatus of cladocera: Filter mesh-sizes and their implications on food selectivity. Oecologia 49 (1981) 316

Gerritsen, J., R. Strickler: Encounter probabilities and community structure in zooplankton: a mathematical model. J. Fish. Res. Bd. Can. 34 (1977) 73

Gilbert, J. J.: Suppression of rotifer populations by *Daphnia*: A review of the evidence, the mechanisms, and the effects on zooplankton community structure. Limnol. Oceanogr. 33 (1988) 1286

Giller, P. S.: Community Structure and the Niche. Chapman & Hall, London 1984

Gliwicz, Z. M.: Food thresholds and body size in cladocerans. Nature 343 (1990) 638

Goldman, J. C., J. J. McCarthy, D. G. Peavey: Growth rate influence on the chemical composition of phytoplankton in oceanic waters. Nature 279 (1979) 210

Grant, J. W. G., I. A. E. Bayly: Predator induction of crests in morphs of the *Daphnia carinata* King complex. Limnol. Oceanogr. 26 (1981) 201

Groß, E. M., C. P. Wolk, F. Jüttner: Fischerellin, a new allelochemical from the freshwater cyanobacterium *Fischerella muscicola*. J. Phycol. 27 (1991) 686

Hairston, N. G. jr.: The interaction of salinity, predators, light and copepod color. Hydrobiologia 81 (1981) 151

Hairston, N. G. jr., B. T. DeStasio jr.: Rate of evolution slowed by a dormant propagule pool. Nature 336 (1988) 239

Hairston, N. G. jr., E. J. Olds: Population differences in the timing of diapause: a test of hypotheses. Oecologia 71 (1987) 339

Halbach, U.: Das Zusammenwirken von Konkurrenz und Räuber-Beute-Beziehungen bei Rädertieren. Zool. Anz. Suppl. 33 (1969) 72

Hall, D. J., S. T. Threlkeld, C. W. Burns, P. H. Crowley: The size-efficiency hypothesis and the size structure of zooplankton communities. Ann. Rev. Ecol. Syst. 7 (1976) 177

Hamrin, S. F., L. Persson: Asymmetrical competition between age classes as a factor causing population oscillations in an obligate planktivorous fish species. Oikos 47 (1986) 223

Harris, G. P.: Phytoplankton Ecology. Chapman & Hall, London 1986

Hart, D. D.: The importance of competitive interactions within stream populations and communities. In Barnes, J. R., G. W. Minshall: Stream Ecology, Plenum Press, New York 1983 (p. 99)

Hart, D. D.: Causes and consequences of territoriality in a grazing stream insect. Ecology 66 (1985a) 404

Hart, D. D.: Grazing insects mediate algal interactions in a stream benthic community. Oikos 44 (1985b) 44

Hartmann, O.: Studien über den Polymorphismus der Rotatorien mit besonderer Berücksichtigung von *Anuraea aculeata*. Arch. Hydrobiol. 12 (1920) 209

Havel, J. E., S. I. Dodson: *Chaoborus* predation on typical and spined morphs of *Daphnia pulex*: Behavioral observations. Limnol. Oceanogr. 29 (1984) 487

Hrbáček, J.: Species composition and the amount of zooplankton in relation to the fish stock. Rozpr. Cesk. Akad. Ved. Rada. Mat. Prir. 72 (1962) 1

Hutchinson, G. E.: A treatise on limnology, Vol. 1. Geography, Physics, and Chemistry. Wiley, New York 1957

Hutchinson, G. E.: The paradox of the plankton. Am. Nat. 95 (1961) 137

Ivlev, V. S.: Experimental Ecology of the Feeding of Fishes (1955, Übersetzung durch Yale Univ. Press 1961)

Jacobs, J.: Untersuchungen zur Funktion und Evolution der Zyklomorphose bei *Daphnia*, mit besonderer Berücksichtigung der Selektion durch Fische. Arch. Hydrobiol. 62 (1967) 467

Jacobs, J.: Quantitative measurement of food selection. Oecologia (Berlin) 14 (1974) 413

Jacobs, J.: Cyclomorphosis in *Daphnia*. In: *Daphnia*, hrsg. v. Peters, R. H., R. DeBernardi. Mem. Ist. Ital. Hydrobiol. 45 (1987) 325

Kerfoot, W. C.: Combat between predatory copepods and their prey: *Cyclops*, *Epischura*, and *Bosmina*. Limnol. Oceanogr. 23 (1978) 1089

Kerfoot, W. C.: A question of taste: Crypsis and warning coloration in freshwater zooplankton communities. Ecology 63 (1982) 538

Kerfoot, W. C.: Adaptive value of vertical migration: comments on the predation hypothesis and some alternatives. In: Migration: Mechanisms and Adaptive Significance, hrsg. v. Rankin, M. A. University of Texas, Port Aransas, Contr. Mar. Sci. 27 (1985) 91

Kerfoot, W. C., W. R. DeMott, D. L. DeAngelis: Interactions among cladocerans: food limitation and exploitative competition. Arch. Hydrobiol. Beih. Ergebn. Limnol. 21 (1985) 431

Köpke, V., H. Schultz, R. Jarchow, V. Hornig, J. Peng: Analyse des Nahrungskonsums von Barschen *(Perca fluvitatilis)* in der Talsperre Bautzen. Limnologica (Berl.) 19 (1988)

Lampert, W.: Laboratory studies on zooplankton cyanobacteria interactions. N.Z. J. Mar. Freshw. Res. 21 (1987a) 483

Lampert, W.: Predictability in lake ecosystems: the role of biotic interactions. In Schulze, E. D., H. Zwölfer: Potentials and Limitations of Ecosystem Analysis. Ecological Studies 61. Springer, Berlin 1987b (p. 333)

Lampert, W.: The relationship between zooplankton biomass and grazing: A review. Limnologica 19 (1989) 11

Lampert, W.: Zooplankton vertical migrations: Implications for phytoplankton-zooplankton interactions. Arch. Hydrobiol. Beih. Ergebn. Limnol. 35 (1992) 69

Lampert, W., H. G. Wolf: Cyclomorphosis in *Daphnia cucullata*: morphometric and population genetic analyses. J. Plankton Res. 8 (1986) 289

Lieder, U.: Beiträge zur Kenntnis der Genus *Bosmina*. I. *Bosmina coregoni thersites* Poppe in den Seen des Spree-Dahme-Havel-Gebietes. Arch. Hydrobiol. 44 (1950) 77

McCauley, E., W. W. Murdoch: Cyclic and stable populations: plankton as paradigm. Am. Nat. 129 (1987) 97

Neill, W. E.: Induced vertical migration in copepods as a defense against invertebrate predation. Nature 345 (1990) 524

Neumann, D.: Ernährungsbiologie einer rhipidoglossen Kiemenschnecke. Hydrobiologia 7 (1961) 133

Nilssen, J. P.: When and how to reproduce: A dilemma for limnetic cyclopoid copepods. In Keerfoot, W. C.: Evolution and Ecology of Zooplankton Communities. University Press of New England, Hanover/N.H. 1980 (p. 418)

O'Brien, W. J.: Planktivory by freshwater fish: Thrust and parry in the pelagia. In Kerfoot, W. C., A. Sih: Predation: Direct and Indirect Impacts on Aquatic Communities. University of New England Press, Hanover/N.H. 1987 (p. 3)

Pastorok, R. A.: Prey vulnerability and size selection by *Chaoborus* larvae. Ecology 62 (1981) 1311

Peckarsky, B. L.: A field test of resource depression by predatory stonefly larvae. Oikos 61 (1991) 3

Peckarsky, B. L., M. A. Penton: Mechanisms of prey selection by stream-dwelling stoneflies. Ecology 70 (1989) 1203

Persson, L.: The effects of resource availability and distribution on size class interactions in perch, Perca fluviatilis. Oikos 48 (1987) 148

Porter, K. G.: The plant-animal interface in freshwater ecosystems. Am. Sci. 65 (1977) 159

Preijs, A., K. Lewandowski, A. Stanczkowska-Piotrowska: Size-selective predation by roach *(Rutilus rutilus)* on zebra mussel *(Dreissena polymorpha)*: field studies. Oecologia 83 (1990) 378

Riessen, H. P.: The other side of cyclomorphosis: Why Daphnia lose their helmets. Limnol. Oceanogr. 29 (1984) 1123

Ringelberg, J.: Enhancement of the phototactic reaction in *Daphnia hyalina* by a chemical mediated by juvenile perch *(Perca fluviatilis)*. J. Plankton Res. 13 (1991) 17

Ringelberg, J., J. Van Kasteel, H. Servaas: The sensitivity of *Daphnia magna* Straus to changes in light intensity of various adaptation levels and its implication in diurnal vertical migration. Z. vergl. Physiol. 56 (1967) 397

Rothhaupt, K. O.: Mechanistic resource competition theory applied to laboratory experiments with zooplankton. Nature 333 (1988) 660

Santer, B.: Lebenszyklusstrategien cyclopoider Copepoden. Diss. Universität Kiel 1990 (224 S.)

Seitz, A.: Are there allelopathic interactions in zooplankton? Laboratory experiments with *Daphnia*. Oecologia 62 (1984) 94

Sommer, U.: Comparison between steady state and non-steady state competition: experiments with natural phytoplankton. Limnol. Oceanogr. 30 (1985) 335

Sommer, U.: Phytoplankton competition along a gradient of dilution rates. Oecologia 68 (1986) 503

Sommer, U.: Phytoplankton succession in microcosm experiments under simultaneous grazing pressure and resource limitation. Limnol. Oceanogr. 33 (1988) 1037

Stemberger, R. S.: Reproductive costs and hydrodynamics benefits of chemically induced defenses in *Keratella testudo*. Limnol. Oceanogr. 33 (1988) 593

Stemberger, R. S., J. J. Gilbert: Rotifer threshold food concentrations and the size-efficiency hypothesis. Ecology 68 (1987) 181

Stich, H. B., W. Lampert: Predator evasion as an explanation of diurnal vertical migration by zooplankton. Nature 293 (1981) 396

Tilman, D.: Resource competition between planktonic algae: an experimental and theoretical approach. Ecology 62 (1977) 802

Tilman, D.: Resource Competition and Community Structure. Princeton University Press, Princeton 1982

Tollrian, R.: Predator-induced helmet formation in *Daphnia cucullata* (Sars). Arch. Hydrobiol. 119 (1990) 191

Van Donk, E.: The role of fungal parasites in phytoplankton succession. In Sommer, U.: Plankton Ecology, Succession in Plankton Communities. Springer, Berlin 1989 (p. 171)

Weider, L. J.: Disturbance, competition and the maintenance of clonal diversity in *Daphnia pulex*. J. evol. Biol. 5 (1992) 505

Werner, E. E., D. J. Hall: Ontogenetic habitat shifts in Bluegill: the foraging rate-predation risk trade-off. Ecology 69 (1988) 1352

Wieser, W.: Die Ökophysiologie der Cyprinidenfauna österreichischer Gewässer. Österreichs Fischerei 39 (1986) 88

Zaret, T. M., A. S. Rand: Competition in tropical stream fishes: support for the competitive exclusion principle. Ecology 52 (1971) 336

Weiterführende Literatur

Barnes, J. R., G. W. Minshall: Stream Ecology. Plenum Press, New York 1983

Kerfoot, W. C.: Evolution and Ecology of Zooplankton Communities. University Press of New England, Hanover/N.H. 1980

Kerfoot, W. C., A. Sih: Predation. Direct and Indirect Impacts on Aquatic Communities. University Press of New England, Hanover/N.H. 1987

Meyers, D. G., J. R. Strickler: Trophic Interactions within Aquatic Ecosystems. Westview Press, Boulder 1984

Pontin, A. J.: Competition and Coexistence of Species. Pitman, Boston 1982

Sommer, U.: Plankton Ecology: Succession in Plankton Communities. Springer, Berlin 1989

Wissel, C.: Theoretische Ökologie. Springer, Berlin 1989

Yodzis, P.: Introduction into Theoretical Ecology. Harper & Row, New York 1989

Zaret, T. M.: Predation and Freshwater Communities. Yale University Press, New Haven 1980

Kapitel 7
Zitierte Literatur

Azam, F., T. Fenchel, J. G. Field, J. S. Ray, L. A. Meyer-Reh, F. Thingstad: The ecological role of water-column microbes in the sea. Mar. Ecol. Progr. Ser. 10 (1983) 257

Benndorf, J., H. Schultz, A. Benndorf, R. Unger, E. Penz, H. Kneschke, K. Kossatz, R. Dumke, V. Hornig, R. Kruspe, S. Reichel: Food-web manipulation by enhancement of piscivorous fish stocks: Long-term effects in the hypertrophic Bautzen Reservoir. Limnologica (Berl.) 19 (1988) 97

Bergh, O., K. Y. Børsheim, G. Bratbak, M. Heldal: High abundance of viruses found in aquatic environments. Nature 340 (1989) 467

Carpenter, S. R., J. F. Kitchell, J. R. Hodgson: Cascading trophic interactions and lake productivity. BioScience 35 (1985) 634

Gaedeke, A., U. Sommer: The influence of the frequency of periodic disturbances on the maintenance of phytoplankton diversity. Oecologia 71 (1986) 25

Gleason, H. A.: The individualistic concept of the plant association. Torrey Bot. Club Bull. 53 (1926) 7

Goodman, D.: The theory of diversity-stability relationships in ecology. Quart. Rev. Biol. 50 (1976) 237

Harper, J. L.: A Darwinian approach to plant ecology. J. Ecol. 55 (1967) 247

Harris, G. P.: Phytoplankton Ecology. Chapman & Hall, London 1986

Illies, J.: Versuch einer allgemeinen biozönotischen Gliederung der Fließgewässer. Int. Rev. ges. Hydrobiol. 46 (1961) 205

Lampert, W.: Stabilität, Elastizität und Regeneration aquatischer Ökosysteme. BIUZ 8 (1978) 33

Leah, R. T., B. Moss, D. E. Forrest: The role of predation in causing major changes in the limnology of a hypereutrophic lake. Int. Rev. ges. Hydrobiol. 65 (1980) 223

Lewis, W. M.: Tropical limnology. Ann. Rev. Ecol. Syst. 18 (1987) 159

McCauley, E., W. W. Murdoch: Cyclic and stable populations: plankton as paradigm. Am. Nat. 129 (1987) 97

McQueen, D. J., M. R. S. Johannes, J. R. Post, T. J. Stewart, D. R. S. Lean: Bottom-up and top-down impacts on freshwater pelagic community structure. Ecol. Monogr. 59 (1989) 289

Oksanen, L., S. D. Fretwell, J. Arruda, P. Niemala: Exploitation ecosystems in gradients of primary productivity. Am. Nat. 118 (1981) 240

Paine, R. T.: A note on trophic complexity and community stability. Am. Nat. 103 (1969) 91

Persson, L., G. Andersson, S. F. Hamrin, L. Johansson: Predator regulation and primary production along the productivity gradient of temperate lake ecosystems. In Carpenter, S. R.: Complex Interactions in Lake Communities. Springer, New York 1988. (p. 45)

Power, M. E., W. J. Matthews, A. J. Stewart: Grazing minnows, piscivorous bass, and stream algae: dynamics of a strong interaction. Ecology 66 (1985) 1448

Reynolds, C. S.: The Ecology of Freshwater Phytoplankton. Cambridge University Press, Cambridge 1984

Shapiro, J., D. I. Wright: Lake restoration by biomanipulation: Round Lake, Minnesota, the first two years. Freshw. Biol. 14 (1984) 371

Vanni, M. J.: Effects of food availability and fish predation on a zooplankton community. Ecol. Monogr. 57 (1987) 61

Vannote, R. L., G. W. Minshall, K. W. Cumming, J. R. Sedell, C. E. Cushing: The river continuum concept. Can. J. Fish. Aquat. Sci. 37 (1980) 130

Washington, H. G.: Diversity, biotic and similarity indices. Wat. Res. 18 (1984) 653

Weiterführende Literatur

Carpenter, S. R.: Complex Interactions in Lake Communities. Springer, Berlin 1989

Cody, M. L., J. M. Diamond: Ecology and Evolution of Communities. Belknap Press, Harvard 1975

Pimm, S. L.: Food Webs. Chapman & Hall, London 1982

Roughgarden, J., R. M. May, S. A. Levin: Perspectives in Ecological Theory. Princeton University Press, Princeton 1989

Kapitel 8
Zitierte Literatur

Almer, B., W. Dickson, C. Eckström, E. Hornström, U. Miller: Effects of acidification on Swedish lakes. Ambio 3 (1974) 30

Brylinsky, M.: Estimating the productivity of lakes and reservoirs. In LeCren, E. D., R. H. Lowe-McConnell: The Functioning of Freshwater Ecosystems. Cambridge University Press, Cambridge 1980 (p. 411)

Clements, F. E.: Structure and nature of the climax. J. Ecol. 24 (1936) 252

Eriksson, M. O. G., L. Henrikson, B. I. Nilsson, G. Nyman, H. G. Oscarson, A. E. Stenson, K. Larsson: Predator-prey relations important for the biotic changes in acidified lakes. Ambio 9 (1980) 248

Hynes, H. B. N.: The stream and its valley. Verh. Internat. Verein. Limnol. 19 (1975) 1

Lean, D. R. S., C. Nalewajko: Phosphate exchange and organic phosphorus excretion by algae. J. Fish. Res. Board Can. 33 (1976) 1312

Likens, G. E., F. H. Bormann, R. S. Pierce, J. S. Eaton, N. M. Johnson: Biogeochemistry of a Forested Ecosystem. Springer, New York 1977

Margalef, R.: Perspectives in Ecological Theory. University Chicago Press, Chicago 1968

Odum, E. P.: Fundamentals of Ecology, 2. ed. Saunders, Philadelphia 1959

Odum, H. T.: Trophic structure and productivity of Silver Springs, Florida. Ecol. Monogr. 27 (1957) 55

Peters, R. H.: The role of prediction in limnology. Limnol. Oceanogr. 31 (1986) 1143

Reynolds, C. S.: The Ecology of Freshwater Phytoplankton. Cambridge University Press, Cambridge 1984

Reynolds, C. S., S. W. Wiseman, M. J. O. Clarke: Growth and loss rate responses of phytoplankton to intermittent artificial mixing and their potential application to the control of planktonic biomass. J. Appl. Ecol. 21 (1984) 11

Sas, H.: Lake Restoration by Reduction of Nutrient Loading: Expectations, Experiences, Extrapolations. Academia Verl. Richarz, St. Augustin 1989

Shapiro, J., D. I. Wright: Lake restoration by biomanipulation: Round Lake, Minnesota, the first two years. Freshw. Biol. 14 (1984) 371

Smith, V. H.: Nutrient dependence of primary productivity in lakes. Limnol. Oceanogr. 24 (1979) 1051

Sommer, U.: Factors controlling the seasonal variation in phytoplankton species composition — A case study for a deep, nutrient rich lake. Progr. Phycol. Res. 5 (1987) 123

Sommer, U.: Growth and reproductive strategies of planktonic diatoms. In Sandgren, C. D.: Growth and Survival Strategies of Freshwater Phytoplankton. Cambridge University Press, Cambridge 1988 (p. 227)

Sommer, U.: Plankton Ecology: Succession in Plankton Communities. Springer, Berlin 1989

Sommer, U., Z. M. Gliwicz, W. Lampert, A. Duncan: The PEG-model of seasonal succession of planktonic events in fresh waters. Arch. Hydrobiol. 106 (1986) 433

Stadelmann, P.: Stickstoffkreislauf und Primärproduktion im mesotrophen Vierwaldstätter See und im eutrophen Rotsee, mit besonderer Berücksichtigung des Nitrats als limitierendem Faktor. Schweiz. Z. Hydrol. 33 (1971) 1

Strickland, J. D., T. R. Parsons: A practical handbook of seawater analysis. Bull. Fish. Res. Bd. Can. 169 (1968) 1

Tilzer, M. M.: Estimation of phytoplankton loss rates from daily photosynthetic rates and observed biomass changes in Lake Constance. J. Plankton Res. 6 (1984) 309

Uhlmann, D.: Hydrobiologie. Fischer, Stuttgart 1975

Vollenweider, R., J. Kerekes: Eutrophication of Waters, Monitoring, Assessment and Control. OECD, Paris 1982

Wagner, G.: Simulationsmodelle der Seeneutrophierung, dagestellt am Beispiel des Bodensee-Obersees. Arch. Hydrobiol. 78 (1976) 1

Wetzel, R. G.: Limnology, 2. ed. Saunders, Philadelphia 1983

Wetzel, R. G.: Limnology, 2. ed. Saunders, Philaldelphia 1983

Zelinka, M., P. Marvan: Zur Präzisierung der biologischen Klassifikation der Reinheit der fließenden Gewässer. Arch Hydrobiol. 57 (1961) 389

Weiterführende Literatur
Likens, G. E.: An Ecosystem Approach to Aquatic Ecology. Springer, New York 1985

Odum, E. P.: Grundlagen der Ökologie. Thieme, Stuttgart 1980

Odum, H. T.: Systems Ecology. Wiley, New York 1983

Whittaker, R. H.: Communities and Ecosystems. MacMillan, New York 1970

Kapitel 9
Zitierte Literatur
Fenchel, T.: Ecology — Potentials and limitations. Ecology Institute, Oldendorf/Luhe 1987

Hutchinson, G. E.: The Ecological Theater and the Evolutionary Play. Yale University Press, New Haven 1965

Krebs, C. J.: Ecology, 2nd ed. Harper & Row, New York 1985

Sachverzeichnis

A

Abramis brama 253, 338
Absinkverluste 89f
Abundanzschwankungen 159ff
Abwasser 377ff, 397
Abwasserreinigung 380
Acanthodiaptomus denticornis 69
Acartia hudsonica 300
Acerina cernua 338
Achnanthes minutissima 237
Adaptivwert 6, 292
Aedes aegypti 78
Aerenchym 114
Aggregation, Populationen 307f
Alarmstoff 268
Alcaligenes eutrophus 124
Alkalinität 33, 50
Allel 179ff
Allelfrequenz 179ff
Allelopathie 225
Allen-Kurve 144f
Allokation s. Energieaufteilung
Allokationsproblem 192f
Allometrische Funktion 154
Allozym 178ff, 291
Alosa pseudoharengus 278
Alternativhypothese 11
Altersstruktur, Population 185ff
Altersverteilung 173, 187
Aluminium 75, 385
Aminosäuren, freie 126f
Ammoniak, Toxizität 76f
Ammonium 358
– pH-Wert 50, 76
Anabaena 225, 238, 378
– flos-aquae 111
– variabilis 99
Anaerobie 71
Ancylus fluviatilis 73, 82 ff, 275
Anguilla anguilla 338
Anisops 269, 271

Anodonta 274
– cygnea 78
Anoxibiose 49, 71, 73, 375
Anpassung 1ff
Aphanizomenon 218, 238, 378
– flos-aquae 111, 312
Aphanomyces astaci 274
Äquitabilität 321
Argulus foliaceus 274
Argyroneta 72
Artemia salina 78
Artenzahl 321ff
Ascomorpha 238
Asellus aquaticus 82, 147, 184
Asplanchna 95, 262, 268ff, 279
Assimilation 143
Assimilationsquotient 147
Assoziation, Wassermoleküle 22ff
Astacus astacus 274
Asterionella formosa 67, 87f, 122, *213*f, *218, 220, 237*f, 242f, 276f, 308
Atmung 147f
– anaerobe 124ff
Atmungsrate *155*
Attenuationskoeffizient 36f
Aufwuchs s. Periphyton
Ausbeutungseffizienz 347
Ausschlußexperiment 18
Autotrophie 93
Auxotrophie 94

B

Bachflohkrebs 82f
Baikalsee 198f
Bakterielle Produktion, Messung 127f
Bakterien, anaerobe 128ff
– autotrophe 123
– eisenoxidierende 124
– heterotrophe 124ff
– methanogene 129
– methylotrophe 129

Bakterien, photosynthetische 113
– thermophile 67
Bakterioplankton 330
Barbus barbus 338
Batch-Kultur (= Kultur, statische) 102f
Bautzener Talsperre 257
Begegnungswahrscheinlichkeit 247ff
Benthivore Fische 258ff
Benthon 331ff
Beutegröße 252ff, 271ff
Beutemachen, Komponenten 246ff
Bieler See *48*
Biogene Entkalkung 33
Biogeochemie 354ff
Biomanipulation s. Nahrungsketten-Manipulation
Biomasse 12, 348, 371ff
Bioturbation 135, 366f
Biozönose s. Lebensgemeinschaft
Biozönotisches Grundgesetz 322f
Blackman-Kinetik 95ff
Blaualgen s. Cyanobakterien
Bodensee *37*, 39, 44, 127, *156* f, *160*, *194*, 220, 289, 297f
375, 378, *395*
Boeckella 198
Bosmina 238, 265, 279, 292
– *coregoni thersites 290*
– *longirostris* 314f
– *longispina 191*
„Bottom-up"-Kontrolle 313ff, 370
Brachionus calyciflorus 166, 214f, 268ff
– *rubens*, 214f, 268ff
Brackwasser 77
Braunwässer 81
Brennwert 139
Burgunderblutalge 112
Bythotrephes 261
– *cederstroemi 197*

C

C_4-Stoffwechsel 118
Cahora Bassa 66
Calcium 33f, 80f
Callitriche stagnalis 119
Cambarus affinis 81
Campostoma 310
Carbonat 33f

Carcinus maenas 79
Ceratium 240
– *furcoides 325*
– *hirundinella 65* f, *194*, 238, *325* f
Ceriodaphnia 198, 240
– *dubia 80*
– *quadrangula* 237
– *reticulata 280*
Chaetoceros gracilis 122
Chaetogaster limnaei 275
Chalcalburnus chalcoides 257
Chaoborus 74, 88, 95, 261ff, 266, 300f, 330, 334ff
Chara 113
– *globularis* 113
Chemische Ökologie 226
Chemokline 53
Chemostat (= Kultur, kontinuierliche) 102ff, 208ff, 243
Chemotrophie 75
Chironomus 74, 375, 401
Chlorella 218
– *minutissima 121*
Chondrostoma nasus 338
Chromulina 140
– *rosanoffii 92*
Chroococcus 240
Chydorus 265
– *sphaericus* 237
Chytridiomyceten 275ff
Ciliaten 140, 201, 275ff, 330
Cladophora 246, 379
– *glomerata 225*
Clear Lake 184
Cluster 22f
Coccochloris peniocystis 74
Coelastrum microporum 111
Conochilus unicornis 87, 266
Copepoden, calanoide 134, 137f, 152, 173, 261, 264, 287
– cyclopoide (= Ruderfußkrebse) 6f, 135, 261, 286, 289
Coregonus 173f
– *albula* 224
Cottus gobio 337
Crater Lake 39
Crenobia alpina 70
Crucigenia 242
Cryptomonas 140, *218*

Cyanobakterien (= Blaualgen) 112, 219, 238f, 378f
Cyclops 256, 265, 279, *295*
- *kolensis* 286
- *vicinus* 286, 288
Cyclotella 122
- *meneghiniana 213* f
Cyprinidenregion 338
Cyprinus carpio 338

D

Dämpfung, Interaktionen 309, 316ff
Daphnia 99, 136ff, 262, 279, *295*, 308, 387
- *ambigua* 271, *280*
- *carinata* 269, 271
- *catawba* 293
- *cucullata 180*, 183, *280*, 289, *291*ff
- *galeata 183, 239, 255, 280,* 285, 289, 292ff, 297ff
- - *mendotae 73*, 290
- *hyalina* 271, *280*, 289, 297ff
- *longispina 69, 177, 198,* 244
- *lumholtzi* 293
- *magna 69, 73, 75, 78, 80,* 150, 182, *198, 237, 280,* 313
- *pulex* 178, 182, 217, *254*, 269, 271, *280*
- *pulicaria 69, 154,* 223, *280*
- *retrocurva* 290
Dauereier 287
Dauerstadien 64, 196
Deduktion 9ff
Demographie 185ff
Denitrifikation 124f, 359ff, 382f
Destruent 305
Desulfovibrio 93, 126
Desulfurikation (= Sulfatatmung) 125f
Detritivorie 132, 134, 349, 390, 395
Detritus 131ff, 349f
Detritusnahrungskette 349f
Diapause 6f, 286f
Diaphanosoma birgei 314f
- *brachyurum* 237, 253, *255*, 279
Diaptomus 254, 261, 300
- *leptopus* 264
- *nevadensis* 265
- *pallidus 255*
- *sanguineus* 287
Diatoma 218

DIC s. Kohlenstoff, gelöster anorganischer
Dichte, spezifische 85ff
- Wasser 40
Dichteanomalie 22f
Dictyosphaerium pulchellum 111
Diffusion 23f, 27ff, *28*
Dinobryon 140, 238
Diphyllobothrium latum 274
Diversität 321ff
- Erhaltung 322ff
Diversitäts-Stabilitäts-Hypothese 326ff
Diversitätsindex 217, 321f
DOC s. Organischer Kohlenstoff, gelöster
DOC-Aufnahme, Tiere 130f
DOM s. Organische Substanz, gelöste
Donau 196
Drapanocladus sendtneri 113
Dreissena polymorpha 197, 258f, 330, 333
Drift, genetische 4, 182
- organismische 84, 195
Driftkompensation 85
Droop-Modell 102, 122
Druck, hydrostatischer 31
Dünger 377
Durchmischungstiefe 43, 81, 89f, 169
Dystropher See 375
Dytiscus 261

E

Echograph *334ff*
Eddy-Diffusion 24
Effizienz s. Wirkungsgrad
Eientwicklungszeit, Temperatur *69*, 176
Einzugsgebiet 367ff, 374, 380
Eis, Dichte 22f
- Lichtdurchlässigkeit 39
Eisen, Mikronährstoff 123
Eiszeitrelikt 68
Elakatothrix gelatinosa 237
Elastizität 327f
Elektronenakzeptor 50f, 93
Elektronendonator 50f, 93
Elektrophorese 180
Elodea 118
Emergierende Eigenschaften 303f
Enclosure 18

Endemismus 198f
Energie, Nutzung 141ff
Energieaufteilung (= Allokation) 148
Energiebilanz, heterotroph 143ff
– Tiere 147ff
Energieflußdiagramm 351ff
Energiequellen, 93, 123ff, 346f
Energietransfer 346ff
– Effizienz 347f
Ephippium 197f, 286
Epilimnion 41ff
Epischura 261, 279f
Eriocheir sinensis 79
Eristalomyia 72
Ernährungstypen 93, 342f
Esox lucius 338
Eubosmina longirostris 387
Eudiaptomus 152, 238f, *295*
Eulersche Gleichung 188
Euphotische Zone 38
Euryök 62
Eurytherm 68
Eutropher See 375
Eutrophierung 329, 377ff
– rasante 364
Evolution 1ff, 281ff
Exclosure 18
Exklusionsprinzip 200ff
Exkretionsverluste 147
Exoenzym 360, 363
Experiment 15ff
Experimentalteiche 18
Export 161

F

Faktor, abiotischer 5
– biotischer 5
Fallaubzersetzung 135
Falsifikation 10f, 15
Feinschichtung, Organismen *45*
Fekundität s. Fruchtbarkeit
Femtoplankton 330
Ferrobacillus 124
Filinia 248 f
– *hofmanni* 68
Filter 135ff, 237
Filtrationsrate 233ff
Filtrierer, Fließwasser 135
– Zooplankton 137, 237ff
Filtrierinhibition 238ff

Fischerella 225
Fischertrag 373f
Fischregionen 337f
Fischsterben 379
Fitneß 2ff, 281
– Optimierung 3, 294, 296ff
Fließende Welle 337, 396
Fließgeschwindigkeit 55
Fließgewässer 54ff
– Hierarchie *56*
– Ökosysteme 367ff
– Ordnung 56
– Produktion 341f
– Sauerstoff 57f
– Temperatur 57
– Zonen 336ff
Fließgleichgewicht (= Steady state)
  102ff, 167f, 208, 343, 369, 388
Fließwassertiere, Strömungsanpassung
  82
Fluchtverhalten 265ff
Fontinalis antipyretica 113
Formwiderstand 86ff
Fortpflanzung 281ff
Fragilaria bidens 111
Fraßresistenz 236ff, 311, 331, 390
Fruchtbarkeit, altersspezifische 186f
Functional response 94ff, 150f

G

Galionella 124
Gallerthülle 87, 240, 266
Gammarus 83
– *duebeni* 79
– *fossarum 73*
– *lacustris* 75
– *obtusatus* 79
– *pulex* 78
Gärung 128f
Gase, gelöste 30ff
Gasvakuolen 88
Geburtenrate 162, 172ff, 298
– Berechnung 175f
Gen 2
Genfluß 182
Genotyp 4, 177ff, 291
Genotypfrequenz 179ff
Genpool 2f, 158f, 178ff
Gerris 92

Gesamtphosphor 362
Gewässergüteklassen 397ff
Giftunfall 196
Gilde 305ff
Gleichgewichtskohlensäure 33
Globalstrahlung 35
Gloeocystis gigas 242
Grazing 233ff
− in situ 233ff
− Periphyton 245ff, 310
− Selektivität 235ff
Grazingrate, Messung 169f, 235
Grenzschicht 27ff, *28*, 82f
Großer Plöner See 183
Großer Salzsee 78
Gründereffekt 181
Gwendolyne Lake 300
Gymnodinium 140, 308

H

Habitatwechsel 259f, 333ff
Halbsättigungskonstante (= k_s-Wert) 105
− DOC 127
− Makronährstoffe 121f
Hämoglobin 72, 178
Handhabungszeit 95ff
Hardy-Weinberg-Gleichgewicht 179
Heloecius cordiformis 79
Henrysches Gesetz 30
Herbivorie 134, 331, 390, 395
Hesperoperla 263
Heterocope borealis 288
− *saliens 173*
Heterocysten 122
Heterogenität, räumliche 219
− zeitliche 219
Heterotrophes Potential 128
Heterotrophie 93
Hitzeresistenz 67
Hochwasser 55
Holling-Modell 97f
Holopedium gibberum 80, 87, 237, 266
Homothermie 43f
Huminstoffe 81, 127
Humus, aquatischer 127, 375
Hyalella azteca 150
Hydra 277
Hydrilla 118

Hydrophilie 24
Hydrophobie 24, 92
Hydropsyche 135, *136*
Hygrohypnum 113
Hypertonie 77
Hypolimnion 41ff, 375ff
− Belüftung 383
Hyporheal 84, 337
Hypothesen 6f, 9ff
− probabilistische 10
− Testen 9ff
Hypotonie 77

I

Import 161
In-situ-Messung 13
Indikatororganismen 386, 397ff
Induktion, chemische 267ff, 284, 292, 300
− Methode 9
Ingestion 147
Ingestionsrate *154* , 235
Intermediate-Disturbance-Hypothese 216f, 325f
Interstitial, hyporheisches 84
Ionen 34f
Ionenregulation 77ff
Isoetes 118
Isothermen *42*, *65*, *112*

K

K-Strategie 191ff
K_1 s.Wirkungsgrad, Brutto
K_2 s.Wirkungsgrad, Netto
Kairomon 268
Kalk-Kohlensäure-Gleichgewicht 32ff, 385
Kapazität, Populationsdichte 104, 191, 204
Karnivorie 134
Kaskadeneffekt 301, 313ff
Keratella 248 f
− *quadrata* 227, 290
− *testudo* 268f
Kiemen 71f
Kläranlage 380ff
Klarwasserstadium 11, 223, 231, 233f, *364*, 393ff

Klassifikation 9
Klimax 387ff
Klon 61, 178, 217, 277, 290
Klostersee 183
Knallgasbakterien 124
Koevolution 232, 247, 273f
Kohlendioxid, Löslichkeit 32
Kohlensäure, aggressive 33
– Dissoziation 32f, *32*
Kohlenstoff, gelöster anorganischer
  (= DIC) 118f, 356f
– gelöster organischer (= DOC) 34f,
  126ff, 356ff
– partikulärer organischer (= POC) 126,
  356ff
Kohlenstoffkreislauf *357*
Kohorte 163, 172ff
Kolonie, Sinken 87
Kolonisation 195ff
Kommensalismus 274
Kompensationsebene 109
Kompensationsflüge 85
Kompensationspunkt, CO_2 118
– Licht 109, 112
Komplexbildung 123
Konformer, Atmung 73
Königssee *37*
Konkurrenz 200ff, *270*
– exploitative 200f, 227f
– Interferenz 221, 224ff
– interspezifische 223
– intraspezifische 223
– Raum 226f
– substituierbare Ressourcen 214f,
  221ff
– variable Bedingungen 215ff
Konkurrenzmodell, Lotka-Volterra
  203ff
Konkurrenztheorie, mechanistische
  206ff
Konkurrenzvermeidung 202
Konsumrate, maximale 94ff
– spezifische 94, 98f
Kopräzipitation 81
Körpergröße 153ff, 193
Korrelation, multiple 15
– Zeitverzögerung 15
Korrelationsanalyse 14f
Krenal 339
k_s-Wert s. Halbsättigungskonstante

Kultur, kontinuierliche s. Chemostat
Kultur, statische s. Batch-Kultur

L

Lake Erie 377
– Lenore 265
– Memphremagog 245
– Ontario 377
– Tahoe *37*, 113
– Windermere 308
Lambert-Beersches Gesetz 36
Landwirtschaft, Eutrophierung 377ff
Laser-Doppler-Anemometrie 83
Lauerräuber 248f
Lawrence Lake *357*
Lebensgemeinschaft (= Biozönose) 5ff,
  302ff
– Abgrenzung 302ff
– Räubereinfluß 271ff
Lebenszyklus 186, 188, 281ff
Leitformen 337ff
Lepomis macrochirus 254, 260
Leptodora 261, 264, 280
Leptothrix 124
Leucotrichia pictipes 226, 246
Licht, Gradient 35ff
– Maßeinheit 38
– Ressource 107
Lichtadaption 109ff
Lichtattenuation, vertikale 36, 81, 107
Lichthemmung 110
Limnothrix 112f, 378
Liponeura 84
Lithotrophie 93
Litoral 114, 331
Lobelia 118
Löslichkeit, Gase 30ff
– Ionen 34f
Lösungsgleichgewicht 30
Lotka-Volterra-Modell 203ff, 229ff
Lymnea 72

M

Maarseveen 113
Makronährstoffe 120ff
Makrophyten 332
– Licht 113
– Tiefenzonierung 114

Malawisee 54, 198
Margaritifera margaritifera 81
Meromixis 44, 53f
Mesocyclops 279
Mesokosmen *16*, 18, 314f
Metalimnion 41ff
Metallogenium 124
Methan 129f, 382
Methanbakterien 129f
Methanobacterium omelianskii 129, 277
Methanoxidation 129f
Methode, hypothetico-deduktive 10
Methodik, Forschung 9ff
Michaelis-Menten-Kinetik 95ff, 120
Microbial loop (= mikrobieller Umweg) 307, 349ff
Microcoleus vaginatus 246
Microcystis 87f, 238ff, 378
– *aeruginosa 111*, 122
Micropterus 310
– *salmoides* 259
Mikroevolution 184, 287
Mikrokosmen *16* ff
Mikronährstoff (= Spurenelement) 80, 120, 123
Mikropatchiness 243ff
Minimumfaktor 100
Mixed layer s. Durchmischungstiefe
Mixodiaptomus laciniatus 69
Mixolimnion 53
Mixotrophie 94, 126, 140f
Modell, deterministisches 19
– empirisches 369ff
– graphisches 207ff
– mathematisches 19, 284
– Simulation 19f
– stochastisches 19
Mondsee 257
Monimolimnion 53
Monitoring s. Umweltüberwachung
Monod-Modell 102ff, 121, 208
Monoraphidium minutum 111, 214f
Mortalität 3, 161ff
– physiologische 169f
– räuberbedingte 264ff, 284, 299ff
Mougeotia 385
– *thylespora 218, 237*, 243
Myriophyllum 118
Mysis relicta 68

N

Nährstoffe, essentielle 100
– mineralische 120
Nährstoffeintrag 377, 380
Nährstoffregeneration, Zooplankton 241ff
Nahrung, biochemische Zusammensetzung 139f
– Energiegehalt 139f
Nahrungsaufnahme, Optimierung 152f, 255, 259f, 262ff
– Typen 134ff
Nahrungskette 304ff, 348
Nahrungsketten-Manipulation (= Biomanipulation) 310ff, 383
Nahrungsnetz 304ff
Nahrungspräferenz 262ff
Nahrungswert 138ff
Nakurusee 34, *37*, 39
Nanoplankton 330
Natürliche Auslese 1ff, 178ff, 301
Nautococcus mammilatus 92
Neothremma 82
Nereis diversicolor 78f
Netzplankton 330
Neusiedler See 161
Neuston 91f, 331
Nische, Definition 200ff
– fundamentale 63f
– ökologische 63f
– realisierte 63f
Nischenüberlappung 221ff
Nitrat 358ff
Nitratammonifikation 124f, 358f
Nitratatmung 124f, 359f
Nitrifikation 123, 359f, 382
Nitrit 358
Nitrobacter 123, 277
Nitrogenase 122
Nitrosomonas 123, 277
Nitzschia actinastroides 237
– *fonticola* 225
Notonecta 95
Numerical response 100ff
Nymphaea 114

O

Oberflächenfilm 91f
Oberflächenspannung 24, 91f

Ochromonas 140
OECD-Modell 371 ff, 384
Ohridsee 198
Ökologie, Definition 1, 403
– Selbstverständnis 403 ff
Ökosystem, anthropogene Störungen 377 ff
– Definition 345 f
– Reifung 390 f
Oligotropher See 375 ff
Olszewski-Rohr 381
Omnivorie 134, 261
Oncorhynchus 172, 186, 282
– *nerka* 91
Opportunisten 194, 196, 282
Optimal foraging 152 f, 255
Optimalbereich, Umweltfaktoren 61 ff
Optimierung, Verhalten 260, 265, 301
Optimum, ökologisches 62 f
– physiologisches 62 f
Orconectes virilis 284
Organische Substanz, gelöste (= DOM) 34, 126 ff
– – partikuläre (= POM) 131
Organotrophie 93
Orthophosphat 362
Oscillatoria 112
– *agardhii* 111
– *redekii* 111
Osmoregulation 77 ff
Ostwaldsches Gesetz 86
Oszillationen 160
Øvre Heimdalsvatn 173

P

P:B-Verhältnis 143, 390, *395* f
P:N-Verhältnis 219 ff
P:R-Verhältnis 341 f, 390
P-I-Kurve 109 ff
Palaemonetes varians 77, *79*
Paläolimnologie 353, 367, 386
PAR s. Strahlung, photosynthetisch aktive
Paradoxon des Planktons 202
Paramecium aurelia 201
– *caudata* 201
Parasitismus 169 ff, 273 ff
Parthenogenese 282 f, 290
Partikelfresser 132

Partikelgröße 132 ff, 237, 342
– Messung 133
Partikelspektrum *134, 156*
Partikelzählgerät 133 f
Patchiness 12, 190, 219
Paul Lake *242*
Pediastrum 218, 238
– *boryanum 111*
PEG-Modell 392 ff
Pelagial 329
Penicillium 225
Perca fluviatilis 91, 150, *257*, 338
Peridinium 238
Peridinopsis 140
Periphyton (= Aufwuchs) 332
– Grazing 245 ff
– Photosynthese 113
pH-Wert, Gradient 49 f
– natürlicher 34
– Photosynthese 50
– Tagesperiodik 33
– Umweltfaktor 74 ff, 385 ff
Phagocytose 238
Phagotrophie 140 f
Phänotyp 2, 4 ff, 177 ff, 291
Phosphor, gelöster reaktiver (= SRP) 362
– Minimumfaktor 121, 377 f
– Redoxpotential 52, 364
Phosphor-Eisen-Komplex 363 f
Phosphorelimination 380 ff
Phosphorkreislauf 362 ff
Phosphorlimitation 121, 214, 362, 384
Photosynthese (s. auch Primärproduktion) 107 ff
– Brutto 109, 116
– Effizienz 142
– Lichtabhängigkeit 107 ff
– Netto 109, 116
– Summenformel 50, 107
Photosyntheserate, Bezugsgrößen 116
– Messung 107, 115 ff
– pH-Wert 120
– spezifische 110, 117 ff
– Temperatur 110
– Vertikalprofil *108*
Phototrophie 93
Phragmites 114
Physella virgata 284
Physikalische Kieme 72

Phytoplankton, Einschichtung 112
– Saison 219, 391
Picoplankton 330
Piona 262
Piscicola geometra 274
Piscivore Fische 258, 330
Planktivore Fische 252ff, 330
Planktivorie 252ff
Plankton, Definition 329f
Planktontürme 18
Planktosphaeria 238, 240
Planktothrix 112f, 378f
– *agardhii 122*
– *agardii var. isothrix 112*
– *rubescens 112f*
Planorbis 72
Plastron 72
Pleuronectes platessa 338
Plitwiczer Seen 33
Plußsee *42, 45, 47, 65,* 127, *194, 325, 360, 366*
POC s. Kohlenstoff, partikulärer organischer
Polyarthra 248 f
Polycelis 70
– *felina 70*
Polymorphismus 179, 264f
Polyphemus 262
POM s. Organische Substanz, partikuläre
Pomoxis annularis 254
Population 1, 6
– Definition 158f
Populationsdynamik 161ff
– Phytoplankton 168ff
– Zooplankton 175ff
Populationsgenetik 2, 177ff
Populationsgröße, Regelung 159ff
Populationsschwingungen 165f
Populationswachstumsrate, Tiere 172
Potamal 339
Potamobius fluviatilis 78
Potamogeton 114
– *filiformis 114*
– *obtusifolius 114*
– *pectinatus 119*
– *praelongus 114*
– *strictus* 113
– *zizii 114*
Prädation 246ff

Prandtlsche Grenzschicht *28*ff
Primärkonsument 305
Primärproduktion (s. auch Photosynthese) 115ff
Primärproduktion, Messung 116ff
– Ökosystem 370ff, 395
Produktion, bakterielle 127
– Brutto 141
– Definition 141
– Mikroorganismen 146f
– Netto 141f
– spezifische 143
Produktivität 46, 369ff
Profundal 331ff
Protozoen 134, 140, 241, 284, 307, 330, 349, 401
Proximatfaktor 5ff, 292, 296
Pseudocalanus 239
Puffervermögen 33f, 385
Purpurbakterien 113
Pyramide, trophische 348f

Q

Quellen 57, 339

R

r-K-Kontinuum 191ff, 390
r-Strategie 191ff
Ranatra dispar 152
Räuber 135
– im Fließwasser 262, 267
– invertebrate 252, 261ff
– vertebrate 252ff
Räuber-Beute-Beziehungen, Definition 228f
– Mechanismen 96ff, 246ff
Räuber-Beute-Modell, Lotka-Volterra 229ff
Räuber-Beute-Zyklen 229ff
Räubertypen 261ff
Räubervermeidung 299ff
Reaktionsdistanz 253ff
Reaktionsnorm 62, 80, 177f, 284, 288
Redfield-Verhältnis 122
Redoxgradient, vertikal 52
Redoxpotential 50ff
Redoxreaktion 50f
Regressionsanalyse 370

Regulierer, Atmung 73
Reproduktion, kontinuierliche 174ff
Reproduktionskapazität 3, 283f
Reproduktionsrate 162ff
Reserven 101, 193, 217
Resistenz, Schadstoffe 183
– Störungen 327f, 331
Respiration 147ff
Respiratorischer Quotient 148
Ressourcen, Affinität 95
– Definition 92ff
– Konsum 94ff
– Limitation 92ff, 214, 390, 396
– nicht-substituierbare 100, 106
– Reservepool 101
– substituierbare 100, 106, 214f
Restaurierung 380ff
Reversion (= Störung, Sukzession) 388ff
Revierverteidigung 226
Reynolds-Zahl 26ff, 83, 86
Rhein 55, 196f
Rheotaxis 85
Rhithral 339
Rhithrogena 82
Rhizochrysis 237
Rhizophydium planktonikum 276f
Rhodomonas lens 112
Rhodomonas minuta 112, *160*, *194*
Ringkanal 380
Risikostreuung 288f
Risikovermeidung 264
River-Continuum-Konzept 339ff
Rock-Pool 181f
Round Lake *312*
Ruderfußkrebse s. Copepoden, cyclopoide
Rüstungswettlauf 5
Rutilus rutilus 258f, 338

S

Salmo gairdneri 257
– *salar* 91, 282
– *trutta* 337
Salmonidenregion 338
Salvelinus fontinalis 254
Sammler 135
Sanierung 380ff
Saprobie 397

Saprobienindex 400f
Saprobiensystem 397ff
Sättigung, Gas 31
– Sauerstoff *47*, 376
Sättigungskurve 94ff, 102
Sauerstoff 45ff
– Defizit *47*
– Jahreslauf *47* f
– Produktion 45, 49, 58, 107, 115
– Tiefenprofil *47* ff
– Umweltfaktor 70ff
– Zehrung 375
Sauerstoffkurve, clinograd 49
– heterograd 49
– orthograd 49
Saurer Regen 34, 385
Scapholeberis mucronata 331
Scardinius erythrophthalmus 338
Scenedesmus 99, 122, 154, *218*
– *acutus* 150, *237*
– *obliquus* 121
– *quadricauda 111*
Schlachtensee *384*
Schluchsee 173
Schlußsteinart 309ff
Schöhsee *37*, 39, *177*, *220*, *234*, *364*, 375
Schwarmverhalten 190f, 260, 286
Schwarzes Meer 196
Schweben 85ff
Schwefelbakterien 93, 107, 113
Schwefelwasserstoff 125f
Schwellenkonzentration 150ff, 221, *280*
Schwimmen 90f
– Energie 91
Secchi-Scheibe 39
Sediment 353, 381, 386
Sedimentationsrate 89f, 169ff
Sedimentfresser 135
Seentypenlehre 375ff
Seeteilungsexperiment *16*, 19
Sekundärkonsument 305
Sekundärproduktion 143ff, 373f
– Bilanzgleichung 143
– Schätzung 144ff
Selbstregulation 303
Selbstreinigung 396ff
Selektion 4, 178ff, 188, 232, 236, 283, 287, 300
Selektionsfaktor 4f, 178ff

Sachverzeichnis

Selektivität, Grazing 170, 236ff
– Partikel *138*
– Räuber 249ff, *263*
Selektivitätsindex 250ff
Selenastrum capricornutum 121
– *minutum* 242
Sesarma erythrodactyla 79
Si:P-Verhältnis 219ff, 243f
Sialis 262
Sichttiefe 39
Sida cristallina 237, *239*
Siderochrome 123
Sigara distincta 78
Silikat 122, 214, 366f
Siliziumkreislauf 366f
Silver Springs 351f, 369
Simocephalus vetulus 73, *149* f
Simulation, mathematische 19f
Simulium 263f
– *piperis* 227
Sinken 85ff
Sinkgeschwindigkeit 86ff
Size-Efficiency-Hypothese 278ff
Soap Lake 265
Spezifische Wärme 23
Sphaerocystis schroeteri 237, 240
Sphaerotilus natans 401
Sphagnum 386, 388
Spirogyra 379
Spirulina 38
Sprungschicht, Temperatur 41
Spurenelement s. Mikronährstoff
SRP s. Phosphor, gelöster reaktiver
Stabilität 326ff
Stager Lake 257
Stagnation, Sommer 43f
– Winter 43f
Staurastrum 238
– *cingulum* 88
Steady state s. Fließgleichgewicht
Stenök 62
Stenotherm 68
Stephanodiscus minutus 122
– *astrea* 86
Sterberate 172ff, 298
Stickstoff, Oxidationsstufen *359*
Stickstoffassimilation 50
Stickstofffixierung 122
Stickstoffkreislauf 358, *361*
Stickstofflimitation 121f

Stizostedion lucioperca 338
Stöchiometrie, Biomasse 122, 303
Stoffkreislauf 353ff, 390ff
Stoffwechselverluste 148ff
Störung, Sukzession s. Reversion
Strahlung, photosynthetisch aktive
 (= PAR) 35ff, *37*
Stratifikation, Temperatur 43
Stromlinien *25*
Strömung, laminare 25ff, *28*
– turbulente 25f
– Umweltfaktor 81ff, 336
– Wirkung 54ff
Strömungsfeld 83
Sukzession, allogene 388
– autogene 387f
– autotrophe 390
– heterotrophe 390
– Langzeit 387ff
– ökologische 344
– primäre 389
– saisonale 320, 391ff
Sulfatatmung s. Desulfurikation
Superorganismus-Konzept 303f
Symbiose 277
Synchaeta, *248* f
Synedra 218
– *acus* 87, *237*
– *filiformis 121* f

T

Tageslänge 66, 285
Tanganjikasee 54, 198, 323
Tanytarsus 375
Temora longicornis 239
Temperatur, Umweltfaktor 67ff
– Wasser 39ff
Temperaturoptimum 68, 285
Temperaturprofil *41* f
Temperaturtoleranz 67
Theodoxus fluviatilis 245
Thermokline *41* f
Thermophilie 67
Thiobacillus denitrificans 124
Thymallus thymallus 337
Thymidinaufnahme 128
Tiefenverteilung, Licht *40*
– Wärme *40*

Sachverzeichnis

Tiefenwasserbelüftung 383
Tiefenzonierung, Makrophyten 114
Tigriopus californicus 181
Tinca tinca 338
Titicacasee 113
Toleranzbereich 61ff
„Top-down"-Kontrolle 313ff
Totraum 82f
Toxine 238f
Tracheenkiemen 71
Trophiesystem 374ff
Trophische Ebene 305ff, 313ff, 318ff, 348
Tropocyclops 279
Tubificiden 74, 150, 323, 401
Tuesday Lake *242*
Turbellarien, Zonierung 70
Turbulenz 25ff, 261, 265
– Epilimnion 89
Typha 114

U

Überlappungsindex 222f
Überlebenswahrscheinlichkeit 185ff
Ulothrix subtilissima 237
Ultimatfaktor 5ff, 292, 296
Umwelt, feinkörnige 219
– grobkörnige 219
Umweltüberwachung (= Monitoring) 12

V

Vallisneria 351
Van't Hoffsche Regel 68
Variabilität, genetische 1, 177ff
– phänotypische 2, 177ff
– Umwelt 1
Verbreitung 195ff
Verdopplungszeit 163
Verlustrate 163, 168ff
Vermehrungsrate 168ff, 282
Versauerung 74, 385ff
Verteidigungsmechanismen 88, 193, 231f, 264ff
Verteilung, Raum 189ff, 226
Vertikalwanderung, Algen 66
– Zooplankton 294ff, *334ff*
Vierwaldstätter See 355
Viren 330

Viskosität 24ff
Volvox 66
– *globator 121*
Voraussagbarkeit, Umweltbedingungen 59f

W

Wachstum, dichteabhängiges 103f, 164ff
– Kinetik 101f, *121*, 207
– logistisches 104, 165
– numerisches 161
– Ressourcenlimitation 101
– somatisches 146, 161, 283
Wachstumsbegrenzung, dichteunabhängige 164
Wachstumseffizienz 193
Wachstumsrate, Brutto 162f, 168ff
– exponentielle 101
– maximale 168
– Netto 162f, 192
– Population 101, 161ff, 298
– spezifische 101, 128, 162
Wahrnehmung, Beute 249, 264f
Wärmeleitfähigkeit 23
Waschmittelphosphat 377f
Wasser, Dichte 22f
– Molekülstruktur 22
Wasserfarbe 38
Wasserhärte *80*
Wasserqualität 397
Weidegänger 135
Wettrüsten 232
Wirkungsgrad, Brutto (= K_1) 149f, 347
– Netto (= K_2) 147, 149f, 347
– ökologischer 348, 352
Wörther See *112*

Z

Zeitverzögerung 165f
Zellquote 102ff
– minimale 122
Zerkleinerer 132, 135
Zirkulation, Frühjahr 42
– Herbst 43
– voll 44, 46
Zirkulationstypen 43f

ZNGI-Linie 209ff
Zone, aphotische 109, 117
– euphotische 109, 117
– trophogene 46
– tropholytische 46

Zooplankton 330
– Größenstruktur 271ff, 278ff
Zürichsee 379
Zygorhizidium planktonicum 277
Zyklomorphose 289ff